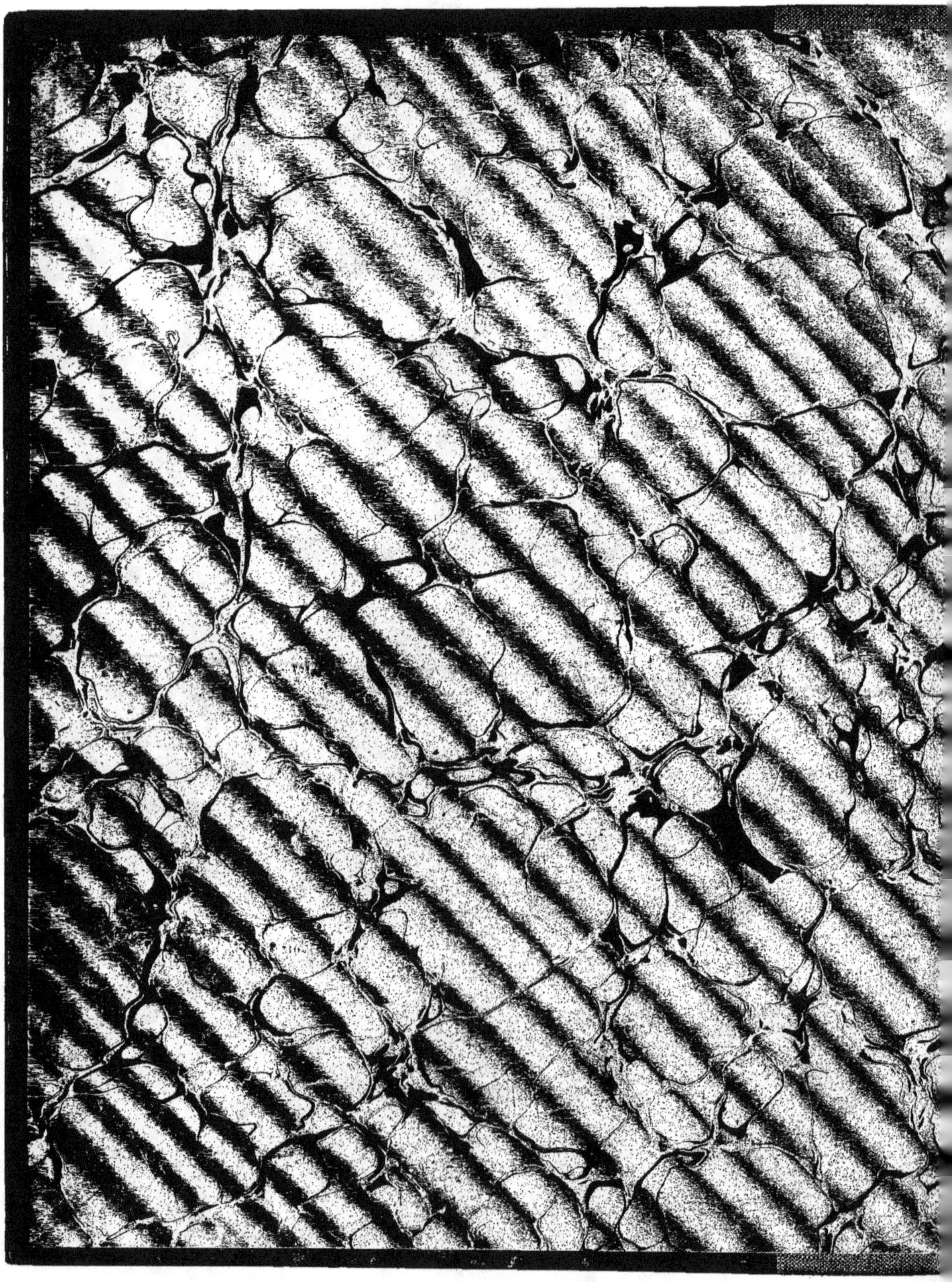

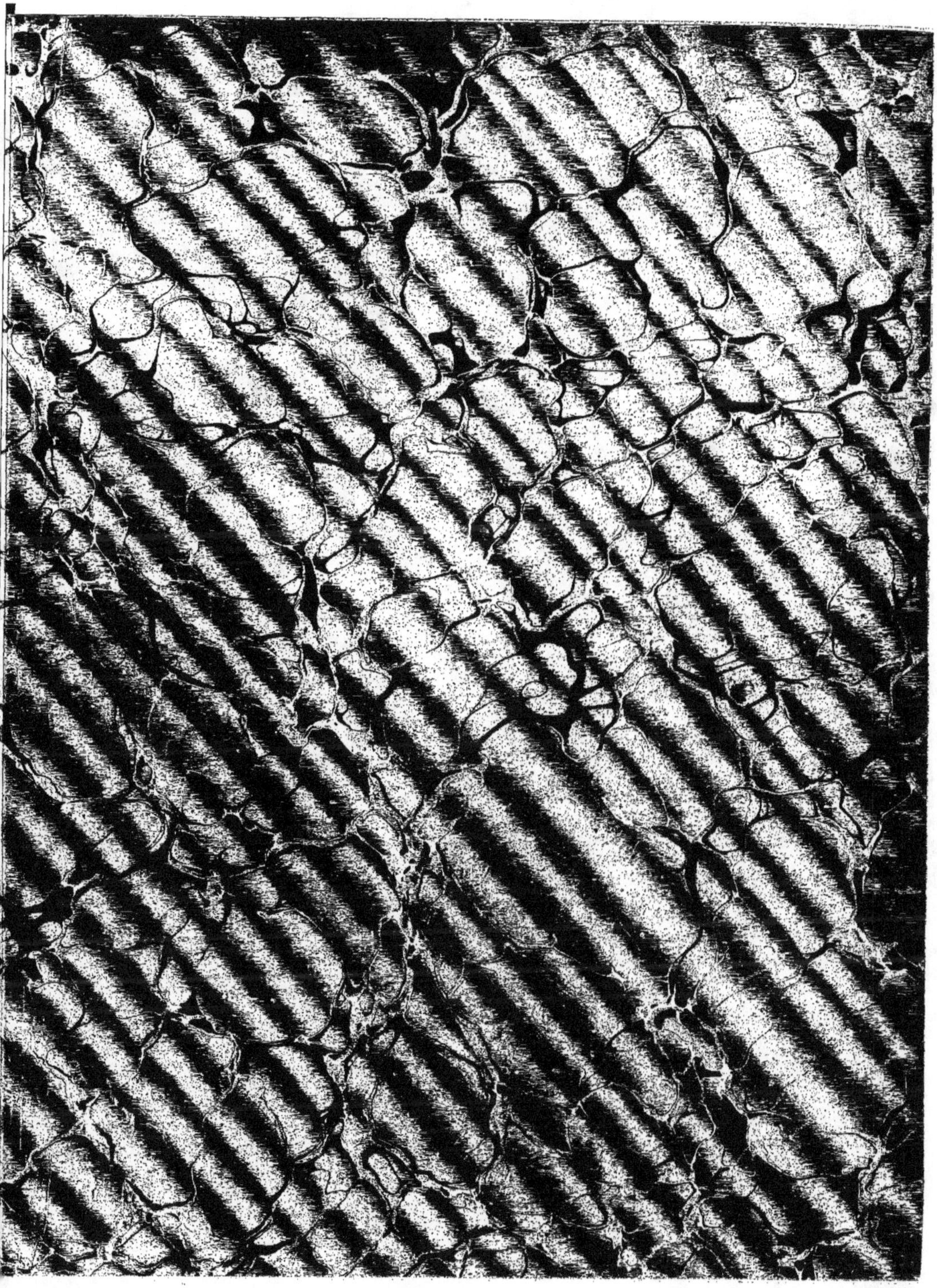

ÉCOLE DES MINES

DE SAINT-ÉTIENNE

COURS DE GÉOLOGIE

PAR

M. FRIEDEL

SAINT-ÉTIENNE
SOCIÉTÉ DE L'IMPRIMERIE THÉOLIER — J. THOMAS & Cie
12, Rue Gérentet, 12

1900

COURS DE GÉOLOGIE

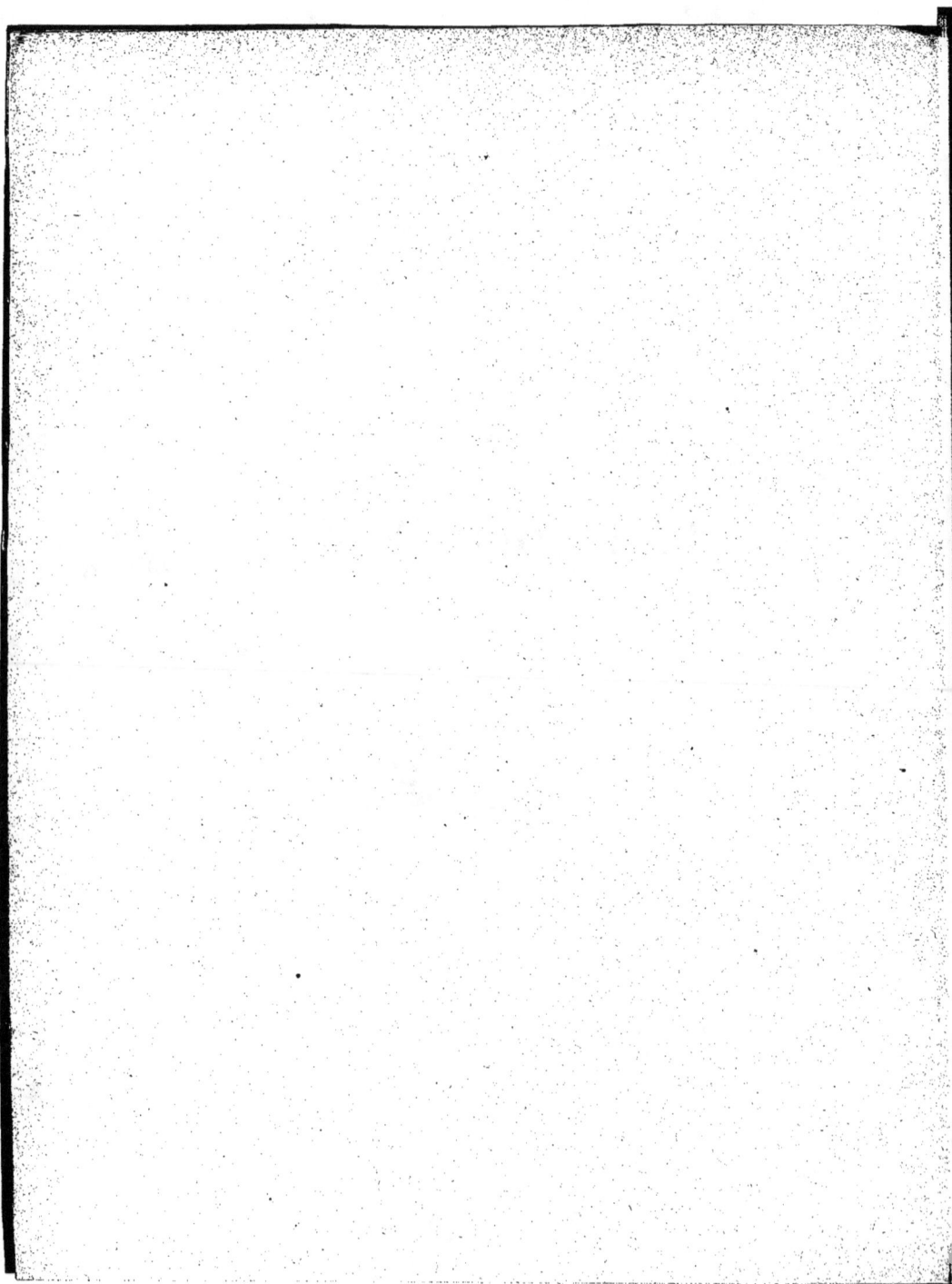

ÉCOLE DES MINES

DE SAINT-ÉTIENNE

COURS DE GÉOLOGIE

PAR

M. FRIEDEL

SAINT-ÉTIENNE
SOCIÉTÉ DE L'IMPRIMERIE THÉOLIER — J. THOMAS & Cie
12, Rue Gérentet, 12

1900

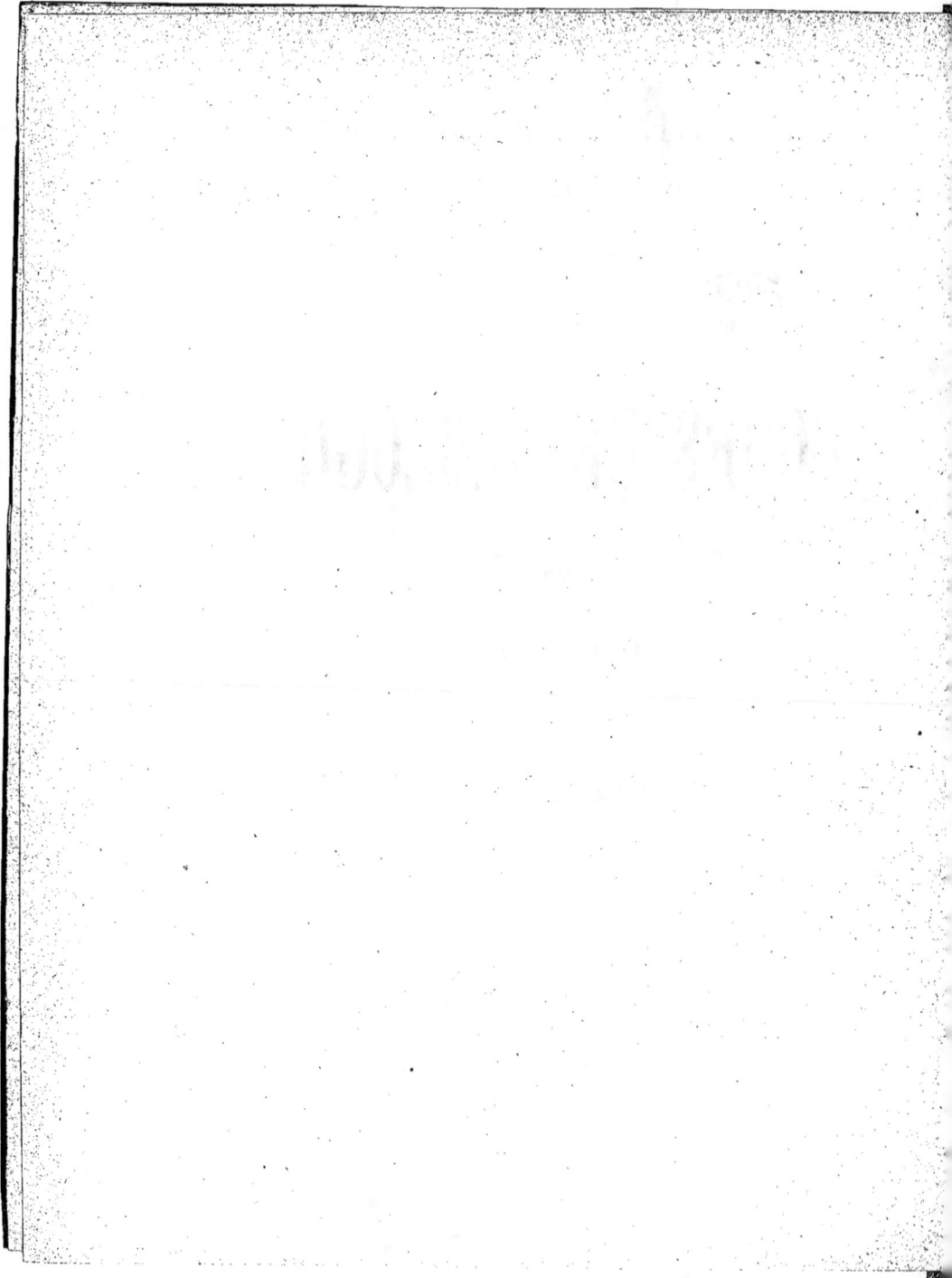

COURS DE GÉOLOGIE

PREMIÈRE ANNÉE

INTRODUCTION

La Géologie a pour but l'étude des masses minérales qui constituent le globe terrestre. C'est donc tout d'abord une science descriptive, une géographie interne, *qui au lieu de se borner à l'examen des formes extérieures du globe, cherche à pénétrer le plus loin possible dans les profondeurs du sol et à en décrire la constitution. A ce titre, elle est la base nécessaire de l'art des mines, et c'est surtout comme telle que nous avons à l'étudier.*

Mais il s'en faut que la géologie en soit réduite à de simples descriptions, qu'elle soit seulement une géographie de la terre actuelle. Elle est aussi et surtout une histoire. *Il est impossible en effet, de porter son attention sur ces masses minérales dont la superposition et l'enchevêtrement constituent la partie de la terre accessible à nos observations, sans être frappé des transformations profondes qu'elles révèlent dans l'état superficiel du globe. Telle couche, située aujourd'hui en plein continent, parfois au sommet d'une montagne élevée, contient des restes d'animaux analogues à ceux qui vivent actuellement au fond des mers; sa constitution même démontre qu'elle n'a pu se former que par dépôt au sein de l'eau. Il faut donc que la mer ait occupé un jour l'emplacement actuel du continent, de la montagne. Ailleurs, cette couche marine, déposée à l'origine sous forme de bancs parallèles sur un fond horizontal ou peu incliné, et certainement continue, est aujourd'hui plissée en plis aigus, disloquée par des fractures en lambeaux discontinus, parfois renversée de telle façon que son toit originel est devenu son mur. Tout démontre ainsi avec évidence que la terre n'a pas été toujours telle que nous la voyons. La mer a souvent envahi les continents actuels, elle recouvre aussi aujourd'hui des continents anciens, et le globe terrestre, loin d'être resté depuis l'origine des temps une masse rigide et inerte, a subi de nombreuses déformations. C'est l'histoire de ces vicissitudes que la géologie nous permet de déchiffrer : c'est là son objet proprement scientifique, spéculatif.*

Toutefois ces deux points de vue sont inséparables. Dans l'application pratique à l'art des mines, la tâche du géologue consiste à prévoir en tel point inexploré l'existence de masses minérales utiles, à y poursuivre par induction le prolongement de masses connues. Cette induction n'est rendue possible que par l'étude des circonstances en suite desquelles ces masses ont pris leur place et leur forme actuelles.

Il importe donc de bien se persuader dès le début qu'il n'y a pas de distinction à faire entre une géologie théorique et une géologie pratique, une géologie scientifique et une géologie appliquée. Dès que l'ingénieur géologue se trouve en face d'un problème d'ordre pratique, utilitaire, il n'a pas trop de toutes les ressources de la science spéculative pour relier entre elles les observations faites et conclure à la solution la plus vraisemblable. Sans perdre de vue le but pratique de ce cours, nous devrons donc en consacrer la plus grande partie à l'étude de l'histoire des transformations de la terre et des causes de ces transformations.

Pour arriver à déchiffrer cette histoire, la géologie ne peut se contenter d'étudier la forme et la composition lithologique des terrains. Elle doit faire appel aux résultats de plusieurs sciences que nous devrons supposer connues au moins dans leurs traits généraux, ou dont nous aurons à esquisser les données les plus indispensables.

La géodésie *d'abord fournit à la géologie les données nécessaires sur la forme générale de la terre.*

*L'*astronomie *lui indique la place et le rôle de la terre au milieu des autres astres, et lui donne, par la comparaison avec d'autres globes qui en sont à des périodes différentes de leurs transformations, des renseignements précieux sur les origines probables du nôtre, sur des temps excessivement anciens, bien antérieurs à l'apparition de la vie et qui n'ont laissé sur la terre actuelle que des traces effacées et presque indéchiffrables.*

Puis, dès que la vie apparaît à la surface de la terre, c'est une autre science qui intervient, si voisine celle-là de la géologie que dans bien des cas elle s'en distingue à peine. C'est la paléontologie, *l'étude des faunes et des flores anciennes, qui cherche à reconstituer l'histoire de la vie à la surface du globe, comme la géologie cherche à reconstituer l'histoire de la matière minérale. Une grande partie des matières minérales qui se montrent dans la portion de la terre que nous pouvons observer se présente sous forme de bancs ou* strates *parallèles, autrefois déposées successivement les unes au-*

dessus des autres sur le fond des mers. On leur donne le nom de terrains stratifiés ou sédimentaires. Il est clair que si aucune dislocation trop violente n'est venue déranger la position primitive des couches, on devra, dans la série des bancs superposés, considérer comme le plus ancien celui qui est le plus bas, et comme de plus en plus récents ceux qui suivent de bas en haut. On acquiert ainsi, en un point donné, lorsqu'on peut observer une coupe de quelque hauteur dans une région peu bouleversée, la notion de l'âge relatif des couches qui s'y rencontrent.

Mais si l'on passe de là à un autre point suffisamment éloigné, les couches n'y sont plus en général les mêmes. Leur nature lithologique, leurs épaisseurs respectives ont changé, certaines ont disparu, d'autres au contraire sont venues s'intercaler dans la série, devenue ainsi souvent tout à fait méconnaissable. Le géologue, qui cherche à classer ces couches, qui cherche aussi dans la nature de chacune d'entre elles des renseignements sur l'état du globe au moment de leur dépôt, doit avant tout pouvoir reconnaître dans les deux séries quelles sont les couches contemporaines. Il doit pouvoir, pour toutes les coupes connues, dresser un tableau du synchronisme de leurs assises.

En l'absence de restes animaux ou végétaux, tout critérium manque pour une telle classification, et nous verrons en effet que pour les terrains dits primitifs ou archéens, antérieurs à l'apparition des êtres vivants, la géologie est restée jusqu'ici impuissante à établir même approximativement le synchronisme de leurs niveaux. Mais au contraire dans tous les terrains stratifiés plus récents, dits terrains fossilifères, où existent le plus souvent en abondance les restes pétrifiés d'êtres organisés ou fossiles, la classification des strates s'établit avec une grande précision par l'étude de ces fossiles. On a constaté en effet, par des milliers d'observations toujours concordantes, que l'ordre de superposition des faunes et des flores successives propres à chaque couche est le même dans tous les pays. Jamais une inversion dans l'ordre de succession des êtres n'a été constatée. On a cru mainte fois jadis en observer, et des discussions célèbres se sont élevées à ce sujet. Mais toutes les exceptions apparentes au principe posé ci-dessus ont pu être expliquées dans chaque cas par des contournements de couches, aucune n'a pu être mise en évidence dans les régions où les strates ont gardé leur position normale, et le principe doit être admis aujourd'hui comme absolument général. Ainsi la plupart des espèces animales ou végétales n'ont existé que pendant un temps relativement court. Elles ont été remplacées ensuite par d'autres espèces qui elles-mêmes ont disparu pour faire place à des êtres nouveaux. Chacune de ces faunes et flores successives permet de caractériser une époque géologique et de considérer comme contemporains les terrains qui en contiennent les débris. Bien entendu, il faudra tenir compte que, tout comme aujourd'hui, *les divers points du globe pouvaient à une même époque être habités par des faunes assez différentes (nous en verrons de nombreux exemples), et aussi se rappeler qu'une même espèce pouvait subsister dans telle région après qu'elle avait disparu de telle autre. Mais s'il en résulte quelques difficultés de détail, le criterium paléontologique n'en reste pas moins la seule base de la classification des terrains stratifiés, base très solide d'ailleurs et dont les observations faites dans les régions les plus diverses du globe tendent tous les jours davantage à confirmer l'excellence. L'étude des terrains stratifiés, ou* stratigraphie, *ne peut donc être menée à bien que par l'appui mutuel que se prêtent la paléontologie et la géologie, l'histoire du monde organisé et l'histoire du monde minéral.*

Mais ces terrains stratifiés et fossilifères ne sont pas les seuls que l'on rencontre à la surface du globe. La vie est relativement récente sur la terre. Au-dessous des sédiments fossilifères, on trouve partout d'énormes épaisseurs de terrains cristallins, dits archéens, stratifiés aussi, mais qui ne contiennent aucun reste de matière organisée. D'autre part, au milieu même des terrains fossilifères, déposés lentement dans des eaux habitées par des êtres vivants, apparaissent des masses minérales d'une tout autre nature, qui ne sont plus en forme de strates parallèles superposées, mais en masses compactes issues à l'état fluide des profondeurs du sol et ayant pénétré à travers les fissures des terrains préexistants. Ce sont les roches dites éruptives, *soit identiques, soit plus ou moins analogues aux laves des volcans actuels. L'étude de ces terrains cristallins et de ces roches éruptives, basée avant tout sur l'examen de leur nature minéralogique, constitue un chapitre nouveau de la géologie, pour lequel la science accessoire indispensable est la* pétrographie, *c'est-à-dire la connaissance des éléments qui constituent les roches, de leur mode d'association, de leur mode de formation, etc. Elle suppose connue, bien entendu, la* minéralogie.

Enfin ces masses minérales, de quelque nature qu'elles soient, ne sont pas en général restées intactes depuis l'époque de leur formation. Elles ont subi des mouvements divers, plissements ou fractures, elles ont été plus ou moins détruites sous l'influence de divers agents, d'autres se sont formées de leurs débris. L'étude de ces phénomènes anciens, qui est une des parties capitales de la géologie, se rattache directement à l'examen des phénomènes du même ordre qui se produisent encore de nos jours, c'est-à-dire à l'étude des causes actuelles *ou* physique du globe : *météorologie, sismographie (étude des tremblements de terre), étude des volcans, etc.*

Nous ne pourrons faire à travers ce vaste ensemble de connaissances qu'une excursion rapide, nous bornant à ce qui est nécessaire pour bien concevoir cette géographie interne actuelle dont la connaissance est notre but définitif.

Des considérations précédentes résulte la division suivante du cours :

SOMMAIRE DU COURS

Ire Section.....

Chapitre Premier. — *PHÉNOMÈNES ACTUELS.*

A. — *Géophysique* (traitant de l'état actuel du globe pris dans son ensemble, comme forme, température, masse et dispositions générales).

B. — *Géodynamique* (étude des causes qui produisent les modifications du relief du sol, qui déterminent la formation, le déplacement, la destruction des masses minérales).

Chapitre II. — *PÉTROGRAPHIE* (étude des roches en elles-mêmes, indépendamment de leur âge et de leur mode de gisement).

A. — Roches éruptives et schistes cristallins.

B. — Roches sédimentaires.

Chapitre III. — *PALÉONTOLOGIE* (notions sommaires indispensables pour la stratigraphie).

A. — Paléontologie animale.

B. — Paléontologie végétale.

IIme Section.... *Géologie proprement dite*

Chapitre IV. — *STRATIGRAPHIE* (étude des terrains stratifiés).

Chapitre V. — *ROCHES ÉRUPTIVES* (étude de leurs gisements.)

Chapitre VI. — *TECTONIQUE* (étude des accidents qui affectent les roches, plis, failles, etc.)

Chapitre VII. — *GITES MINÉRAUX.*

CHAPITRE PREMIER

Phénomènes actuels

GÉOPHYSIQUE

Forme de la terre. — La forme de la terre est à peu près sphérique. Dès l'antiquité cette notion apparaît à titre de théorie chez les philosophes grecs. Elle est passée à l'état de vérité incontestable le jour où Magellan eut fait pour la première fois le tour du monde.

La première tentative de mesure des dimensions de la terre remonte à 200 ans avant J.-C., époque à laquelle Eratosthène chercha à évaluer la circonférence d'un grand cercle terrestre en mesurant d'abord la différence de latitude entre deux points situés sur un même méridien, au moyen d'observations astronomiques, puis leur distance réelle en stades. Connaissant ainsi la longueur d'un arc correspondant à un angle au centre connu, il en déduisait celle de la circonférence. Ses résultats, forcément grossiers, s'approchaient cependant assez de la réalité (250.000 stades, soit 46.250.000 mètres) et ne furent guère dépassés en précision jusqu'au dix-septième siècle. En 1670, Picard appliquant la trigonométrie à la mesure de la longueur de l'arc d'un degré, trouvait pour celui-ci 57.060 toises, soit pour la circonférence complète d'un méridien, 20.541.600 t., chiffre beaucoup plus approché.

Depuis lors de nombreuses mesures d'arcs de méridien ont été exécutées, et l'on n'a pas tardé à s'apercevoir que la mesure d'un seul arc ne suffit pas à déterminer la forme de la sphère terrestre, qu'en d'autres termes la terre n'est pas une sphère parfaite. La première notion de ce fait résulta, non de mesures d'arcs, mais de l'observation des oscillations pendulaires. En 1672 Richer, lors d'une expédition envoyée par l'Académie des Sciences en Guyane, établit que le pendule qui bat exactement la seconde sous nos latitudes se meut plus lentement à l'équateur, c'est-à-dire que le poids des corps diminue du pôle à l'équateur. Cela tient pour une certaine part à l'accroissement de la force centrifuge, mais si l'on tient compte de cette correction, qui est faible et que l'on peut calculer approximativement en supposant la terre exactement sphérique, il reste néanmoins vers l'équateur

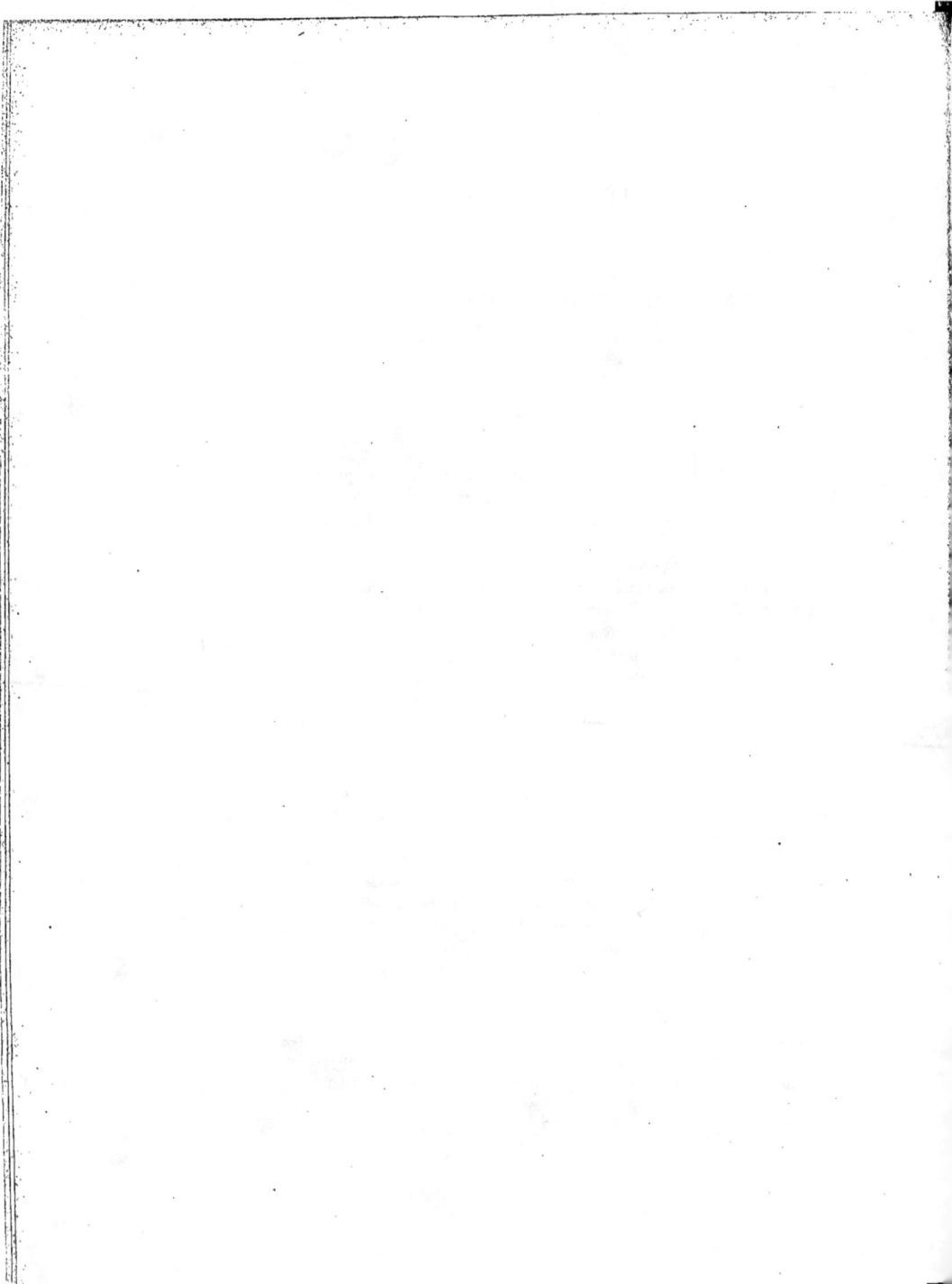

une diminution graduelle de la pesanteur que dès l'origine on a attribuée avec raison à ce qu'en approchant de l'équateur on s'éloigne du centre de la terre, en d'autres termes à ce que la terre est aplatie aux pôles.

Se basant sur cette observation, Newton en 1687 et Huygens en 1690 cherchèrent par deux voies un peu différentes à expliquer cet aplatissement et à en prévoir la valeur. Tous deux partent de cette idée que la terre a pris sa forme quasi-sphérique par l'effet de sa rotation, à une époque où elle était non pas solide comme nous la connaissons aujourd'hui, mais fluide. Tous deux admettent que cette masse fluide a dû prendre, en tournant avec sa vitesse actuelle autour de l'axe des pôles, la forme d'un ellipsoïde de révolution (postulatum qui fut plus tard démontré par Clairaut), et cherchent seulement à calculer l'aplatissement de cet ellipsoïde, c'est-à-dire le rapport $\frac{a-b}{a}$ de la différence des axes au grand axe. Tous deux enfin supposent la terre homogène, ce qui n'est, nous le verrons, qu'une première approximation. Mais Newton suppose que les particules de la masse terrestre s'attirent mutuellement suivant la loi de l'attraction universelle ; Huygens, qui n'admet pas encore cette loi, suppose les particules attirées vers le centre par une force constante, ce qui revient au point de vue du calcul à admettre la loi de l'attraction universelle, mais en supposant que la masse terrestre est entièrement concentrée au centre, que la densité est infinie au centre. Nous verrons que la vérité est entre les deux hypothèses : la densité croît notablement de la surface au centre. Si donc l'hypothèse de la fluidité primitive de la terre suffit à en expliquer la forme, on doit s'attendre à trouver le chiffre réel compris entre ceux de Newton et d'Huygens, qui sont respectivement de 1/230 et 1/578, et beaucoup plus voisin de celui de Newton, puisque, la loi de l'attraction universelle étant reconnue vraie, la masse de la terre est aussi beaucoup plus près d'être homogène que d'être entièrement concentrée au centre.

Cette conclusion théorique qui attribuait à la terre la forme d'un ellipsoïde de révolution aplati pouvait être vérifiée par des mesures d'arcs de méridien. S'il en est ainsi, en effet, le rayon de courbure ρ doit augmenter de l'équateur au pôle. L'arc de méridien ds correspondant à une même différence de latitude, c'est-à-dire à un même angle des normales $d\alpha$, doit donc croître aussi de l'équateur au pôle, puisque $ds = \rho d\alpha$.

Or, la mesure d'un long arc de méridien exécutée de 1680 à 1718 à travers toute la France semblait indiquer au contraire que l'arc de 1 degré était plus long dans le Midi que dans le Nord. En fait, la précision des mesures était alors insuffisante pour établir une différence entre deux arcs aussi rapprochés. Cependant Cassini ayant cru pouvoir conclure que l'ellipsoïde était non aplati mais renflé au pôle, les discussions qui résultèrent de ces apparentes contradictions suscitèrent dès lors un grand nombre de nouvelles recherches. En

particulier l'Académie des Sciences envoya en 1735 au Pérou une mission dirigée par Bouguer et La Condamine, et en 1736 une autre en Laponie sous la direction de Maupertuis et de Clairaut, afin de mesurer avec précision deux arcs suffisamment éloignés. On trouva pour l'arc de 1 degré au Pérou 56.753 toises et en Laponie 57.438 t., ce qui confirmait l'aplatissement au pôle. En 1799 on décida de prendre pour unité de longueur la 40.000.000^{e} partie du méridien, et afin d'établir la longueur du mètre ainsi défini on exécuta des mesures de précision sur un arc de grande longueur, de Dunkerque à Barcelone. En les combinant avec les resultats antérieurs, on attribua à l'aplatissement une valeur de 1/334 et à la longueur totale du méridien une valeur de 20.522.960 toises.

Depuis lors les mesures ont été continuées et ont conduit à reconnaître que ni l'aplatissement, ni la longueur du méridien n'ont exactement la valeur qui leur a été attribuée lors de l'établissement du mètre, et que de plus les mesures effectuées en différentes régions ne fournissent pas rigoureusement les mêmes chiffres pour ces deux données, qu'en d'autres termes la terre n'est pas un ellipsoïde parfait. C'est un sphéroïde, un solide à peu près sphérique, mais non géométrique, qui se rapproche beaucoup de l'ellipsoïde dont l'aplatissement serait de 1/293,5. La longueur du méridien serait, à une centaine de mètres près, de 10.001.965 mètres (le mètre restant défini par l'étalon des Archives) et les rayons polaire et équatorial respectivement de 6.356.607 mètres et 6.378.284 mètres (soit une différence de 22 kilom.). Mais ce ne sont là que les résultats fournis par la moyenne des mesures. Chacune d'elles s'en écarte parfois de quantités qu'il paraît difficile d'attribuer aux erreurs expérimentales.

On a vu que c'est par l'observation du pendule que l'on a eu la première notion de l'aplatissement de la terre. C'est aussi par cette méthode que l'on peut, sans mesures d'arcs, déterminer la valeur de cet aplatissement. L'intensité de la pesanteur en un point est égale à la différence entre l'attraction due à la terre et la composante normale de la force centrifuge due à la rotation. En mesurant au moyen du pendule l'intensité de la pesanteur, et en calculant la force centrifuge, toujours faible, au moyen de la forme approchée connue de la terre, on peut exprimer, par une relation due à Clairaut, le rayon de courbure au point considéré. On arrive ainsi à connaître la forme de l'ellipsoïde par des mesures plus simples que celles des arcs de méridien et qui ont pu être répétées en un plus grand nombre de points. Les résultats s'approchent beaucoup de ceux fournis par les mesures d'arcs. Ils varient en général moins, mais contribuent également à mettre en évidence de notables différences de forme des divers méridiens.

Il importe de remarquer, quand on parle de la forme de la terre, que la surface à laquelle on rapporte les mesures n'est pas la surface inégale du sol, mais cette surface idéale que l'on appelle *surface du niveau de la mer*, c'est-à-dire une surface qui, prolongeant celle du niveau moyen des océans, est

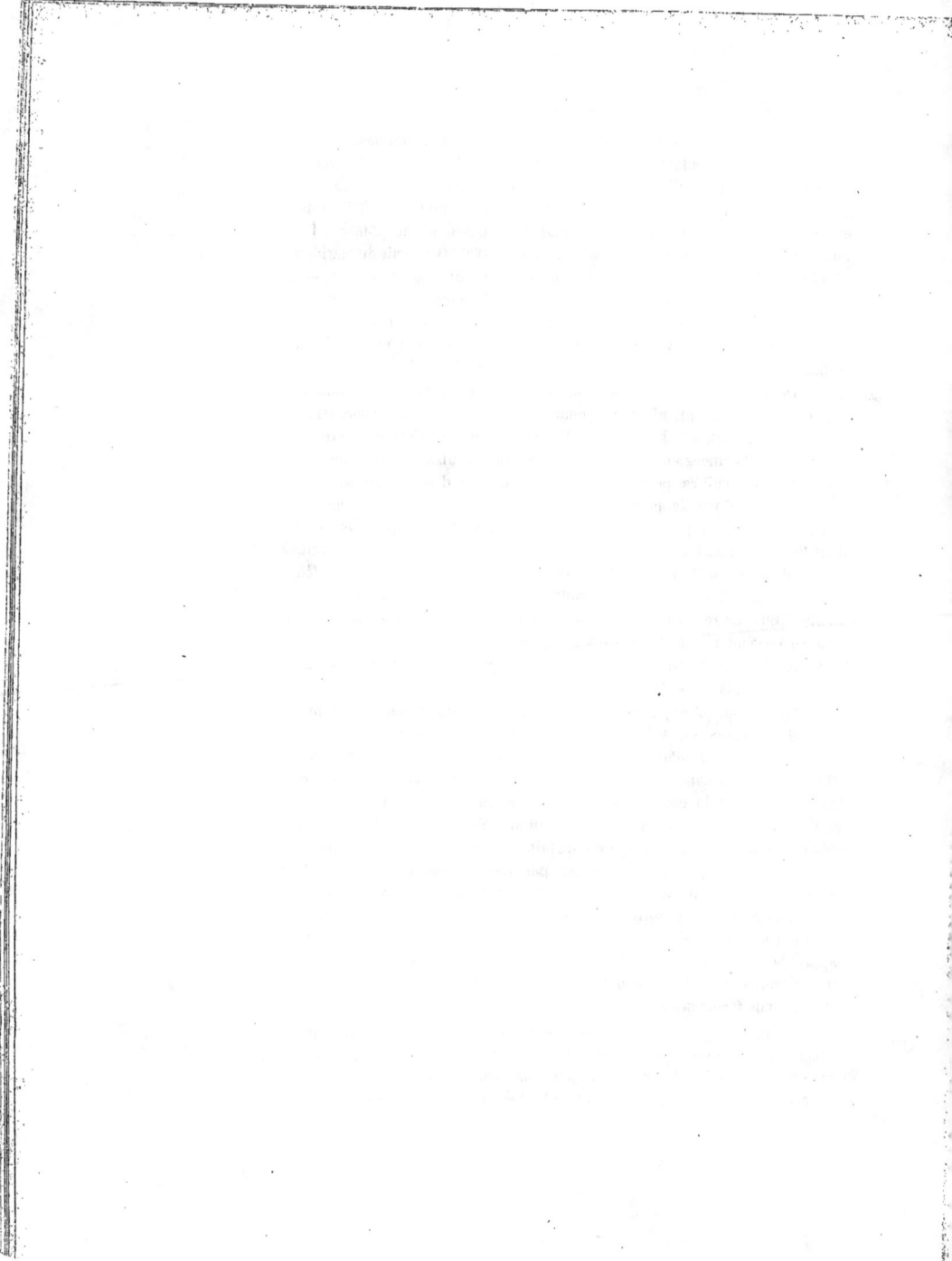

normale en tous ses points à la direction de la pesanteur. C'est celle aussi à laquelle on rapporte les hauteurs.

Or il est évident d'une part que cette surface ne peut être rigoureusement un ellipsoïde. La terre n'est pas complètement homogène, et par suite la répartition inégale des matières de densités différentes doit faire dévier localement la verticale et avec elle le niveau de la mer qui lui est normal.

Une masse minérale lourde, ou une montagne, font dévier en l'attirant la verticale de quantités assez importantes que l'on a pu parfois mesurer (quelques secondes d'angle). Sous une montagne par exemple, la surface dite « niveau de la mer » doit se soulever en en reproduisant le profil à une échelle infiniment atténuée, puisque de part et d'autre la verticale est attirée par la montagne. Dans ce cas, on pourrait à la rigueur évaluer la correction. Mais dans le cas de masses lourdes souterraines, le plus souvent inconnues, cela devient impossible. D'ailleurs les mesures effectuées au moyen du pendule ont montré que ces inégalités sont souvent hors de proportion avec celles que l'on pourrait prévoir, parfois même qu'elles sont de sens inverse. La plupart des grands massifs montagneux attirent beaucoup moins la verticale que le calcul ne semblerait le faire prévoir. Ils se comportent comme s'ils étaient creux, circonstance jusqu'ici inexpliquée. Par contre, dans les îles isolées au milieu des grands océans, où l'on devrait s'attendre à une diminution de la pesanteur, puisque les roches sont remplacées autour d'elles par de l'eau plus légère, on constate au contraire un accroissement de la pesanteur. On a conclu de ce dernier fait que les grands océans sont déprimés en leur milieu par rapport à l'ellipsoïde, sans doute parce que l'eau est attirée sur les bords par la masse des continents. Mais il est possible aussi que l'existence fréquente de roches lourdes dans ces îles, pour la plupart volcaniques, soit pour quelque chose dans l'augmentation de la gravité. Quoi qu'il en soit, il est évident que la surface du niveau des mers, si elle se rapproche d'un ellipsoïde, ondule irrégulièrement autour de cette forme moyenne ; et cela d'une manière qui ne peut être prévue et qui, dans les cas où le fait a été constaté, reste le plus souvent inexplicable. On peut ajouter que la surface de la mer elle-même n'est pas en toute rigueur une surface de niveau à cause des inégalités de densité causées par les inégalités de salure, à cause aussi des vents qui font refluer les eaux dans certaines directions, et des courants qui ne peuvent que correspondre à une certaine pente de la surface. Il serait donc illusoire de vouloir pousser trop loin la précision dans la détermination d'éléments tels que la longueur du méridien et l'aplatissement qui, vus de trop près, cessent d'être bien définis. Il ne semble pas que la *surface du niveau de la mer* s'écarte de plus de 200 à 250 mètres verticalement de l'ellipsoïde théorique dont les dimensions ont été indiquées ci-dessus. La forme de cette surface est donc, bien

qu'irrégulière dans le détail, très voisine de celle de l'ellipsoïde. Et l'aplatissement de l ellipsoïde est bien ce que devaient faire prévoir les calculs de Newton et d'Huygens ; il est plus voisin de celui calculé par Newton, mais s'en écarte dans le sens prévu, en se rapprochant du chiffre d'Huygens.

Mais, d'autre part, l'énorme masse des mers, bien plus importante que celle des continents, étant fluide, il est évident aussi que la surface qui la limite doit se rapprocher de celle qui convient à une masse fluide en rotation. En soi-même, le fait constaté par la géodésie que la surface du *niveau de la mer* est à très peu près ellipsoïdale ne prouverait donc pas grand'chose quant à la fluidité primitive de la terre. Mais il en est tout autrement si l'on y ajoute cette autre constatation essentielle, que la surface du globe solide s'écarte en réalité très peu de celle des mers. Le relief des continents, leur hauteur moyenne au-dessus du *niveau de la mer* ne dépasse guère 1/10.000 du rayon terrestre (soit 0,1^{mm} pour une sphère de 1 mètre de rayon). Les mers sont distribuées sur toute la surface du globe, aussi bien au pôle qu'à l'équateur, et avec des profondeurs partout du même ordre de grandeur. Alors que, si la terre n'avait pas la forme convenable à une masse fluide en rotation, nous devrions trouver les eaux concentrées au pôle si elle était plus aplatie, à l'équateur si elle était plus allongée.

Il y a, en résumé, dans la forme du globe terrestre, une première raison de croire que la terre, suivant l'hypothèse de Newton, a été un jour une masse fondue, tournant autour de la ligne des pôles actuelle avec, à peu de chose près, sa vitesse actuelle.

Température de la terre. — A la surface même du sol, la température varie rapidement sous l'influence de la température de l'air, de la chaleur solaire, du rayonnement nocturne, etc. Mais la zone influencée par ces variations diurnes de la température est excessivement peu épaisse. Dès 1 ou 2 mètres de profondeur, chiffre variable bien entendu selon la nature des terrains et selon le climat, la température n'oscille plus dans une même journée, mais subit seulement des changements lents, de saison en saison. A quelques mètres de profondeur, une dizaine de mètres par exemple à Paris, une vingtaine de mètres dans des climats plus extrêmes, la température *reste constante*.

Les mesures ont établi que cette température, prise à la profondeur minimum où les variations en deviennent insensibles, est *égale en chaque point à la température moyenne de l'air* dans l'année au lieu considéré. (La température de l'air définit ce qu'on appelle par abréviation la température du lieu. Pour en connaître la valeur moyenne en un point, il n'est souvent pas nécessaire de faire des mesures prolongées, la température des sources ordinaires d'infiltration superficielle, en raison de la loi qui vient d'être énoncée, en donne la valeur avec une assez grande exactitude, pourvu que leurs eaux circulent dans le terrain à faible profondeur).

On voit d'abord que le sol est excessivement mauvais conducteur de la chaleur. Il faut plus d'un mois pour qu'une variation de température de quelques degrés à la surface se fasse sentir à un mètre de profondeur. D'autre part, si l'on fait abstraction de cette mince couche de terre de quelques mètres d'épaisseur dans laquelle la température subit l'influence des saisons, on peut dire que la surface du globe est en chaque point à une température *constante*, et que cette température ne dépend absolument pas des phénomènes internes, mais est déterminée uniquement par des causes extérieures, les mêmes qui déterminent la température de l'air. Elle serait la même quelle que fût la température interne du globe.

En fait, nous allons voir cependant qu'un flux de chaleur vient constamment du centre de la terre vers la surface. Mais en raison de la mauvaise conductibilité des roches ce flux est très faible. On a calculé que s'il manquait, la température du sol près de la surface ne serait abaissée que de 1/30 de degré. En toute rigueur, la loi précédente n'est exacte qu'à cette très petite correction près.

Si maintenant on s'enfonce davantage dans le sol, on voit partout, sans aucune exception, la température s'élever à partir de la température moyenne du lieu, tout en restant constante en chaque point. On appelle *degré géothermique* le nombre de mètres dont il faut descendre suivant la verticale pour constater un accroissement de température de un degré.

Dans les mines, l'observation exacte de la température du sol est difficile et sujette à de nombreuses causes d'erreur. On prend la température de la roche en plaçant le thermomètre au fond d'un trou de mine de 60 à 80 centimètres de profondeur au moins et en bouchant l'orifice du trou à l'aide de sable ou d'étoupe. Mais il faut avoir soin d'attendre que la chaleur dégagée par le forage soit dissipée ; et d'autre part il ne faut pas attendre trop, ni opérer sur un front de taille trop ancien, sans quoi la température de l'air (relativement frais en général, quelquefois plus chaud) influe sur celle de la roche. Mais même toutes précautions prises pour éliminer ces causes d'erreur, la circulation des eaux venant de la surface dans les terrains fissurés par l'exploitation, celle de l'air même, l'échauffement des couches par combustion lente dans les mines de combustible ou de pyrite, sont autant de causes venant altérer les résultats, de façon qu'on n'est jamais certain de mesurer ce qu'il serait intéressant de connaître au point de vue qui nous occupe, savoir : la température qui régnait au point considéré dans le sol vierge, avant l'ouverture des travaux.

Il résulte de là que l'on ne doit pas s'attendre à des renseignements précis fournis par les travaux de mine sur la répartition des températures dans l'intérieur du globe. Et en effet les chiffres mesurés dans ces conditions pour le degré géothermique sont excessivement variables.

Dans les mines métalliques, on a constaté des degrés géothermiques

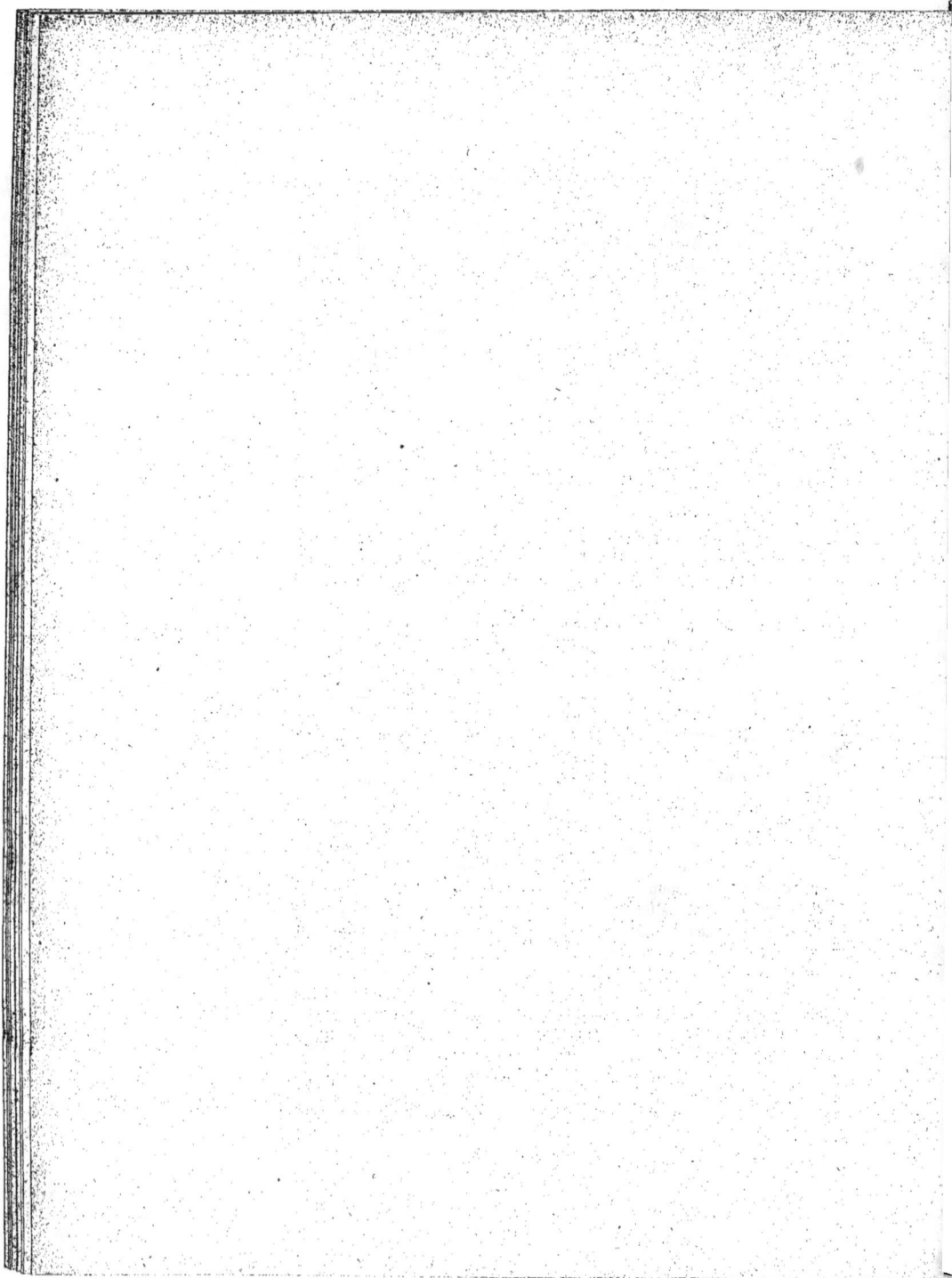

variant de 16 mètres à 118 mètres, et le plus souvent compris entre 40 et 50 mètres.

Dans les houillères, le degré géothermique est en général plus faible, 15 à 30 mètres dans la plupart des cas. La température y croît plus rapidement en profondeur.

Ces divergences extrêmes dans les résultats des mesures tiennent pour une part importante aux causes d'erreurs indiquées ci-dessus. Dans les mines de houille, on peut attribuer en partie à l'échauffement du combustible l'accroissement particulièrement rapide de la température en profondeur. On remarque d'ailleurs assez généralement que parmi les mines métalliques celles où existent des sulfures oxydables comme la pyrite présentent un degré géothermique moindre.

Mais il est une cause plus générale de variation du degré géothermique, c'est *l'inégale conductibilité des roches.*

Puisque partout la température croît en profondeur, c'est qu'il y a un flux de chaleur qui s'écoule du centre de la terre vers la surface. Ce flux est d'ailleurs en régime permanent, puisque la température en chaque point reste constante. Or la quantité de chaleur qui s'écoule par unité de temps entre deux plans de surface 1 dont les températures sont constamment t et t', ces deux plans limitant une couche d'épaisseur e et de conductibilité k, est d'après la loi de Fourier :

$$Q = K \frac{t - t'}{e}$$

La quantitié de chaleur Q qui traverse dans le même temps les plans situés à des profondeurs différentes est toujours la même, puisque le régime est permanent. D'autre part, si $t - t' = 1°$ e sera le degré géothermique, et l'on voit que e sera proportionnel à k. C'est-à-dire que *le degré géothermique est proportionnel à la conductibilité des roches.*

Le degré géothermique dépend ainsi de la nature des roches, et non seulement de leur nature minéralogique, mais dans une assez large mesure de leur texture. On a constaté que, de même que dans un cristal la conductibilité n'est pas la même dans les différentes directions et est en particulier moindre dans le sens normal aux clivages que dans le sens parallèle, de même dans une roche stratifiée, feuilletée, la chaleur s'écoule plus facilement dans le sens parallèle aux feuillets que dans le sens perpendiculaire. La différence est considérable. On doit donc s'attendre à trouver un degré géothermique moindre dans un terrain stratifié plus ou moins horizontal, comme le sont les terrains houillers, que dans une masse verticale comme le sont en général les filons métallifères. Cette considération doit contribuer pour une part importante à expliquer la différence signalée entre les degrés géothermiques mesurés dans ces deux genres d'exploitations. On a même parfois constaté une

température plus élevée dans un filon vertical qu'au même niveau dans la roche encaissante, ce qui s'explique parfaitement par cette considération. La différence peut atteindre 3 degrés.

Il y a des cas où la seule considération de la conductibilité suffit à expliquer des degrés géothermiques exceptionnels. Ainsi un sondage effectué en 1836 à Iakoutsk (Sibérie) dans un sol gelé, parti de — 10° près de la surface du sol, a trouvé — 0°,6 à 115 mètres de profondeur. Soit un degré géothermique de 12^{m},2 dont l'exceptionnelle petitesse est due uniquement à la faible conductibilité de la glace.

Les sondages, qui pénètrent dans le sol sans presque rien changer à son état naturel, donnent des résultats beaucoup plus réguliers que les travaux de mine. On prend la température de la roche dans un sondage en mesurant celle de l'eau qui le remplit, au moyen d'un thermomètre à maxima

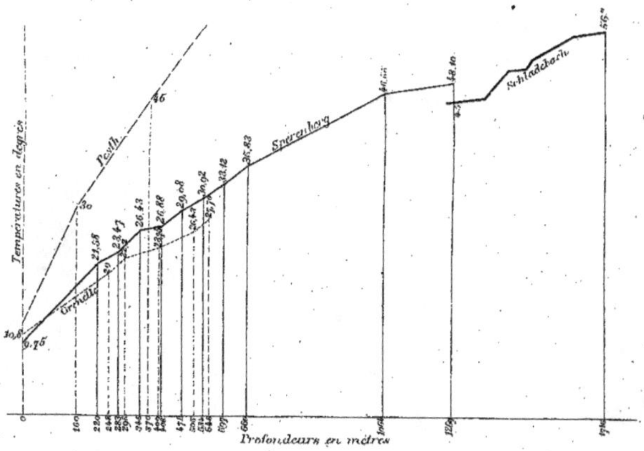

protégé au-dessus et au-dessous par des dispositifs empêchant toute circulation de l'eau, par exemple par des rondelles de caoutchouc. Le degré géothermique, mesuré avec grand soin dans plusieurs grands sondages récents, se montre bien plus constant que dans les mines. Il s'écarte peu généralement de 30 à 35 mètres (en moyenne sur une certaine profondeur). Mais, surtout dans les sondages traversant des couches de nature variée, il s'en faut que la courbe des températures soit une ligne droite. Cela tient pour une grande part à la conductibilité inégale des roches, localement aussi à l'existence de sources, de courants d'eau souterrains froids (venant du sol) ou chauds (venant du fond) au voisinage du trou de sonde.

Des mesures précises ont été effectuées sur deux sondages profonds qui

ont ceci de particulièrement intéressant qu'ils ont traversé des terrains sensiblement homogènes. Celui du Sperenberg, près de Berlin, a été poussé de 60 à 1.269 mètres de profondeur dans une masse de sel gemme à peu près ininterrompue. Celui de Schladebach (Saxe) a traversé sur 1.748 mètres presque uniquement des grès compacts (grès bigarré, grès rouge permien, grès houiller). Les résultats sont représentés par les courbes ci-jointes, auxquelles est réunie celle fournie par le sondage de Grenelle à Paris, où furent faites les premières mesures de ce genre (Arago et Dulong).

Le degré géothermique moyen est :

Pour le puits de Grenelle	32,60^{m}
— Sperenberg	33,05
— Schladebach	35,70
— Paruschowitz (Silésie, sondage de 2.003 m.)	35,0

Certaines courbes, celles du Sperenberg notamment, paraissent dans leur ensemble concaves vers l'axe des profondeurs, c'est-à-dire que le degré géothermique semblerait augmenter en profondeur. Cela est bien net pour les quelque 200 premiers mètres, et doit tenir à ce que l'eau qui imbibe le sol vers la surface en diminue la conductibilité. Mais de cette concavité de la courbe, bien incertaine à une profondeur plus grande, on a prétendu tirer de singulières conclusions. L'auteur des mesures du Sperenberg, représentant cette courbe par une formule du second degré, et prolongeant cette formule bien au-delà de la profondeur du sondage, crut pouvoir conclure que la température devait croître jusqu'à 1.600 mètres seulement, puis *diminuer et s'annuler* à 3.400 mètres pour devenir ensuite négative. Cette étrange absurdité, tirée par une extrapolation absolument illicite d'une série d'observations aussi manifestement irrégulières, a cependant séduit un certain nombre de savants, qui depuis lors se refusent à croire à l'accroissement ininterrompu de la température jusqu'au centre de la terre. Le fait mérite d'être retenu comme exemple des résultats auxquels conduit l'abus du calcul. En admettant même, ce qui n'est pas, que les données du Sperenberg soient très exactement représentées par une courbe du second degré dans la partie explorée, rien n'autorise à croire qu'elles continueraient au-delà à suivre cette même courbe. La chaleur ne pouvant se propager que d'un point plus chaud à un plus froid, l'existence d'un flux de chaleur centrifuge vers la surface démontre au contraire que la température peut tout au plus devenir constante à partir d'une certaine profondeur, mais en tous cas jamais diminuer. Une discussion plus sérieuse des résultats des grands sondages montre d'ailleurs qu'en dehors de la zone voisine de la surface, la concavité de la courbe du Sperenberg est accidentelle. A Schladebach, la courbe est plus irrégulière dans le détail, mais rectiligne dans son ensemble. Ainsi l'augmentation du degré géothermique en profondeur, dont on a fait grand bruit au sujet du

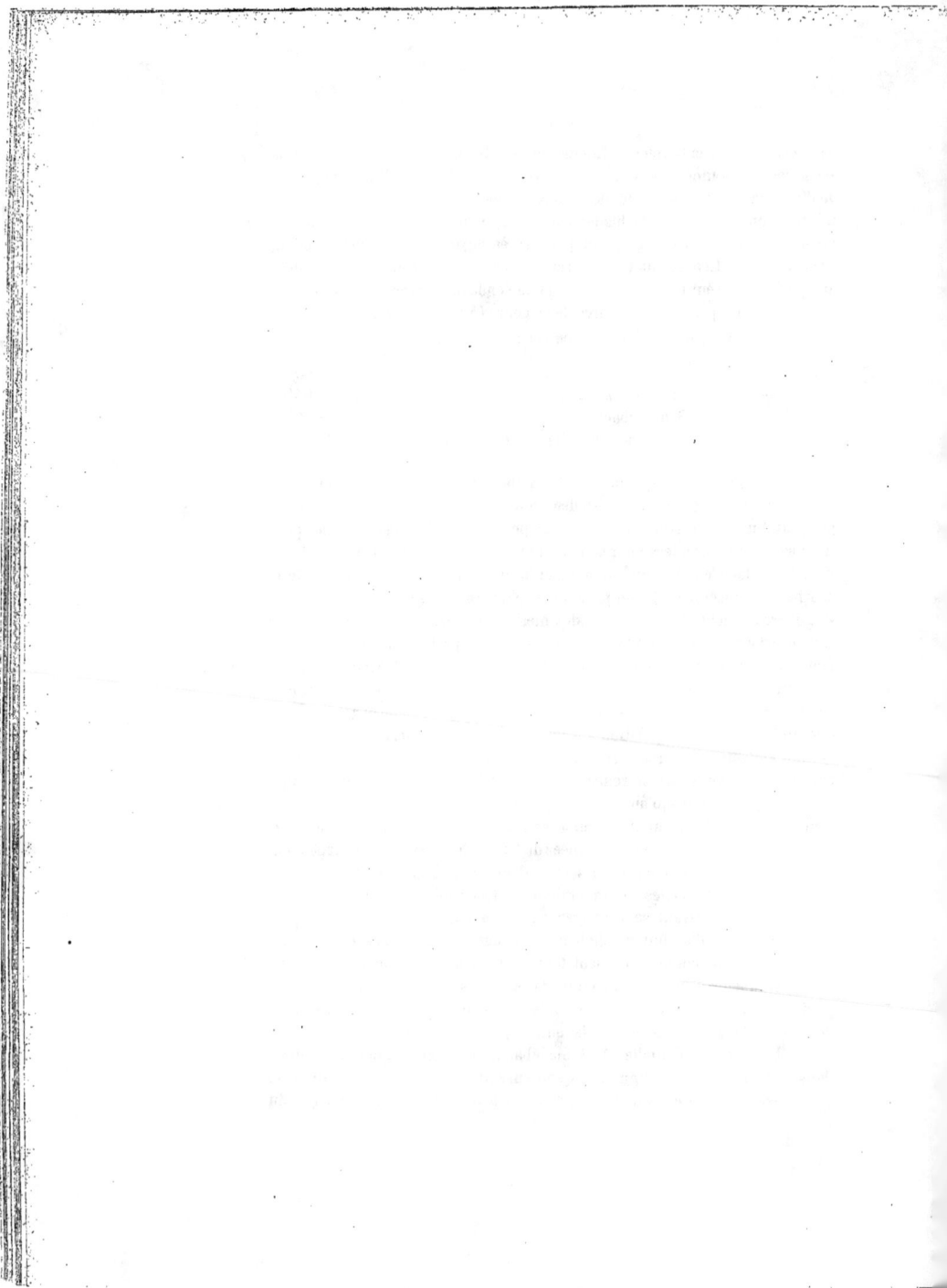

Sperenberg, est loin d'être démontrée. Si elle existe, elle est dans tous les cas très faible et de l'ordre des irrégularités accidentelles. On peut admettre que jusqu'aux plus grandes profondeurs actuellement atteintes, soit jusque vers 2.000 mètres, la température *croît en progression arithmétique*, surtout si l'on fait abstraction d'une zone de quelque 100 à 200 mètres vers la surface où elle augmente un peu plus vite, probablement par suite de la mauvaise conductibilité de l'eau qui imbibe les roches dans cette zone.

Des observations précises ont été faites aussi lors du percement des grands tunnels des Alpes, au Mont Cenis et au Saint-Gothard. Au Mont Cenis, le point culminant du tunnel est à la cote 1.296 mètres, au-dessous du mont Fréjus, qui a 2.905 mètres d'altitude. La profondeur maximum est donc de 1.609 mètres. Cependant la température n'atteint en ce point que 29°,5. La température moyenne au sommet du mont Fréjus étant de 3° environ, le degré géothermique moyen serait de 50 mètres environ au point le plus profond.

Au Saint-Gothard, la hauteur maximum de roches au-dessus du tunnel est de 1700 mètres et la température maximum, qui se recontre encore au point le plus profond, est de 30°,8. Le degré géothermique qui en résulte est à peu près le même, 49 mètres environ.

On doit s'attendre, semble-t-il, à trouver sous un sommet une température moins élévée à égale profondeur que sous une plaine, puisque le flux de chaleur, au lieu de se propager en faisceau parallèle, s'épanouit en divergeant, c'est-à-dire que le refroidissement est plus facile. Le degré géothermique doit donc y être plus grand. Les surfaces d'égale température (*Isogéothermes*) doivent reproduire en gros le profil de la montagne, mais en l'atténuant de plus en plus en profondeur. C'est bien ce qu'on observe, mais avec une circonstance particulière qui est la suivante :

Quand la montagne dépasse une certaine altitude, quelque 2.500 à 2.800 mètres dans les Alpes, la persistance de la neige refroidit le sol très profondément, de sorte que sur une grande épaisseur à partir du sommet la température ne s'élève que très lentement. Au Mont Cenis, les 700 derniers mètres d'accroissement de profondeur verticale avant d'arriver à la profondeur maximum n'accroissent la température dans le tunnel que de 2°. De sorte que lorsque l'altitude dépasse la limite des neiges éternelles, ou tout au moins des neiges longtemps persistantes, on peut dire que la température à une cote donnée sous la montagne ne dépend presque plus d'un accroissement de hauteur de celle-ci. Au contraire, au-dessous de la limite des neiges persistantes, le degré géothermique n'est guère supérieur à 30 mètres, comme dans les sondages en plaine. Les isogéothermes s'élèvent donc presque parallèlement au sol jusqu'à la limite des neiges, pour, à partir de là, ne plus s'élever que beaucoup moins rapidement que la pente du terrain. Bien entendu en profondeur l'influence de la montagne doit finir par s'effacer et les isogéothermes par s'aplanir. Elles sont donc un peu plus distantes entre elles sous

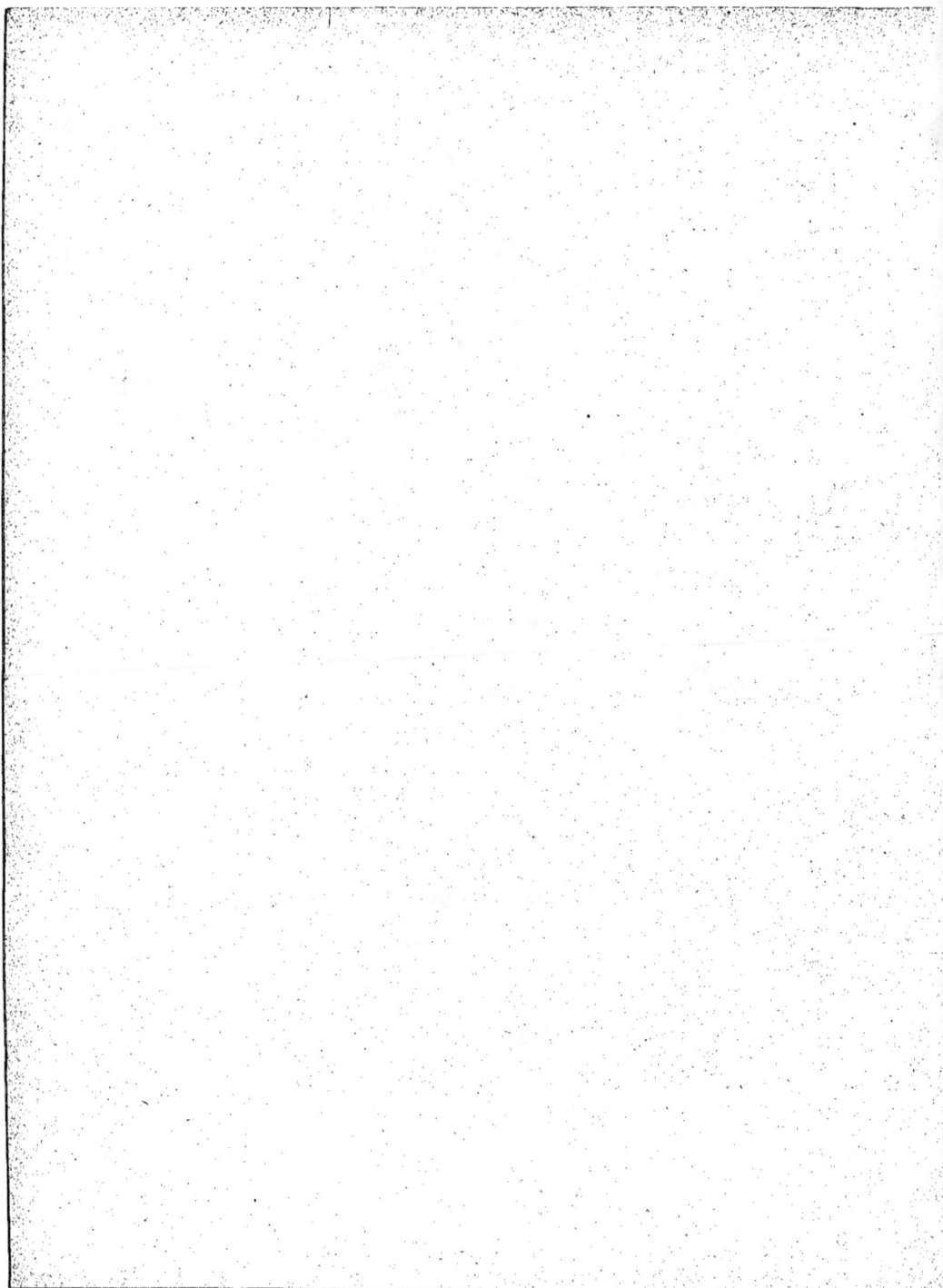

la montagne que sous une plaine, même au-dessous de la limite des neiges. Le schéma suivant rend compte de cette distribution des températures :

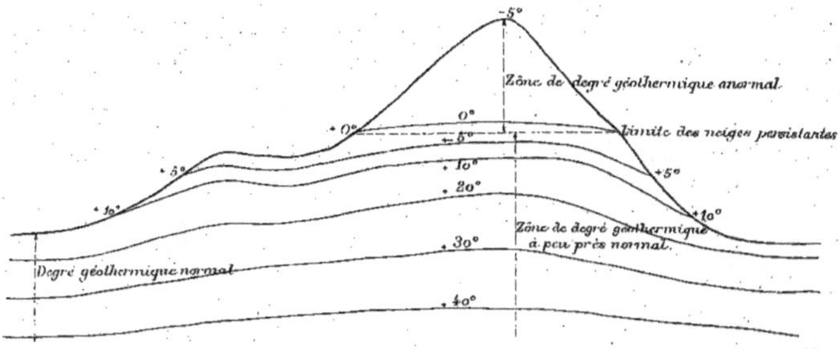

Ainsi, sauf le cas exceptionnel des hauts sommets, et sauf les irrégularités locales dues à l'inégale conductibilité des roches, ou encore à la circulation d'eaux froides ou chaudes, on peut dire que la température croît de 1° par 30 à 35 mètres jusqu'aux plus grandes profondeurs aujourd'hui atteintes.

Il y a cependant un cas où l'accroissement est beaucoup plus rapide C'est celui des régions *volcaniques*. On n'a guère d'observations faites au voisinage des volcans actuellement actifs. Mais il est remarquable que les régions d'anciens volcans éteints depuis des milliers d'années soient caractérisées elles-mêmes par un degré géothermique exceptionnellement faible. Un sondage exécuté près de Budapesth, au voisinage d'anciens volcans, a trouvé :

A 160 mètres........................	30°
A 370 mètres........................	45°
A 900 mètres........................	80°

Le degré géothermique moyen est de 13 mètres environ (Voir la Fig. page 18).

Près de Riom, à Macholles, un sondage pour recherche de pétrole effectué en 1896 a trouvé 79° à 1.160 mètres de profondeur, soit un degré géothermique voisin de 14 mètres, bien que le sondage soit à plusieurs kilomètres des volcans d'Auvergne les plus rapprochés, volcans éteints depuis les temps historiques. Il est bien probable que plus près des volcans, des volcans actifs surtout, le degré géothermique est encore moindre. On doit donc se représenter une région volcanique comme une zone de l'écorce terrestre dans laquelle les isogéothermes se relèvent fortement vers la surface.

La constatation de l'accroissement continu de température en

profondeur prouve qu'un flux de chaleur s'échappe de la terre pour rayonner dans l'espace. La terre est donc en voie de refroidissement. C'est une nouvelle raison qui s'ajoute à celle tirée de la forme du globe pour nous faire croire que la terre a été un jour un astre incandescent, et que la chaleur qu'elle rayonne aujourd'hui avec une extrême lenteur n'est que le résidu de la chaleur qu'elle a contenue jadis en beaucoup plus grande quantité. La terre est un astre refroidi, et encore en voie de refroidissement. Cette notion est capitale en géologie.

Mais quel peut être aujourd'hui son état interne ?

Si le degré géothermique de 30 à 35 mètres restait constant en profondeur, la température atteindrait, par exemple, 1.500°, température suffisante pour fondre toutes les roches, vers 45 à 50 kilomètres de profondeur. Au centre, elle serait de 20.000°, chiffre absolument invraisemblable.

En fait, s'il est absurde de conclure, comme on l'a fait, d'une augmentation très incertaine du degré géothermique en profondeur, que la température puisse décroître à partir d'un certain niveau, il n'est pas légitime non plus de prolonger beaucoup au-delà de la zone explorée (à peine 1/3000 du rayon terrestre) l'accroissement linéaire de 1° par 30 mètres.

D'une part, en effet, le cas du mur plan de Fourier, que nous avons appliqué comme une approximation légitime quand il s'agit de faibles profondeurs, cesse d'être applicable si l'on a affaire à des profondeurs qui soient des fractions importantes du rayon. Il faudrait alors tenir compte de la forme sphérique des surfaces, chose facile. Mais ce calcul serait sans intérêt. En effet, le régime de la conduction à l'intérieur de la terre *n'est pas permanent*, puisque la sphère terrestre n'est pas alimentée de chaleur en son centre, mais ne fait que perdre une provision originelle de chaleur. Cela n'enlève rien de son exactitude à la relation que nous avons établie entre le degré géothermique aux faibles profondeurs et la conductibilité, mais cela fausserait complètement les résultats dans le cas de la sphère complète.

Le calcul, appliqué au cas d'une sphère primitivement chaude qui va se refroidissant, montre qu'à chaque instant la température varie très peu depuis le centre jusqu'à une faible distance de la surface, puis beaucoup plus rapidement à partir de là. L'expérience faite sur une sphère de basalte fondu de 0m,75 de diamètre (Bischof) a confirmé ce résultat du calcul. Après 48 heures de refroidissement, la courbe des températures était la suivante :

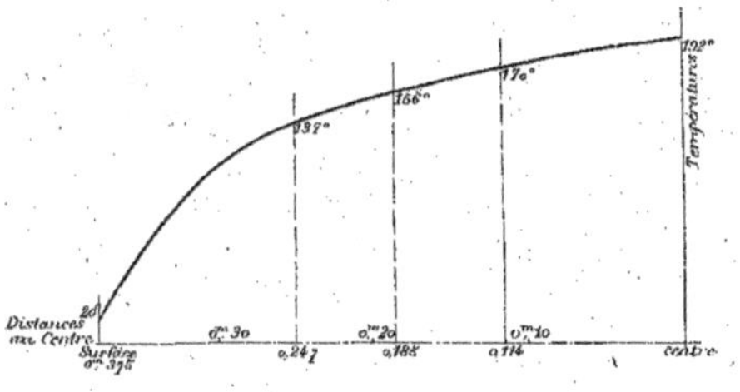

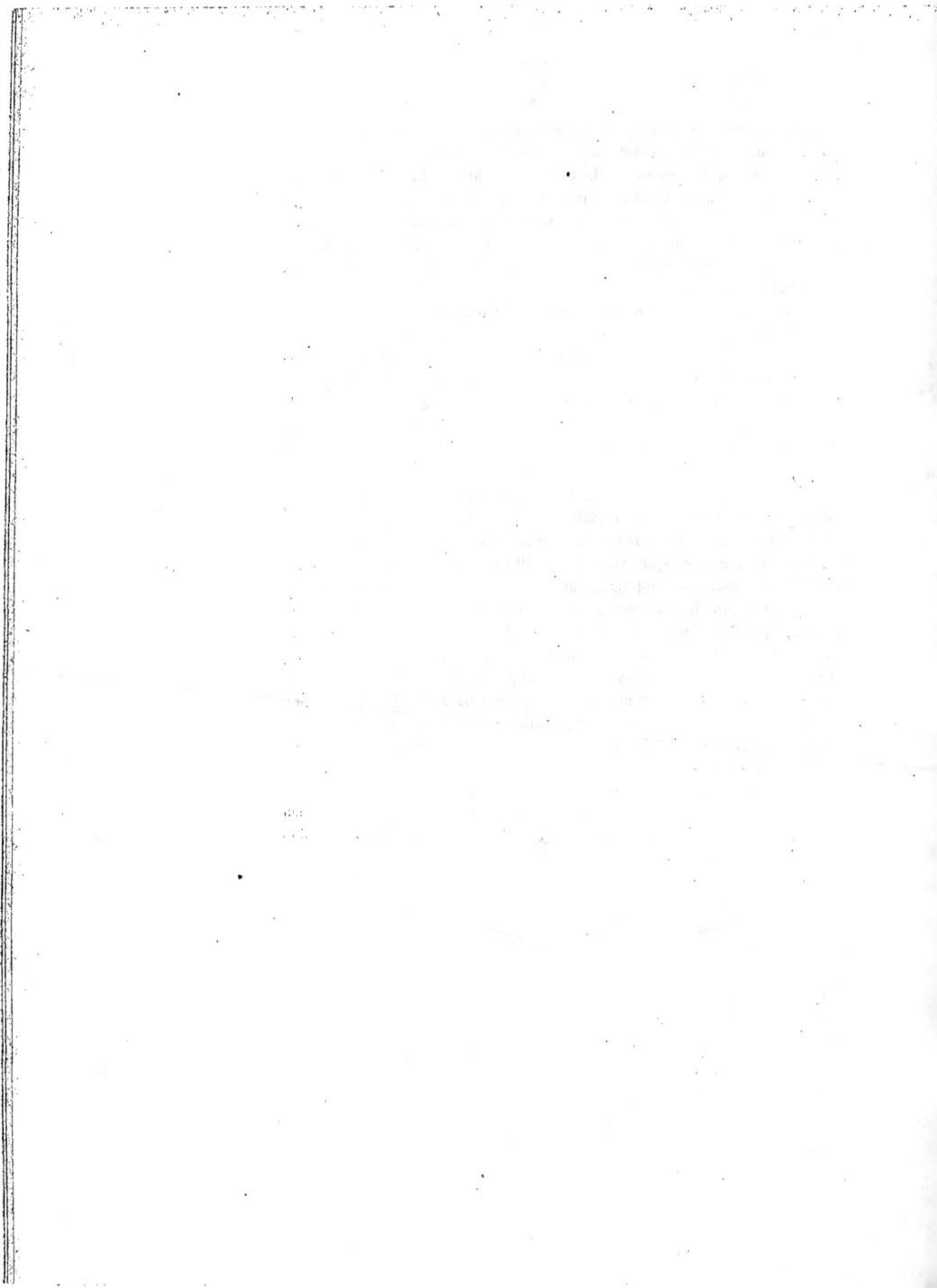

On doit en conclure qu'à partir d'une certaine profondeur le degré géothermique doit aller en augmentant. La température doit augmenter de plus en plus lentement.

Le calcul (Thomson) montre que la courbe a une partie presque droite à l'origine, puis s'infléchit rapidement pour devenir bientôt presque horizontale. Dans le cas de la terre, W. Thomson a montré que la courbe peut être considérée comme rigoureusement droite jusqu'à 30 à 40 kilomètres de profondeur environ, de sorte que l'accroissement du degré géothermique doit être tout à fait insensible dans la zone de 2.000 mètres jusqu'ici connue. Et qu'au-delà, la température doit devenir à peu près constante vers 600 kilomètres de profondeur (degré géothermique infini) et de là jusqu'au centre. La masse terrestre serait ainsi presque entière à une température uniforme, bien inférieure d'ailleurs aux 20.000° de tout à l'heure, mais néanmoins très élevée (peut-être 2.000 degrés, chiffre impossible à préciser), et seule une pellicule de quelques dizaines de kilomètres formerait la transition entre cette haute température et celle qui règne à la surface.

Dans la suite des temps, la température à la surface restant constante, puisqu'elle ne dépend que des causes externes, la courbe doit s'abaisser sans que son origine et son asymptote changent. Le refroidissement ne porte que sur la masse interne, et il est de moins en moins sensible, d'une part vers le centre, d'autre part en approchant de la surface, et nul à la surface même. Il est d'ailleurs assez lent pour rester complètement insensible à nos observations. Mais nous en verrons plus tard les effets géologiques, qui sont d'importance capitale.

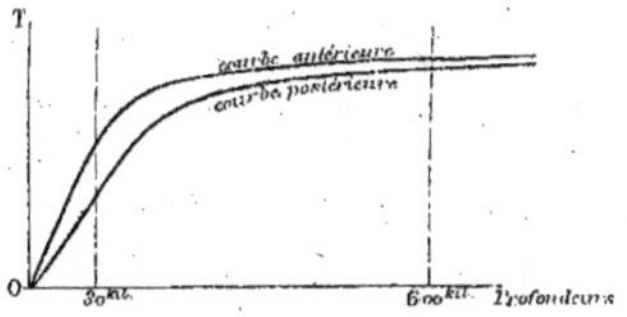

W. Thomson a essayé de tirer de là une évaluation du temps écoulé depuis la consolidation d'une première croûte solide à la surface du globe. En prenant les chiffres extrêmes, il trouve 20 millions d'années comme minimum et 400 millions comme maximum, et indique comme probable un chiffre compris entre 90 et 200 millions d'années. De tels calculs, basés sur des données mal connues telles que le degré géothermique moyen, la conductibilité des roches, la température de fusion de la croûte terrestre, ne peuvent être bien précis, mais on peut en retenir l'ordre de grandeur probable de la durée des temps géologiques : un grand nombre de millions d'années.

Certaines fissures de l'écorce terrestre (les *volcans*) laissent échapper des roches incandescentes fondues. C'est une preuve directe qu'à une certaine profondeur règne une température assez élevée pour fondre les roches sous la pression atmosphérique. D'après ce que nous venons de voir, il n'est guère

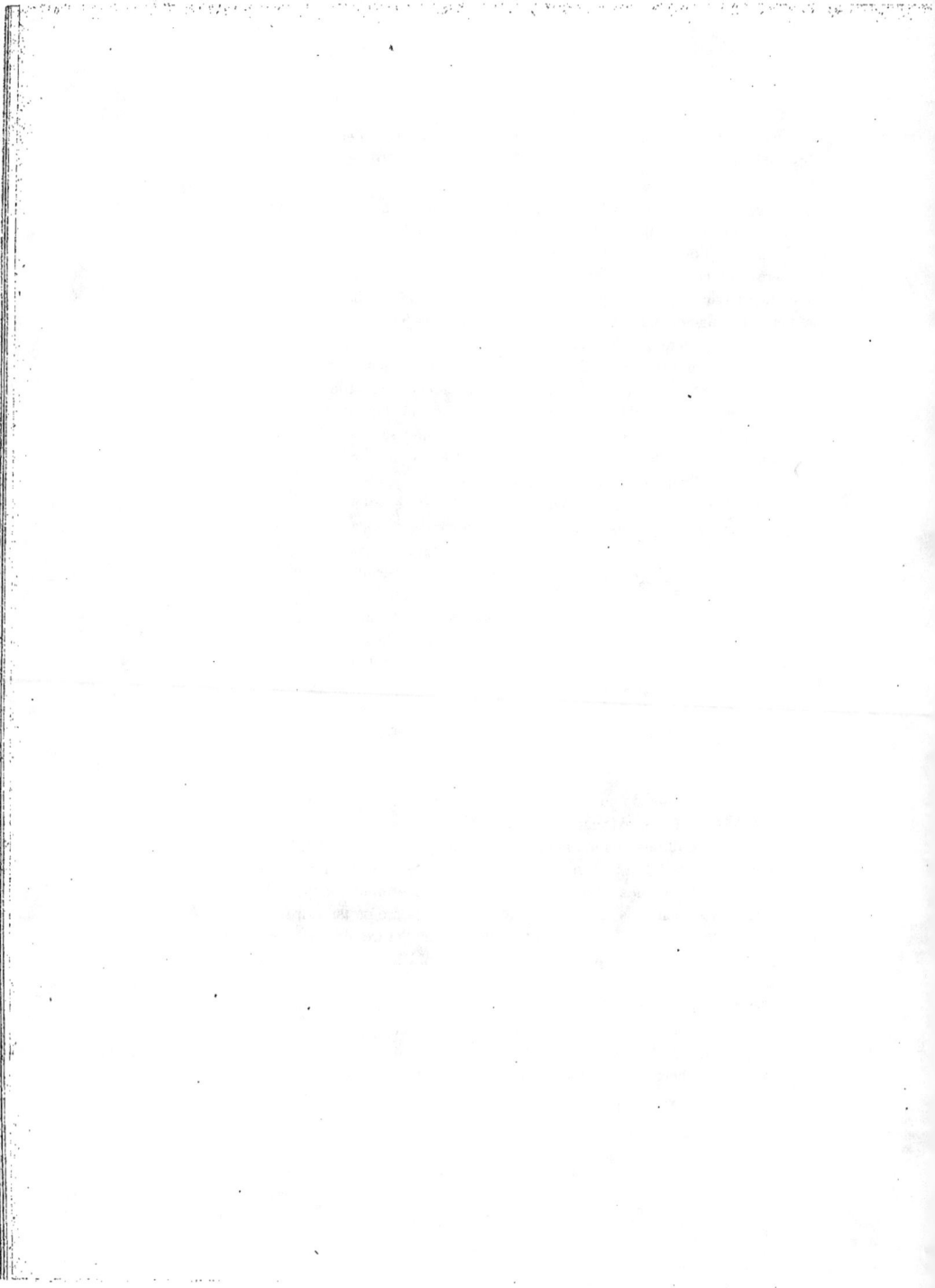

possible de préciser actuellement à partir de quelle profondeur cette température est atteinte. Les phénomènes volcaniques semblent montrer cependant qu'elle est très faible par rapport au rayon terrestre : certains cratères contiennent en permanence depuis des siècles des laves fondues bouillonnantes, ce qui ne peut s'expliquer que par une large communication avec un foyer de chaleur peu profond. Mais les régions volcaniques sont caractérisées, on l'a vu, par un accroissement extraordinairement rapide de la température en profondeur. Dans les cratères de ce genre, l'isogéotherme de 1.200 ou 1.300°, correspondant à la fusion de la lave, se relève jusqu'au sol. On n'en peut pas conclure grand'chose en ce qui concerne les régions non volcaniques, c'est-à-dire la majeure partie de la croûte terrestre.

Existe-t-il même un noyau liquide bien distinct de la croûte solide que nous connaissons? C'est ce qu'il est impossible de dire. *A fortiori* est-il impossible d'évaluer l'épaisseur de cette croûte. En effet, en même temps que la température, la pression s'accroit en profondeur par l'effet du poids des terrains superposés. A 2.000 mètres de profondeur, elle est déjà de quelque 500 kilos par centimètre carré, à 10.000 mètres de 2.500 kilos (la densité des roches étant voisine de 2,5).

Or d'une part, comme toutes les substances qui se dilatent par fusion, les roches silicatées fondues ont un point de fusion d'autant plus élevé que la pression est plus grande. Elles peuvent donc, en profondeur, être maintenues solides par la pression à une température qui, sous la pression atmosphérique, suffirait à les liquéfier. Il est donc possible qu'à partir d'une profondeur suffisamment grande, où la température ne croît plus que très lentement, tandis que la pression continue à augmenter suivant une loi parabolique (cette loi est aisée à calculer), les roches, bien qu'à une température supérieure á leur point de fusion sous la pression ordinaire, restent en réalité solides tant qu'une fissure, abaissant tout à coup la pression, ne vient pas leur permettre de prendre l'état fluide et de s'échapper vers la surface sous forme de laves fondues. Les coulées de laves volcaniques ne prouveraient donc pas absolument l'existence d'un noyau interne effectivement fluide.

D'autre part, quand un solide supporte de tous côtés une pression excessivement élevée, capable de vaincre les forces de cohésion des molécules, ce solide finit par transmettre les pressions en tous sens, par être incapable de supporter, sans se déformer, une pression exercée dans un sens déterminé. Il cesse donc de répondre à la définition du solide et se rapproche de l'état liquide. C'est ce qui a lieu par exemple pour le plomb sous des pressions relativement faibles. C'est ce qui doit avoir lieu pour tous les solides soumis à des pressions suffisamment grandes. De sorte que lorsqu'il s'agit de corps supportant des pressions excessives la distinction entre l'état solide et l'état liquide cesse d'avoir un sens précis.

Ce qui est infiniment probable, c'est qu'à partir d'une certaine

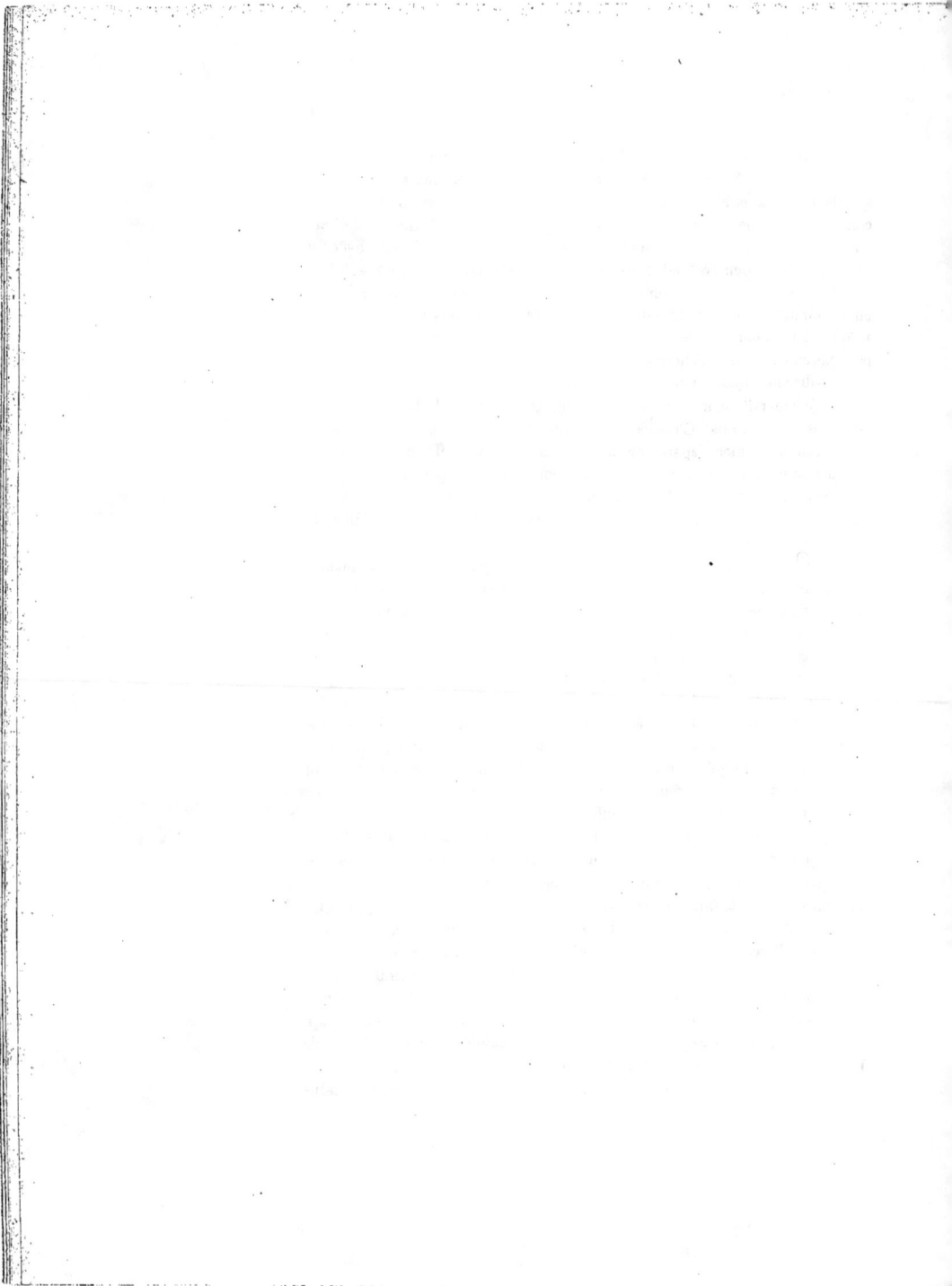

profondeur, et par gradations sans doute insensibles, sans limite tranchée, la matière terrestre devient de plus en plus *plastique*. Nous verrons, en étudiant les plissements des régions de montagnes, qu'elle a pu se comporter comme telle sous l'action de fortes pressions même à de faibles profondeurs, en des points où manifestement elle n'a jamais été, à proprement parler, fluide et où la température n'a pu intervenir. Elle doit être bien plus plastique encore aux profondeurs où sa température est très élevée et où elle supporte une forte pression.

Il est donc inutile d'entrer dans le détail des discussions prolongées qui se sont élevées au sujet de l'épaisseur de la *croûte terrestre*. Rien ne prouve qu'il y ait à l'intérieur de la terre une différence tranchée entre un *noyau* liquide et une *croûte* solide. Le point à retenir, c'est qu'en profondeur la température, s'élevant d'une manière continue, atteint, à une distance de la surface qui est sans doute une petite fraction du rayon, celle qui suffit à fondre les roches sous la pression atmosphérique ; et qu'en profondeur aussi la *plasticité* doit augmenter sous la double influence de la pression et de la température, sans qu'on puisse dire s'il existe un noyau véritablement liquide, la distinction entre les mots *liquide* et *solide* n'ayant pas plus de sens au-delà d'une certaine pression que par exemple celle entre les mots *liquide* et *gaz* au-dessus du point critique.

Masse de la terre. — La masse totale de la terre peut être évaluée de différentes façons. La première méthode qui ait été mise en œuvre est celle qui fut appliquée dès 1775 par Hutton et Maskelyne. C'est la méthode dite de la *déviation de la verticale*.

En principe, on choisit une montagne bien isolée au milieu d'une plaine, de constitution géologique connue et suffisamment simple pour qu'on puisse en évaluer la masse au-dessus du niveau de la plaine et en déterminer le centre de gravité (Pour H. et M. c'était le mont Shehallien, en Ecosse). En deux stations A et B situées sur le même méridien, l'une au nord, l'autre au sud de la montagne, on mesure les distances zénithales d'une même étoile (angle que fait la direction de l'étoile avec la verticale), soit EAV et EBV'.

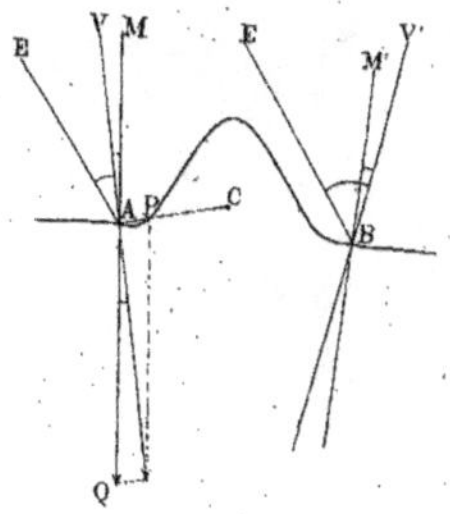

Les lignes AE, BE étant parallèles, la différence EAV — EBV' donne l'angle que font entre elles les verticales des deux stations. D'après la distance connue des deux stations, on connaît l'angle que feraient les deux verticales AM, BM' si la montagne ne les déviait pas (C'est la différence de latitude de A et B). On connaît donc ainsi la somme des déviations VAM, V'BM' subies par les deux verticales par l'effet de l'attraction due à la montagne.

Si pour simplifier nous les supposons égales, on connaît donc V A M. Or suivant A M s'exerce l'action de la terre, abstraction faite de la montagne, suivant A C l'action de la montagne seule sur le fil à plomb, suivant A V enfin la résultante, c'est-à-dire la pesanteur effective en A. Suivant A C, la force qui agit sur le fil à plomb est proportionnelle à $\frac{m}{d^2}$ (m, masse de la montagne d, distance A C).

Suivant A M, elle est proportionnelle à $\frac{M}{R^2}$ (M, masse de la terre, R rayon terrestre). Soient respectivement $A P = A \frac{m}{d^2}$ et $A Q = A \frac{M}{R^2}$.

Connaissant A P et la direction de la résultante, on construit A Q. On connaît donc le rapport $\frac{M d^2}{m R^2}$, d et R sont connus, m aussi en fonction de l'unité de masse habituelle, M est donc connu.

La méthode est d'une précision médiocre, même s'il ne se présente aucun de ces cas de déviations inexpliquables que nous avons signalés plus haut. En effet la quantité à mesurer est de quelques secondes d'angle, et d'autre part il est bien difficile de connaître la masse et le centre de gravité d'une montagne. Les mesures de Hutton et Maskelyne donnent de 4,5 à 4,8 pour la densité du globe rapportée à l'eau.

Le même procédé, appliqué en 1880 au Fusiyama (volcan du Japon de forme conique et isolé) a fourni pour la même densité le chiffre 5,77, beaucoup plus approché.

Un autre procédé consiste à observer les oscillations du pendule à différentes hauteurs, c'est-à-dire à mesurer g à différentes hauteurs au-dessus du sol. La pesanteur diminue quand on s'éloigne du centre de la terre, mais comme on ne peut que s'élever sur une montagne, la diminution n'est pas inversement proportionnelle au carré de la distance au centre, elle est moindre à cause de l'action propre de la montagne. Connaissant la masse de celle-ci, la diminution de la gravité permet de calculer la masse terrestre. Les causes d'erreur sont de même nature et de même ordre que dans la méthode précédente. On peut en dire autant du procédé consistant à comparer les valeurs de g mesurées au moyen du pendule à la surface du sol et au fond d'une mine. Ces divers moyens ont fourni des chiffres variant de 4,8 à 6,5. Une méthode beaucoup plus précise est celle de la *balance de torsion* de Cavendish. On suspend à un fil de torsion un fléau horizontal léger, aux deux extrémités duquel sont fixées deux grosses sphères métaliques de masse S. En plaçant au voisinage de ces sphères deux boules plus petites de diverses matières, de masse s, on constate une attraction réciproque des sphères S et s, et on la mesure au moyen de l'angle de torsion. Soit f cette attraction, on a $f = A \frac{S s}{d^2}$ (d, distance des centres).

D'autre part, on connait le poids P des sphères S, et l'on a $P = A\frac{SM}{R^2}$ (M, masse terrestre, R rayon) d'où $\frac{P}{f} = \frac{d^2M}{R^2 s}$; on connaît donc M.

Les résultats sont très concordants ; ils n'ont varié pour les différents expérimentateurs (Cavendish, Cornu et Baille, Pointing, Brun, etc.,) que de 5,5 à 5,6. Le chiffre le plus exact paraît être 5,56.

On peut donc dire que la masse de la terre est à peu près 5,5 fois supérieure à celle d'une sphère d'eau d'égal volume.

Or, que voyons-nons dans la partie de la terre qui nous est accessible? De l'eau d'abord, formant une masse bien supérieure à celle des continents, avec une densité de 1 environ. Puis des roches dont la densité ne dépasse presque jamais 3 et oscille autour de 2,5 en général. La densité moyenne de cet ensemble est bien inférieure à 2, et inférieure encore à 3 si l'on laisse de côté les océans et ne tient compte que de la terre ferme.

Il faut donc qu'en profondeur le globe terrestre contienne des matières beaucoup plus lourdes. Depuis longtemps on en a conclu à l'existence, audessous de la croûte oxydée que nous connaissons, d'un noyau métallique. A vrai dire, basée sur la seule considération de la densité, cette conclusion serait assez mal étayée. Nous savons que la pression croît rapidement en profondeur par l'effet du poids des couches successives, et ne tarde pas à dépasser toutes les pressions auxquelles on a pu dans les laboratoires soumettre des solides ou des liquides. Dans ces conditions, il ne serait pas absurde d'attribuer à la pression un rôle prépondérant dans l'accroissement de la densité, bien que cependant rien dans nos expériences ne nous autorise à croire que la densité d'un solide puisse doubler ou tripler par l'effet d'une pression si élevée qu'elle soit.

Mais il y a d'autres raisons qui, ajoutées à celles tirées de la densité moyenne du globe, donnent à l'hypothèse d'un noyau métallique central une grande vraisemblance et tendent à faire croire que ce noyau est principalement composé de *fer*.

Les roches qui forment la croûte terrestre sont en immense majorité composées de silicates de métaux légers, facilement oxydables, N*a*, K, C*a*, M*g*, A*l*, F*e*. La première idée qui vient à l'esprit quand on cherche quel peut être le rôle, l'origine de cette croûte silicatée, est de la comparer aux scories d'affinage de la métallurgie. Celles-ci se forment par l'action de l'oxygène de l'air sur une masse métallique impure, dans laquelle le métal principal peu oxydable se mélange de métalloïdes et de métaux plus oxydables, en particulier de silicium et de métaux légers. Toujours plus légères que le métal, et d'autant plus légères qu'elles sont plus riches en silice et par suite en oxygène (la silice tient 53 °/ₒ d'oxygène, alors que la magnésie en tient 40 °/ₒ, la chaux 28, la soude 26, la potasse 17, l'alumine 47), ces scories surnagent en formant

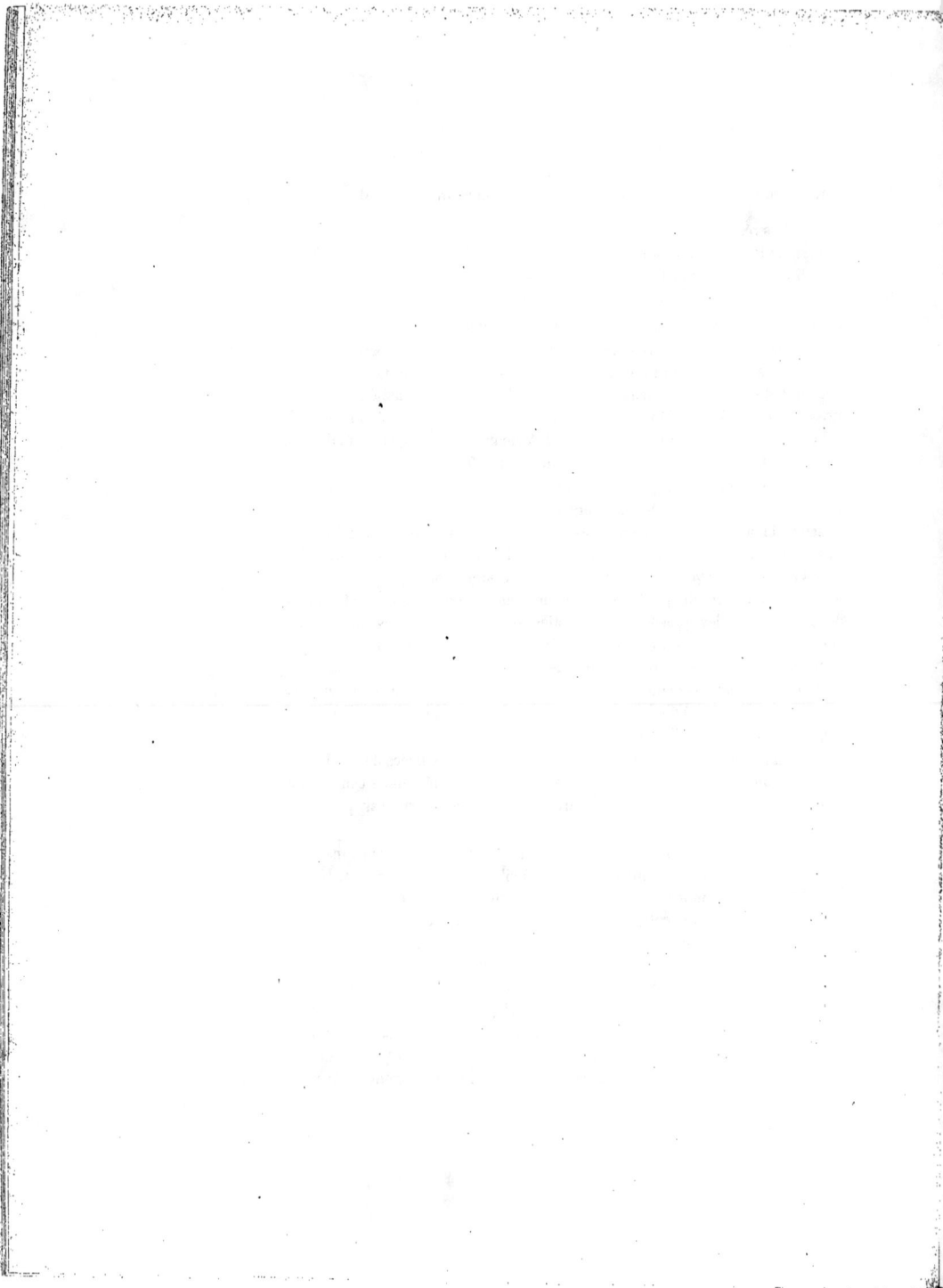

une couche intermédiaire entre le métal et l'excès d'oxygène restant. Et s'il y en a simultanément de diverses natures, les plus lourdes qui sont en même temps les plus basiques (pauvres en silice) et les plus pauvres en oxygène, restent au-dessous des plus légères, au contact du métal, par l'effet de la gravité. Elles contiennent souvent des grains de métal non oxydé, qui augmentent simultanément leur densité, leur basicité et leur pauvreté en oxygène. Dans tous les cas le métal principal y existe abondamment, il a commencé à s'oxyder avec les dernières impuretés, les moins oxydables. Tandis que les plus légères, complètement oxydées et riches en silice, surnagent et contiennent peu du métal principal et surtout les impuretés les plus oxydables.

Pour la croûte terrestre, l'analogie est frappante. Il y a, au-dessous d'un excès d'oxygène, constituant l'atmosphère, un premier oxyde très léger, c'est l'eau (très légère et en même temps riche en oxygène, 88 °/ₒ); puis ce qui forme la plus grande partie de la croûte solide accessible, ce sont des roches riches en silice, légères, riches en alcalis, pauvres en magnésie et en fer et cependant contenant *toujours* un peu de fer. Ce sont les roches dites *Roches Acides.* (Nous ne parlons pas ici des terrains sédimentaires, qui ne sont que le produit du remaniement de ces roches par les agents externes). Elles sont comparables comme composition chimique aux scories les plus légères que fournirait la première oxydation d'un bain de fer contenant comme impuretés principalement du silicium, des métaux alcalins, du calcium, du magnésium (beaucoup moins oxydable que les précédents). Leur teneur en silice dépasse 65 °/ₒ, leur teneur en oxygène est voisine de 50 °/ₒ, leur densité s'écarte peu de 2, 6 à 2,7. Ce sont les granites et les gneiss principalement.

Mais à côté de ces roches très dominantes à la surface on voit apparaître par endroits, *venant des profondeurs du sol* et traversant les premières à l'état de laves fondues, des roches qui sont par conséquent des représentants, accidentellement élevés jusqu'au sol, de la matière existant à une profondeur plus grande. Ces roches sont pauvres en silice et lourdes, pauvres en oxygène aussi, riches en magnésie et en *fer*. Il y a toutes les transitions entre les premières et celles-ci, mais les plus lourdes, dites *roches basiques*, sont exactement comparables aux scories les plus lourdes que fournirait la dernière oxydation d'un bain de fer impur dont un premier affinage a déjà éliminé une grande partie du silicium et des métaux alcalins. Le magnésium s'est oxydé et le fer intervient en proportion de plus en plus importante. La teneur en silice descend jusqu'à 40 °/ₒ, la teneur en oxygène à 43 ou 44 °/ₒ, la densité s'élève à 3 et même jusqu'à 3,3 dans certaines péridotites. On voit apparaître dans ces roches le *péridot*, le silicate le plus pauvre en silice et en oxygène, qui ne contient plus d'alcalis, mais seulement du fer et du magnésium, et dont l'abondance est en quelque sorte la caractéristique des roches basiques.

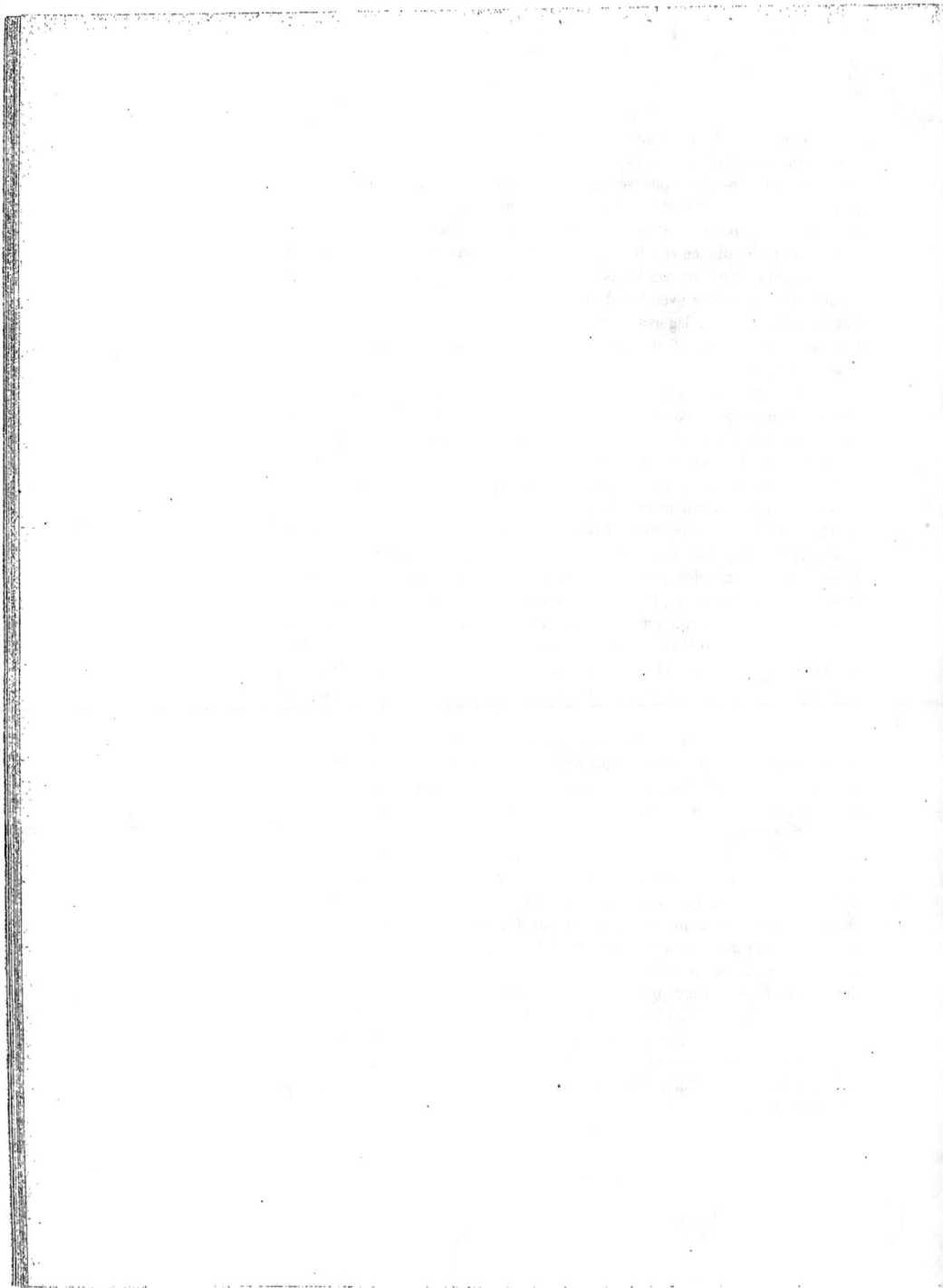

Ainsi, les roches constituant la croûte terrestre se distribuent dans l'ensemble, et au point de vue de la composition chimique et de la densité, exactement comme le feraient les scories successives dues à l'affinage graduel d'une sorte de fonte. Et dans la croûte actuellement solide elles sont disposées par ordre de densité, les plus légères et les plus oxydées affleurant partout à la surface, les plus lourdes et les moins oxygénées n'apparaissant qu'accidentellement comme produits venus de la profondeur.

Il y a là d'abord une nouvelle preuve à l'appui de la fluidité primitive de la terre. Ce classement par densités n'a guère pu s'effectuer que dans une masse fluide.

Et en même temps on y voit la preuve que l'abondance de l'oxygène, qui forme à peu près *la moitié* de la masse de la croûte solide externe (et bien davantage si l'on tient compte des mers) n'est que superficielle, qu'elle diminue en profondeur.

L'oxygène diminue-t-il jusqu'à disparaître, de façon à laisser en profondeur une masse de métal natif? Cela paraîtrait déjà probable, étant données les observations précédentes, si l'on se rappelle la densité moyenne du globe. Mais il y a plus. A part les métaux peu oxydables, les métaux natifs sont rares à la surface de la terre. En particulier le fer natif y a été longtemps inconnu. Déjà dans les roches de profondeur très basiques, riches en péridot (ou dans les serpentines provenant de la décomposition de ce péridot, ce qui revient au même), on voit apparaître en abondance des oxydes inférieurs, et principalement la magnétite, le fer chromé, témoignant que ces roches se sont formées dans un milieu peu oxydant. La découverte de roches très basiques contenant des grains et parfois de grandes masses de *fer natif,* est venue apporter une preuve directe de l'existence de ce métal en profondeur.

En 1870, M. Nordenskiold découvrit à Ovifak, sur la côte du Groenland, dans une roche très basique (un basalte), des blocs parfois énormes de *fer natif nickélifère.* Depuis lors on a constaté des faits semblables en Nouvelle-Zélande, où une serpentine contient des grains épars de fer également nickélifère, et dans l'Arizona, au Cañon-Diablo, où des blocs de fer que l'on avait d'abord cru météoriques paraissent avoir été rejetés par une cheminée volcanique. Ils sont également nickélifères et contiennent du carbone sous forme de graphite et de diamant.

En laissant de côté le cas peut-être discutable du Cañon-Diablo, les deux autres montrent avec évidence que la pauvreté en oxygène des roches les plus basiques et les plus profondes peut aller jusqu'à la conservation du métal natif. Et ce métal, comme on pouvait le prévoir, est surtout du fer, allié d'ailleurs constamment à un autre métal beaucoup moins oxydable encore, qui pour cette raison n'a pas passé en général dans la scorie oxydée légère et superficielle, dans les roches acides, mais est au contraire fré-

quemment associé aux scories lourdes et profondes, aux serpentines surtout, c'est le nickel.

On voit que tous les faits confirment l'analogie des roches oxygénées et silicatées qui constituent l'écorce terrestre avec un produit d'oxydation superficielle, issu de l'affinage, de la coupellation d'une masse métallique interne dont une grande partie reste encore à l'état natif et qui contient principalement du fer.

On trouve une confirmation de cette notion dans l'étude des météorites, dont nous allons dire quelques mots.

Météorites. — On appelle *météorites ou aérolithes* les pierres tombées du ciel. Ce sont des astres très petits, ou plutôt des fragments d'astres, gravitant autour du soleil comme les planètes, et dont la trajectoire vient rencontrer parfois celle de la terre. Déviés de leur route par l'attraction terrestre, ils viennent tomber à la surface du sol. Leur vitesse est très grande, de l'ordre de celle des planètes sur leurs orbites ; on l'a évaluée à des chiffres variant de 15 à 80 kilomètres par seconde (la terre a une vitesse moyenne de 30 kilomètres par seconde). Par l'effet de la compression de l'air, dès qu'ils pénètrent dans l'atmosphère ils s'échauffent et leur surface est portée à l'incandescence, tandis qu'en raison de la courte durée de leur trajet aérien leur centre reste froid. Ils sont ainsi recouverts d'une croûte fondue noire et lisse, de moins de 1 millimètre d'épaisseur, qui leur donne un aspect tout à fait caractéristique.

En général, une chute de météorites s'annonce par l'apparition d'un globe incandescent ou *bolide,* se mouvant avec une grande vitesse et qui, sans doute par un effet de la compression de l'air, éclate subitement en produisant une violente détonation et en répandant à la surface du sol, exactement comme les éclats d'un obus fusant, une quantité généralement très grande de fragments, qui sont les météorites. Ces fragments sont souvent répartis sur un espace de plusieurs kilomètres, ayant été projetés sous forme de gerbe conique, et leur nombre peut atteindre parfois plusieurs milliers. Ainsi, lors de la chute de météorites de Laigle (Normandie), qui eut lieu en 1803, et qui est restée célèbre comme ayant donné lieu à la première constatation scientifique du phénomène, jusqu'alors qualifié de légendaire, on ramassa plus de 3.000 fragments sur un espace ovale de 12 kilomètres de longueur. Le poids de ces fragments est généralement faible, il atteint rarement 50 kilos. A Laigle, aucun fragment ne dépassait 9 kilos. Les plus fins forment parfois une véritable poussière. Plus rarement le bolide ne fournit qu'une ou deux aérolithes, généralement alors de grande dimension.

L'origine des météorites est encore très obscure. Suivant les uns, il faudrait les assimiler aux étoiles filantes, qui sont en relation étroite avec les comètes ; ce seraient des fragments de matière cosmique, des astres

distincts, ayant erré de tous temps dans les espaces interplanétaires en tournant autour du soleil au même titre que les planètes ou les comètes périodiques. Selon d'autres, ce seraient des fragments de planètes ou de satellites (de la lune en particulier), projetés par des éruptions volcaniques avec assez de violence pour avoir quitté définitivement l'astre dont ils sont issus. En fait, cela importe assez peu pour le sujet qui nous occupe. Ce qui paraît bien certain, c'est que ce sont des astres ou fragments d'astres étrangers à la terre, dont l'étude peut, par analogie, nous éclairer sur la constitution de parties de la terre qui nous sont inaccessibles.

Or, à ce point de vue, la comparaison des météorites avec les roches terrestres est des plus instructives. Tous les corps simples des météorites sont les mêmes que ceux de la chimie terrestre : aucun élément nouveau n'y a été découvert. Les combinaisons, les minéraux, sont aussi les mêmes. Et ces minéraux forment entre eux des assemblages tout à fait semblables aux roches terrestres *basiques,* tantôt presque identiques à celles-ci, tantôt et plus fréquemment mélangés de *fer natif,* jusqu'à ne contenir parfois que ce métal allié à diverses substances mais exempt de parties pierreuses silicatées. Elles représentent ainsi très exactement la série de roches de moins en moins oxydées que, d'après les considérations antérieures, nous pouvons nous représenter comme formant la transition graduelle entre la croûte oxydée terrestre et le noyau métallique.

Le métal des météorites, chose digne de remarque, est semblable à celui des fers natifs terrestres d'Ovifak, de Nouvelle-Zélande, du Cañon-Diablo. Il est constamment allié à du *nickel*, et contient du soufre et du phosphore sous forme de troïlite (sulfure de fer FeS peu distinct de la Pyrrhotine) et de rhabdite (phosphure de fer) ou de schreibersite (phosphure de fer et de nickel), du carbone sous forme de graphite ou de diamant noir. C'est un métal généralement hétérogène et cristallin, dont la structure apparaît, lorsqu'après avoir poli une face plane on attaque par un acide ou bien on chauffe pour faire apparaître les couleurs de « revenu ». On voit alors se dessiner à la surface du métal des figures géométriques dites *figures de Widmanstaetten,* formées par de grandes lamelles de schreibersite entrecroisées sous des angles constants et qui restent en saillie après action de l'acide, étant moins attaquables que le fer, ou se colorent de teintes de revenu différentes.

Lorsque le métal est seul avec sulfures ou phosphores, mais sans silicates, la météorite est appelée *holosidère.*

Le plus souvent il est accompagné de silicates. Lorsque ceux-ci sont disséminés en grains épars dans une éponge métallique continue, la météorite est dite *syssidère; sporadosidère* lorsqu'au contraire c'est la matière pierreuse qui domine, formant une masse continue dans laquelle sont distribués des grains métalliques; c'est le type le plus habituel. *Asidère* dans le cas exceptionnel où il n'y a pas de métal, mais seulement une roche silicatée.

Les météorites asidères ne diffèrent presque pas des roches terrestres basiques. Elles contiennent principalement du *péridot* dominant, de la bronzite et du labrador, accessoirement du fer chromé qui est aussi un élément caractéristique des roches péridotiques terrestres. Toutefois, la plupart d'entre elles contiennent du carbone, indice d'une oxydation incomplète. Les sporadosidères et syssidères contiennent les mêmes minéraux, associés au métal des holosidères. La densité des asidères est voisine de 3,5. Celle des sporadosidères va, suivant la teneur en métal, de 3,5 à 7. Celle des syssidères atteint 7,8. Celle des holosidères 8.

Les météorites complètent pour ainsi dire la série des roches terrestres connues à la surface du sol, vers les degrés les plus basiques, les plus réduits et les plus lourds, jusqu'au métal exempt d'oxygène, et cela par toutes les transitions. De sorte que, même en ne tenant pas compte des gisements très exceptionnels de fer natif terrestres cités plus haut, la seule identité des météorites asidères avec les roches basiques qui en beaucoup de points de la terre se sont élevées jusqu'au niveau du sol, tend à faire considérer celles-ci comme le terme supérieur d'une série de plus en plus profonde et par suite presque partout soustraite à nos observations, de roches de plus en plus lourdes et de plus en plus réduites passant finalement au métal natif.

Daubrée a montré que la fusion des météorites asidères, souvent charbonneuses, fournit une masse cristalline de péridot et de bronzite, contenant des grains de fer nickélifère et identique à certaines sporadosidères. Et d'autre part qu'en réduisant modérément par le charbon ou par l'hydrogène une péridotite terrestre (roche basique identique aux asidères moins la présence du carbone) on reproduit une masse cristalline semblable à celle qui résulte de la fusion des asidères, avec grains de fer nickélifère. C'est donc par un degré d'oxydation moindre seulement que les météorites diffèrent des roches basiques. Ce sont des scories plus profondes, plus voisines du métal et plus éloignées de l'oxygène extérieur.

Quel que soit l'astre d'où elles sont issues, elles nous montrent une série de scories de moins en moins oxydées, passant au métal natif, et dont les plus légères sont précisément semblables aux roches les plus lourdes que nous observions à la surface de la terre. Il y a donc là une raison puissante de plus pour considérer ces roches terrestres lourdes, et avec elles toutes les roches terrestres comme des scories provenant de l'affinage d'un métal intérieur.

Nous verrons d'ailleurs que si les éléments chimiques des roches acides doivent leur origine première à une scorification, cependant leurs groupements minéralogiques ont été tellement modifiés par des actions postérieures que ces roches acides, dans la plupart des cas, n'ont plus du tout aujourd'hui la structure d'une scorie, c'est-à-dire d'un silicate complexe cristallisé par simple fusion.

On doit en résumé considérer comme très probable que le noyau central de la terre, sur une grande partie du rayon, est composé de métaux natifs, et en particulier de fer et de nickel (1) alliés au carbone, au silicium, au soufre, au phosphore et à divers métaux. Au-dessus, là où apparaît l'oxygène, doivent exister des mélanges, du type des météorites syssidères et sporadosidères, de métal plus ou moins affiné avec des silicates basiques et particulièrement du péridot, roches que les éruptions volcaniques n'ont amenées au jour que très exceptionnellement. Plus haut, la proportion d'oxygène augmentant, viennent des roches basiques à péridot, pyroxènes et feldspaths basiques, sans métal natif, de densité 3 environ, fréquemment remontées à la surface par les éruptions. Au delà, tout une série de termes de plus en plus légers, de plus en plus acides et oxygénés, aboutissant aux roches acides proprement dites, de densité 2,6 à 2,7 qui dominent de beaucoup à la surface et dont le remaniement mécanique ou chimique par les agents extérieurs a constitué presque à lui seul les terrains sédimentaires.

Ces roches acides ne paraissent pas en général être venues en place par l'effet d'éruptions, mais représentent la première croûte consolidée à la surface du globe, extrêmement modifiée d'ailleurs depuis sa solidification. Au-dessus vient l'eau, l'oxyde le plus léger et le plus oxygéné ; enfin le résidu d'oxygène, infiniment petit par rapport à la masse de cette élément qui est combinée dans l'eau (8/9) ou dans les roches solides (50 p. °/₀ environ), et qui, associé à l'azote inerte, constitue l'atmosphère.

Ce classement des matières par ordre de densité (et en même temps d'oxydation) est bien celui qui aurait dû se produire dans un globe fluide.

Notions tirées de l'astronomie. — L'étude des astres fournit un grand nombre d'arguments tendant à faire considérer la terre comme un astre refroidi. Nous ne pouvons que rappeler succinctement les résultats essentiels.

La terre n'est qu'une masse infime de matière au milieu des autres masses analogues qui parsèment l'espace. En premier lieu, à des distances de nous que l'esprit se refuse à concevoir, mais que la mesure de la *parallaxe* nous permet parfois de chiffrer, existent plusieurs centaines de millions d'*étoiles fixes*, astres incandescents sans diamètre apparent appréciable à cause de leur distance. Le plus voisin de nous est à 43 trillions de kilomètres de la terre, soit 290.000 fois la distance moyenne de la terre au soleil. Au milieu de ces étoiles existent un certain nombre de *nébuleuses*, taches lumineuses de dimensions et de formes très variées, dont la disposition révèle des mouvements irréguliers, le plus souvent tourbillonnaires.

---

(1) Le magnétisme terrestre viendrait à l'appui de l'existence en profondeur de ces métaux magnétiques.

L'analyse spectrale a montré que tous ces corps sont composés des mêmes corps simples que la terre, mais que leur constitution, leur état physique, varie beaucoup de l'un à l'autre. La différence est surtout dans la température, mais M. Norman Lockyer a montré, par l'étude des spectres, qu'à égalité de température ces astres peuvent se présenter sous deux aspects différents : l'un caractérisant des astres en voie d'échauffement, l'autre des astres en voie de refroidissement. Les nébuleuses, relativement froides et excessivement peu denses, paraissent constituées par des essaims de petits fragments solides froids, analogues aux météorites, animés de grandes vitesses (que le spectroscope permet de mesurer parfois) et dont les chocs mutuels dégagent des gaz qui deviennent incandescents et fournissent un spectre à raies brillantes. C'est le premier état de l'évolution des mondes, le premier visible pour nous du moins, car lorsque l'essaim est encore assez peu condensé pour qu'il ne se produise que peu ou pas de chocs, la matière reste complètement froide et invisible.

A partir de là, on trouve toute une série d'états de plus en plus condensés et de plus en plus chauds, les chocs mutuels de toutes les parties d'un essaim ayant fini par transformer en chaleur toute la force vive provenant de leur vitesse initiale et de leurs attractions réciproques, en amenant ainsi la matière à l'état de vapeur. Dans les plus chaudes des étoiles ainsi constituées la température dépasse de beaucoup toutes les températures réalisables dans les laboratoires. Ce sont les étoiles *blanches* (plutôt bleuâtres), les plus nombreuses. Puis la condensation continue, la matière ne cesse de tomber vers le centre de l'astre, transformant en chaleur l'énergie potentielle due à la gravité, mais la chaleur rayonnée est devenue énorme en raison de la haute température, et la contraction, de plus en plus ralentie, ne peut plus suffire à alimenter ce rayonnement. Le refroidissement commence. Et l'on trouve ainsi une nouvelle série d'états où l'astre repasse par les mêmes températures moyennes que lors de son échauffement, mais en sens inverse, et devient de plus en plus jaune, puis rouge, et de moins en moins lumineux, jusqu'à ce qu'enfin apparaissent dans le spectre les bandes floues qui caractérisent les corps composés (ou les corps simples polymérisés à basse température). Dans les étoiles chaudes, au contraire, on n'aperçoit que des raies de corps simples à haute température, tous les corps sont dissociés. Il est très vraisemblable que, de même que pour le terme initial de cette évolution, il existe beaucoup d'étoiles plus refroidies encore et devenues invisibles.

Le *soleil*, qui est une étoile, un astre incandescent, n'appartient pas à la catégorie des étoiles les plus chaudes. Son spectre est identique à celui des étoiles en voie de refroidissement, dites étoiles *jaunes*.

Ainsi l'étude des étoiles et des nébuleuses nous montre la matière cosmique comme partant de l'état de fragments absolument froids, très dis-

persés et animés de grandes vitesses initiales en tous sens. Par l'effet de l'attraction universelle, ces fragments, qui parsèment l'espace, se groupent en amas de plus en plus condensés, dont la température s'élève peu à peu par suite de cette condensation même, jusqu'à transformation de l'amas en un astre gazeux animé d'un mouvement de rotation et devenant par suite sphérique, dans lequel la température est assez élevée pour que tous les composés soient dissociés. Puis le rayonnement l'emporte sur le dégagement de chaleur par contraction, et par toutes les transitions l'astre revient graduellement à l'état solide et froid d'où il est parti, mais cette fois sous forme d'une grande masse sphérique condensée et non plus de fragments épars. L'incandescence des astres apparaît ainsi comme un épisode momentané de leur condensation, épisode indispensable puisque la disparition de l'énergie potentielle due à l'attraction des fragments épars correspond forcément à un énorme dégagement de chaleur.

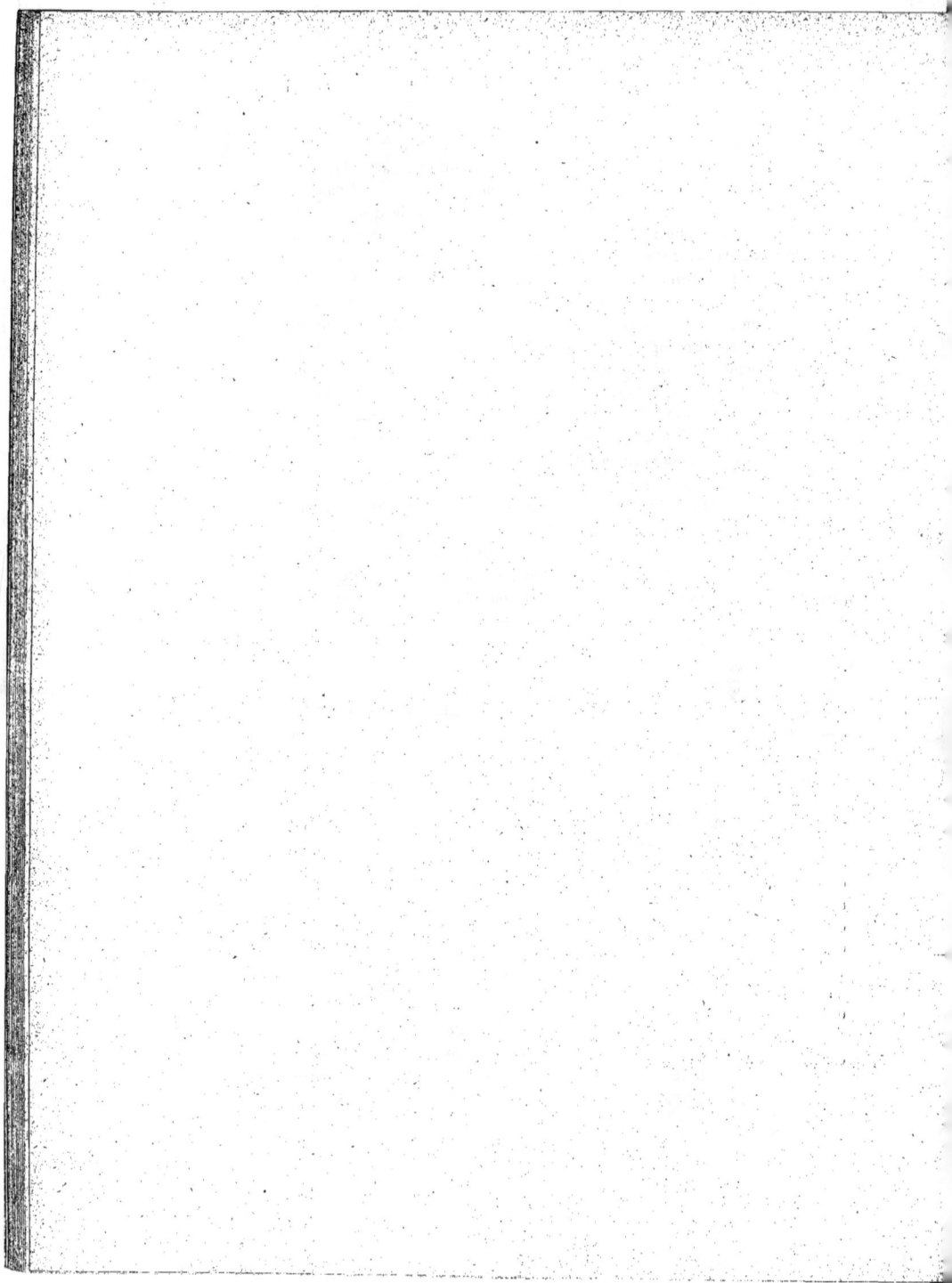

Outre les étoiles fixes et les nébuleuses, à des distances de nous encore immenses mais plus concevables, existent des astres de diamètre apparent mesurable, parfois appréciable à l'œil nu, qui constituent le *système solaire*. Ce sont le soleil, les planètes et leurs satellites, accompagnés d'une énorme quantité de fragments épars ayant échappé à la condensation en astres sphériques et qui constituent les comètes, les étoiles filantes et probablement les météorites.

Le soleil, autour duquel gravitent les autres astres du système en raison de l'énorme prépondérance de sa masse, a un volume égal à 1.283.000 fois celui de la terre, mais une masse seulement 324.000 fois supérieure à celle de la terre. Sa densité est donc très faible, 1,39 seulement par rapport à l'eau. Il est entièrement fluide, probablement gazeux dans toute sa masse, très comprimé d'ailleurs en son centre, car la pesanteur y est à la surface 27,5 fois supérieure à ce qu'elle est à la surface de la terre. Sa masse est constamment en mouvement, le dessin de sa surface (taches, protubérances, facules), change constamment. En particulier, des courants verticaux d'une formidable vitesse (jusqu'à 150 kilomètres par seconde), viennent apporter par convection à la surface la chaleur centrale qui est ensuite rayonnée dans l'espace. Cette quantité de chaleur est connue. On l'évalue à 26.000 calories par mètre carré et par seconde, soit l'équivalent de 147,000 chevaux vapeur par mètre carré de surface solaire. Si cette énorme déperdition n'était alimentée que par de la chaleur accumulée originellement, comme on l'a cru longtemps, l'abaissement de température serait très rapide, sensible en quelques années. Si le refroidissement est assez lent pour que depuis les temps historiques il soit resté insensible, c'est que la contraction, la chute des particules les unes vers les autres, vient le ralentir. N'était la comparaison avec les autres étoiles, qui classe le soleil parmi celles qui paraissent en voie de refroidissement, rien ne permettrait de dire si cet astre se refroidit,

ou s'échauffe encore actuellement. Ce qui est certain, c'est que c'est un astre en voie de contraction, qui a eu, aux époques antérieures, un diamètre beaucoup plus grand que le diamètre actuel et qui est dans une période de son évolution beaucoup moins avancée que les astres froids et denses comme la terre.

Les planètes sont des astres beaucoup plus petits, plus ou moins froids, non incandescents, qui ne font que renvoyer par réflexion la lumière solaire. Elles se divisent en trois groupes :

Un groupe intérieur de quatre planètes assez petites, lourdes, pourvues de peu de satellites, très semblables à la Terre qui est l'une d'entre elles. (Mercure, diamètre 0,373 du diamètre terrestre, densité 6,45 par rapport à l'eau. Vénus, diamètre 0,999, densité 4,44. La terre, diamètre 1, densité 5,5, distance au soleil 148.000.000 de kilomètres. Mars, diamètre 0,528, densité 3,91).

Puis un groupe nombreux de petites planètes invisibles à l'œil nu (450 connues environ), dont le diamètre ne dépasse pas quelques centaines, parfois quelques dizaines de kilomètres.

Enfin le groupe des grandes planètes extérieures, légères et pourvues de nombreux satellites et l'une d'elles (Saturne), d'anneaux plats très particuliers. (Jupiter, diamètre 11, densité 1,33. Saturne, diamètre 9,3, densité 0,70. Uranus, diamètre 4,23, densité 1.07. Neptune, diamètre 3,80, densité, 1,65.)

Toutes ces planètes tournent autour du soleil suivant des orbites planes elliptiques conformément aux lois de Képler et dans le sens direct. Ces orbites, sans être dans le même plan, sont peu inclinées les unes sur les autres et sur l'équateur solaire.

Toutes les théories cosmogoniques modernes imaginées pour rendre compte des dispositions d'ensemble du système solaire, celle de Laplace en particulier et celle de Faye qui n'en est qu'une adaptation aux faits nouvellement connus, s'accordent à considérer le système solaire comme issu de la concentration graduelle d'une matière diffuse, comparable sans doute à celle des nébuleuses actuelles et ayant occupé autrefois au moins l'espace embrassé par l'orbite de Neptune. Cette matière était primitivement froide, elle ne s'est échauffée que par l'effet de sa contraction et était, au début, agitée de mouvements tourbillonnaires. En se contractant, elle a abandonné dans l'espace, de distance en distance, une série d'anneaux plats analogues à ceux de Saturne, anneaux dont la rupture, suivie de la concentration de la matière en un point de la trajectoire, a formé les différentes planètes. La terre en particulier a été ainsi à un moment donné une nébuleuse diffuse, issue de la grande nébuleuse solaire, et tournant comme aujourd'hui autour du centre du système et, d'autre part, sur elle-même autour d'un axe passant par son centre. En se contractant, elle a abandonné elle-même dans l'espace une

portion de sa substance, qui a formé la lune. En même temps, par l'effet de sa contraction, elle s'est échauffée peu à peu et a passé à l'état d'une petite étoile qui ensuite a commencé à se refroidir, d'abord bleue, puis jaune, puis rouge et s'est condensée enfin à l'état liquide, à partir duquel la contraction devenant presque nulle, le refroidissement a dû devenir très rapide. Et comme cette étoile était beaucoup plus petite que le reste de la nébuleuse dont la contraction a constitué le soleil, son évolution, sa concentration et son refroidissement ont été beaucoup plus rapides. La terre était depuis longtemps solidifiée à sa surface, probablement même habitée depuis longtemps par des êtres vivants (comme on le verra plus tard), quand le soleil avait encore un diamètre énormément supérieur au diamètre actuel et une température moindre. Le soleil, sous sa forme actuelle, comme astre individualisé, est plus jeune que la terre. Les quatre planètes intérieures paraissent à peu près contemporaines. Les quatre extérieures, plus grosses, paraissent être dans une période moins avancée de leur évolution, plus légères et plus chaudes. (Certaines émettent une faible lumière propre.)

En un mot, quand on cherche à coordonner les grands traits du système solaire, on est conduit presque forcément à considérer la terre comme un soleil refroidi, et l'on trouve parmi les astres des exemples des divers stades de ce refroidissement.

Conclusions. — En résumé, toutes les considérations ci-dessus exposées s'accordent pour faire concevoir de la façon suivante l'histoire la plus ancienne de la terre. Issue de la nébuleuse solaire, la terre a passé d'abord par l'état d'étoile, d'astre gazeux incandescent. Puis, la contraction s'épuisant et cessant de pouvoir alimenter le rayonnement calorifique, la température s'est abaissée peu à peu jusqu'à permettre la condensation en un globe métallique liquide. A ce moment, des combinaisons pouvaient prendre naissance, et il se forma à la surface aux dépens des éléments les plus oxydables une couche de scories légères, tandis qu'en profondeur, l'action oxydante diminuant, il se formait des silicates de plus en plus basiques et lourds ; en même temps l'hydrogène se combinait à l'oxygène en constituant avec un peu d'azote une atmosphère épaisse contenant l'eau des mers actuelles, et exerçant par suite sur la première couche oxydée une pression de quelque 250 à 300 atmosphères. Enfin, le refroidissement continuant, il s'est formé sur la surface une pellicule solide, très peu conductrice, composée des silicates légers superficiels, qui a subitement éteint le rayonnement, le réduisant à presque rien. Dès ce moment, la conductibilité de l'écorce étant très faible, la surface a dû prendre rapidement une température indépendante de la chaleur interne.

La vapeur d'eau s'est précipitée à la surface, remaniant mécaniquement et chimiquement la première croûte solide et donnant naissance aux océans.

C'est le début des *temps géologiques* sur lesquels les renseignements nous seront fournis par l'étude directe des terrains. Nous verrons que dans cette période, jusqu'à nos jours, le refroidissement interne n'a cessé de s'accentuer. La contraction graduelle qui en a été l'effet est la cause unique des phénomènes de ridement et de fracture, d'une importance capitale en géologie.

TRAITS ESSENTIELS DE LA GÉOGRAPHIE

Atmosphère. — L'épaisseur de l'atmosphère est inconnue, assez mal définie d'ailleurs, car l'air doit aller en se raréfiant indéfiniment, sans limite précise. Les étoiles filantes, qui deviennent incandescentes par l'effet de la compression de l'air à des hauteurs atteignant 120 et 150 kilomètres, montrent que l'atmosphère a au moins cette épaisseur. Quoi qu'il en soit, au-delà de 8 à 10 kilomètres de hauteur, l'atmosphère cesse d'être respirable et n'a plus aucune action physiologique ni géologique. Les 4/5 de la masse de l'air sont d'ailleurs concentrés dans les 10.000 premiers mètres, ainsi qu'on a pu le constater par les mesures de pression faites dans les ascensions aéronautiques. La masse totale de l'atmosphère, bien connue par la pression barométrique, est de 1/1.200.000 de la masse totale du globe, ou 1/247 de celle des mers.

Relief du globe. — La mer recouvre la majeure partie de la surface du globe. Sur les 510 millions de kilomètres carrés de cette surface, 365 sont occupés par l'eau et 145 par la terre ferme, soit respectivement 5/7 et 2/7 du total.

D'autre part, les continents sont loin d'être également répartis entre les deux hémisphères. Plus on va vers le nord, plus la prédominance des continents s'accentue, jusque vers le cercle polaire. Dans l'hémisphère sud au contraire les terres disparaissent graduellement : à partir du 45e degré de latitude sud les parallèles ne rencontrent plus que la pointe de l'Amérique et de la Nouvelle-Zélande. Le cercle polaire sud est en plein océan sur toute sa longueur. De sorte que sur les 145 millions de kilomètres carrés de continents, environ 101 millions, soit les 7/10, appartiennent à l'hémisphère boréal.

Un hémisphère dont le pôle serait dans le centre de la France contiendrait 82 p. °/o de la surface des continents, et presque autant de terres que de mers.

Les continents vont tous en se terminant en pointe vers le sud, et il en est de même de presque toutes leurs saillies de quelque importance. Ils s'élargissent, au contraire, vers le nord et occupent presque tout le cercle polaire boréal. Les océans par contre occupent tout le cercle polaire austral et se terminent en pointe au nord. Si dans l'hémisphère nord on dépasse le

cercle polaire, on trouve de nouveau une mer profonde entourant le pôle. Inversement, au sud du cercle polaire austral, s'élève un continent encore presque inconnu, mais dont l'existence n'est plus douteuse. Les grandes masses continentales, si l'on en excepte le continent polaire austral, sont au nombre de trois : 1° Les deux Amériques, 2° l'Europe prolongée par l'Afrique, 3° l'Asie prolongée par l'Australie. D'autre part de la grande masse océanique australe se détachent trois océans graduellement rétrécis vers le nord : 1° l'Atlantique, 2° le Pacifique, 3° l'Océan Indien, prolongé par la dépression aralo-caspienne.

Le premier trait caractéristique de cette disposition générale est une opposition diamétrale entre les continents et les mers. Chacune des masses continentales, y compris celle du pôle austral, a pour antipodes une fosse océanique. La terre est en quelque sorte *antihémièdre* dans le dessin général de ses saillies continentales et de ses dépressions. Cela est d'autant plus frappant que le nombre des grandes saillies continentales et des dépressions marines opposées est précisément de quatre, suggérant la comparaison avec la forme antihémièdre type, celle du tétraèdre.

D'autre part, au milieu des trois continents triangulaires, apparaît une dépression médiane très nette et profonde, qui les coupe tous trois transversalement et forme une sorte de fossé étroit suivant un petit cercle incliné de quelque 20° sur l'équateur, jalonné entre les deux Amériques par la mer des Antilles, entre l'Europe et l'Afrique par la Méditerranée, entre l'Asie et l'Australie par les mers de la Sonde. C'est la dépression *méditerranéenne*, trait excessivement ancien et permanent de la géographie.

On remarque enfin que les pointes des trois masses continentales par lesquelles celles-ci s'enfoncent au sud sous les océans sont toutes déviées à l'est par rapport à l'axe de ces continents. Cela est vrai aussi pour la majorité des presqu'îles.

Cet ensemble de remarques a conduit M. Lowthian Green à une conception générale du relief terrestre connue sous le nom de *théorie tétraédrique*, qui rattache les grands traits de la géographie à la contraction graduelle du globe terrestre.

D'après L. Green, une sphère comme la terre, qui se contracte par refroidissement tandis que sa surface reste à température constante, doit tendre à prendre par refroidissement la forme du polyèdre régulier dont le volume est minimum à égalité de surface, ou ce qui revient au même qui, en se contractant, conserve le plus longtemps possible la même superficie extérieure. Ce polyèdre, c'est le tétraèdre régulier.

En admettant ce point de départ, assez vraisemblable, chacune des masses continentales représenterait un soulèvement de la surface, très peu accentué il est vrai, mais tendant néanmoins à constituer le sommet d'un tétraèdre. Chacune des fosses océaniques une dépression tendant à se

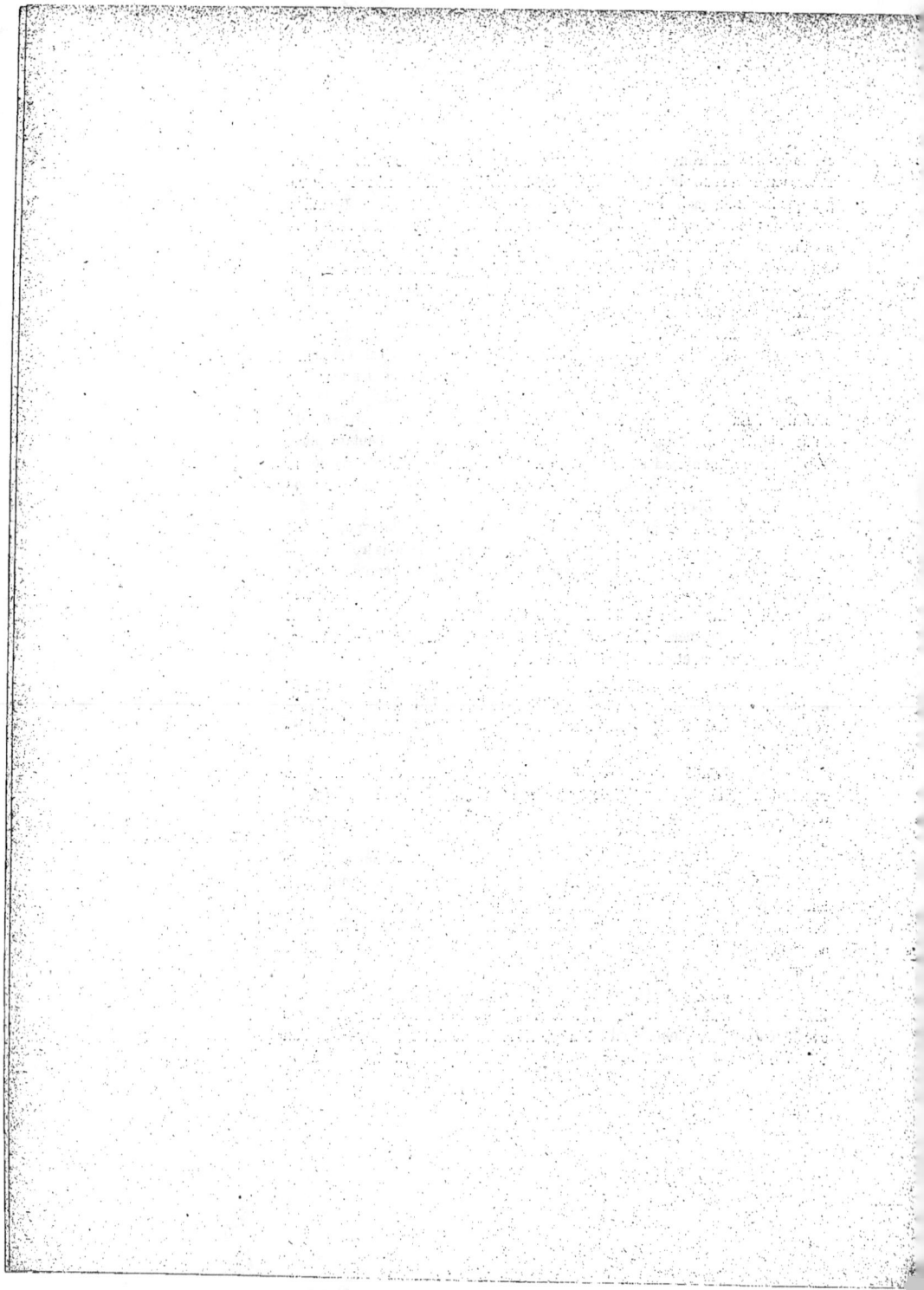

rapprocher de l'une des faces de ce solide. L'un des sommets serait au pôle sud, dans le continent austral, la face opposée au pôle nord. Les trois autres sommets seraient sur le parallèle de 30° nord, et correspondant respectivement à l'Amérique, à l'Europe-Afrique, à l'Asie-Australie. A la vérité, ces trois sommets sont inégalement espacés (à peu près 100°, 100° et 160°, au lieu de 120 uniformément), mais la théorie ne prétend pas que la forme du tétraèdre soit géométriquement régulière.

La forme des trois continents, avec une pointe dirigée vers le sud, correspondant à l'arête du tétraèdre et un dessin général triangulaire est bien conforme à celle des sommets d'un tétraèdre. Aux quatre faces correspondent l'océan Glacial Arctique, le Pacifique, l'Atlantique, l'océan Indien.

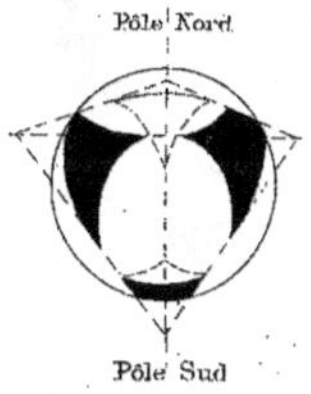

Dans la déformation de la sphère, les saillies continentales, animées de la vitesse angulaire générale du globe, avaient par suite en se soulevant une vitesse linéaire trop faible pour leur nouvelle position, plus écartée du centre. Elles ont dû tendre à retarder sur le mouvement général. Les pointes méridionales, moins surélevées, ont pris par suite sur elles une certaine avance. Ce qui explique la déviation si nette des pointes continentales vers l'est. En même temps cette torsion des continents déterminait un effort transversal qui a causé la rupture des continents par le milieu. D'où la dépression méditerranéenne, divisant en deux continents chacune des trois masses principales.

S'il faut éviter de pousser trop loin, comme on l'a fait, les conséquences de cette théorie, elle mérite cependant d'être retenue comme une vue d'ensemble gravant dans la mémoire les traits essentiels du relief terrestre, et les reliant d'une manière vraisemblable à la seule cause à laquelle nous puissions attribuer leur origine, savoir la contraction du noyau terrestre. Mais elle n'est que l'esquisse vague encore d'une vérité qui nous reste obscure sur beaucoup de points. On peut en particulier lui faire cette objection que les traits tétraédriques du globe actuel ne paraissent pas s'être tous dessinés à la même époque, certaines fosses océaniques existant bien, comme le voudrait la théorie, depuis les temps les plus reculés, mais d'autres paraissant dues à des affaissements relativement récents (Atlantique, océan Indien).

Profil général des continents et des océans. — Le fond de tous les océans est convexe, leur profondeur étant beaucoup moindre que la flèche de l'arc qu'ils recouvrent. Ainsi la flèche de l'Atlantique, dans une coupe est-ouest, est de 1.150 kilomètres environ, chiffre plus de 150 fois supérieur à sa plus grande profondeur. Seuls les détroits de très faible largeur, comme le Pas-de-Calais, peuvent présenter un fond réellement concave. Il importe donc de

se rendre compte que les fonds de mers ne sont des dépressions que si l'on rapporte, comme on le fait instinctivement, les altitudes à un plan. Dans la réalité, ce ne sont que des portions de la surface terrestre un peu moins convexes que les saillies continentales, mais si peu que la différence de courbure est presque insensible.

La profondeur *moyenne* des océans est voisine de 3.700 mètres, chiffre très supérieur à l'altitude moyenne des continents au-dessus du niveau de la mer (700 mètres environ). Cependant les plus grandes profondeurs constatées diffèrent peu de l'altitude des plus hautes montagnes : on a trouvé dans le Pacifique, dans la fosse des îles Tonga, des fonds de 9.000 et 9.500 mètres, chiffres exceptionnels ; les profondeurs de 8.000 et 8.500 mètres sont déjà très rares. Il résulte de là que, tandis que les hauts sommets sont très localisés sur les continents, les grandes profondeurs sont au contraire la règle pour les océans.

Les zones de profondeurs se répartissent de la manière suivante :

La zone de	0 à 200	mètres de	profondeur occupe	7,45 %	de la surface totale des mers.
—	200 à 500	—	—	2,29	—
—	500 à 1000	—	—	2,29	—
—	1000 à 2000	—	—	4,88	—
—	2000 à 3000	—	—	9,44	—
—	3000 à 4000	—	—	20,75	—
—	4000 à 5000	—	—	32,90	—
—	5000 à 6000	—	—	17,15	—
—	6000 à 7000	—	—	2,14	—
—	au-delà de 7000	—	—	0,71	—
				100,00	

Si l'on porte en ordonnées les profondeurs et en abscisses les chiffres ci-dessus totalisés (voir page 33), on obtient une courbe qui représente le profil moyen d'un océan supposé cylindrique, rapporté au niveau de la mer supposé plan. Dans son ensemble cette courbe est concave, mais avec deux convexités correspondant l'une à une sorte de terrasse avoisinant les côtes, l'autre à l'enfoncement du niveau moyen vers les profondeurs maxima, lesquelles occupent, sous forme de fosses locales, peu étendues et brusquement approfondies, une surface très restreinte.

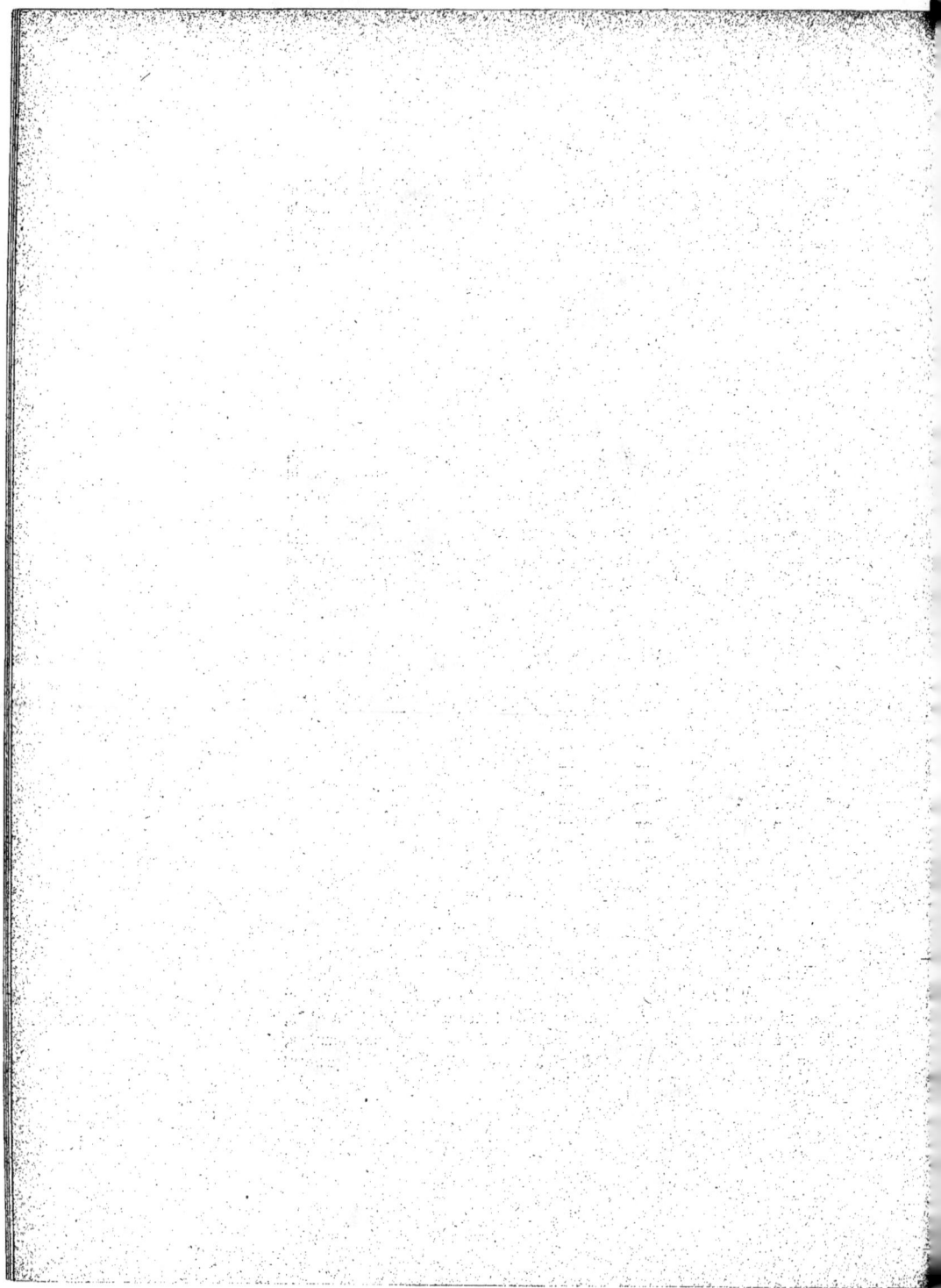

On voit que si le niveau s'abaissait de quantités énormes, le dessin général des continents serait peu modifié. Un premier abaissement de 200 mètres aurait pour effet d'ajouter aux continents une bande côtière augmentant leur surface de 1/6 environ sans changer notablement leur forme. Mais au-delà il faudrait un abaissement plus de 10 fois plus grand pour produire un changement du même ordre. 3.000 mètres de hauteur d'eau enlevés à l'océan ne modifieraient notablement le dessin général des masses continentales que dans l'Atlantique nord. Ainsi, si l'on laisse de côté une bande côtière de quelque 100 kilomètres de largeur moyenne qui peut être laissée à sec par des oscillations relativement faibles du niveau de la mer, on voit que tout le reste du fond des océans est soustrait à l'émersion, à moins de mouvements de formidable amplitude. S'il y a eu des continents anciens qui se soient transformés en océans, ce n'a pu être que par des affaissements extrêmement importants, de plusieurs milliers de mètres, sauf pour une bande étroite bordant les côtes actuelles. De simples oscillations du niveau des mers, sans mouvement de la terre ferme, ne sauraient suffire à expliquer un tel changement.

Dans l'histoire Géologique, on verra que parmi les grandes dépressions océaniques il en est deux surtout qui se retrouvent à toutes les époques et qui vraisemblablement sont des traits primordiaux de la géographie, modifiés seulement dans leurs détails dans la suite des temps : le Pacifique et la dépression méditerranéenne. Cette dernière, aujourd'hui très réduite, quoique profonde (elle a des fonds de 4.000 mètres) a été aux époques anciennes bien plus importante. Par contre, les emplacements de deux autres océans, bien différents des précédents par la structure de leurs côtes, l'Atlantique et l'Océan Indien, ont été occupés au moins en grande partie jusqu'à une époque relativement récente par des continents aujourd'hui disparus. L'immersion de ces continents n'a pu avoir lieu que par suite d'effondrements verticaux de grande amplitude, de simples oscillations de l'élément liquide ne suffiraient pas à les expliquer.

Tout autre est le profil moyen des continents.

Tandis que l'altitude de la plus haute montagne (le Gaurisankar, dans l'Himalaya) atteint 8.840 mètres, chiffre presque égal à celui qui mesure la profondeur maximum des océans, l'altitude moyenne des continents ne dépasse guère 700 mètres (encore ce chiffre est-il presque double de celui que l'on admettait autrefois). Ce sont donc les faibles altitudes qui dominent. L'Europe et l'Australie ne dépassent pas 280 à 290 mètres d'altitude moyenne, l'Afrique et l'Amérique 600 à 650 mètres, et c'est l'Asie, dont le centre est occupé par des plateaux élevés, qui relève la moyenne générale par son altitude moyenne de 950 mètres environ.

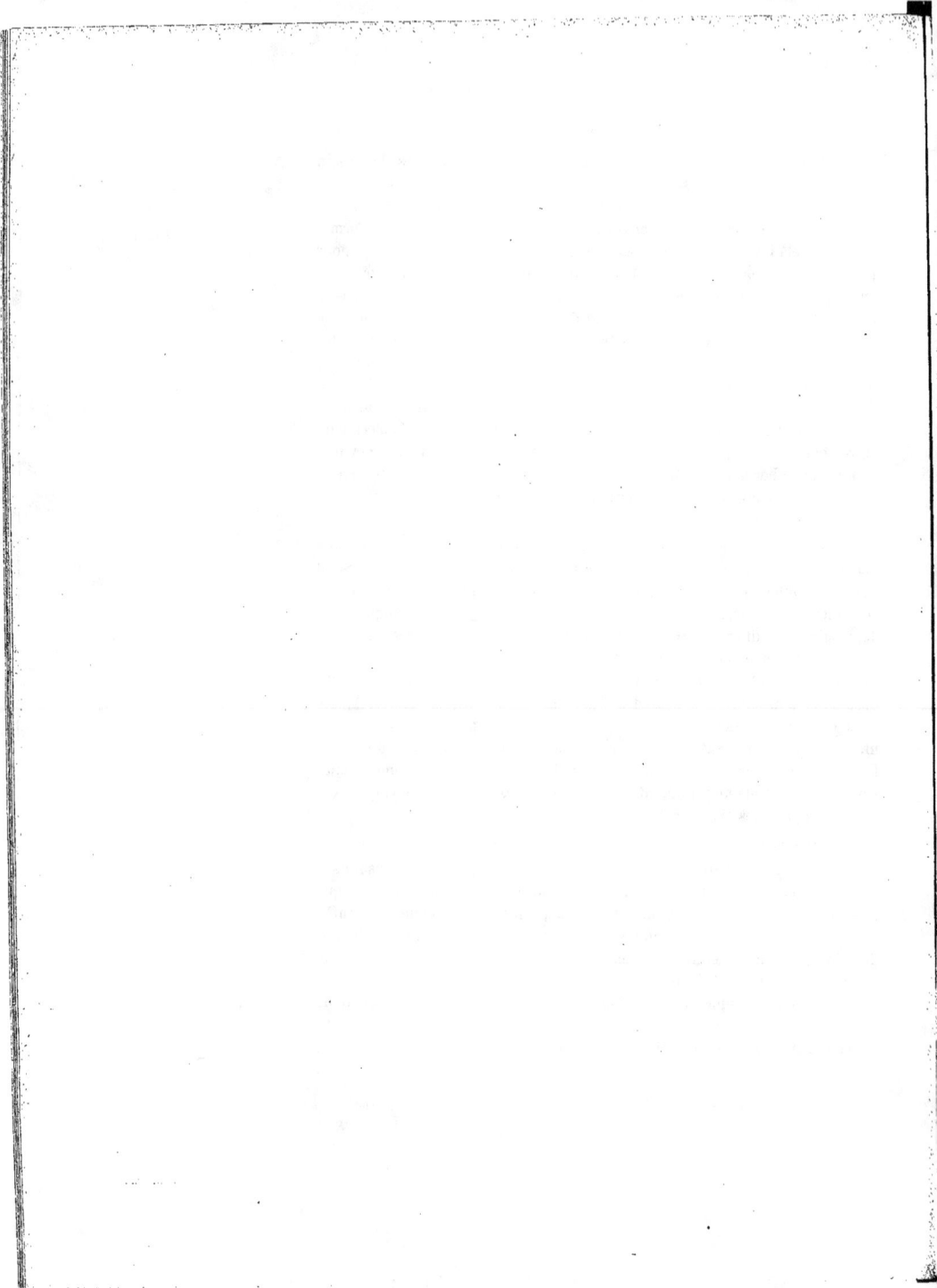

Les zones d'altitude se répartissent comme suit :

La zone au-dessous de	0	occupe	0,6 %	de la surface totale des continents.
—	0 à 200	—	29,2	—
—	200 à 500	—	27,1	—
—	500 à 1000	—	19,0	—
—	1000 à 2000	—	16,4	—
—	2000 à 3000	—	3,6	—
—	3000 à 4000	—	2,1	—
—	au-dessus de 4000	—	2,0	—
			100,0	

La courbe, établie comme précédemment, qui représente le profil moyen d'un continent, est *constamment concave.* La figure ci-jointe réunit ces deux courbes en une seule, en tenant compte du rapport des surfaces continentales et océaniques.

On voit qu'un relèvement de 500 mètres du niveau des mers couvrirait plus de la moitié des continents, un relèvement de 200 mètres près du tiers.

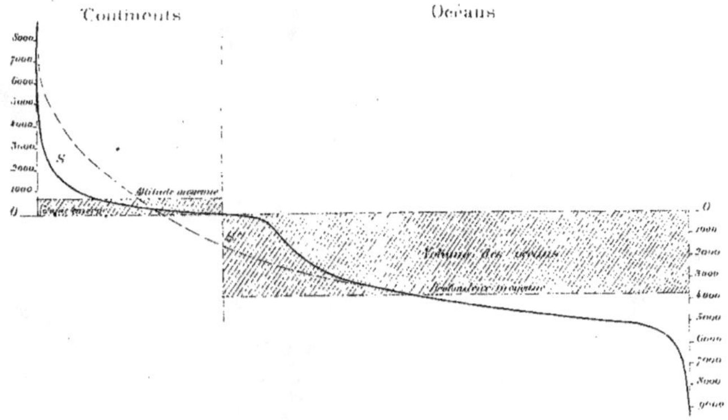

Un exhaussement même faible du niveau de la mer suffirait donc à modifier profondément l'étendue et la forme des continents, alors que l'abaissement de ce niveau, même considérable, n'augmenterait que de peu la surface émergée. On conçoit donc que, sans grands cataclysmes, par de simples oscillations des eaux ou du sol sans grande amplitude, la mer ait pu envahir sur de vastes espaces et avec des profondeurs faibles les continents actuels, et nous verrons qu'il en a été ainsi un grand nombre de fois ; tandis que ce ne sont que de grands effondrements, véritables dislocations de la

croûte terrestre, qui ont dû faire de continents anciens le fond des océans actuels et inversement. En dehors de ces grandes révolutions, comme celles qui ont donné naissance à l'Atlantique ou à l'Océan Indien, nous verrons bien constamment telle ou telle partie de la terre ferme actuelle envahie par les eaux de la mer, recouverte ainsi de sédiments marins, nous verrons les lignes de côtes se déplacer sans cesse. Mais ces sédiments paraissent, dans la majorité des cas, s'être déposés dans des eaux peu profondes. Ils sont le plus souvent l'indice de mouvements relatifs de la terre ferme et des mers dont la faible amplitude est hors de proportion avec les effondrements dont il vient d'être question, explicables seulement par des dislocations de la surface terrestre.

Non seulement le profil moyen des continents est *concave*, mais encore, tandis qu'il s'abaisse brusquement à partir des hautes altitudes, il *tend très lentement vers l'altitude zéro*. Le profil est tangent à l'horizon au point où il se raccorde avec le fond des mers. Nous verrons comment cette forme caractérise les pentes travaillées par l'action des eaux courantes, par l'*érosion*.

Ce sont, d'autre part, les matières enlevées aux continents par l'érosion (Voir plus loin, p.), et amenées à la mer par les rivières, qui forment autour des terres émergées cette terrasse sous-marine convexe mise en évidence par le diagramme et dont le profil se raccorde sans discontinuité à celui des continents, avec une tangente presque horizontale. Pour faire abstraction de l'action des eaux courantes sur les continents, il faudrait prolonger le profil général océanique par une courbe (marquée en pointillé sur la figure), telle que la surface *s* (volume de matières enlevé aux terres), soit égale à *s'* (volume de matières apporté aux mers). Il ne subsisterait alors aucune différence essentielle entre les deux portions, sous-marine et continentale, de la courbe moyenne du relief.

Le fond des océans et la surface des continents apparaissent ainsi comme modelés par une cause unique primordiale, dont nous aurons à rechercher la nature, les fosses océaniques profondes formant dans un même mouvement d'ensemble la contre-partie des saillies continentales élevées. Mais à cette cause première est venue s'en ajouter une autre, l'érosion pluviale, dont nous apprendrons à connaître la formidable puissance, et qui, attaquant les continents, en a réduit la plus grande partie à l'état de plaines basses, reportant dans le domaine de la mer les matériaux ainsi arrachés à celui de la terre ferme. Le modelé superficiel des continents ne diffère dans l'ensemble de celui du fond des océans que par les effets de l'érosion, et la différence donne précisément la mesure de ces actions secondaires dues aux agents atmosphériques.

Cette différence se retrouve très accentuée dans le détail. Bien que les pentes moyennes, prises sur quelques dizaines de kilomètres, soient tout à

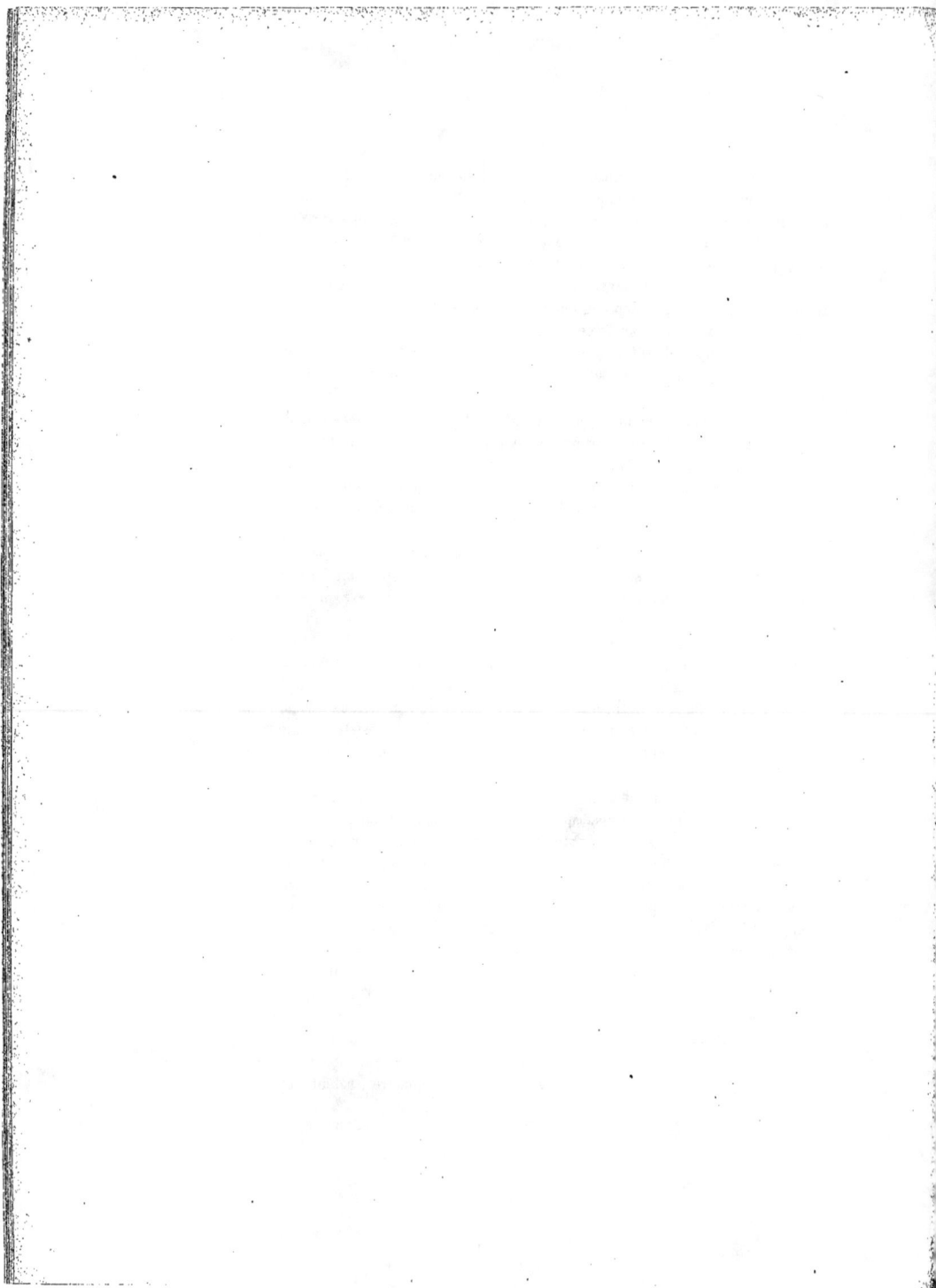

fait du même ordre sur le fond des mers et sur les continents, les contours sont infiniment plus adoucis dans le premier cas, les aspérités moins brusques, les pentes continues et non pas déchiquetées, interrompues par des vallées étroites comme sur la terre ferme. Cela tient uniquement à ce que le fond des mers est soustrait à l'action des eaux courantes, cause des aspérités terrestres, et reste tel que l'ont modelé soit les déformations de l'écorce, soit les dépôts sédimentaires qui ont contribué à en combler les inégalités.

Les coupes réelles faites en travers des continents montrent constamment deux faits caractéristiques :

En premier lieu elles sont, comme le profil moyen, toujours *concaves* dans leur ensemble (en faisant abstraction des inégalités locales du sol). Mais en outre elles mettent en évidence un fait que ne peut montrer le profil moyen établi ci-dessus, c'est la *dyssymétrie* constante des continents.

Loin d'être constitués simplement par une ligne de hauteurs centrale s'abaissant symétriquement de part et d'autre vers la mer, les continents sont en général déprimés en leur centre, et *les grandes chaînes bordent presque toujours les océans*.

Elles s'abaissent graduellement sur le bord continental et plongent beaucoup plus brusquement vers la mer de l'autre côté. L'exemple le plus frappant est celui des deux Amériques, qui forment à divers points de vue le continent le plus simple, dont le dessin, pour ainsi dire schématique, révèle des faits masqués ailleurs par une complication plus grande (en Europe surtout, continent dont le tracé et l'histoire sont bien plus complexes).

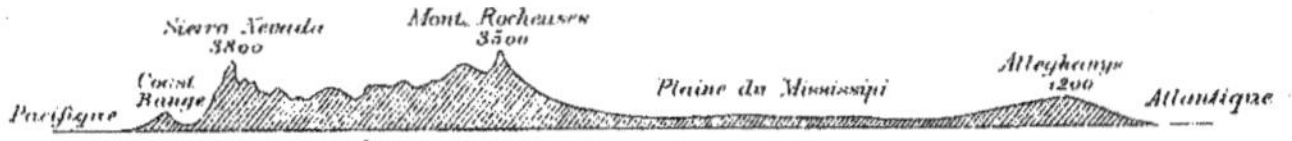

Coupe Est-Ouest de l'Amérique du Nord

Mais le même fait se retrouve dans une coupe N.-S. de l'Europe, où les Alpes plongent par leur flanc le plus abrupt vers les fosses méditerranéennes, s'abaissant au contraire lentement vers une dépression centrale occupée par l'Allemagne du Nord et la Baltique. De même dans une coupe N.-S. de l'Asie, etc...

Coupe Nord-Sud de l'Asie

Coupe Nord-Sud de l'Europe

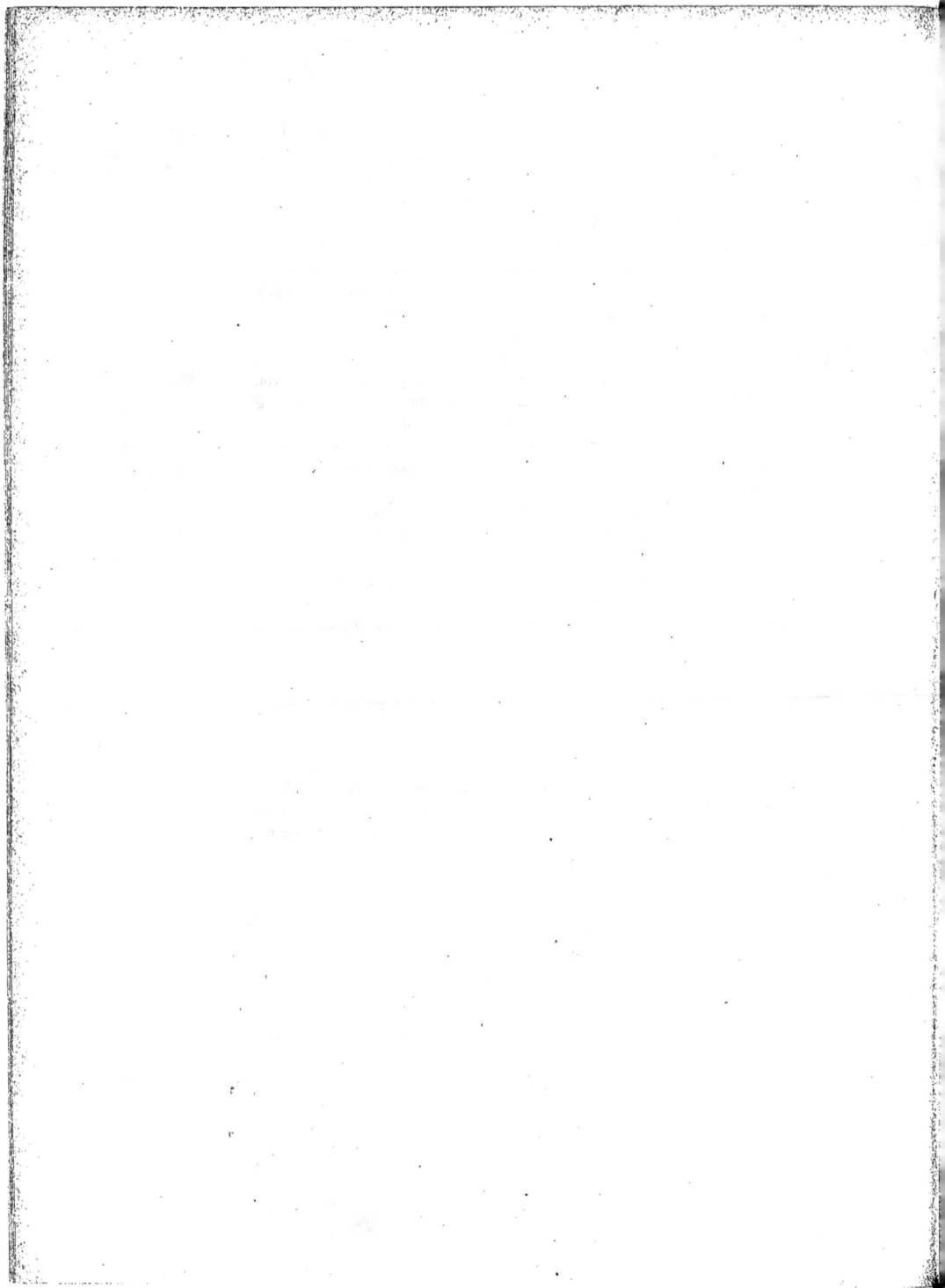

Il importe cependant d'établir dès maintenant une distinction qui apparaîtra plus nettement dans la suite. Parmi les montagnes, toutes ne sont pas comparables entre elles. Nous verrons que les unes sont des volcans, tas de scories projetées formant des cônes isolés. D'autres sont dues à l'érosion, c'est-à-dire que dans un terrain resté horizontal, tranquille, mais surélevé par l'affaissement relatif des contrées avoisinantes, les eaux courantes ont creusé le sol et laissé parfois des lambeaux de terrains à des hauteurs assez grandes. C'est le cas des montagnes du Plateau Central français, des Vosges, des montagnes d'Abyssinie, des Alleghanys, etc. Dans ces montagnes les vallées n'ont aucune direction d'ensemble.

Enfin les *montagnes proprement dites* sont dues à des plissements du sol. Les couches du terrain y sont contournées, comme écrasées par une force horizontale sous forme de longs plis dont la disposition rappelle la forme des vagues de la mer. Dans ce cas les vallées suivent la direction des plis ou la perpendiculaire, en sorte que la nature de ces montagnes ressort du seul examen d'une carte géographique. C'est le cas des Alpes, du Jura, des Pyrénées, du Caucase, de l'Himalaya, des Andes, de toutes les plus hautes chaînes actuelles. Quand en géologie on parle d'une chaîne de montagnes, c'est uniquement de ce genre de montagnes qu'il est question.

Ce sont précisément ces montagnes proprement dites qui bordent immédiatement les dépressions océaniques.

Dans le détail même des chaînes on retrouve la structure dyssymétrique, avec une pente beaucoup plus forte, une chute plus brusque du côté de la dépression océanique. Les Alpes, qui s'élèvent graduellement du Nord au Sud (en France de l'Ouest à l'Est), retombent brusquement, avec une pente moyenne *double* sur la plaine de Lombardie, qui forme un seuil peu étendu entre elles et la Méditerranée, seuil constitué d'ailleurs par un remplissage d'alluvions relativement récentes, mais qu'occupait la mer au moment du soulèvement de la chaîne. De même le Jura monte par une série de gradins de plus en plus élevés depuis la vallée de la Saône jusqu'aux

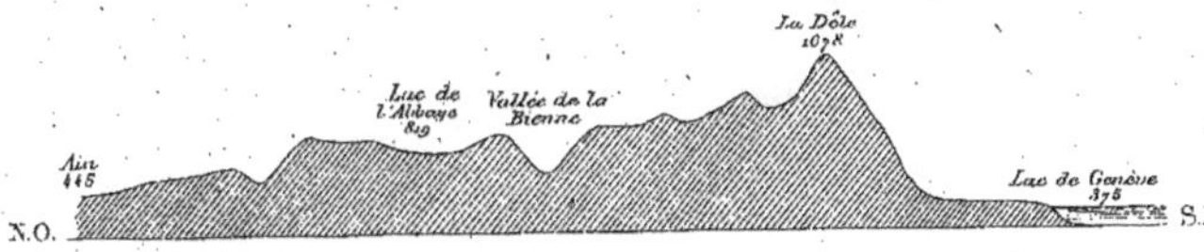

Une coupe transversale du Jura

plus hauts sommets, lesquels ne se trouvent pas dans l'axe de la chaîne, mais dominent et bordent immédiatement la profonde dépression de la plaine suisse, également occupée par la mer à l'époque du plissement. De même encore les Pyrénées sur leur flanc Nord, le Caucase sur son flanc Sud, l'Himalaya sur son flanc Sud, les Andes et la Sierra-Nevada sur leur flanc

11

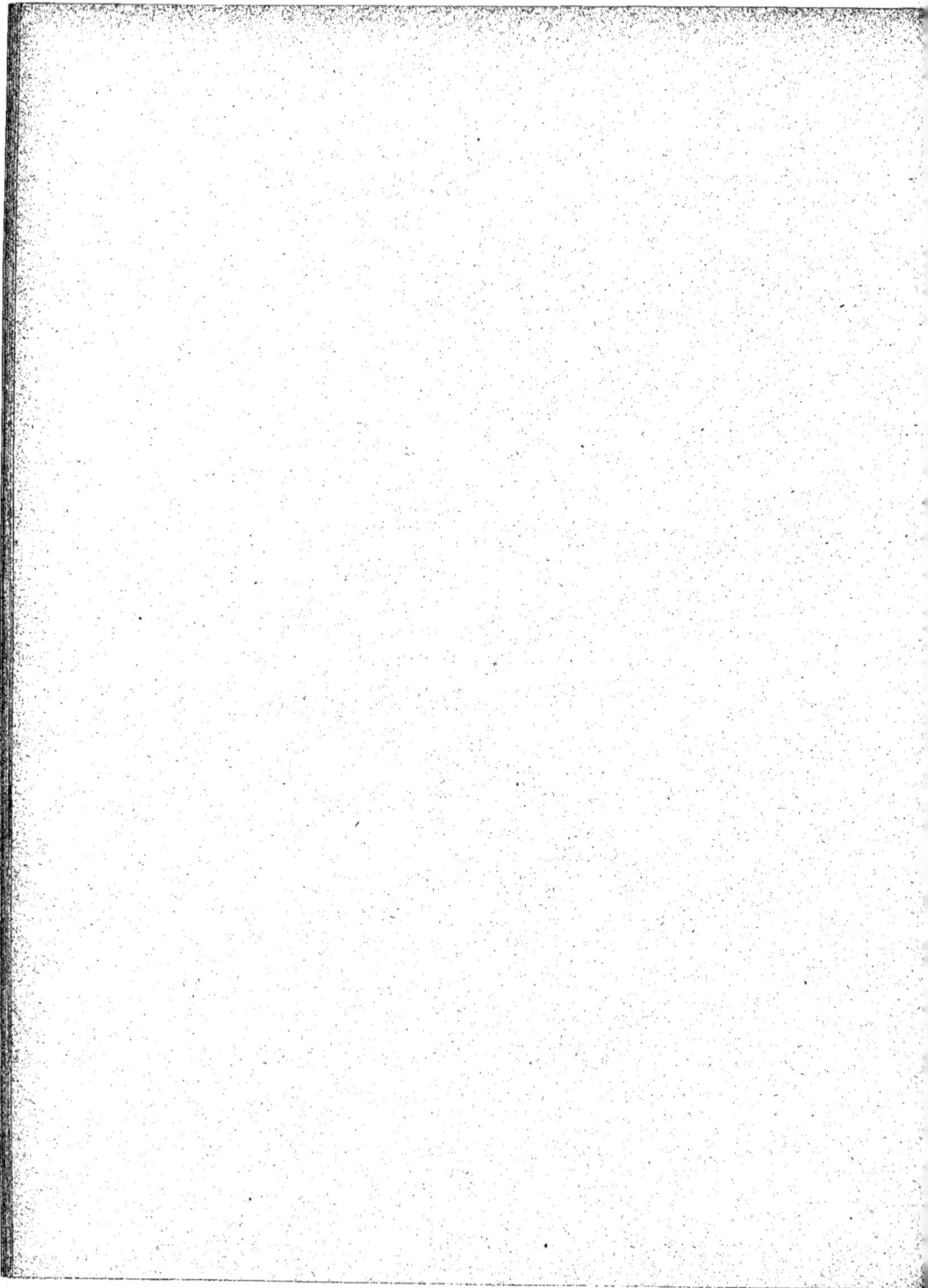

Ouest, plongent avec des pentes plus que doubles de celles qu'ils présentent du côté opposé. Et ce même caractère se retrouve dans le détail de chaque chaîne, les pentes les plus abruptes faisant presque toutes face du même côté.

La mer n'occupe pas toujours *actuellement* le pied du versant abrupt, mais elle l'a occupé au moment du soulèvement de la chaîne. Et dans la majorité des cas, pour les hautes chaînes, elle l'occupe effectivement. (L'exemple le plus frappant est celui des deux Amériques.) Cela tient à ce que les plus hautes chaînes actuelles sont celles dont le soulèvement est *le plus récent ;* ce sont les chaînes les plus jeunes, celles que l'érosion n'a pas encore eu le temps de niveler en comblant en même temps de leurs débris les fosses marines contiguës. Mais lorsque la chaîne est plus ancienne, des révolutions nouvelles, ou bien le simple comblement par l'effet de l'érosion, ont parfois expulsé la mer de la dépression qu'elle occupait au pied de la chaîne. On peut dire d'une manière presque absolue, que *les grandes chaînes de montagnes bordent, ou tout au moins ont bordé au moment de leur soulèvement, les dépressions océaniques*, en retombant sur ces dépressions avec une pente beaucoup plus forte (le plus souvent à peu près double) que celle qui existe sur le versant continental opposé. Le profil schématique est celui-ci :

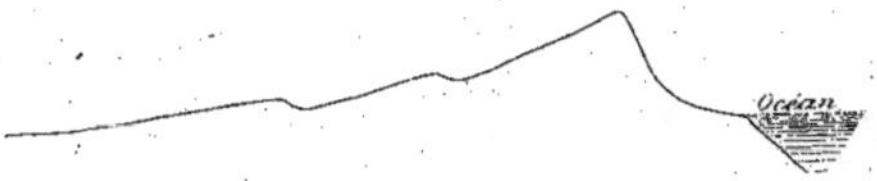

La même dyssymétrie se retrouve dans le profil du fond des océans. Les plus grandes profondeurs sont loin d'occuper le centre des océans. Elles se localisent au contraire *le long des côtes bordées par les grandes chaînes de montagnes récentes*, ou le long des chaînes d'îles qui sont des chaînes de montagnes partiellement immergées.

Ainsi le Nord de l'Atlantique est occupé en son milieu par un vaste plateau sous-marin de moins de 2.000 mètres de profondeur, que borde le long de la côte des Etats-Unis une dépression de 5.000 à 5.500 mètres. Cette dépression se prolonge au Sud le long des Antilles, en s'accentuant encore, et c'est tout contre cette chaîne à demi-submergée, à côté de l'île de Porto-Rico, que se trouve la profondeur maximum de l'Atlantique, 8.340 mètres. De même sur la côte Ouest du Pacifique septentrional, les îles Kouriles, le Nord du Japon et les îles Mariannes forment les sommets d'une chaîne linéaire dont les pentes vont en s'abaissant doucement vers l'Ouest, et retombent au contraire brusquement vers l'Est, exactement comme celles d'une chaîne continentale, et les plus grandes profondeurs du Pacifique Nord se trouvent précisément contre cette chaîne (8.500 mètres le long des

Kouriles), tandis qu'à partir de cette fosse le fond se relève en pente douce vers l'Est, jusqu'aux profondeurs moyennes qui occupent le centre de l'Océan.

Le long de la côte occidentale d'Amérique, les profondeurs sont un peu moindres, mais la côte est encore bordée par une dépression très nette, atteignant 7.000 et 7.500 mètres, relevée brusquement vers le continent et se raccordant de l'autre côté par des pentes douces aux profondeurs moyennes. En beaucoup de points de cette côte, par exemple entre l'équateur et le parallèle de 20° Sud, il y a à peine interruption au niveau de la mer du talus régulier allant du fond de la fosse océanique au sommet des Andes, sur une hauteur totale de quelque 11.000 à 12.000 mètres.

Coupe NO_SE du Pacifique Nord

Coupe E_O de l'Amérique du Sud, vers 20° de latitude Sud

Ainsi, si l'on raccorde les profils océaniques et continentaux le long des grandes chaînes (ou des archipels linéaires qui sont tout à fait de même nature), et si l'on complète par la pensée le profil continental de tout ce que lui a enlevé l'érosion, on trouve toujours pour la coupe schématique de ces grands accidents du relief la forme suivante :

Il y a donc un rapport étroit entre les grandes saillies du relief et les fosses océaniques qui en forment en quelque sorte la contre-partie. La terre est accidentée d'une série de *rides* dont la forme générale correspond à la coupe schématique ci-contre. En général les saillies sont émergées, les dépressions occupées par la mer, mais non toujours, et il n'y pas de différence essentielle entre les deux cas.

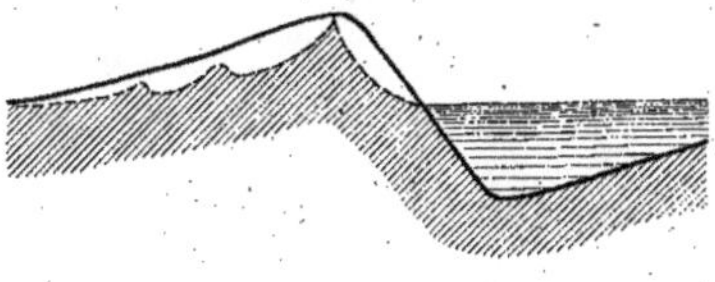

Or, cette forme est celle que prend une lame flexible encastrée et comprimée tangentiellement par le rapprochement de ses extrémités. L'étude de la structure géologique des chaînes de montagnes confirmera d'ailleurs que leur existence est due au ridement de l'écorce terrestre sous l'action d'efforts horizontaux. Mais le seul examen des formes extérieures donne déjà une grande probabilité à cette explication des reliefs orographiques, et surtout relie entre elles de la manière la plus évidente les hautes chaînes, que la géologie nous apprend à reconnaître comme des plis saillants de l'écorce, et les dépressions océaniques actuelles, inaccessibles à la géologie,

qui apparaissent ainsi comme la contre-partie en creux de ces plis, comme des plis rentrants complétant l'ondulation double qui est le type constant des déformations de la surface.

Mais ces grands plis doubles, comprenant une saillie (en général une haute chaîne de montagnes ou une chaîne d'îles) et une dépression contiguë (en général occupée par l'Océan), ne sont pas les seuls accidents du relief.

Les côtes ainsi constituées par une chaîne continue bordée d'une dépression marine profonde sont dites côtes à *facies pacifique*. Les côtes Ouest de l'Amérique en sont le type, mais elles se poursuivent au Nord et à l'Ouest du Pacifique par les chaînes d'îles presque continues des Aléoutiennes, des Kouriles, du Japon septentrional, des Mariannes, des îles Salomon, des Nouvelles-Hébrides et de la Nouvelle-Zélande. En dehors de cette bordure du Pacifique, toutes les côtes à facies pacifique (ou chaînes d'îles) se localisent le long de la dépression méditerranéenne. La côte de l'Algérie, celles du Sud-Est de l'Espagne, de l'Italie et de la Grèce en sont les types bien nets. Et de part et d'autre, les montagnes de l'Indochine d'un côté, prolongées par les îles de la Sonde, de l'autre côté les Antilles, raccordent par des côtes à facies pacifique bien caractérisé les bords de la dépression méditerranéenne à ceux du Pacifique. D'ailleurs *toutes les hautes montagnes récentes* sont comprises dans ces deux lignes : bordure du Pacifique et bordure de la dépression méditerranéenne. Cette ceinture de montagnes, avec prédominance des côtes à facies pacifique, donne à ces deux dépressions océaniques un caractère tout spécial qui les différencie des autres mers.

Mais la bordure de ces deux océans ne forme qu'une partie, et non la plus étendue, des côtes des continents. Partout ailleurs les côtes ont une structure différente. On dit qu'elles ont le facies *atlantique*.

Les côtes à facies atlantique ne présentent pas ces longues lignes continues, ces bordures régulières de montagnes et ces chapelets d'îles qui caractérisent le facies pacifique. Elles sont découpées, de forme absolument irrégulière, sans rapport aucun avec la direction des chaînes de montagnes. Telles sont toutes les côtes de l'Atlantique, en dehors des points où cet océan est croisé par la dépression méditerranéenne (Antilles et côte Nord de l'Espagne); telles sont notamment les côtes si déchiquetées du Nord de l'Europe et de l'Asie.

Le facies atlantique correspond à deux cas assez distincts. Il y a d'abord des points où la mer occupe, avec de faibles profondeurs, la région plate à surface plus ou moins irrégulière qui fait suite au versant des grandes chaînes opposé à la dépression océanique. C'est le cas de la Baltique et de la Mer du Nord. On conçoit que la mer découpe alors dans le continent des golfes contournés dont les rivages sont déterminés par les moindres irrégularités accidentelles de la surface du sol.

Mais la plus grande partie des côtes de l'Atlantique et de l'Océan

Indien présente une toute autre disposition. Le long de ces côtes, la mer peut atteindre rapidement d'assez grandes profondeurs ; lorsqu'une chaîne de montagnes atteint la côte, elle y arrive sous un angle quelconque, souvent droit, et est coupée par la côte brusquement, sans abaissement préalable. (Exemples l'Atlas marocain, le prolongement des Pyrénées). Ou bien ce sont des plateaux élevés qui bordent l'Océan et sont coupés comme à l'emporte-pièce, faisant place à des fonds marins souvent profonds. C'est le cas des côtes de Norwège, de la plupart des côtes d'Afrique, tant à l'Est qu'à l'Ouest. Tout indique que la dépression est due ici à une chute verticale, à un effondrement, sans indice de plissement.

C'est un second mode de déformation de la surface terrestre, que nous retrouverons dans l'étude des terrains, mais qui apparaît déjà comme le précédent dans les grands traits de la géographie, et tout particulièrement le long des côtes de l'Atlantique et de l'Océan Indien, en dehors des points où les rencontre la dépression méditerranéenne. D'ailleurs, dans la zone méditerranéenne elle-même, cette structure d'effondrement s'enchevêtre avec la structure pacifique. La plupart des fosses de la Méditerranée, la mer Tyrrhénienne, l'Adriatique, l'Archipel, sont dues à des effondrements verticaux récents consécutifs des plissements et qui sont venus troubler la structure restée si nette au contraire autour du Pacifique.

Ici encore la mer n'occupe pas forcément le fond de la dépression, ni la terre ferme ses bords. La vallée du Jourdain et de la mer Morte, dont le fond atteint 700 à 800 mètres au-dessous du niveau de la mer, est un exemple frappant d'effondrement linéaire qu'on ne peut expliquer que par un affaissement vertical du sol. La série des grands lacs du centre de l'Afrique, située d'ailleurs sur le même alignement Nord-Sud, formée de bassins dont plusieurs sont sans écoulement, révèle un phénomène semblable.

En résumé, les inégalités principales du relief terrestre, qui déterminent la distribution des terres et des mers, et par suite, en général, les lignes de côtes (mais qui peuvent exister aussi en plein continent ou être complètement immergées), sont de deux sortes. L'une correspond, quand elle coïncide avec des lignes de côtes, au facies *pacifique* et est caractérisée par une forme suggérant immédiatement l'idée de plissement par compression tangentielle. L'autre correspond au facies *atlantique* des côtes (du moins à une partie des côtes à facies atlantique) et ne s'explique que par des affaissements verticaux.

Ce sont les deux modes de dislocation que la géologie nous apprendra à reconnaître et qui tous deux sont la conséquence du refroidissement de la terre. Il est intéressant de constater que la seule étude des formes géographiques conduit à en prévoir l'existence, et plus encore de se rendre compte qu'à eux seuls ils suffisent à expliquer le dessin général du relief terrestre, qui n'a été modifié que dans ses détails par les autres causes agissantes, notamment l'érosion et le volcanisme.

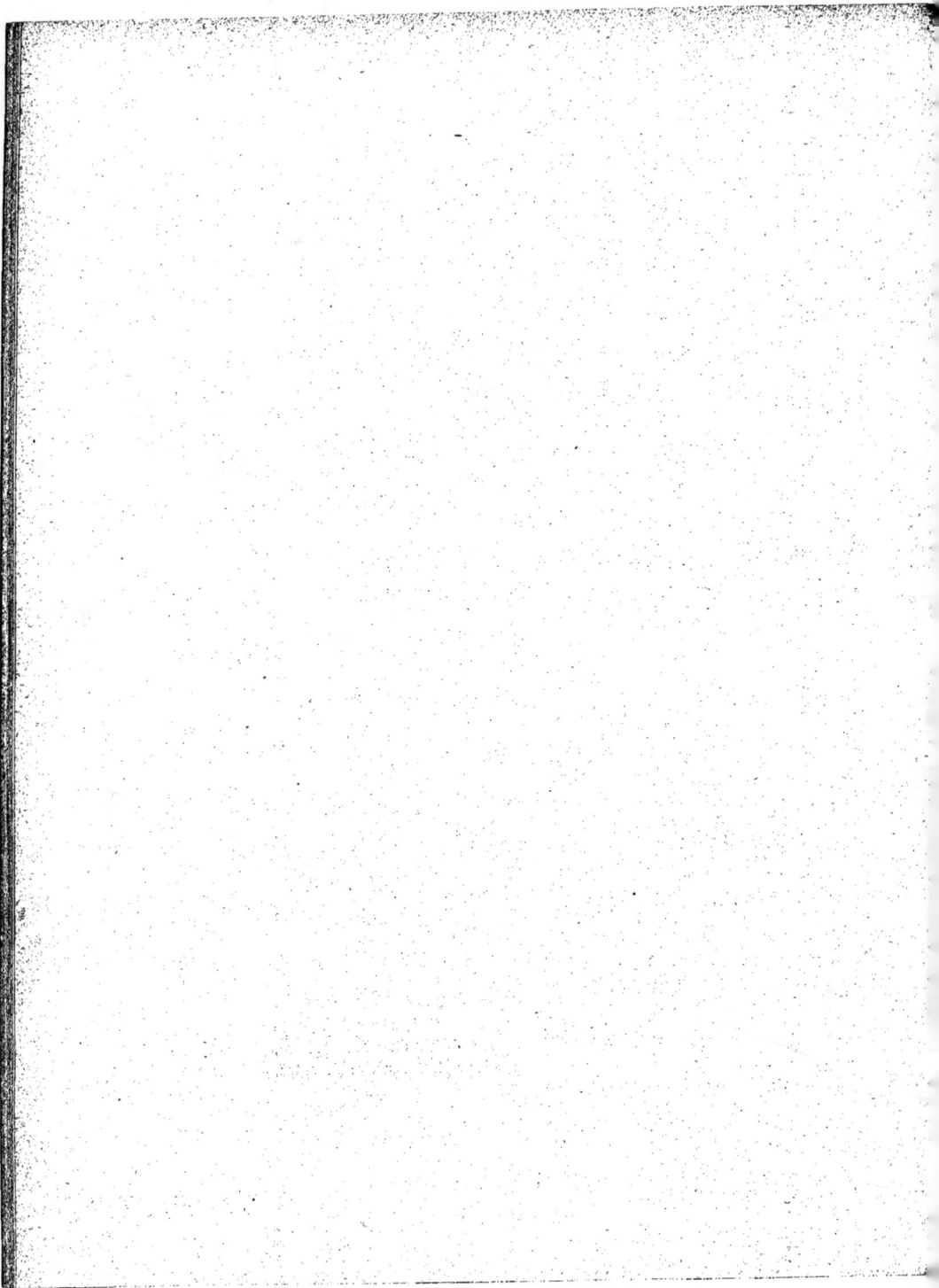

GÉODYNAMIQUE

GÉODYNAMIQUE EXTERNE

1° *Action de l'atmosphère sur le relief du sol.* — Nous entrons, avec ce paragraphe, dans l'étude des modifications du relief du sol par les agents *extérieurs*. Ces agents, ce sont d'abord l'atmosphère et l'eau, agissant par leur masse, comme agents purement physiques, pour désagréger les parties surélevées de la surface terrestre et leur permettre ainsi de céder à l'action de la pesanteur pour venir occuper dans les parties basses une position plus stable. Leur effet est donc, *à priori*, de tendre à niveler le sol en abattant les saillies et comblant les dépressions. Presque toute l'histoire géologique se résume dans la lutte entre les mouvements orogéniques, d'origine interne, qui tendent à *déniveler*, et l'action de l'atmosphère et de l'eau, qui tend à *niveler* de nouveau le sol. A côté de ces agents physiques dont le rôle est capital, il faut placer les agents chimiques parmi lesquels l'eau joue le rôle dominant. Enfin les agents physiologiques, c'est-à-dire les organismes vivants.

L'atmosphère exerce sur le sol deux sortes d'effets : 1° des effets de désagrégation ; 2° des effets de transport par les vents.

La désagrégation des roches provient de l'effet calorifique de l'air. En échauffant et refroidissant successivement les roches, il cause leur fendillement, surtout si elles sont imbibées d'eau. Le phénomène est surtout actif dans les régions de hautes montagnes, où la différence de température de l'air du jour à la nuit est excessive. La congélation de l'eau contenue dans la roche y est pour beaucoup le plus souvent, mais elle n'est pas nécessaire. L'effet des simples dilatations et contractions causées à la surface par le contact de l'air suffit. On observe en effet une désagrégation rapide des roches à la surface même dans les pays où l'eau est rare et où il ne gèle jamais, comme dans l'Afrique tropicale.

Ces matières désagrégées seront ensuite saisies, soit par l'eau, soit par le vent et transportées à l'état de sables fins. Mais pour que ce transport par les vents soit possible, il faut, d'une part, que ces particules soient sèches et, d'autre part, ce qui va ensemble, que la végétation ne puisse s'établir à leur surface. C'est pourquoi le transport de roches désagrégées par les vents est surtout actif et important dans les *déserts*. Là où l'eau, infiniment plus puissante, peut agir, le déplacement de matières par les vents est absolument négligeable. Ces déserts, où l'action des vents devient prépondérante, sont les parties centrales généralement déprimées des grands continents, où les courants aériens venant de la mer ne parviennent qu'après

s'être dépouillés de la vapeur d'eau qu'ils contenaient, en la répandant en pluie sur la bordure de montagnes entourant la dépression. L'absence de végétation et la mobilité du sol désagrégé sont simplement l'effet de cette sécheresse.

Le transport des particules solides par le vent est possible même par des vents de vitesse modérée. La vitesse du vent varie de quelques décimètres par seconde pour un vent très faible, jusqu'à 20 et 25 mètres pour un vent violent. Dans les ouragans elle pourrait, dit-on, atteindre 40 et 45 mètres, mais un vent de 25 mètres est déjà d'une extrême violence. La pression qui en résulte sur une surface plane normale au vent, est par mètre carré de 0,15 kilogrammes pour une vitesse de 0,30 mètres, de 6 k. pour une vitesse de 7 mètres, de 34 k. pour une vitesse de 17 mètres, et atteint 95 k. pour une vitesse de 28 mètres. Ainsi pour une vitesse de 28 mètres, un grain de sable siliceux de 1 millimètre de diamètre, qui pèse 0,0014 gramme, subit de la part du vent une pression de 0,075 gramme, soit une poussée plus de cinquante fois supérieure à son poids. On conçoit que ce grain de sable soit aisément entraîné. C'est ainsi qu'on observe souvent en Italie des pluies de sables provenant du Sahara, et dans l'Atlantique des pluies de sable de même origine, transportées par les Alizés jusqu'au milieu de cet océan et que l'on appelle pour cette raison « poussières d'alizés ». Les poussières volcaniques, projetées souvent par les éruptions à plusieurs milliers de mètres de hauteur, sont transportées à des distances bien plus grandes encore. Des cendres de l'Hékla sont tombées jusqu'en Norvège, en 1875, à une distance de 1.900 kilomètres du volcan.

Les grains de sable durs traînés à la surface des roches par le vent, peuvent parfois les rayer et les entamer jusqu'à produire des effets de corrosion d'assez grande importance. C'est ainsi que s'usent et se polissent les roches du Sahara, qui sont surtout des calcaires, mais aussi dans d'autres régions désertiques, au Colorado par exemple, les roches les plus dures, granites ou grès quartzeux. Les matières ainsi arrachées aux roches s'ajoutent à celles qui proviennent de la désagrégation et vont se déposer aux points où la vitesse du vent se ralentit. Toutefois l'importance des dépôts de cette nature est bien faible par rapport à celle des dépôts aqueux. En dehors du sable des déserts actuels ou des amas de cendres volcaniques que le vent accumule dans certaines parties de l'Islande, on ne trouve guère en géologie d'exemples de formations importantes dues à l'action du vent.

Dans les pays humides et couverts de végétation, le transport des sables par les vents n'acquiert quelque importance qu'au bord de la mer, le long des plages basses. Là, le vent ne fait que remettre en mouvement, après les avoir desséchées, des matières désagrégées par la seule action des eaux, matières qui constituent le sable des plages. Que ce soit dans les déserts ou sur les plages, l'accumulation des sables entraînés par les vents constitue des dépôts mouvants d'un caractère très particulier, appelés *dunes*.

Lorsque le sable est traîné par le vent à la surface d'une plaine, il chemine dans la direction du vent dominant (le long des plages c'est en général la brise de mer, soufflant normalement au rivage vers la terre), et ne s'arrête qu'à la rencontre de quelque obstacle. Si petit que soit cet obstacle, inégalité du sol ou simple touffe d'herbe, le vent forme au devant de lui un remous qui occasionne le dépôt d'un peu de sable en ce point. Le talus de ce premier petit monticule est peu incliné dans la direction d'où vient le vent : sa pente est la pente limite sur laquelle peuvent monter les grains de sable poussés par le vent. De l'autre côté, la pente est plus forte, c'est celle du talus d'équilibre du sable soustrait à l'action du vent. De nouvelles particules de sable, continuant à s'élever sur le talus *a b*, viennent retomber du côté *b c*, où le vent ne peut plus les entraîner, de sorte que la masse de la dune ne cesse d'augmenter, son profil restant semblable à lui-même. L'obstacle initial est bientôt submergé, et il ne reste qu'une sorte de vague de sable dyssymétrique qui croît tant que du sable nouveau lui est apporté par le vent. Dans les dunes de Gascogne, qui sont parmi les plus importantes connues sur les plages, le talus d'avant a une pente de 7 à 12°, celui d'arrière une pente de 29 à 32°.

Une fois la dune constituée, à mesure qu'elle s'accroît son talus d'arrière avance dans la direction du vent. Son talus d'avant n'a aucune tendance à s'élever, le vent en entraîne au contraire les particules pour les déverser du côté opposé. Il en résulte que la masse tout entière de la dune *chemine dans la direction du vent*. S'il existe deux dunes l'une devant l'autre, celle qui est du côté opposé au vent est protégée de l'action du vent par l'autre, et par suite retardée dans son mouvement de progression, de telle façon que les deux monticules ne tardent pas à se rejoindre et à se fondre en une seule dune plus importante.

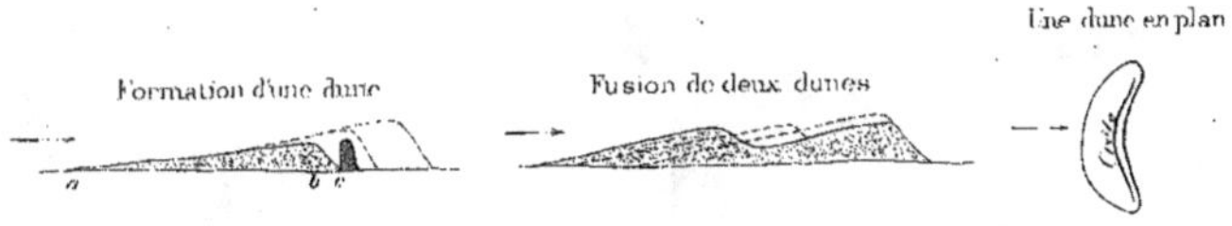

Enfin, comme les extrémités de la dune sont plus basses, le sable s'y élève moins haut et chemine par suite plus vite en plan. De sorte qu'en plan la dune a la forme d'un croissant dont la convexité est tournée du côté du vent dominant.

Cette forme appartient aussi bien aux dunes du Sahara qu'à celles de nos côtes. Les dunes du Sahara, dont la hauteur atteint et dépasse parfois 200 mètres, couvrent d'immenses espaces (près de 1/9 de la surface de ce désert) et se déplacent constamment comme celles des côtes.

Celles du désert de Lybie, par exemple, envahissent peu à peu l'Egypte et y ont recouvert, depuis les temps historiques, nombre de monuments anciens et de villages.

Le long des côtes, les dunes n'acquièrent de grandes hauteurs que là où les marées ont une assez grande amplitude. A défaut de cette condition le sable de la mer n'est mis à sec et ne peut être entraîné par le vent qu'en petite quantité. Ainsi, sur la côte de la Méditerranée, la hauteur des dunes ne dépasse guère 6 à 7 mètres. Par contre, sur la côte de Gascogne, de l'Adour à la Gironde, existe une bande de dunes de 200 kilomètres de longueur sur 4 à 8 kilomètres de largeur, dont la hauteur peut atteindre 80 mètres et plus. Sur les autres côtes de France la hauteur des dunes dépasse rarement une vingtaine de mètres.

Quant à la vitesse de progression, elle est des plus variables, mais parfois très rapide. Les dunes de Gascogne avançaient de 20 à 25 mètres par an, avant l'époque récente où l'on est parvenu à les arrêter partiellement. On cite nombre de maisons et d'églises qui ont été envahies par ces dunes, puis ont reparu de l'autre côté après un enfouissement plus ou moins long. Comme vitesse exceptionnelle, on cite celle d'une dune à Saint-Pol-de-Léon en Bretagne, qui avança de 25 kilomètres de 1666 à 1772, soit une vitesse de près de 250 mètres par an ; ou celle d'une dune de la côte d'Angleterre qui parcourut 80 mètres par an.

L'établissement de la végétation sur les dunes en arrête complètement le déplacement. C'est ainsi qu'on a réussi à fixer les dunes de Gascogne par des plantations de pins.

En résumé l'action de l'atmosphère consiste d'abord à préparer, par la désagrégation des roches, le travail de transport qui sera effectué surtout par les eaux courantes. Puis, dans certaines régions spécialement sèches et dénuées de végétation, à transporter mécaniquement les débris de ces roches en formant des accumulations ou *dunes*, parfois assez importantes, mais qui ne sont, en somme, qu'un phénomène local, relativement rare, localisé presque uniquement le long des côtes basses et dans les déserts.

2° *Action des eaux de la mer*. — Nous arrivons ici à un ordre de phénomènes d'une tout autre généralité et d'une tout autre importance.

La mer agit sur le relief continental par la force vive de ses vagues, c'est-à-dire des mouvements ondulatoires que produisent à sa surface d'une part les vents et d'autre part les marées. Sauf rares exceptions, la hauteur des vagues, en pleine mer, ne dépasse guère 6 à 8 mètres. Sur les côtes, c'est-à-dire au point où elles agissent sur la terre ferme, les vagues atteignent de bien plus grandes hauteurs. La pente de la plage transforme en effort vertical leur force vive de translation, et elles peuvent s'élever sous forme d'énormes masses d'eau de 50 mètres de hauteur et plus. De pareilles masses

peuvent exercer sur un plan normal à leur mouvement des pressions de plusieurs dizaines de tonnes par mètre carré, jusqu'à 30 tonnes d'après certaines évaluations. Les vagues de tempête peuvent ainsi déplacer d'énormes blocs de pierre pesant un grand nombre de tonnes (tels les blocs de 80 et 100 tonnes de béton des jetées). Les vagues ordinaires sont moins puissantes mais la pression due à leur mouvement est encore de quelque 3.000 kilos par mètre carré.

Mais quelle que soit l'intensité du mouvement superficiel, le calme règne toujours à une faible profondeur. Rarement les vagues se font sentir à plus de 10 mètres de profondeur. On a constaté des mouvements jusqu'à 100 et 200 mètres, mais ils sont exceptionnels et consistent en petites vibrations de faible amplitude, incapables de produire des effets mécaniques sensibles. Le phénomène des vagues est donc tout superficiel.

Quant aux courants, ils sont incapables de creuser le fond par eux-mêmes, mais agissent souvent en empêchant le dépôt de sédiments. Ce sont presque uniquement les courants de marée, déterminés le long des côtes découpées et à faible pente par le flux et le reflux, qui par endroits, sans creuser le fond, y maintiennent cependant sur leur parcours des profondeurs assez grandes en empêchant l'ensablement.

Ainsi on doit considérer le fond des mers comme étant complètement à l'abri de toute érosion. La mer n'a d'effets destructeurs que sur le rivage.

Au large, les vagues consistent en un simple mouvement vertical des particules de l'eau, avec déplacement horizontal négligeable, mouvement qui se propage comme une onde sonore. Sous cette forme, la vague serait incapable d'agir comme un marteau et d'exercer un choc horizontal. Mais en arrivant au bord le fond incliné de la plage s'oppose au mouvement des parties inférieures de la vague, la partie supérieure prend de l'avance et le mouvement d'oscillation des particules s'incline de plus en plus vers le bord. La composante horizontale de ce mouvement augmente. La vague se recourbe peu à peu en avant, aidée en cela par le vent quand il souffle de la mer, si bien qu'enfin la partie supérieure finit par surplomber et s'écroule, agissant alors comme une chute d'eau subite, un véritable coup de masse qui attaque et ébranle la roche au niveau de la mer.

La puissance du choc est d'autant plus grande que la vague, lorsqu'elle parcourt un fond couvert de galets, ramasse et projette sur la côte, une véritable mitraille de pierres.

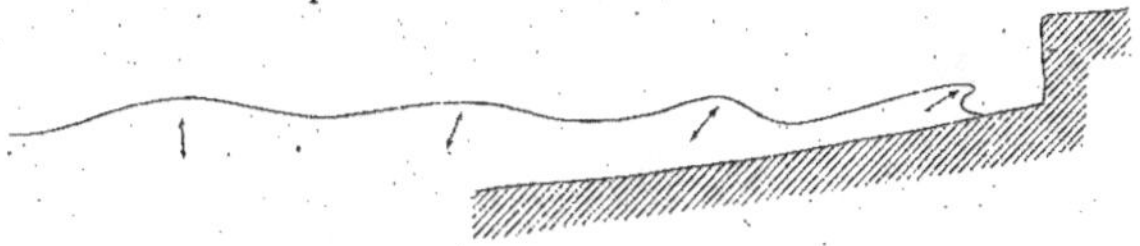

La falaise est ainsi attaquée par son pied, *sous-cavée* et recule par éboulements successifs.

L'action mécanique de la lame n'est d'ailleurs réellement puissante que si l'eau monte effectivement vers la falaise, c'est-à-dire à la marée montante. Elle est nulle à marée haute et à marée basse et ne commence guère à se manifester que vers le 1/3 ou la moitié de l'intervalle des niveaux de haute et basse mer. De sorte que de A en B le recul de la côte est à peu près nul. Il commence à se manifester vers B, ce qui détermine à partir de ce point une sorte de plate-forme peu inclinée qui va jusqu'au pied de la falaise et est entièrement immergée à la haute mer. Dans les mers où la marée est puissante, c'est-à-dire dans les mers étroites et peu profondes en relation avec l'océan, comme la Manche (où elle atteint 15 mètres tandis que dans l'océan elle est de 1 à 2 mètres), la marée est aussi moins régulière, sa hauteur dépend davantage des circonstances astronomiques. On voit alors souvent se dessiner plusieurs gradins correspondant les uns aux marées habituelles, les autres aux marées puissantes d'équinoxe.

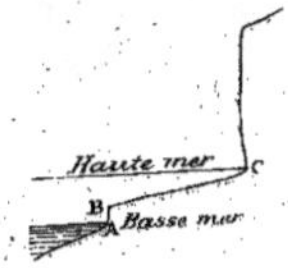

Le recul moyen de la côte sous l'action des vagues est toujours lent. Il se produit bien parfois, après un long travail des vagues au pied de la falaise, des éboulements importants. Par exemple au Hâvre, les falaises du cap de la Hève s'écroulent parfois sur 10, 15 ou 20 mètres de largeur et sur plusieurs centaines de mètres de longueur. Mais la mer met ensuite un temps très long à débiter les blocs ainsi tombés et à déblayer l'éboulement qui couvre le pied de l'escarpement. On conçoit d'ailleurs que tant que le niveau moyen de la mer, par rapport au continent, reste stable, l'action des vagues ne peut aller bien loin, qu'elle se limite d'elle-même. Plus la plate-forme s'allonge, plus l'action des vagues se ralentit. Elles finissent par ne plus atteindre la falaise qu'après avoir perdu leur force vive par leur parcours de plus en plus prolongé sur cette terrasse sans profondeur, si bien que finalement la mer n'a plus la puissance de disperser les blocs tombés de la falaise, qui lui opposent une barrière définitive.

Ainsi l'action de la mer doit être considérée comme tout à fait locale et de peu d'importance dans les cas habituels où le niveau de la mer reste le même par rapport au continent. Mais il en est tout autrement si le niveau de la mer s'élève (ou si le continent s'affaisse), comme cela a lieu par exemple le long des côtes françaises de la Manche. Dans ce cas, la plate-forme s'abaissant de plus en plus cesse d'arrêter l'action de la vague, et le recul de la falaise peut s'étendre sur un espace quelconque. Le pays immergé à la suite de cet affaissement relatif du continent est réduit, pour ainsi dire, rigoureusement *à l'état de plan*, quelles que fussent ses inégalités antérieures, car tous ses points ont été tour à tour nivelés au niveau de la plate-forme, c'est-à-dire à celui de la mer. C'est ce qui est arrivé chaque fois qu'aux époques anciennes la mer a envahi la terre ferme. On appelle *Abrasion* ce

nivellement complet d'une région par l'invasion de la mer (par opposition au nivellement tout à fait semblable qui est le résultat final de l'*Erosion* par les eaux courantes). Et on appelle *Transgressions* de la mer ces invasions de l'océan sur les régions antérieurement occupées par la terre ferme (par opposition aux *Régressions* qui consistent dans le phénomène inverse). L'abrasion explique, pour les parties des fonds marins qui ont été émergées à une époque antérieure, la régularité et la douceur de leurs pentes.

La vitesse du recul actuel des côtes normandes est relativement très considérable. On a constaté 0,20 à 0,25 mètres par an au Hâvre en moyenne. Mais il s'agit là d'un cap avancé, particulièrement exposé. Localement, la vitesse peut être plus grande encore, elle atteint 1 mètre par an en certains points des côtes d'Angleterre, du Danemark, à l'Ile d'Helgoland qui, dans les cinq derniers siècles, a perdu plus de moitié de sa surface. Mais la moyenne pour une certaine longueur de côtes est bien moindre, elle se chiffre tout au plus par quelques centimètres par an. Pour l'ensemble des côtes d'Angleterre, pour la plupart en voie d'affaissement, on compte un recul moyen inférieur à 3 centimètres par an, 3 mètres par siècle. La masse des matériaux enlevés annuellement aux continents par l'action des vagues est, *à l'époque actuelle*, peu importante par rapport à celle que leur arrachent les eaux courantes. Elle est impossible à chiffrer avec quelque exactitude; mais si l'on admet, ce qui est très exagéré, que toutes les côtes reculent comme les côtes anglaises, si l'on admet aussi une hauteur moyenne de 50 mètres pour les falaises (ce qui est d'autant plus excessif que beaucoup de côtes ne présentent pas de falaises et que la mer, par suite, ne leur enlève rien), on trouve que pour la terre entière l'abrasion marine met en mouvement annuellement 300 millions de mètres cubes de roches. Quoique très certainement supérieur de beaucoup à la réalité, ce chiffre est encore 30 fois moindre que celui qui représente la masse de matières mise en mouvement par l'érosion pluviale.

Toutefois il suffirait que le niveau de la mer fût moins constant qu'à l'époque de calme actuelle pour que l'abrasion prît une activité bien plus grande, ce qui a pu avoir lieu en d'autres temps.

Les matières détachées de la côte par les vagues se réduisent en fragments bientôt roulés, arrondis par le frottement, que l'on appelle *galets*, et en *sables* plus fins ou même en *boues* impalpables. C'est ainsi que les côtes crayeuses de Normandie sont couvertes de galets de silex provenant des rognons de silex disséminés dans la craie, tandis que la craie elle-même est délayée en une boue fine et emportée au loin. Ces galets, sables et boues, ne restent pas en général au point où ils ont été formés. Les matériaux fins, qui ne peuvent se déposer dans une eau agitée, sont entraînés au large, où ils vont concourir, avec les vases apportées par les fleuves, à la formation de dépôts spéciaux. Près de la plage, dans la zone agitée par les vagues, ne peuvent rester que des matières plus grossières, galets ou sables. Et ces

matières sont pour ainsi dire attachées à la plage, rien ne peut les entrainer au large, elles se déposeraient instantanément en quittant la zone où les vagues agissent sur la côte. Elles ne peuvent donc que se mouvoir le long de la côte tant qu'elles n'ont pas été réduites en poussière par le frottement.

Le plus souvent les vagues, poussées par des vents plus ou moins obliques à la côte, ne sont pas exactement parallèles au rivage. Elles frappent obliquement, et par suite déplacent les galets, qui cheminent ainsi le long du rivage. Tantôt ce déplacement est irrégulier, tantôt lorsqu'il existe une direction dominante du vent, les galets s'avancent toujours dans le même sens, jusqu'à ce qu'ils viennent s'accumuler contre quelque obstacle, soit un promontoire, soit l'ouverture d'une baie où les vagues, en s'étalant, perdent leur force vive et où par suite les galets s'arrêtent, formant des accumulations de part et d'autre de l'entrée.

Lorsque les galets, dans leur cheminement, arrivent devant une côte plate, ils s'y trouvent fixés définitivement de la manière suivante. Les galets, lors des tempêtes, sont entraînés par les vagues et violemment projetés en avant sur la grève. Si la plage est peu inclinée, l'eau qui n'a plus en se retirant que la faible vitesse due à la pente est incapable de ramener en arrière les fragments de quelque grosseur. Ceux-ci restent donc sur la plage et un peu au-dessus du niveau de la haute mer. Il se forme ainsi, le long des plages basses, des *levées de galets ou de sables* grossiers, véritables digues qui peuvent dépasser parfois de 4 et 5 mètres le niveau de la haute mer. C'est ce que l'on désigne encore sous le nom d'*appareil littoral* ou *cordon littoral.*

Ce cordon de galets ou de sables grossiers est marqué, dans les mers à fortes marées, d'un ou deux paliers correspondant aux hauteurs qu'atteignent les galets projetés par les vagues en temps ordinaire, lors des tempêtes ou lors des marées équinoxiales.

Si la côte est très plate, cet abandon des matériaux projetés par les vagues ne se fait pas sur le bord même, mais en avant, au point où la force des lames diminue assez pour qu'elles ne puissent transporter plus loin les galets. De sorte que dans ce cas le cordon littoral isole derrière lui un bassin peu profond, occupé par une eau tranquille et dont l'étendue peut parfois être considérable. On donne à ce bassin le nom de *lagune*.

L'appareil littoral a donc pour effet d'isoler de la mer une certaine étendue primitivement occupée par elle le long d'une côte plate, en transformant ainsi une portion du domaine de la mer en une sorte de lac intérieur

peu profond. C'est ainsi que se sont formés les Haff de la côte de Prusse, séparés de la Baltique par d'étroits cordons littoraux (Nehrung), les étangs de l'Hérault, les lagunes de Venise, le Zuyderzée, les lagunes du golfe du Mexique, etc.

Une fois que l'appareil littoral s'est fixé, la lagune est destinée à se combler, soit par les apports des cours d'eau qui y débouchent, soit par les sables de la mer qui l'envahissent sous forme de dunes lorsque les circonstances sont favorables au transport des sables par le vent. De sorte que sous la protection du cordon littoral le continent gagne ainsi sur la mer des espaces parfois importants. Ainsi les étangs de la Gironde et des Landes sont d'anciennes lagunes que les dunes ont isolées définitivement de la mer (sauf le bassin d'Arcachon) et comblées en grande partie, et qui ont perdu leur salure par suite de l'afflux des eaux pluviales entraînant vers la mer les anciennes eaux salées, à travers le sable perméable. La plus grande partie de la Hollande doit son existence au comblement de lagunes, non par les sables de la mer, mais par les limons des cours d'eau.

Il est évident toutefois que cette conquête de la terre ferme sur l'Océan n'est stable et définitive que si le niveau de la mer n'a aucune tendance à s'élever par rapport au continent. Le long des côtes où la mer est en voie de transgression, si l'appareil littoral a pu se fixer momentanément, il est destiné à disparaître un jour ou l'autre. La mer envahira alors la lagune ou même le pays déjà consolidé dont le niveau est devenu inférieur à celui de l'Océan. C'est ce qui a lieu en Hollande, où le seul travail des hommes maintient les digues naturelles qui protègent contre le retour de la mer le pays déjà déprimé au-dessous du niveau des eaux. Le Zuyderzée, par exemple, est revenu à l'état de lagune au XIIIe siècle, à la suite de la rupture des digues naturelles qui depuis des siècles maintenaient à sec un fond de plus en plus déprimé par rapport à la mer. De semblables catastrophes se sont produites plusieurs fois en Hollande.

Lorsque la côte n'est pas assez plate pour qu'il se forme un appareil littoral avec lagune, il n'en existe pas moins le long de la plage des dépôts mécaniques de matériaux arrachés aux falaises ou amenés par les fleuves. Les uns, tout au voisinage du bord, dans la zone d'action des vagues, composés de fragments grossiers, sont les *dépôts de plage* proprement dits. D'autres, composés d'éléments fins capables de rester quelque temps en suspension, sont plus éloignés de la côte, ce sont les *dépôts littoraux*. Plus loin encore, bien que toutes les matières en suspension soient déposées, il se fait encore une sédimentation d'une nature assez différente, constituant les dépôts *pélagiques* ou de pleine mer.

Les galets, lorsqu'ils se fixent sur une côte d'inclinaison moyenne, se disposent en amas uniformes, véritables cordons littoraux n'isolant pas de lagune et remarquables par la séparation mécanique des éléments de diffé-

rentes grosseurs. La vague projette tous les galets et sables pêle-mêle vers le rivage. Mais en se retirant elle ne peut ramener en arrière que les éléments d'une certaine finesse. Les plus gros et les plus lourds, comme sur la table de lavage des minerais, restent fixés le plus loin de la mer. Les plus fins sont ramenés par le reflux de la vague et tombent au moment où la vitesse de celle-ci s'annule avant l'arrivée d'une vague nouvelle. L'inclinaison du talus des matières ainsi traitées est celle du talus naturel qu'elles prennent sous l'action de la lame d'eau refluant vers la mer. La pente est donc d'autant plus forte que les matériaux sont plus gros. Dans la levée de galets elle peut être d'une vingtaine de degrés. Plus bas, les cailloux devenant plus fins, elle diminue graduellement, et enfin la plage de sable qui occupe le pied de l'amas de galets n'a pas plus de 1° d'inclinaison, 1/2° souvent.

Le sable des plages est d'un grain particulièrement régulier. Les grains trop gros restent accumulés au pied de l'amas de galets. Ceux dont le diamètre est inférieur à 1/10 de millimètre ne peuvent se déposer dans la zone d'agitation des vagues et sont entraînés au large, pour ne se fixer au fond qu'aux endroits où la profondeur est assez grande. De sorte que les grains qui constituent le sable de la plage ont un diamètre très égal. De plus ils sont complètement arrondis par le frottement. Au contraire les grains plus fins qui, maintenus en suspension le long de la plage, ne vont se déposer que dans la zone calme, restent anguleux, puisqu'ils n'ont pas été roulés sur le fond, mais sont restés en suspension jusqu'au moment de leur dépôt.

Ainsi le sable des plages est d'un grain uniforme, assez gros (plus de 1/10 de millimètre) et arrondi. De plus, quand il contient des coquilles marines, c'est à l'état de fragments brisés et roulés.

Le sable déposé plus au large, là où existe une zone calme sous la tranche superficielle agitée, est à grain très fin et anguleux. Les coquilles qu'il contient sont entières, non roulées.

De plus, à la surface du sable de la plage, qui est émergé à la basse mer, on trouve souvent de petites *rides de ruissellement*, en forme de V, dont la pointe est dirigée vers la côte et déterminées lors des temps calmes par un petit obstacle tel qu'un fragment de coquille brisant le courant de retour des vagues. Ceci ne peut exister pour les dépôts constamment immergés formés au large. Par contre, les *ripple marks*, succession de petites ondulations déterminées à la surface du sable par le clapotement des vagues dans les temps calmes, peuvent se former jusqu'à plus de 100 mètres de profondeur par l'effet des petites oscillations qui se font sentir jusque-là. Ils sont donc l'indice d'un dépôt peu profond, mais non comme on l'a cru

longtemps d'un dépôt émergeant à chaque marée. Ces diverses sortes de rides se retrouvent à la surface des bancs de certains sédiments sableux anciens, et leur observation, jointe à celle des caractères que nous venons d'indiquer, permet de reconnaître l'emplacement d'anciennes côtes.

Le sable des plages est presque uniquement quartzeux, le quartz étant parmi les éléments communs des roches le seul que l'action de l'eau ne finisse pas par décomposer. Mais parfois la préparation mécanique naturelle qui s'effectue sous l'action de la vague rassemble, en certains points de la côte, des minéraux lourds, également inattaquables, que les roches ne contiennent qu'en petite quantité, notamment sur certaines plages de Bretagne du grenat, du corindon, du fer oxydulé.

Les dépôts *littoraux* se déposent en eau profonde, plus loin de la côte. Ils sont composés de matériaux fins, grains de sable microscopiques ou argile impalpable, qui ne peuvent se fixer que dans le calme régnant à quelques dizaines de mètres de profondeur. Ces sédiments forment autour des côtes une ceinture continue dont les sondages ont fixé à 250 kilomètres la largeur moyenne. Par endroits dans cette zone les courants de marée empêchent le dépôt, et le fond, localement, reste à nu. Par endroits aussi, la sédimentation s'étend au-delà de 250 kilomètres, par exemple sur la côte du Brésil, en face de l'embouchure du fleuve des Amazones, dont les derniers sédiments ne tombent au fond qu'à 600 kilomètres de la côte; de même en face de la plupart des grands fleuves (ce qui montre bien d'ailleurs que la majeure partie de ces sédiments est apportée des continents par les fleuves et non arrachée par la mer). Ici encore, il y a continuation du classement mécanique. Les sables sé déposent les premiers, le plus près de la plage, sous forme de bancs horizontaux en général, la stratification n'étant troublée qu'accidentellement par les courants de marée. Les caractères en ont été indiqués ci-dessus.

Au delà se déposent les *vases* qui occupent une surface bien plus grande, étant naturellement plus étalées. On les classe ainsi : 1° Vases bleuâtres ; 2° Vases vertes ; 3° Vases rougeâtres.

Les *vases bleuâtres* sont les plus répandues. Elles contiennent de l'argile, beaucoup de fragments sableux d'autant plus nombreux qu'on se rapproche plus de la côte, et du calcaire. Le calcaire n'est abondant que loin des côtes et aux profondeurs ne dépassant pas 4.000 mètres. Il peut parfois alors constituer jusqu'à 50 °/$_{o}$ de la masse. Mais aux profondeurs supérieures à 4.000 mètres, il disparaît, sans doute par l'effet de la pression croissante de l'acide carbonique qui le dissout. Il provient entièrement de débris d'animaux marins, coquilles de mollusques ou carapaces de foraminifères. Les vases bleuâtres sont identiques aux *marnes*, mélanges d'argile et de calcaire fréquents dans les dépôts anciens. Leur couleur, qui se retrouve dans les marnes des dépôts anciens, est due à des sels ferreux réduits par les matières organiques.

Les *vases verdâtres* ne diffèrent des précédentes que par l'abondance de la *Glauconie*, en petits grains verts qui n'ont pas été déposés mécaniquement, mais formés sur place par précipitation ou transformation chimique. La même substance se retrouve par endroits dans les sables, plus près de la côte. Dans les vases, d'ailleurs, elle n'existe qu'au voisinage immédiat des côtes et aux faibles profondeurs (entre 200 et 1.300 mètres), et n'abonde qu'aux points où la sédimentation est peu active, loin des embouchures de grands fleuves. Les sables et vases verts, glauconieux, fréquents dans les anciens terrains, indiquent donc un dépôt de profondeur relativement faible et une sédimentation lente.

Enfin, les *vases rougeâtres*, localisées le long de la côte Est de l'Amérique du Sud, sont colorées par l'oxyde de fer que charrient les fleuves de cette région. Elles ne diffèrent des vases bleues qu'en ce que le fer y est peroxydé.

Autour des îles coralliennes et volcaniques du Pacifique, on rencontre des sédiments particuliers. Ce sont : Des *boues coralliennes* provenant de la trituration par les vagues des fragments de polypiers et, par suite, presque uniquement calcaires, avec une petite proportion de silice provenant de carapaces siliceuses de radiolaires ou de spicules d'éponges. Des *sables coralliens*, débris plus grossiers de même origine, calcaires, et formés comme nous le verrons le long des plages garnies de récifs coralliens. Enfin des *boues volcaniques*, formées de cendres éruptives et, par suite, de silicates avec souvent des fragments plus ou moins gros de pierre ponce. Dans tous ces dépôts, la sédimentation organique se mélange à la précipitation mécanique de matières arrachées aux continents. Les sondages ont fait rencontrer quelquefois, au milieu de ces sédiments fins, des cailloux dont l'origine est parfois difficile à comprendre. Dans quelques cas leur présence s'explique par un transport effectué par les glaces flottantes issues des régions polaires et entraînées par les courants. Le banc de Terre-Neuve est entièrement composé de cailloux ainsi transportés. Il est naturel que l'on retrouve des galets de ce genre disséminés en d'autres points de l'Atlantique au milieu des vases. D'autres fois ces galets seraient, comme dans le Pas-de-Calais par exemple, les traces d'une ancienne ligne de rivage aujourd'hui submergée. Quoi qu'il en soit, la rencontre accidentelle d'un fragment plus ou moins gros au milieu de sédiments fins ne doit pas surprendre. (Les paquets d'herbes marines flottantes peuvent aussi transporter des cailloux assez gros.) Ces dépôts littoraux nous conduisent ainsi jusqu'à quelque 250 kilomètres des côtes. Au-delà ils disparaissent, l'eau ne contient plus de matières continentales en suspension. Or le Pacifique, par exemple, a 9.000 kilomètres de traversée sans aucune terre entre le Chili et la Nouvelle Zélande, ou entre la Californie et le Japon. Qu'existe-t-il dans ces espaces immensément plus étendus que ceux qu'occupent les dépôts littoraux ?

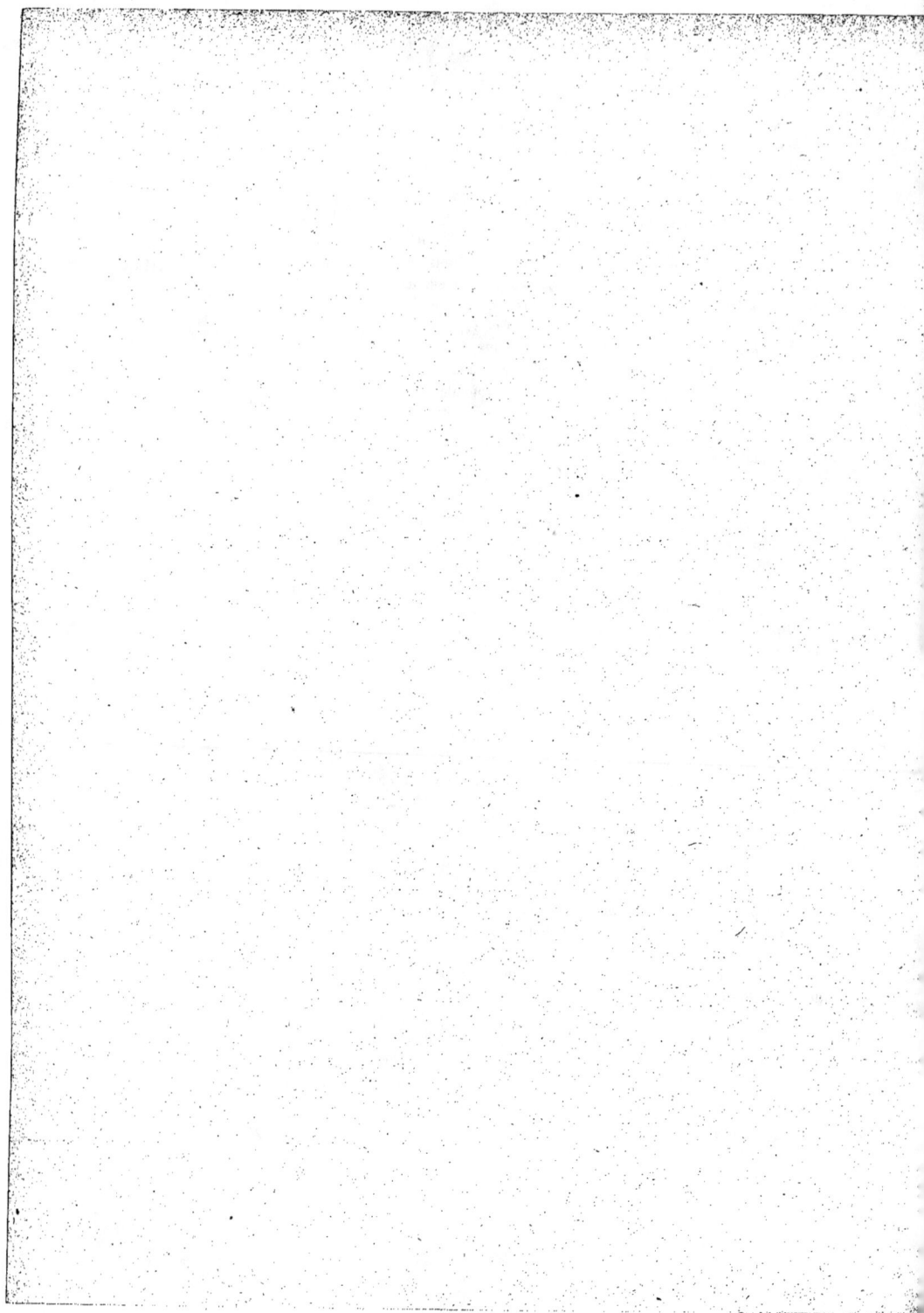

Ce sont les dépôts *Pélagiques*. Ils sont de deux sortes : des formations organiques qui seront examinées plus tard, et une formation minérale appelée *Argile rouge des grands fonds*.

C'est un dépôt argileux dans lequel n'existent comme fragments clastiques que quelques débris de pierre ponce et de petits grains oxydés de fer nickélifère dont l'origine météorique ne paraît guère douteuse. En outre l'argile est parsemée de nodules concrétionnés d'oxyde de manganèse plus ou moins ferrugineux. L'argile rouge paraît être plutôt un dépôt chimique résultant de la précipitation d'éléments dissous qu'un dépôt mécanique. Sa formation semble excessivement lente et il est probable qu'elle ne forme sur le fond des océans qu'une pellicule de très faible épaisseur. D'une part en effet la fréquence du fer météorique dans ce dépôt ne s'explique que si depuis des milliers d'années les météorites, si rares annuellement, ont pu s'accumuler sans être enfouies par la sédimentation. (On compte que le nombre des chutes de météorites ne dépasse pas 500 par an, pour la terre entière.) D'autre part, dans le même ordre d'idées, les dragages ont constamment ramené, en explorant l'argile des grands fonds, une extraordinaire quantité de débris organiques non calcaires (insolubles dans CO^2), tels que des dents de squales et des caisses tympaniques de cétacés, les uns récents, les autres couverts d'épaisses concrétions d'oxyde de manganèse et appartenant même à des espèces aujourd'hui disparues et spéciales à l'époque tertiaire. Ces débris se trouvent à la surface de la vase, la drague les récolte sans pénétrer dans l'argile de plus de quelques centimètres. Comme dans les vases littorales on ne rencontre que très rarement des restes animaux de ce genre, et jamais de ces dents de squales d'espèces disparues, il semble que l'on doit conclure que l'argile rouge n'est qu'un dépôt sans épaisseur et que pratiquement dans les grands fonds océaniques, en dehors de la zone littorale, il ne se dépose à peu près rien, pas même en des milliers d'années les quelques décimètres d'argile qui suffiraient à enfouir les débris organiques ou météoriques les plus anciens.

Il est remarquable que, tandis que tous les dépôts littoraux actuels trouvent leurs analogues dans les formations anciennes, on ne rencontre dans les terrains géologiques rien qui ressemble à l'argile rouge des grands fonds. On pourrait croire qu'étant très peu épaisse et peu consistante elle a été facilement dispersée par l'érosion dès son émersion. Mais il est clair que dans la plupart des cas elle n'aurait pas émergé sans avoir été au préalable recouverte de dépôts littoraux et protégée ainsi au moins par endroits. Si on ne la retrouve nulle part, c'est donc qu'elle n'a pas émergé. Il y a là une raison de plus pour croire que ce sont surtout les bords des océans qui ont été soumis aux émersions et immersions successives, et que les grands fonds océaniques sont restés tels depuis les temps les plus reculés, sinon dans toute leur étendue, du moins dans la plus grande partie.

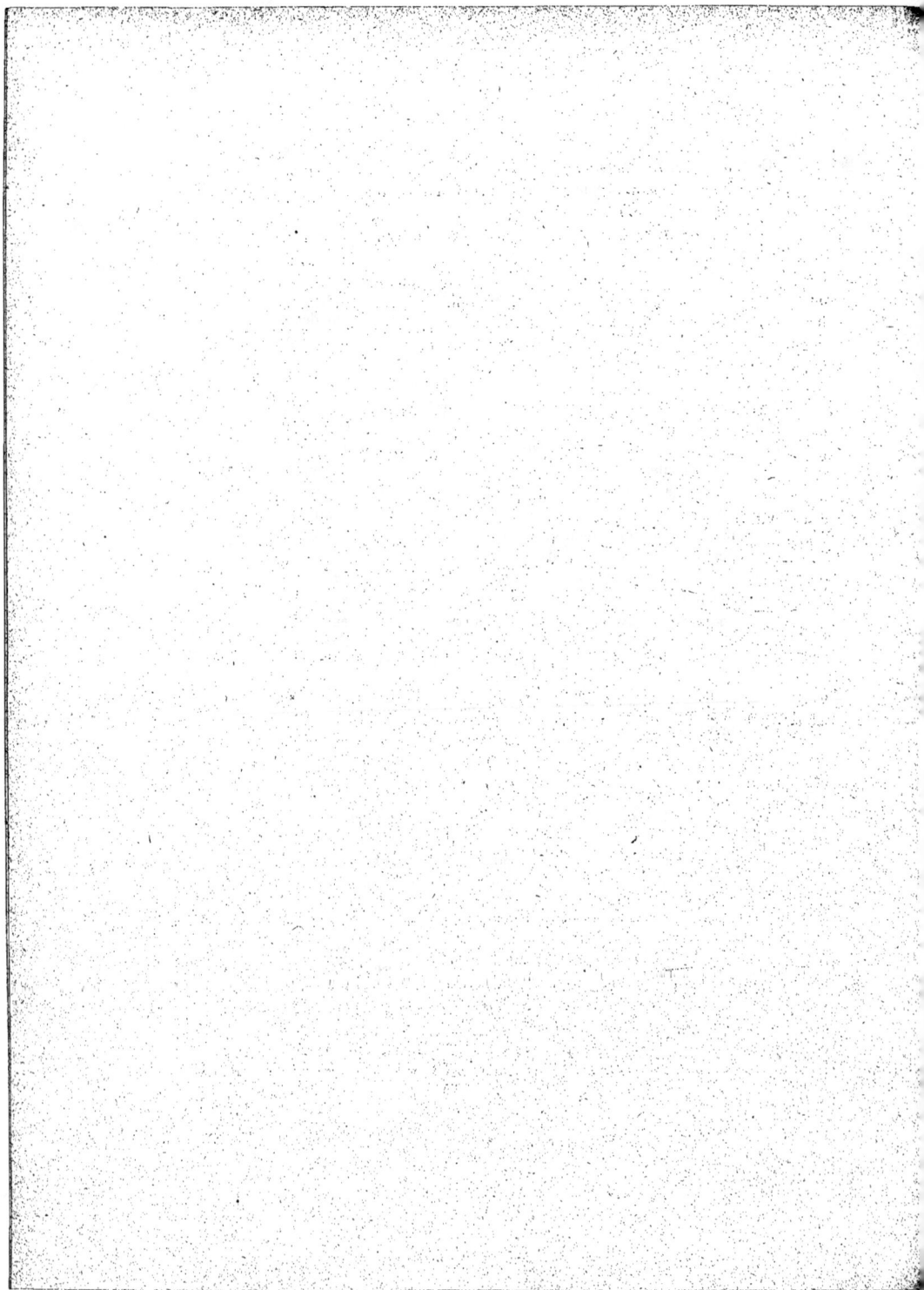

La ceinture de dépôts littoraux qui entoure les continents occupe une surface que l'on évalue à 1/5 de celle des océans, soit *1/2 de celle des continents*. Comme ces dépôts, de quelque nature qu'ils soient, sont toujours en dernière analyse le résultat de la destruction des continents, on voit que le taux moyen de leur accroissement en épaisseur doit être *double* de celui qui mesure l'abaissement du profil continental moyen sous l'action des causes externes. De sorte que si, pour fixer les idées, l'on suppose que pour le profil

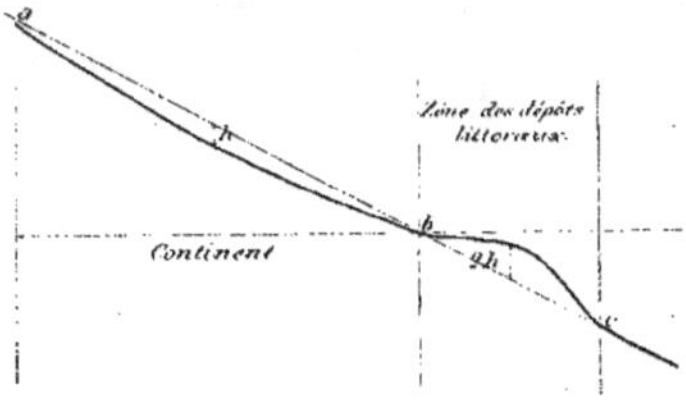

moyen, abstraction faite de l'érosion, est une ligne droite telle que *a b c*, l'érosion venant abaisser le continent d'une hauteur *moyenne h*, le profil entre *b* et *c* s'élèvera d'une hauteur moyenne *2 h*. Il en résultera forcément une saillie de la courbe entre *b* et *c* avec tendance au raccordement tangentiel avec le niveau de la mer en *b*, et d'autre part raccordement tangentiel avec le fond en *c*, puisque les dépôts doivent diminuer graduellement d'épaisseur jusque-là, sans limite précise. Comme d'autre part nous verrons que l'érosion tend à raccorder tangentiellement aussi le profil continental avec le niveau de la mer en *b*, on voit que la seule action des causes externes explique complètement le contournement du profil moyen terrestre au voisinage des côtes (voir page 33). Ce contournement n'est pas dû à une déformation de l'écorce, mais simplement au transport des matières continentales dans le domaine de l'océan sous l'action des eaux. Le seul fait que le profil est tangent à la mer le long de la côte exclut d'ailleurs l'idée d'une déformation sans rapport avec l'action des eaux.

On voit aussi que cette déformation du profil (FIG. page 33) ne s'est pas faite sans déterminer un déplacement moyen des lignes de côtes *vers la mer* c'est-à-dire un agrandissement de la surface continentale. C'est-à-dire que l'abrasion marine est si peu de chose à l'époque actuelle vis-à-vis de la sédimentation due à l'érosion des continents, que dans l'ensemble cette dernière l'emporte de beaucoup. A mesure que les continents perdent en hauteur, ils gagnent en étendue, et le résultat est une *régression* générale de la mer, explicable par le simple effet de la sédimentation.

Il importe de se rappeler qu'il ne s'agit là que de résultats *moyens*. Dans le détail, la distribution des sédiments est très irrégulière. Notamment d'après leur définition même, les côtes à facies Pacifique ne reçoivent les eaux courantes que de versants peu étendus limités par une crête voisine de la mer. Elles reçoivent donc peu de sédiments. Presque tous les grands fleuves occupent au contraire le versant peu incliné opposé, et sont tributaires de côtes à facies Atlantique. De sorte que le long de celles-ci la sédimentation est beaucoup plus active.

3° *Action des eaux courantes.* — L'action des eaux courantes est de beaucoup la plus puissante des causes externes qui travaillent à la dégradation des continents.

Ces eaux courantes ont pour origine la précipitation atmosphérique de l'eau vaporisée sous l'action du soleil et transportée par les vents. Quand cette vapeur d'eau produite dans les pays chauds, surtout aux dépens de l'Océan, parvient dans des climats plus froids, ou s'élève dans les régions froides qui partout existent à une certaine altitude, quand par exemple elle rencontre une chaîne de montagnes qui la repousse vers ces régions froides de l'atmosphère, elle se condense à l'état de nuages, c'est-à-dire de fines particules d'eau ou de glace qui restent en suspension dans l'air. Les nuages, par un processus encore mal connu, tombent à un moment donné en pluie, neige ou grêle à la surface du sol, leurs particules s'agglomérant en éléments plus gros qui ne peuvent plus rester en suspension.

On conçoit que l'air humide, rencontrant une ligne de hauteurs, et forcé par suite de s'élever, se détend par l'effet de la diminution de pression, se refroidit, et qu'en conséquence la vapeur d'eau qu'il contient se condense en nuages. Aussi les hautes altitudes sont-elles caractérisées par l'abondance des précipitations atmosphériques, pluie ou neige ; à tel point qu'une carte indiquant la répartition moyenne annuelle des pluies et réunissant par un même trait les points également partagés sous ce rapport, diffère peu, même dans le détail, de la carte hypsométrique en courbes de niveau. Les moindres saillies du terrain y sont indiquées par un accroissement de la quantité de pluie tombée annuellement. Cependant, et pour la même raison, les deux versants d'une ligne de hauteurs reçoivent des quantités d'eau en général différentes. Celui qui est du côté d'où viennent les vents humides (du côté de la mer) reçoit plus de pluie que l'autre, auquel ces vents ne parviennent que dépouillés d'une partie de leur humidité par l'action de la montagne. Ainsi en Asie les vents chauds issus des mers tropicales, venant buter contre la haute barrière de l'Himalaya, occasionnent sur le flanc sud de cette chaîne la chute de la plus forte moyenne pluviale annuelle connue : 12 à 15 et même parfois 20 mètres. Tandis qu'au Nord du massif élevé dont l'Himalaya forme la crête, les vents arrivent ainsi complètement desséchés sur les déserts du Tarim et de Gobi. Le même effet se retrouve partout en petit. Il est cause de l'existence des déserts dans le centre déprimé des grands continents (1).

---

(1) Il est à remarquer que le vent dépouillé de sa vapeur d'eau qui redescend sur le versant de la montagne opposé à la mer se comprime de nouveau. Cette compression, ne pouvant plus avoir pour effet d'évaporer l'eau condensée, puisque celle-ci est tombée en pluie sur le sol, ne peut qu'*élever la température de l'air*. Sur ce versant, le vent sera donc sec et *chaud*, résultat en apparence paradoxal, puisque ce vent vient de traverser les régions froides des hautes altitudes. C'est ainsi qu'en Suisse les vents du Midi (Föhn), après avoir passé sur les hauts sommets neigeux des Alpes, redescendent avec une température très élevée. La même chose s'observe dans toutes les régions de montagnes. C'est un résultat immédiat de la thermodynamique.

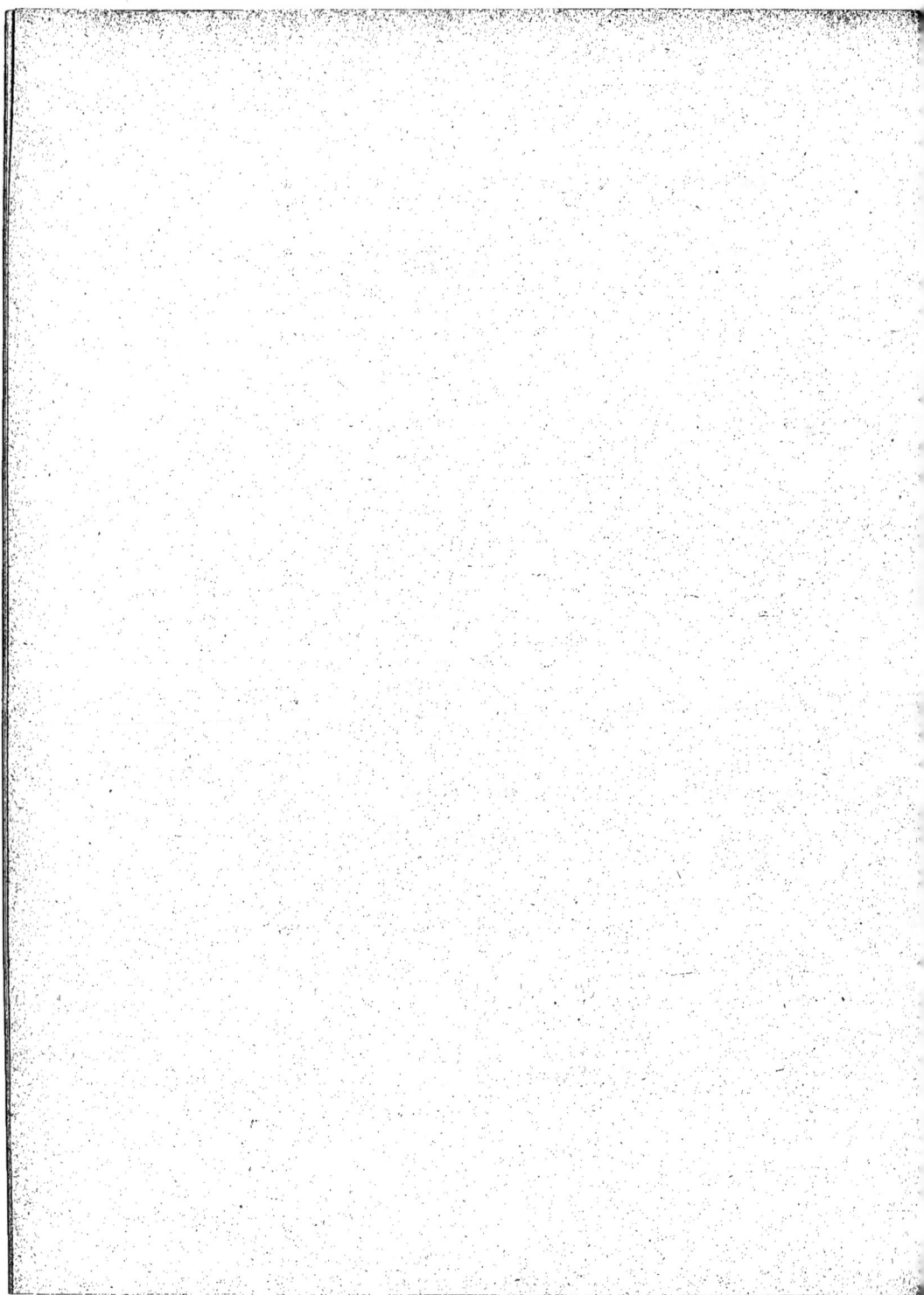

En Europe, la hauteur d'eau moyenne tombant annuellement varie de $0^m,40$ pour les pays de plaines à 2 mètres au plus pour les régions de montagnes. La moyenne est de $0^m,77$ pour toute la France, par exemple $0^m,51$ à Paris, $0^m,78$ à Lyon, $0^m,90$ à Brest.

On évalue à 122.500 kilomètres cubes le volume d'eau qui tombe annuellement *sur les continents*, ce qui fait une moyenne hauteur de $0^m,84$. Pour la France, on compte 400 kilomètres cubes. De cette énorme masse, la plus grande partie s'évapore de nouveau sans exercer aucune action géologique. Même dans les climats tempérés, la comparaison du débit des rivières avec la quantité de pluie tombée montre que plus de la moitié de l'eau tombée ne profite pas aux cours d'eau. En été et dans les pays peu boisés presque rien des pluies ne s'écoule dans les rivières. On compte qu'en France sur les 400 kilomètres cubes de pluie annuels, 190 s'écoulent à la mer par les fleuves, soit 47,5 °/₀. Pour les contrées tropicales, l'évaporation est bien plus active encore. Pour le monde entier, on évalue à 27.000 kilomètres cubes le débit total annuel des rivières, soit 22 °/₀ des eaux pluviales. Une partie des 78 °/° évaporés a pu, il est vrai, exercer une action géologique avant de quitter l'état liquide.

L'eau de pluie non évaporée peut : 1° s'infiltrer dans le sol ; 2° ruisseler à la surface ; 3° rester sur le sol à l'état de neige. Ce dernier cas sera examiné plus loin au sujet des glaciers.

Le rapport de la masse d'eau infiltrée à celle qui ruisselle à la surface varie beaucoup selon la nature des terrains. Dans les terrains très perméables, tout s'infiltre en profondeur pour ne reparaître que plus loin sous forme de *sources*. Il n'y aura donc à la surface que peu de rivières, et seulement de grands cours d'eau issus d'autres régions. Les terrains imperméables au contraire sont sillonnés par une infinité de petits ruisseaux, toute la circulation des eaux se faisant à la surface. Cela est frappant, par exemple, à la seule inspection d'une carte géographique du bassin de Paris. Les bandes concentriques de terrains perméables (calcaires) et imperméables (marneux), qui se succèdent autour du bassin se distinguent au premier coup d'œil à ce caractère.

Action des eaux d'infiltration. — La perméabilité d'un terrain n'est pas toujours en rapport avec celle que l'on déduirait de l'examen d'un fragment isolé de ce terrain. Un *sable* siliceux, non argileux, est très perméable. Mais un *calcaire*, dont un fragment est complètement imperméable, laisse cependant passer les eaux superficielles avec une extrême facilité quand il est fendillé, ce qui a lieu presque toujours. Le calcaire, en effet, quoique peu soluble dans l'eau pure, l'est davantage dans l'eau contenant un peu d'acide carbonique. Les eaux pluviales empruntant à l'air un peu d'acide carbonique ne cessent d'agrandir les moindres fissures du calcaire où elles

ont pu pénétrer. De sorte qu'elles finissent toujours par circuler librement dans la masse de la roche. C'est pourquoi le calcaire, bien qu'imperméable par lui-même, peut être considéré en géologie comme le type des roches perméables.

L'argile est au contraire le type des terrains imperméables. Les roches feldspathiques comme le *granite*, imperméables quand elles sont compactes, peuvent devenir assez perméables par fendillement, mais leur perméabilité aura plutôt une tendance à décroître qu'à augmenter comme dans les calcaires, parce que si l'eau attaque la roche, ce qu'elle ne fait d'ailleurs que très lentement, la décomposition des feldspaths fournira de l'argile et des concrétions de quartz qui tendent à boucher les fissures. De sorte que les granites et leurs congénères sont habituellement peu ou pas perméables.

Dans un terrain perméable, l'eau descend librement jusqu'à un certain niveau où elle se rassemble en *nappe* souterraine. Le niveau de cette nappe est déterminé par celui du point d'écoulement le plus bas qu'elle puisse trouver pour s'écouler dans les vallées voisines. Mais en raison de la viscosité de l'eau qui ne peut, dans des conduits étroits, s'écouler que sous l'influence d'une différence de niveau finie, la surface de la nappe d'infiltration n'est pas exactement déterminée par le plan horizontal passant par le point d'écoulement le plus bas. La nappe s'élève à partir de ce point, en suivant le contour du terrain, mais en atténuant les saillies de ce contour. Et elle s'élève d'autant plus que la circulation des eaux est moins aisée. C'est pourquoi les puits creusés à des distances croissantes du thalweg d'une vallée, en terrain perméable, rencontrent l'eau à des niveaux de plus en plus élevés au-dessus de ce thalweg. La même chose se produit pour les nappes d'infiltration qui se déversent directement dans la mer. Les puits qui atteignent ces nappes rencontrent l'eau à des niveaux de plus en plus élevés en s'éloignant de la mer, et même au voisinage immédiat de la mer ne trouvent que des eaux douces, parce que l'infiltration de celles-ci se faisant à un niveau supérieur à celui de la mer, l'eau douce doit forcément refouler l'eau salée.

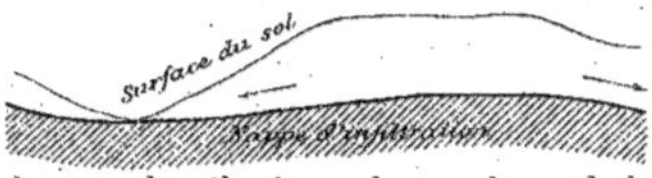

Ainsi une nappe d'infiltration ne doit pas être considérée comme une masse d'eau immobile régie par les lois de l'hydrostatique, mais bien comme une masse en mouvement régie par les lois de l'hydrodynamique et dont la surface notamment a une pente notable. Cette notion trouve des applications constantes dans les questions de recherches de sources ou d'assèchements de mines. Au fond du thalweg, ligne suivant laquelle la nappe affleure, l'eau reparaît au jour sous forme de *sources*. Dans un terrain poreux, comme un sable, ces sources sont plus ou moins diffuses, se composent d'une quantité de petits filets d'eau occupant un espace plus ou moins large. Dans une masse

calcaire, où les eaux souterraines se sont tracé de larges chemins sans cesse agrandis, les sources sont au contraire bien définies et puissantes. Il n'y a pas alors à proprement parler de *nappe* souterraine continue, mais une série de cours d'eau souterrains communiquant entre eux et dont, par suite, les niveaux sont à peu près les mêmes.

Mais il arrive souvent que le terrain perméable superficiel repose sur une couche imperméable, en sorte que la nappe d'infiltration ne peut s'établir librement comme dans le cas précédent. Alors cette nappe s'établit au contact du terrain perméable avec le terrain imperméable, avec toujours encore un profil relevé vers l'intérieur, en formant ainsi une sorte de rivière souterraine, un *niveau d'eau,* diffus s'il s'agit d'un sable poreux, localisé en un plus petit nombre de courants mieux définis s'il s'agit d'une roche perméable en grand à la façon du calcaire. Ce n'est plus en général dans le thalweg que viendra déboucher ce niveau d'eau, mais à flanc de coteau, le long de la ligne d'affleurement du contact. On trouvera alors les sources, jalonnant le niveau d'eau, *en suivant le contact d'un terrain perméable avec un terrain imperméable placé au-dessous.* Naturellement, la surface de contact des deux terrains n'étant pas en général exactement plane, c'est aux *points les plus bas* de la ligne de contact que seront les sources les plus abondantes. Mais il y a généralement des suintements tout le long de cette ligne. Exemple dans la figure ci-contre : les lignes pointillées sont les courbes de niveau du sol, A B la ligne d'affleurement du contact d'un terrain argileux avec un calcaire couronnant la colline. Au point le plus bas, en C, existe une source puissante, en *m m* des suintements.

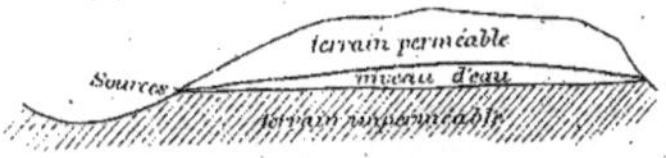

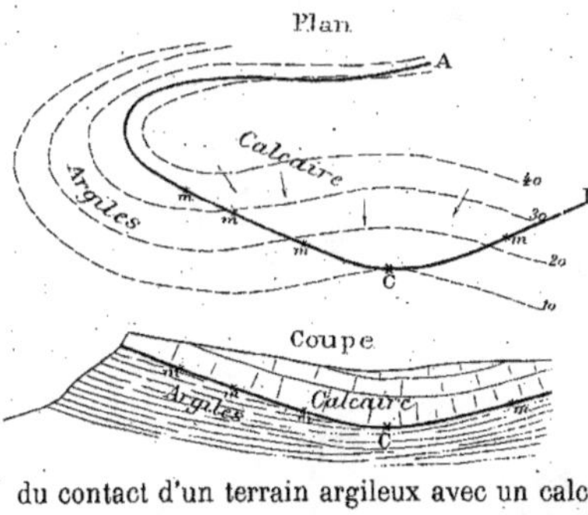

La connaissance de la quantité de pluie tombant annuellement sur la surface perméable capable d'alimenter les sources permet de prévoir le débit maximum que pourront procurer des travaux de captage.

Tous les niveaux d'eau n'affleurent pas au jour. Il peut arriver que la surface de contact affleure sous les graviers qui remplissent le fond d'une vallée. Dans ce cas la source se déverse dans la rivière souterraine qui s'écoule à travers ces graviers.

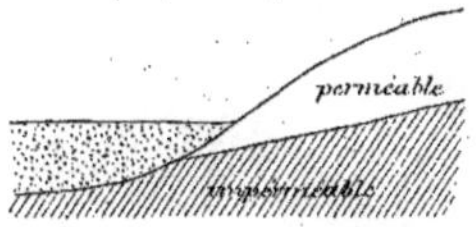

Il en est de même si le contact affleure sous les sables d'une plage maritime. On déterminera l'emplacement des travaux à faire pour la rechercher en déterminant, par l'étude des terrains, le point le plus bas de la surface de contact des deux terrains perméable et imperméable.

Mais il est des cas où les eaux d'infiltration ne peuvent trouver aucune issue pour reparaître à la surface, et restent emmagasinées dans le sol. L'un des plus intéressants est celui où la couche perméable plonge et est *recouverte* d'une couche imperméable, la surface de contact descendant au-dessous de tous les points les plus bas de la surface du sol. La couche perméable forme alors une sorte de réservoir où s'accumulent les eaux infiltrées aux affleurements de cette couche, en A. En un point B de cette nappe, la pression est mesurée par la colonne d'eau BC dont la hauteur est la différence des altitudes de B et de l'affleurement A. Si au-dessus du point B la surface du sol est à un niveau inférieur à celui de A, un sondage pratiqué en ce point livrera passage à l'eau, qui jaillirait jusqu'en C si la perte de charge dans le trajet souterrain A B était nulle. En fait, cette perte de charge est loin d'être nulle, et l'eau est loin d'atteindre le niveau C, mais elle peut jaillir au-dessus du sol. Tel est le principe des *puits Artésiens*.

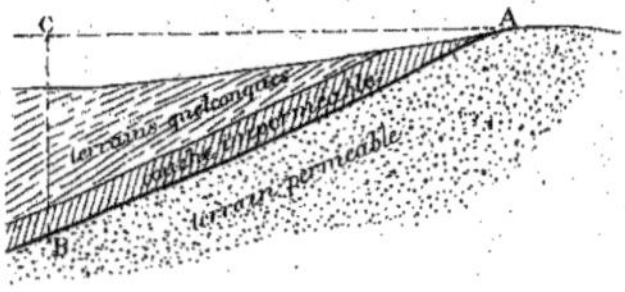

Paris se trouve précisément au centre d'une cuvette formée par une série de bancs parallèles qui vont en se relevant de tous côtés et affleurent, sur les bords du bassin, à des altitudes de plus en plus grandes. L'un de ces bancs, qui se trouve à Paris à 550 mètres de profondeur, est une assise de sable (sables verts du Gault) qui affleure sur tout le pourtour Est du bassin à des altitudes supérieures à celle de Paris. Ce sable est recouvert d'une couche d'argile imperméable (argiles tégulines du Gault). Plusieurs sondages, notamment celui de Grenelle, ont atteint la nappe de sable, et déterminé le jaillissement d'une colonne d'eau de 40 mètres au début, bientôt diminuée d'ailleurs. C'est ce qui arrive pour tous les puits artésiens. Le jaillissement du début se fait sous l'action de la pression hydrostatique initiale, tandis que le régime définitif qui s'établit ensuite est déterminé par la même pression diminuée de la perte de charge qui résulte de la mise en mouvement de l'eau sur toute la longueur des conduits souterrains. Toutes les sources jaillissantes donnent au début, pour cette raison, un débit beaucoup plus considérable et une colonne d'eau de plus grande hauteur que lorsqu'après quelques jours, quelques semaines ou mois, le régime définitif est établi. Encore le débit est-il destiné le plus souvent à diminuer peu à peu par l'effet de l'ensablement des conduits souterrains où circulent les eaux.

Bien qu'elles sortent un peu de notre sujet, quelques remarques ne seront pas inutiles à ce propos sur la question délicate du régime des eaux jaillissantes. Elles s'appliquent, non seulement aux sources artésiennes, mais à toutes les sources *ascendantes*, que leur ascension soit due à la pression d'une colonne d'eau ou à la pression de gaz d'origine interne comme c'est probablement le cas pour certaines eaux minérales.

Il est clair d'abord que le débit ne peut être proportionnel à la section du sondage qui livre passage aux eaux. En augmentant la section on augmente bien le débit, mais par suite on augmente la vitesse des courants souterrains qui alimentent la source. On augmente donc la perte de charge, ce qui revient à diminuer la pression statique motrice. En doublant la section on ne double pas le débit. Parfois même, on ne l'augmente pas sensiblement si le terrain où circulent les eaux n'est pas très perméable.

De même, et pour la même raison, si l'on fore un nouveau puits à côté d'un puits existant, on diminue le débit de celui-ci, même si le débit des deux puits ensemble est très petit par rapport à l'infiltration qui alimente la nappe souterraine. Cela n'indique en aucune façon, comme on le croit souvent, que la nappe d'eau ne suffit pas à fournir un débit double de celui du premier puits. C'est simplement un effet de l'accroissement de vitesse des courants d'eau souterrains. Cet effet est d'autant plus marqué que les deux puits sont plus voisins, mais il se fait sentir parfois à des distances de plusieurs kilomètres.

En second lieu, il importe de se rendre compte exactement de ce que signifie le mot *débit* appliqué à une telle source. Ce n'est pas quelque chose de bien défini qu'on puisse exprimer par un seul nombre. Dire qu'une source ascendante débite tant de litres par minute, *c'est ne donner presque aucune indication sur elle.*

En effet le débit dépend essentiellement du niveau où on le prend. Supposons que sur le sondage on établisse un tube vertical suffisamment haut, et qu'on y laisse monter l'eau sans écoulement. Elle s'élèvera de plus en plus lentement, jusqu'à un certain niveau A, puis restera fixe. A ce niveau, le débit est nul, c'est le *niveau statique*. Non que tout soit immobile dans les conduits souterrains quand ce niveau est atteint. En effet, s'il y a quelque communication entre la nappe souterraine et les eaux superficielles existant autour de la source, communication bien souvent établie par le sondage lui-même, il y aura, au moment où l'équilibre est atteint, déversement de la nappe souterraine dans la nappe superficielle si A est plus élevé que celle-ci, et

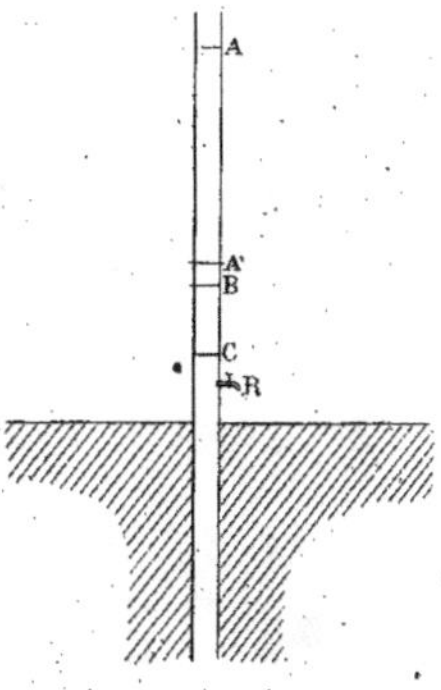

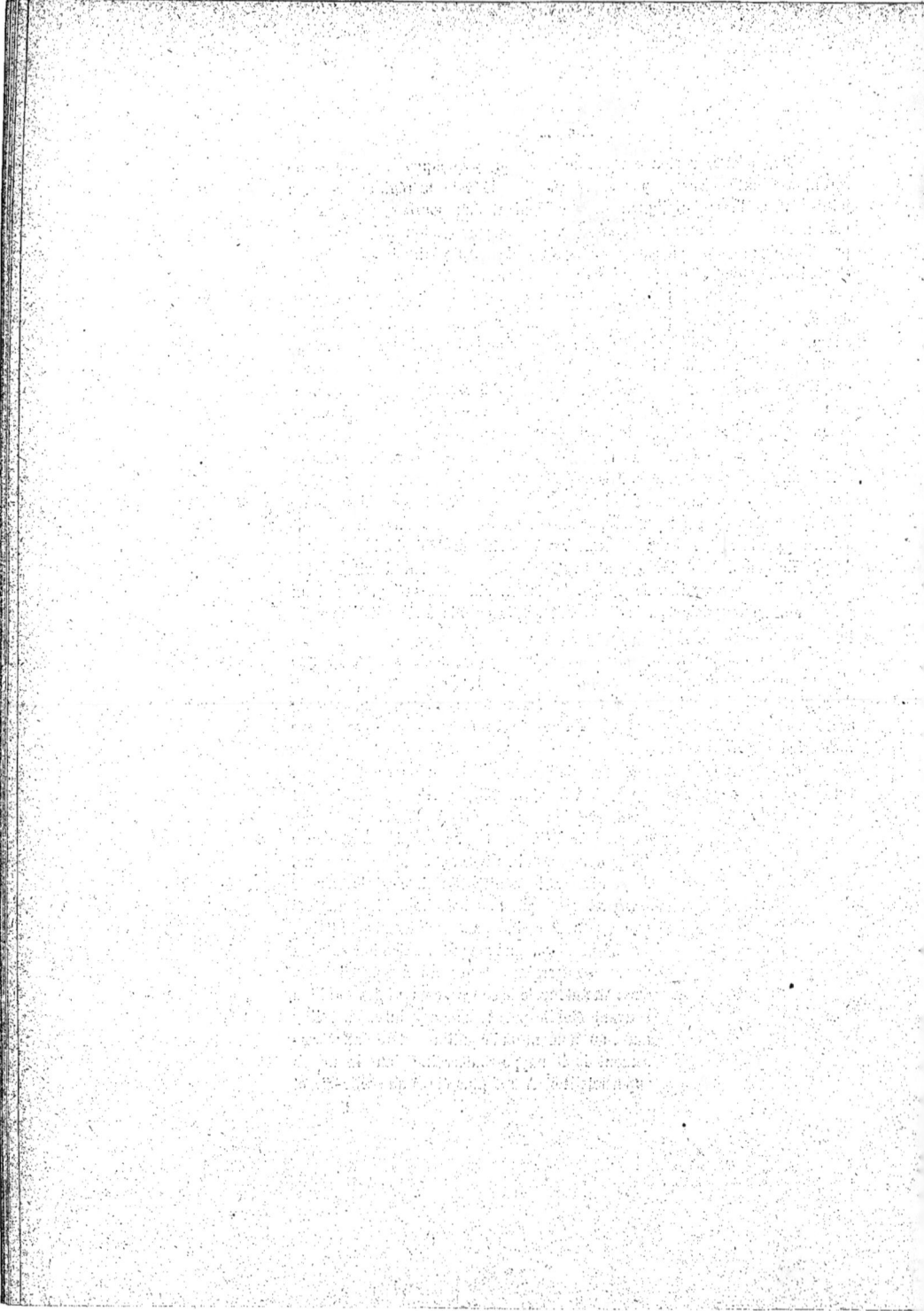

inversement descente des eaux superficielles dans la nappe souterraine si A est plus bas. Quoi qu'il en soit, le niveau de la source s'établit en A, où il peut varier un peu de saison en saison et aussi suivant la pression barométrique, mais reste relativement fixe.

Coupons le tube en un point B au-dessous de A, ou bien ouvrons en ce point un large orifice, de façon que le niveau, brusquement abaissé en B, s'y maintienne. Le débit en B sera au premier moment déterminé par une charge que mesure la colonne d'eau AB. Mais puisque la source commence à débiter, l'eau souterraine se met en mouvement, et ce mouvement se propage de plus en plus loin dans la nappe souterraine. La perte de charge augmente peu à peu, le débit diminue, et ce n'est parfois qu'au bout d'un temps très long, plusieurs heures ou plusieurs jours, qu'il atteint une valeur de régime, considérablement moindre que celle du début. C'est cette valeur de régime qu'on appelle le débit en B, c'est-à-dire le débit de la source lorsque son niveau est en B. Il est clair que peu importe le point où l'on prend l'eau. Ce peut être par un orifice placé n'importe où en R, la seule chose qui importe c'est le niveau où se tient l'eau dans le tube.

Faisons la même chose en un autre point C, après avoir laissé remonter le niveau en A. Un autre débit s'établira en C au bout d'un certain temps. Ce débit en C serait à celui en B dans le rapport des racines carrées de AC et AB si la perte de charge était la même. Mais le débit en C étant plus grand, la perte de charge est plus grande aussi, et par suite le rapport est moindre que $\sqrt{\frac{AC}{AB}}$. Toutefois il se rapproche d'autant plus de cette valeur que la perméabilité du terrain est plus grande.

Il résulte de là que la connaissance du débit en B par exemple est tout à fait insuffisante pour donner une idée du régime de la source. Car de deux sources donnant à ce même niveau le même débit de régime, l'une aura par exemple son niveau statique en A, l'autre en A'. Dans le premier cas en abaissant le niveau d'émergence en C on ne gagnera que peu sur le débit, dans le second le débit sera augmenté bien davantage, le rapport $\frac{A'C}{A'B}$ étant plus grand ; le débit pourra, dans certains cas, par un abaissement de quelques décimètres ou mètres du niveau d'émergence, être doublé, triplé et plus. Ainsi, indiquer le débit d'une source ascendante sans dire quel était le niveau de l'eau au moment de la mesure, c'est donner un chiffre dénué de sens. Mesurer un débit sans attendre que le régime soit établi (ce qui peut être long parfois), c'est encore faire une mesure qui n'indique rien. Mesurer le débit de régime en un seul niveau, c'est établir une donnée assez précise mais très insuffisante pour définir le régime de la source. A défaut de l'indication du niveau statique, il faut au moins mesurer les débits de régime en deux niveaux aussi différents que possible, et de préférence encore les

débits de régime au plus grand nombre possible de niveaux. On en déduira la loi des variations de la perte de charge, qui dépend des dispositions des conduits souterrains et ne peut être prévue.

On voit que l'étude d'une source, avec les longues attentes qu'elle exige jusqu'à l'établissement des débits de régime, peut être fort longue. Dans certains cas on a pensé y remédier en notant ce qu'on appelle la *courbe d'ascension* de la source. Ayant abaissé le niveau en un point quelconque C, aussi bas que possible, on laisse l'eau remonter sans écoulement jusqu'en A. Et l'on représente par une courbe les niveaux atteints à intervalles de temps réguliers. Etant donnée la section du tube ou du puits, on déduit de l'ascension effectuée pendant chaque intervalle de temps le débit de la source pendant cet intervalle, débit qui est proportionnel au coefficient angulaire de la tangente à la courbe. Ainsi interprétée, cette courbe donne une idée absolument fausse du débit en chaque niveau. Le débit ainsi mesuré peut être très éloigné du débit de régime, et il varie énormément, en général, suivant les conditions dans lesquelles on a opéré. Si en effet, ayant laissé le niveau s'établir en A, on déprime brusquement le niveau en C en ouvrant en ce point un large orifice (ou en pompant rapidement si C est au-dessous du sol) et si immédiatement après on laisse l'eau s'élever dans le tube, on observera une courbe telle que CN, dont la tangente à l'origine indique, non le débit de régime en C, mais le débit exagéré qui s'établit en ce point aussitôt après la dépression. L'ascension sera très rapide, et les débits mesurés par ce moyen à tous les niveaux beaucoup trop forts. Si au contraire on attend, avant de laisser commencer l'ascension, que le régime permanent en C soit établi, on observera une courbe telle que CP, donnant bien en C le débit de régime, mais pour tous les points au-dessus un débit trop faible. Il est facile de s'en assurer en établissant en un point B, par exemple, un trop-plein qui arrêtera l'ascension. On voit alors le débit de ce trop-plein, d'abord faible, tendre en croissant vers le débit de régime. Tandis que si l'on en fait autant dans l'opération précédente, le débit au trop-plein, d'abord exagéré, tendra en décroissant vers le même débit de régime, celui qui est propre au point B. On voit que les courbes d'ascension, si elles peuvent fournir des renseignements utiles, varient beaucoup suivant la manière d'opérer, et qué l'on peut se tromper beaucoup (du simple au triple et plus parfois), si l'on en déduit sans une discussion approfondie les débits aux divers niveaux. Il est aisé de voir qu'elles donneront des résultats d'autant plus erronés que le

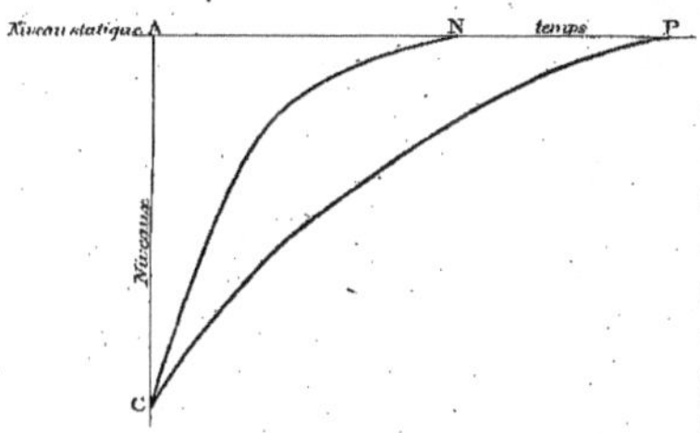

diamètre du tube où se fait l'ascension est plus faible. S'il pouvait être assez grand et par suite l'ascension assez lente pour qu'en chaque niveau le régime pût s'établir pendant l'ascension même, la courbe d'ascension se confondrait avec celle des débits de régime. Cela est en général irréalisable, mais on s'écarte d'autant plus de cette condition que le diamètre de la colonne ascensionnelle est plus réduit.

La lenteur avec laquelle s'établit souvent le débit de régime se comprend aisément si l'on se rend compte que par exemple dans le cas des puits artésiens de Paris plus de 200 kilomètres séparent ces puits de la région d'infiltration. La mise en mouvement de l'eau sur de pareilles distances ne se fait pas d'un seul coup.

On a pu, pour le puits de Grenelle, déterminer le temps que met l'eau à venir, dans les sables verts, des affleurements situés principalement dans l'Ardenne jusqu'à Paris. L'eau des périodes de sécheresse doit évidemment être plus riche en matières dissoutes, car elle séjourne plus longtemps sans être renouvelée au contact des terrains. On a donc comparé le tableau des quantités de matières dissoutes dans l'eau du puits de Grenelle à celui des pluies dans la région d'infiltration, ou ce qui revient au même à celui des crues de l'Aisne, qui s'alimente dans la même région. On a constaté que les courbes représentatives de ces deux phénomènes se suivent régulièrement à 4 ou 5 mois de distance. C'est le temps que met l'eau à parcourir son trajet souterrain de 200 kilomètres.

Revenons à l'action géologique des eaux d'infiltration. Cette action se réduit le plus souvent à la *dissolution* des roches. Dans les terrains insolubles comme les sables siliceux, elle est nulle. Elle devient considérable dans les calcaires. L'eau des puits artésiens de Paris amène au jour 0,074 grammes de carbonates de *Ca* et de *Mg* par litre, bien qu'elle circule dans un terrain pauvre en calcaire. A raison de 10,000 mètres cubes par 24 heures, ce sont 740 kil. de calcaire qui sont ainsi enlevés journellement en profondeur, soit *270 tonnes* par an, correspondant à la formation d'un vide de quelque 100 mètres cubes.

Les sources minérales chargées de CO^2 sont encore bien plus actives à ce point de vue, eu égard à leur débit relativement faible. Mais dans les pays calcaires, ce sont souvent de véritables rivières souterraines qui circulent dans les cavités sans cesse agrandies de la roche, et leur puissance de dissolution devient formidable. Il se forme ainsi d'immenses *grottes* où s'engouffrent les eaux superficielles qui cessent alors momentanément de couler à la surface et viennent, au point où elles ressortent du calcaire, former de puissantes sources dites sources *Vauclusiennes*. La fontaine de Vaucluse en est le type, mais il en existe beaucoup d'autres dans tous les pays calcaires, notamment dans le Jura (sources de l'Ain, de la Loue, du Lizon). Les *pertes* de rivières, comme celles du Rhône et de la Valserine,

près de Bellegarde, sont dues à l'engouffrement de leurs eaux dans les cavités creusées par dissolution dans de puissantes masses calcaires. Certains lacs du Jura, qui n'ont pas d'émissaire apparent, se déversent par des cavités souterraines dans les calcaires (lac de l'Abbaye, où la chute souterraine a été captée et utilisée, etc.)

Les régions où affleurent des bancs épais de calcaire présentent, par suite des effets dissolvants des eaux, un caractère tout particulier, dont le type se trouve par exemple dans le Karst (dans la Carniole, l'Istrie, la Bosnie) ou dans la région des Causses de la Lozère et de l'Aveyron. Toute l'eau tombée à la surface du sol s'engouffre instantanément dans les cavités du calcaire, entraînant la terre végétale qui par suite ne peut subsister, et découpant par dissolution la surface nue et aride du terrain sous les formes les plus capricieuses. Les mers de rochers calcaires de Montpellier-le-Vieux et de Païolive en sont en France les exemples les plus connus.

Il n'est pas rare de voir dans de telles régions la surface du sol s'effondrer sous forme d'entonnoirs parfois profonds, par suite de l'éboulement des cavités souterraines.

Ou bien encore, dans les régions de montagnes, les eaux d'infiltration agissent non plus par dissolution mais en délayant des bancs d'argile, déterminant ainsi l'éboulement de terrains quelconques superposés à ces argiles. C'est ainsi qu'en 1806 la montagne du Rossberg, près du Righi, dans laquelle un banc puissant de conglomérats reposait sur une couche d'argile par une surface inclinée, s'est effondrée en partie à la suite de l'action délayante des eaux d'infiltration sur l'argile et du glissement des conglomérats. 15 millions de mètres cubes tombèrent d'un seul coup sur une longueur de 1.500 mètres, ensevelissant trois villages. On pourrait en citer bien d'autres exemples dans les Alpes.

Dans les pays où existent des gisements de gypse, la dissolution est bien plus active encore, et il n'est pas rare d'y constater à la surface des mouvements du sol analogues à ceux que produisent les travaux de Mines. Les amas de sel gemme, bien plus solubles encore, sont moins exposés à l'action des eaux souterraines parce que tous ceux qui subsistent à l'heure actuelle sont protégés contre les infiltrations par l'argile qui les englobe. S'il s'en est formé qui fussent dépourvus de ce revêtement argileux, ils ont été dissous depuis longtemps. Le sel se trouve donc toujours au milieu d'argiles imperméables (marnes irisées du Trias en France, argiles du Zechstein en Prusse, etc.)

Sur les gisements d'anhydrite, les eaux souterraines produisent une action d'un autre genre : elles transforment l'anhydrite en gypse par hydratation. Il en résulte un accroissement de volume de 1/3 environ, et par suite un bouleversement des couches superposées à l'amas de sulfate. Beaucoup d'amas de gypse, caractérisés par cette dislocation des bancs à leur toit, sont d'anciens gîtes d'anhydrite transformés.

Enfin l'eau infiltrée, provenant des pluies et par suite saturée d'air, produit des phénomènes d'oxydation ou de décomposition des roches. L'oxydation est surtout importante dans les *filons métallifères*, qui contiennent des matières oxydables telles que les sulfures. C'est ainsi, sous l'action des eaux aérées, que se forme aux affleurements des filons, jusqu'à la profondeur maximum que peut atteindre la circulation des eaux de surface, une masse de métaux oxydés, principalement de fer sous forme de limonite, que l'on appelle *chapeau de fer*. La limonite y provient de l'oxydation de la pyrite ou de la sidérose et se mélange des produits d'oxydation de tous les autres minéraux du filon : A*g* et C*u* natifs, pyromorphite, anglésite et cérusite, oxydes et carbonates de cuivre, etc.

Une action bien plus générale et dont l'importance géologique est de premier ordre, c'est la décomposition par les eaux d'infiltration, grâce à l'acide carbonique qu'elles contiennent, des silicates des roches et principalement des *Feldspaths*. L'eau pure attaque peu ou pas les feldspaths. Quand elle contient un peu d'acide carbonique, elle dissout peu à peu les alcalis des feldspaths et une partie de la silice, de façon à ne laisser comme résidu, lorsque l'attaque est achevée, que l'alumine combinée au reste de la silice et à de l'eau, ce résidu tendant vers la formule $2SiO^2, Al^2O^3, 2H^2O$ qui est celle du Kaolin. La silice dissoute est presque aussitôt déplacée par l'acide carbonique, et se dépose dans les fissures de la roche sous forme de filonnets de quartz, tandis que l'eau emporte et ramène au jour les alcalis et la chaux sous forme de carbonates. Les eaux minérales riches en CO^2 peuvent contenir ainsi, après avoir traversé des roches feldspathiques, jusqu'à 5 et 6 grammes de bicarbonates alcalins par litre (eaux de Vichy et similaires). Les simples eaux d'infiltration, moins actives, sont aussi beaucoup plus abondantes, et peuvent attaquer les roches feldspathiques, granite et gneiss, jusqu'à 20 et 25 mètres de profondeur. Ces roches contiennent, outre le feldspath, du quartz qui reste inattaqué, et en général du mica noir, minéral ferreux dont la décomposition fournit par oxydation de l'oxyde de fer qui colore le kaolin de teintes brunes ou rouges.

Les granites et roches analogues sont ainsi souvent tranformés à la surface sur une épaisseur plus ou moins grande en une masse friable dite *arène granitique*, dont le feldspath est *kaolinisé*, c'est-à-dire privé de ses alcalis et d'une partie de sa silice hydratée, et transformé en une argile qui peut être blanche si par exception le mica noir manque, mais qui en général est colorée en rouge ou en brun par le fer. Lorsque l'érosion s'attaquera ensuite à cette arène sableuse, sans consistance, l'argile sera mise en suspension dans l'eau, séparée du quartz et entraînée dans les rivières ; le quartz, séparé mécaniquement de l'argile, fournira l'élément principal des *sables* et des *grès*. C'est ainsi que la *kaolinisation* des roches feldspathiques et principalement des roches acides comme le granite et le gneiss, explique :

1° L'existence des *argiles*, qui vont, entraînées par les rivières, se déposer dans la mer.

2° L'existence des *sables siliceux*, qui vont de même se répandre le long des plages.

3° L'existence des *sels alcalins et calciques* dans les eaux de sources issues des roches silicatées.

C'est une action du même genre qui dans les pays tropicaux transforme les roches silicatées, sur une épaisseur pouvant atteindre jusqu'à 100 mètres, en une masse argileuse confuse, colorée en rouge par le fer, qui, dans ces régions, rend souvent impossible l'observation des roches en place, et à laquelle on donne le nom de *latérite;* la latérite est souvent appauvrie en silice au point d'avoir la composition d'une bauxite.

Toutes les roches qui contiennent des sels ferreux (des silicates le plus souvent), et qui sont ainsi colorées de teintes verdâtres ou bleuâtres dans leurs parties intactes, sont *rubéfiées* sur une épaisseur plus ou moins grande à leur surface par l'action des eaux aérées. Tels la plupart des calcaires jurassiques qui, bleuâtres dans leur masse, sont devenus jaunes ou bruns par oxydation du fer le long de toutes les fissures qui les traversent.

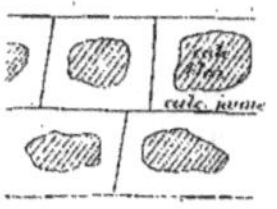

La quantité de matières *dissoutes* contenues dans les eaux des fleuves permet d'évaluer assez exactement ce que l'action dissolvante des eaux d'infiltration enlève annuellement aux continents. On estime à près de 5 kilomètres cubes la masse de matières entraînées dans la mer de cette façon tous les ans, chiffre 16 fois supérieur à celui qui mesure l'activité *actuelle* maximum de l'abrasion marine, et à peu près égal à la moitié de celui qui mesure l'activité de l'érosion par les eaux ruisselantes.

Enfin l'action des eaux souterraines n'est pas uniquement destructrice. Elle est aussi, quoique dans une très faible mesure, réparatrice des pertes qu'elle cause.

Les eaux de source qui, dans leur trajet souterrain, ont dissous du fer à l'état de carbonate ferreux à la faveur de l'acide carbonique qu'elles entraînent, le déposent à l'état de limonite dès qu'elles arrivent au contact de l'oxygène de l'air. Celles qui ont dissous du calcaire le déposent également quand elles arrivent à l'air en suintant à travers les fissures du calcaire et en s'évaporant. On appelle *tufs calcaires* les dépôts légers et caverneux ainsi constitués, et qui se forment de préférence autour des mousses et des herbes humectées par la source, non seulement parce que l'eau ainsi répandue sur une plus large surface s'évapore plus rapidement, mais aussi parce que les végétaux absorbent eux-mêmes l'acide carbonique. Il se constitue de cette façon, sur les pentes des massifs calcaires, autour de tous les suintements qui en sortent, des massifs de tufs poreux englobant une quantité de végétaux.

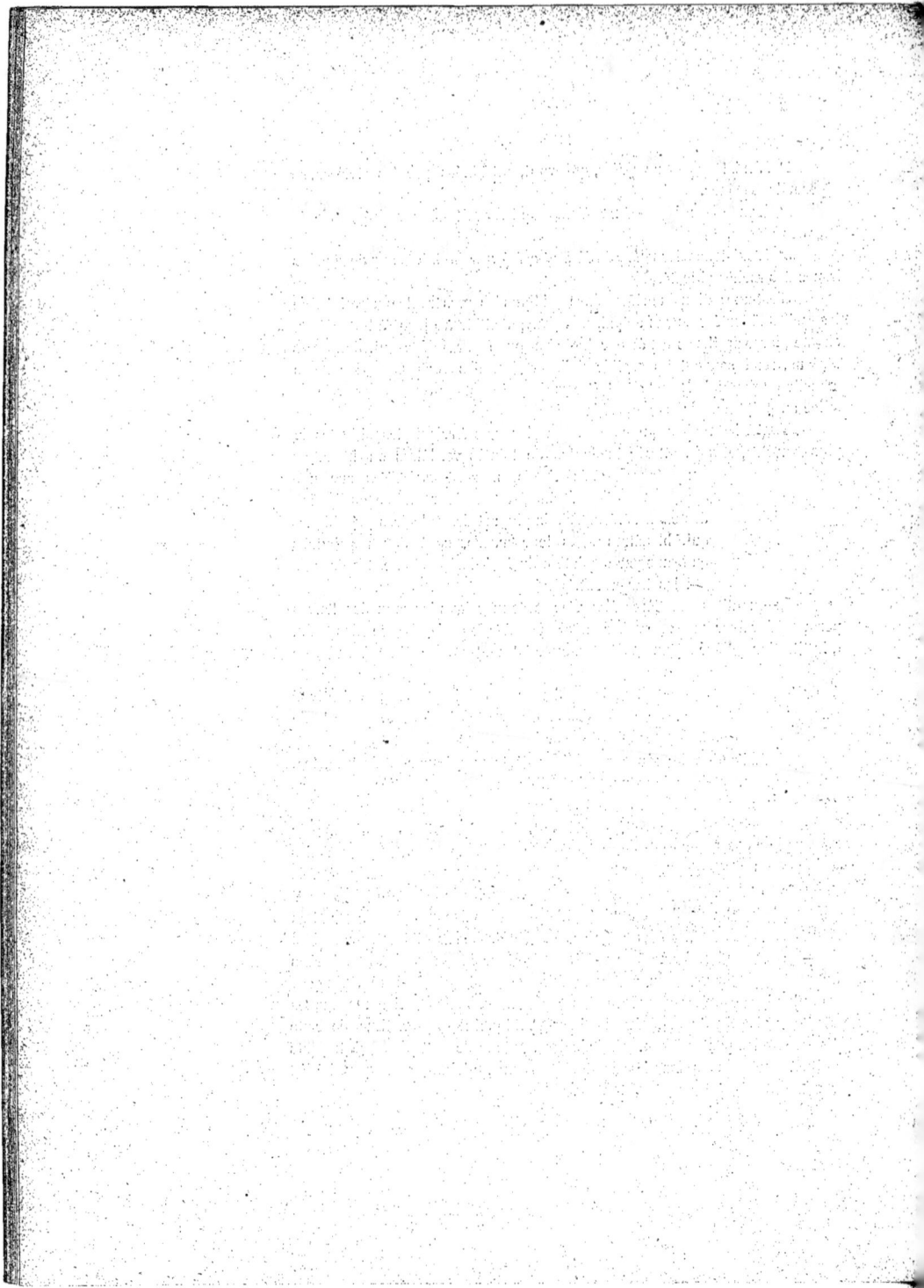

Dans les grottes, les eaux suintant goutte à goutte sur les parois déposent des tufs de calcite cristalline concrétionnée (parfois d'aragonite) qui prennent souvent les formes bien connues de *stalactites* (colonnes pendantes) ou *stalagmites* (colonnes montantes).

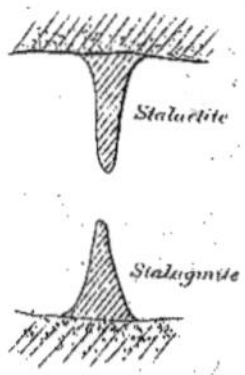

Les eaux qui traversent des couches de sable perméable, après avoir emprunté des sels de fer, du calcaire ou de la silice à d'autres roches, déposent souvent dans les intervalles des grains du sable diverses matières venant cimenter la roche et transformer le sable meuble en un *grès* à ciment ferrugineux, calcaire ou siliceux. C'est ainsi, par exemple, que dans le bassin parisien les sables de Fontainebleau, sables de plage siliceux, sont en beaucoup de points agglomérés en un grès à ciment calcaire assez dur pour qu'on l'exploite pour pavés (Etampes), les eaux qui traversent les sables se chargeant de calcaire dans des formations calcaires superposées. Dans les mêmes sables de Fontainebleau, et plus encore dans les sables des Landes, la nappe d'eau qui imprègne le terrain perméable a un niveau variable suivant la saison. En s'abaissant en été par l'effet de l'évaporation, elle abandonne entre son niveau maximum et son niveau minimum les matières qu'elle tenait en solution, et notamment des sels organiques de fer provenant du lessivage de la terre végétale. Le sable se cimente ainsi sur une épaisseur faible en un grès noirâtre ferrugineux que l'on appelle l'*alios*.

Action des eaux qui ruissellent à la surface. — Les eaux ruisselantes constituent l'agent le plus actif de destruction des reliefs continentaux. Comme l'atmosphère, la mer et les eaux d'infiltration, elles ont une double action : elles détruisent d'un côté et construisent de l'autre. Leur rôle destructeur, c'est l'*érosion*. Leur rôle constructeur, l'*alluvionnement*.

L'action des eaux ruisselantes est préparée, comme on l'a vu, par la désagrégation due à l'atmosphère et (pour les roches feldspathiques surtout) à l'eau d'infiltration. Sur une roche dure l'eau peut couler longtemps sans laisser de traces. Il n'en est plus de même si la roche est effritée par l'action de l'atmosphère ou de l'eau infiltrée dans les fissures. Incapable d'user la roche par elle-même, l'eau entraîne alors des fragments et les roule sur la surface, en usant rapidement la matière désagrégée. Une fois la roche franche mise à nu, l'action des agents de désagrégation peut reprendre son cours, et à leur suite celle des eaux courantes. La vitesse avec laquelle s'écoulent ces eaux superficielles est cause d'ailleurs que leur action dissolvante est très faible. Tandis que l'érosion par action mécanique est presque exclusivement réservée aux eaux courantes superficielles, la dissolution est exercée presque uniquement par les eaux souterraines.

L'érosion marche évidemment d'autant plus vite, toutes choses égales

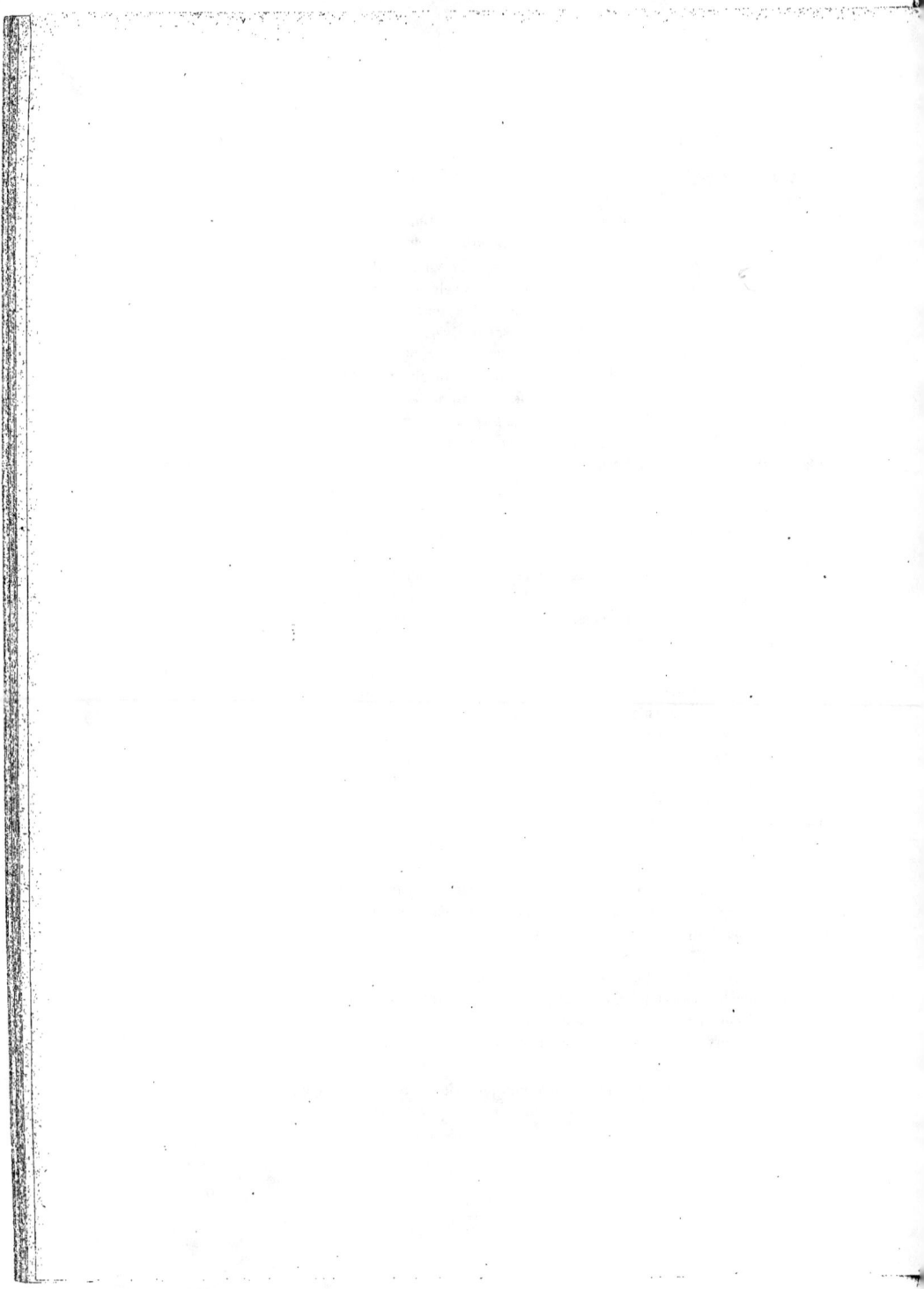

d'ailleurs, que l'écoulement de l'eau est plus rapide et par suite que la pente est plus forte. L'action des grands courants lents, des rivières et des fleuves, est à ce point de vue incomparablement plus lente que celle des eaux pluviales qui courent sur les pentes des montagnes. On désigne ces eaux rapides, dont la puissance destructive est considérable, sous le nom d'*eaux sauvages.*

Le ruissellement des eaux et l'érosion qui en est la conséquence obéissent à des lois simples qui expliquent la plupart des particularités des formes extérieures du terrain, tant l'action de l'érosion est prépondérante dans le modelé de ces formes.

Une expérience simple due à MM. de la Noé et de Margerie consiste à faire couler sur un gâteau de plâtre, contenu dans une boîte et placé dans une position inclinée, une grenaille dure quelconque. Bien que ces conditions ne soient pas absolument identiques à celles que réalise le ruissellement des eaux, l'expérience est instructive. On voit d'abord un sillon irrégulier se creuser dans le plâtre. Ce sillon ne tarde pas à prendre *à la base* une inclinaison constante, qui ne changera plus pendant toute la durée de l'expérience. Cette inclinaison, indépendante de celle de la surface primitive du plâtre, est celle du talus d'équilibre de la poudre dure. Le niveau A, c'est ce qu'on appelle le *niveau de base*, déterminé ici par le bord de la boîte. En ce point A le courant abaisse le niveau en corrodant la surface jusqu'à la limite où il cesse de pouvoir s'écouler, c'est-à-dire jusqu'à ce que son lit ait pris une pente α égale au talus naturel de la matière en mouvement.

Puis, peu à peu, le sillon se creuse, et les aspérités se régularisent graduellement *d'aval en amont.* Tout en haut le profil ne devient régulier qu'en dernier lieu, et à partir de ce moment le profil longitudinal du sillon *ne change plus* si le point B reste fixe. Le *profil d'équilibre* est atteint. Ce profil est déterminé par la condition que la force normale qui tend à appliquer le grain en mouvement sur la surface, et qui est la somme de la composante normale de la pesanteur et de la force centrifuge, a une certaine valeur minimum, d'ailleurs variable avec la vitesse, au-dessous de laquelle la grenaille cesse de pouvoir désagréger le plâtre. Il est toujours *concave*, et sa courbure augmente de A en B.

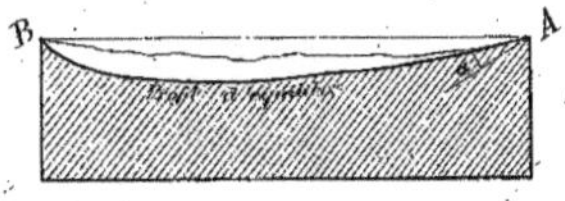

Une fois le profil d'équilibre établi, le sillon cesse de s'approfondir, et ne fait plus que s'élargir. Le profil transversal commence ainsi à se creuser, de plus en plus large, au fur et à mesure qu'en chaque point du profil longitudinal la pente d'équilibre est atteinte. Par suite le sillon, large dans le bas, est de plus en plus étroit vers le haut.

D'autre part, si l'on remplace le plâtre par une matière plus ou moins dure, le profil s'établira plus ou moins lentement; mais sa forme restera la même. Si l'on dispose une série de couches de matières alternativement dures et tendres, le sillon dessinera d'abord une série de cascades à la rencontre des bancs durs, mais ces inégalités s'effaceront peu à peu, toujours en remontant d'aval en amont, et finalement le profil d'équilibre sera le même que dans une matière homogène.

Appliquons ceci à l'érosion, avec les restrictions nécessaires. L'eau, si lentement qu'elle se déplace, peut toujours entraîner des matières fines. Le talus naturel des matières entraînées par le courant est donc le même que celui de l'eau, c'est-à-dire zéro. Le niveau de base, ici, c'est celui de la mer. Les fleuves devront tendre à arriver à la mer *à son niveau et avec une pente nulle.* C'est ce qui a lieu en effet, et le fait est tellement banal qu'on songe à peine à le remarquer. Il en est de même pour le fait que les rivières, à leurs confluents, arrivent au même niveau, sans que l'une se jette dans l'autre par une chute brusque. Si les fleuves ne se jettent pas dans la mer par une cascade, ni de même les rivières dans les fleuves, cela tient à ce que la régularisation du profil commence toujours par en bas, et va en remontant à partir de l'embouchure ou du confluent, conformément à l'expérience ci-dessus. On ne trouvera en général des cascades que là où le profil s'établit en dernier lieu, c'est-à-dire en amont, vers les montagnes, où le profil d'équilibre n'est pas encore fixé.

En remontant le fleuve à partir de l'embouchure, où la pente est presque nulle (quelques secondes en général sur un grand nombre de kilomètres) on voit la pente augmenter peu à peu, très lentement d'abord, puis de plus en plus rapidement, de telle façon que le profil est toujours *concave.* Ici l'expérience imite le phénomène plutôt qu'elle ne le reproduit, et il importe d'examiner la question de plus près.

En quoi consiste cet *équilibre* qui est établi lorsque le profil longitudinal a acquis une certaine forme ?

En même temps qu'un élément de cours d'eau A B creuse son lit, il a à transporter les matériaux provenant de tout le cours amont A C. Cet élément de rivière a, en raison de son débit, de sa pente et de la grosseur des matériaux qu'il charrie, un certain pouvoir de transport. Quand la masse des matériaux venus d'amont sera égale à ce pouvoir de transport, le courant ne creusera plus son lit. Il ne fera que transporter vers l'aval ce qu'il reçoit d'amont. En fait, et cela est important à noter, il ne cesse pas pour cela d'attaquer soit son fond en y roulant des cailloux, soit du moins ses berges; mais la capacité maximum de transport étant atteinte, il y a accumulation de matériaux d'amont entre A et B, en telle quantité que la

masse qui sort en B est égale à celle qui entre en A. Tout se passe comme si la rivière entre A et B ne faisait plus que remanier sur place les matériaux de ses bords, en transmettant en aval exactement ce qu'elle reçoit d'amont, bien qu'en réalité des matières issues d'amont, venant se fixer entre A et B, remplacent ce que le courant a arraché dans cet intervalle aux terrains en place. Le lit ne s'approfondit plus. Et cet état correspond à un véritable *équilibre*, une diminution de la masse à transporter entrée en A correspondant à un excès de matières sortant en B, c'est-à-dire à un creusement effectif du lit entre A et B ; et inversement un accroissement de cette masse entrée en A nécessitant une accumulation entre A et B, c'est-à-dire un exhaussement du profil.

Ainsi l'arrêt du creusement correspond à l'établissement d'une certaine relation entre la pente p, le débit d, la masse m des matériaux venant d'amont, et leur facilité de transport qui dépend à peu près uniquement de la grosseur de leur grain g (la densité des roches étant peu variable).

On voit bien dans quel sens chacune de ces variables agit, mais il n'est pas facile d'établir *à priori* cette relation qui donnerait la pente d'équilibre en chaque point. On sait que, par la réunion successive des affluents, d augmente rapidement d'amont en aval ; m augmente aussi, pour la même raison, même dans les parties du cours où l'équilibre est atteint ; g diminue par l'effet du frottement des cailloux, qui finit par les réduire en éléments fins aisément déplacés. Mais ces facteurs n'agissent pas tous dans le même sens sur la valeur de la pente d'équilibre p. On ne peut donc prévoir *a priori* le sens des variations de p.

Mais une observation résout la difficulté. En un confluent, la grosseur des fragments est évidemment la même un peu en amont et un peu en aval, elle ne subit pas de changement brusque. D'autre part, on ne constate nulle part un changement brusque de pente aux confluents dans les régions où l'érosion est faible, c'est-à-dire le profil voisin de l'équilibre. En ces mêmes points, il n'y a aucune tendance particulière à l'accumulation de matériaux ou au creusement. Il y a bien fréquemment, on le verra, dépôt de matières devant la pointe qui sépare les deux cours d'eau, mais il est compensé par un creusement des berges du côté opposé, de façon que nulle part un confluent n'est marqué par un exhaussement du lit.

Donc le cours d'eau résultant, dont le débit est $d' + d''$ (d' et d'', débits des deux affluents) et qui reçoit une masse de cailloux $m' + m''$, est à l'état d'équilibre si les rivières confluentes le sont. Il est capable de transporter, sans qu'il y ait accumulation ou creusement, exactement $m' + m''$. On doit donc admettre comme un fait d'observation cette loi, dont la démonstration rationnelle serait compliquée : A égales valeurs de p et de g, la puissance de transport, la masse charriée à l'état d'équilibre, est *proportionnelle au débit*. En d'autres termes m est de la forme $m = d\,f(p, g)$.

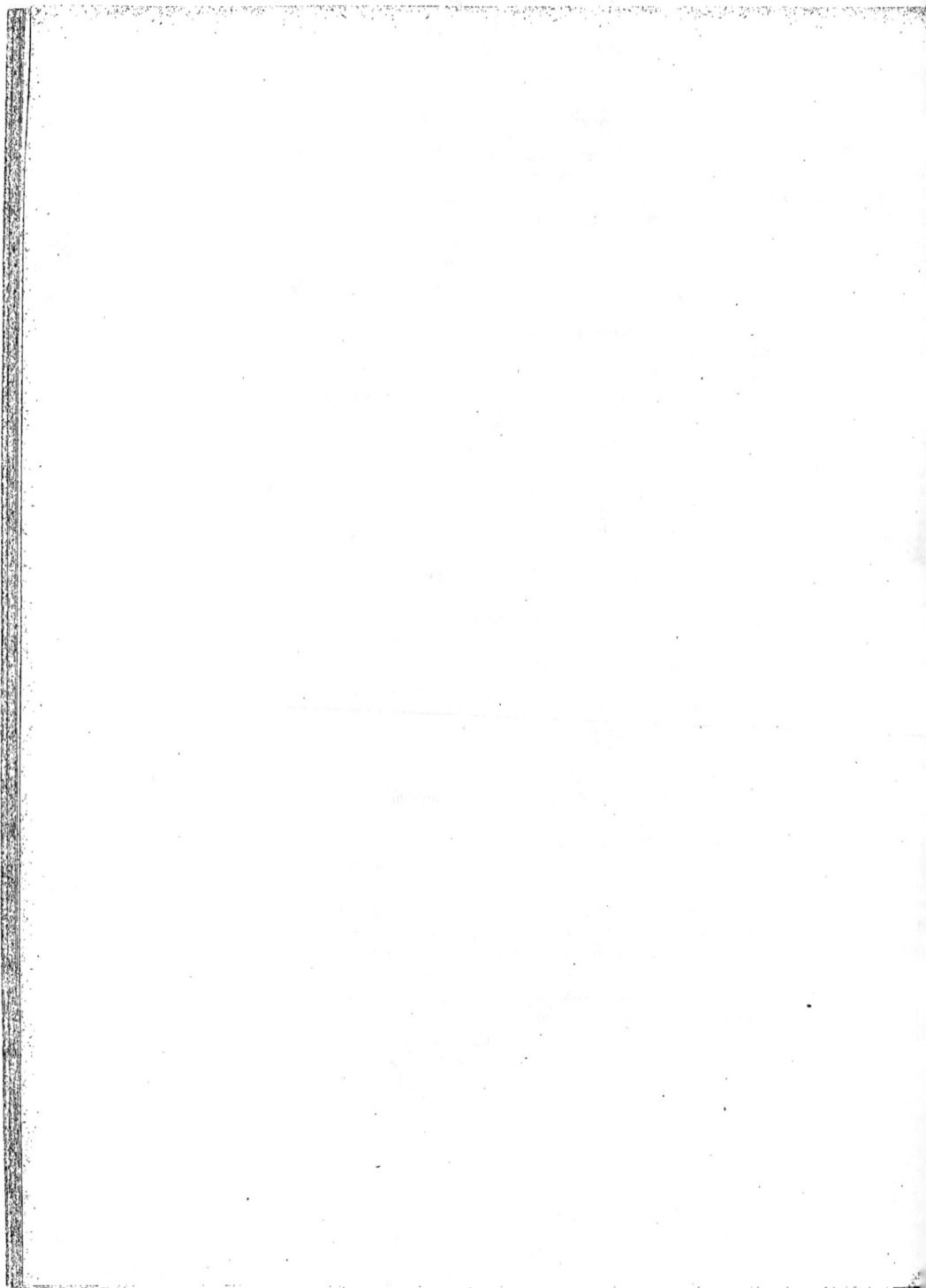

Dans un tronçon de rivière ne recevant pas d'affluents, *m* et *d* sont constants à l'état d'équilibre, donc la pente *p* n'est fonction que de la grosseur des fragments *g*. Et il est évident que plus *g* est petit, plus la pente d'équilibre est faible. Comme *g* diminue en aval, il en est de même de *p*, et par suite le profil du tronçon considéré est concave. Comme d'autre part il n'y a pas de variation brusque de pente aux confluents, ce que nous avons admis comme fait d'observation, l'ensemble du profil d'équilibre est donc continu et concave.

La discussion ci-dessus a l'avantage de montrer que la concavité du profil n'est pas due, comme on le croit souvent, à l'accroissement du débit vers l'aval, et qu'elle n'est pas davantage comparable à celle qui se produit dans l'expérience de M. de la Noé. L'accroissement du débit est exactement compensé à l'état d'équilibre par l'augmentation de la masse à charrier, et la diminution de pente vers l'aval provient *uniquement* de la réduction graduelle du diamètre des matériaux par l'effet de leur frottement réciproque. On en retiendra aussi cette notion que le cours d'eau à l'état d'équilibre ne cesse pas forcément de creuser (et en fait général il attaque ses berges), mais que dans cet état toute masse arrachée par lui aux terrains en place est remplacée par la fixation d'une masse égale issue d'amont. C'est l'explication des plaines d'alluvions.

Ainsi la rivière tend vers un profil d'équilibre continu et concave analogue à celui de l'expérience de M. de la Noé, et l'on voit que ce profil dépend surtout de la facilité avec laquelle s'émiettent les matériaux transportés. Seulement ici le sommet de la courbe n'est pas fixe. La source d'une rivière recule et s'abaisse peu à peu par suite de l'érosion de la montagne qui la porte. De sorte que l'équilibre n'est pas définitif, mais seulement momentané. L'érosion marche très vite jusqu'à ce qu'il soit établi, puis, sans s'arrêter en toute rigueur, ne progresse plus ensuite que très lentement, le profil reculant à peu près parallèlement à lui-même sans se déformer sensiblement.

Il importe de remarquer à ce sujet que le raisonnement ci-dessus, s'il est valable quand on ne considère que les matières traînées sur le fond, ne l'est plus pour les matières impalpables qui peuvent rester très longtemps en suspension et pour lesquelles la capacité maximum de transport n'est jamais atteinte. Ce sont ces matières seules qui sont entraînées à la mer une fois le profil d'équilibre établi, et dont l'enlèvement correspond au recul du profil sur toute sa longueur.

En fait, les profils de toutes les rivières sont concaves, et leur pente, qui croît très lentement à partir de la mer, augmente de plus en plus rapidement vers la source.

Mais ces profils ne sont pas toujours continus. Il y a des portions du lit plus dures que les autres, où, comme dans l'expérience, le profil définitif

doit devenir le même que dans les parties tendres, mais où il n'est cependant pas le même *actuellement*. En d'autres termes, le profil actuel n'est pas toujours arrivé à l'équilibre. A la rencontre des roches dures, le lit présente des cascades ou des rapides. Dans les parties basses du cours, où le profil s'établit en premier lieu, ces discontinuités sont rares. Elles deviennent fréquentes, comme on doit s'y attendre, là où le profil se fixe en dernier lieu, vers la source des cours d'eau, dans les montagnes. Le profil est alors celui-ci :

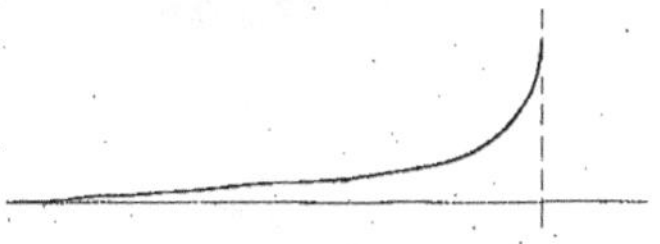

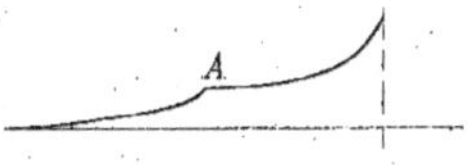

Le banc dur A sert de niveau de base provisoire à un profil d'équilibre, provisoire aussi, qui s'établit en amont, et qui reculera à mesure que l'obstacle A sera entamé. L'érosion, devenue rapidement presque nulle le long des deux profils d'aval et d'amont, est au contraire active en ces points de discontinuité, même lorsque accidentellement ils se trouvent sur le bas cours de la rivière. La cascade (ou le rapide) recule vers l'amont avec une vitesse qui, bien que relativement faible à cause de la dureté de la roche, donne une idée de ce qu'est celle de l'érosion quand le profil d'équilibre se trouve rompu. En particulier, lorsqu'un cours d'eau parcourt un pays dans le sous-sol duquel alternent des bancs tendres et durs à peu près horizontaux, la traversée des bancs durs par le profil descendant du cours d'eau se fait souvent par une cascade. Le banc tendre au-dessous est affouillé par l'effet de la poussière d'eau de la chute, et le banc dur, ainsi sous-cavé, tombe par blocs, la chute reculant vers l'amont. C'est le cas du Niagara, qui recule annuellement de $0^m,25$ sur la rive des Etats-Unis, et de $1^m,50$ sur la rive canadienne, de sorte qu'un petit nombre de milliers d'années a suffi, au

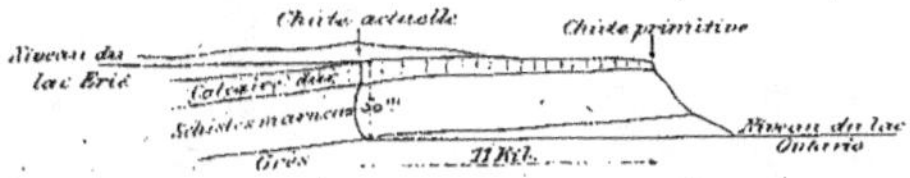

taux actuel, pour faire reculer la chute de 11 kilomètres, en creusant un étroit cañon de 60 à 70 mètres de profondeur sur toute cette longueur. Toutes les cascades sont ainsi, à des degrés divers, le siège d'une érosion particulièrement active tendant à établir la continuité du profil d'équilibre. Il en est de même quand le passage des bancs durs est marqué par de simples rapides (Nil, Rhône, Missouri...).

En dehors de ces points exceptionnels, le travail d'érosion est faible ou nul dans les parties basses des cours d'eau actuels, dans celles qui ont atteint leur profil d'équilibre. Il se réduit à cette sorte de remaniement qui

consiste dans l'érosion des berges, avec dépôt correspondant des matières venues d'amont. Surtout dans les parties basses, où la pente est faible et la vallée large parce que le profil transversal, comme dans l'expérience, a commencé depuis plus longtemps à se creuser, le courant attaque les rives extérieures des tournants, contre lesquelles il est projeté, et les sous-cave. Elles s'éboulent, leurs matériaux sont entraînés, et le lit se déplace ainsi

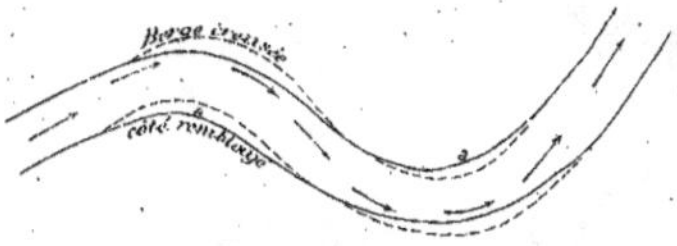

vers l'extérieur, des matériaux d'amont se fixant en face, en *a*, où le courant est faible. De sorte que le cours d'eau balaie ainsi toute la plaine, en répandant à sa surface une nappe de graviers, sans modification appréciable du niveau. Plus la plaine est large, plus ces divagations sont étendues, et leur effet est de niveler toutes les inégalités accidentelles du sol en donnant à la vallée un large fond exactement plan.

Il en est tout autrement si l'on examine ce qui se produit en amont, vers la source des cours d'eau, où la régularisation du profil ne s'est pas encore étendue. Là existent des cours d'eau à forte pente dont l'action érosive est considérable, ce sont les *torrents*.

Sur les sommets des montagnes, dépourvus de végétation, l'eau des pluies s'écoule rapidement à la surface du sol nu et trace ainsi une série de petits thalwegs généralement à sec, dans lesquels l'eau ne s'écoule qu'au moment des pluies. Ces petits courants élémentaires vont en général, en descendant, se réunir en quelque point particulièrement déprimé, où se rassemblent ainsi en temps d'orage toutes les eaux tombées sur un certain périmètre. On donne à ce périmètre le nom de bassin de réception ou *cirque* du torrent. Et le torrent lui-même consiste dans ce cours d'eau essentiellement intermittent, à forte pente, le plus souvent à sec, mais capable au moment des orages de réunir et de jeter d'un seul coup dans la vallée une formidable masse d'eau rassemblée par son bassin de réception. Celui-ci prend la forme d'un cirque, ou plus exactement d'un entonnoir, parce que par l'effet même de l'érosion les arêtes qui séparent les petits thalwegs tendent à s'effacer. Au fond de cet entonnoir, les eaux se rassemblent en traçant un thalweg unique, que la grande puissance du courant a bientôt fait d'approfondir, tandis que son profil transversal reste abrupt. C'est le *goulet* ou canal d'écoulement du torrent, qui entaille la pente de la montagne d'une gorge à forte pente, étroite et à parois escarpées. Dans cette gorge, lors des orages, l'eau acquiert une prodigieuse vitesse qui lui permet d'entraîner d'énormes masses de matériaux. Plus bas, le goulet débouche sur une vallée assez large pour que la vitesse de l'eau s'y amortisse. Dans le goulet, la puissance d'érosion est considérable. De véritables trombes de pierres et de boue sont précipitées vers la vallée lors des grandes

pluies, et cela avec une telle vitesse que l'air mis en mouvement suffit parfois, avant même le contact de l'eau, pour arracher de grands arbres ou détruire des digues ou des ponts. Les matériaux entraînés dans ces débâcles s'arrêtent au débouché du goulet sur la vallée et forment en avant de ce point un *cône de déjection* sur lequel le lit du torrent se déplace après chaque orage, répartissant ainsi les matériaux en un cône généralement très régulier, dont la pente varie de 2 à 5 ou 6° au plus.

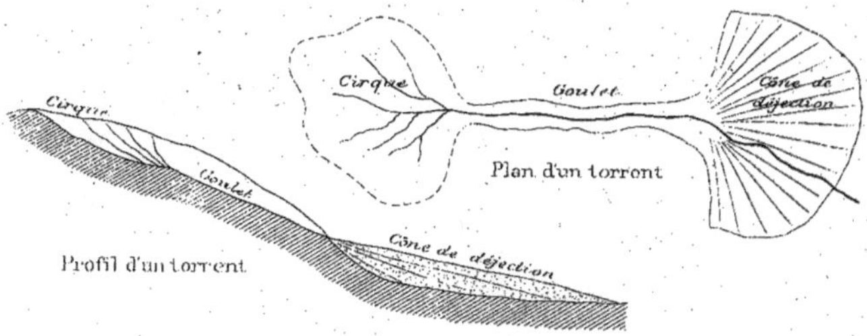

Telle est la forme sous laquelle agit l'érosion active dans les montagnes. Dans beaucoup de régions on la voit encore à l'œuvre, par exemple dans les Hautes-Alpes, où elle constitue un véritable fléau, arrachant dans un seul orage des pans de montagne entiers et en répandant les débris sur le fond des vallées, engloutissant les champs et parfois les villages. Ces ravages s'exercent surtout dans les contrées déboisées. La végétation a pour effet de fixer le sol et surtout de répartir les eaux ruisselantes en une multitude de filets de faible vitesse, en ralentissant ainsi leur réunion dans le lit du torrent. Les grandes débâcles deviennent impossibles quand le sol est couvert d'herbe ou de forêts. C'est en boisant et en gazonnant les pentes du cirque, et d'autre part en brisant la vitesse dans le goulet par de petits barrages, que l'on parvient à lutter contre l'érosion torrentielle dans les Hautes-Alpes. Partout où la végétation a pu s'établir naturellement (et dans les Hautes-Alpes il en était ainsi avant les déboisements inconsidérés qui ont livré le pays aux ravages des eaux torrentielles), les torrents, bien que conservant la forme caractéristique décrite ci-dessus, deviennent des cours d'eau permanents, à forte pente et débit irrégulier, mais dont l'action érosive est moins rapide, quoique bien supérieure à celle des rivières de plaine.

On a vu comment se modèle le profil longitudinal des vallées. Comment se forme le profil transversal?

Le profil transversal se forme sous l'action des eaux tombées sur les pentes latérales de la vallée et ruisselant sans se réunir dans un thalweg (celles qui se réunissent tracent le profil longitudinal d'un affluent). Il s'agit

donc d'eaux s'écoulant à la surface du sol en lame mince, entrainant les particules des roches désagrégées par l'action atmosphérique. Le niveau de base est ici le thalweg de la vallée, et le talus de base n'est plus celui de l'eau elle-même, c'est-à-dire zéro, mais le talus naturel des matières entraînées et émiettées par les eaux. Les conditions ne sont plus les mêmes que celles qui déterminent la forme du profil longitudinal. Le profil transversal n'est pas forcément concave, et il est très loin d'être indépendant de la nature des terrains. Il est, au contraire, déterminé d'une part par l'abondance des pluies, et d'autre part par la perméabilité des roches dans lesquelles il est tracé. A égalité de terrains, dans un climat sec les bords des vallées sont plus abrupts, les vallées plus étroites (cela est frappant en Algérie par exemple) ; le talus de base est, en effet, d'autant plus relevé qu'il y a moins d'eau pour en entraîner les matériaux. D'autre part, à égalité de climat, les formes sont d'autant plus abruptes que le terrain est plus perméable. Dans les terrains très perméables, comme les calcaires, toute l'eau des pluies s'infiltrant, le ruissellement superficiel est nul et le profil transversal ne peut se creuser. Dans les calcaires bien perméables, les vallées se réduisent à des gorges profondes, ayant tout juste la largeur du cours d'eau qui y coule et dont les bords sont verticaux. On leur donne le nom de cañons (gorges du Tarn, du Fier près d'Annecy, de l'Aar près de Meiringen, etc.). Le même effet peut être produit dans des terrains peu ou pas perméables lorsqu'une rivière, alimentée par quelque région humide, traverse un pays où il ne pleut pas. Elle creuse alors son profil longitudinal en un sillon étroit, sans que rien vienne détruire la verticalité des parois. Le grand cañon du Colorado en est l'exemple le plus grandiose. Sur plus de 100 kilomètres de longueur, le rio Colorado s'est découpé, dans un plateau formé de couches horizontales, une vallée d'une profondeur moyenne de 900 mètres, parfois plus de 1.000, et dont les bords presque verticaux sont écartés de moins de 1.000 mètres. Au-dessus existe une vallée beaucoup plus large et à bords moins escarpés, dont le profil en travers s'est dessiné à une époque où le climat des hauts plateaux du Colorado comportait des pluies, aujourd'hui complètement disparues. D'autres fois enfin, des gorges étroites sont creusées par certains cours d'eau lorsque des soulèvements lents du sol se sont produits sur leur parcours. Le cours d'eau, tendant à maintenir son profil d'équilibre longitudinal, a entamé l'obstacle à mesure qu'il se soulevait, le profil transversal, tracé par une masse d'eau beaucoup plus faible, n'ayant pas eu le temps de s'élargir en proportion de l'approfondissement (gorges de la Meuse, du Rhin). On en trouve la preuve dans les lambeaux d'anciennes

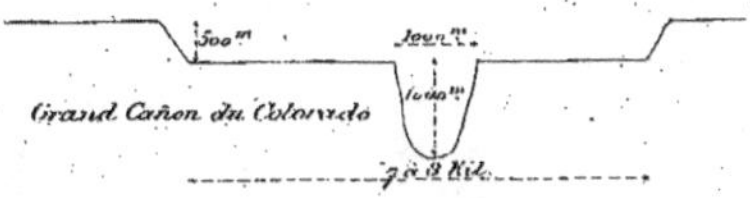

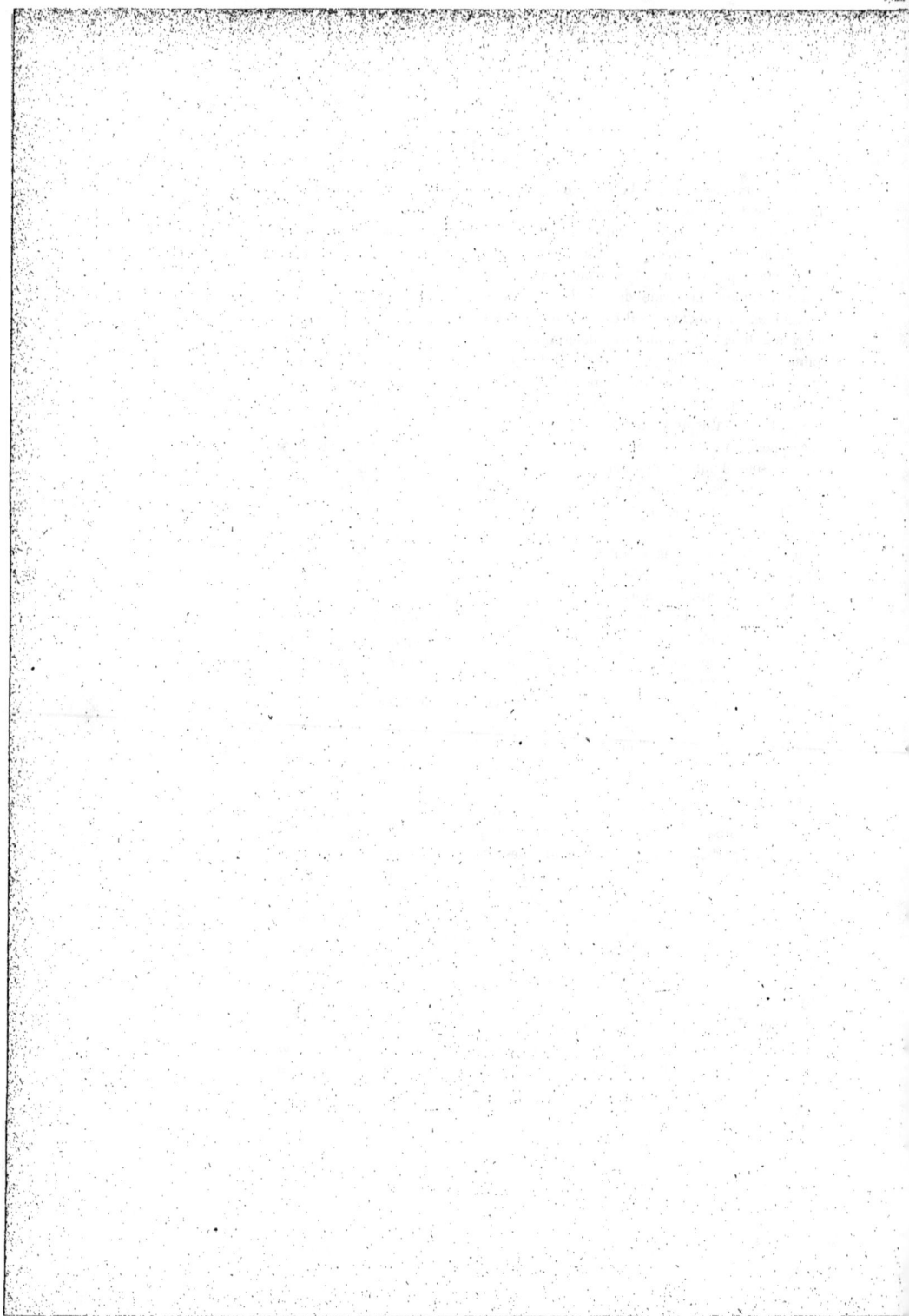

alluvions que l'on voit actuellement relevés bien au-dessus du niveau du fleuve et qui s'abaissent graduellement vers ce niveau tant en amont qu'en aval. D'une manière générale d'ailleurs, on conçoit que le creusement transversal de la vallée soit beaucoup moins rapide que le creusement longitudinal, effectué par un courant puissant. Aussi, toutes choses égales d'ailleurs, les vallées sont-elles plus étroites et à bords plus escarpés là où le profil en long est encore en voie de creusement. Elles ne peuvent acquérir une grande largeur que là où le profil longitudinal est fixé depuis longtemps, sur le bas cours des fleuves.

Dans les climats non dépourvus de pluies les terrains imperméables, laissant ruisseler toute l'eau à la surface, se modèlent en pentes douces. Les vallées s'y élargissent sans limite, leur largeur dépassant de beaucoup celle du cours d'eau. Les terrains durs ne diffèrent pas des plus tendres à ce point de vue. Là où l'érosion agit depuis longtemps, argile et granite donnent des pentes également adoucies. Mais le modelé de ces pentes s'établit plus vite en terrain tendre, en sorte que dans les régions où le profil longitudinal est en voie d'approfondissement, dans les régions de montagnes, les vallées creusées dans des roches imperméables dures comme le granite peuvent présenter des flancs abrupts. Partout où l'érosion n'a pas été troublée depuis longtemps par des mouvements du sol, les roches granitiques sont modelées en pentes douces comme les terrains argileux.

Quand le terrain se compose d'alternances de bancs imperméables et de bancs perméables (en général calcaires et marnes argileuses), les pentes sont brisées, abruptes dans la roche perméable (à moins qu'il ne s'agisse d'un sable tout à fait meuble) et adoucies dans le terrain imperméable. Cela est frappant dans tous les pays où affleurent les formations marines du Jurassique et du crétacé inférieur, constituées par des alternances de marnes et de calcaires.

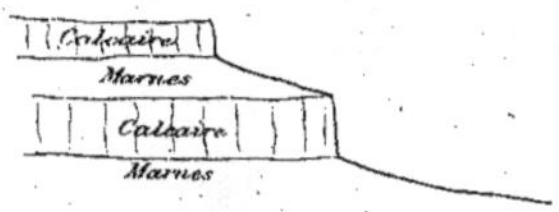

Enfin, quelle que soit la nature du terrain, la vallée va en s'élargissant vers l'aval, parce que le niveau de base du profil transversal, qui est déterminé par le profil longitudinal, y est fixé depuis plus longtemps, et que par suite le creusement de ce profil transversal est plus avancé.

Les deux profils, une fois établis, ne font plus que reculer parallèlement à eux-mêmes. Les crêtes séparant deux vallées voisines tendent ainsi à s'abaisser. Si pour une raison quelconque, différence dans le régime des pluies ou dans la dureté des terrains, l'érosion marche plus vite dans l'une des vallées que dans l'autre, il pourra arriver que la première vallée A B empiète sur la seconde C D jusqu'à ce que le thalweg de celle-ci soit entamé par elle. Alors le cours supérieur C E de C D sera *capté* au profit de la rivière A B, et la basse vallée E D asséchée. Tel est le cas de la

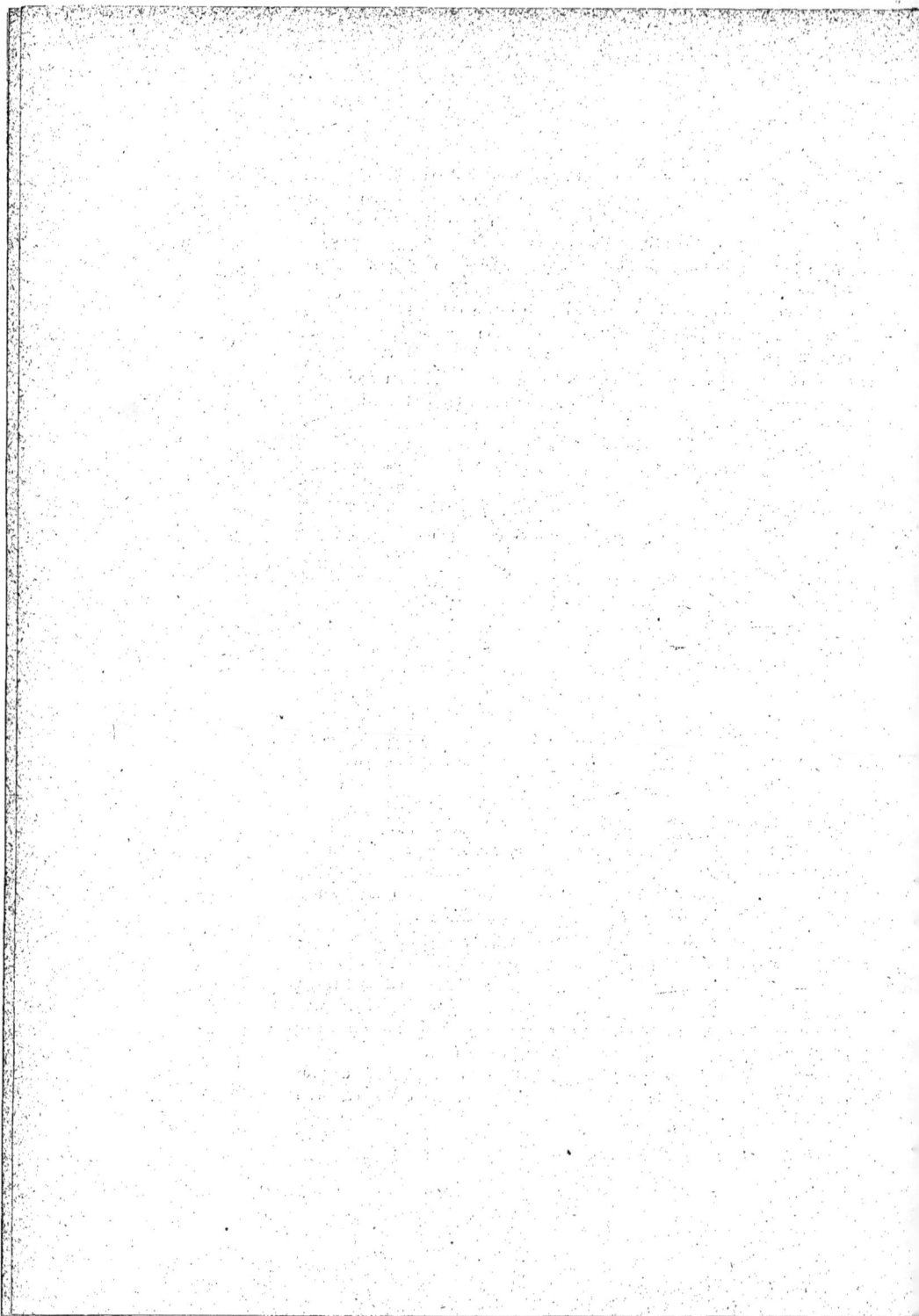

Moselle, autrefois affluent de la Meuse, et captée près de Toul au profit de la Meurthe par un petit affluent de celle-ci qui poussa son profil longitudinal jusqu'au lit même de la Moselle. D'où le contournement singulier de la Moselle autour du plateau de Haye. De même pour la vallée de Chambéry et du lac du Bourget, asséchée par suite de la capture de la rivière qui l'a creusée autrefois (l'Arc) et qui aujourd'hui s'écoule avec l'Isère par le

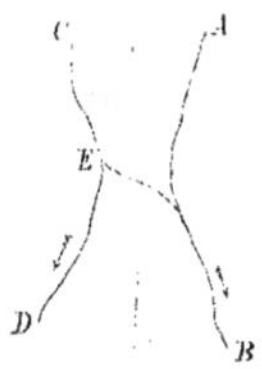

Capture d'une rivière par une vallée voisine

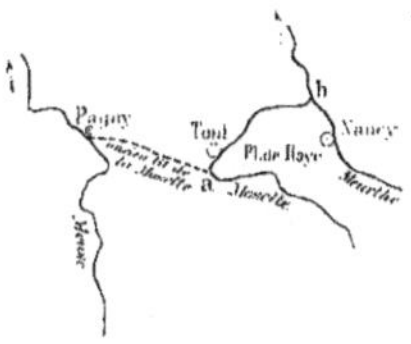

Capture de la Moselle par un ancien affluent a b de la Meurthe

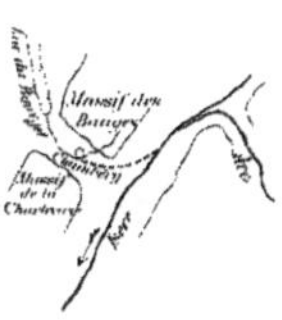

Capture de l'Arc par l'Isère

Grésivaudan, vallée dont le creusement a été plus rapide parce que son sous-sol est formé de schistes tendres. La vallée de Chambéry n'est plus parcourue que par un cours d'eau insignifiant, hors de proportion avec les vastes dimensions de cette vallée. Beaucoup de particularités du cours des rivières s'expliquent ainsi.

Quoi qu'il en soit, le recul graduel des versants et du fond des vallées tend à abaisser les crêtes qui les séparent, et finalement à réduire le pays à l'état de plan presque parfait. Le résultat final de l'érosion est de niveler les continents aussi parfaitement que peut le faire l'abrasion marine. On peut juger par l'état actuel des montagnes et par l'abondance des sédiments qui se sont formés de leurs débris de tout ce que l'érosion leur a enlevé depuis leur soulèvement et pendant leur soulèvement même. Les Alpes, qui sont une chaîne récente, ont perdu déjà plus de moitié de leur hauteur primitive. Quant aux chaînes plus anciennes, il n'en reste souvent aucune trace dans les formes extérieures du terrain. Par exemple les départements du Nord et du Pas-de-Calais, la Belgique, ont été occupés vers l'époque houillère par une puissante chaîne de montagnes dont l'érosion n'a pas laissé la moindre trace. L'étude géologique du terrain en fournit la preuve. Si les inégalités du relief n'étaient pas constamment renouvelées par les mouvements du sol, les continents seraient depuis longtemps réduits à l'état de plaines basses au niveau de la mer. Toutes leurs saillies actuelles sont dues à des mouvements *récents* de l'écorce terrestre, que l'érosion n'a pas encore achevé de niveler.

On peut s'étonner au premier abord qu'un tel rôle puisse être attribué à la simple action de l'eau des pluies, qui paraît bien lente aujourd'hui pour

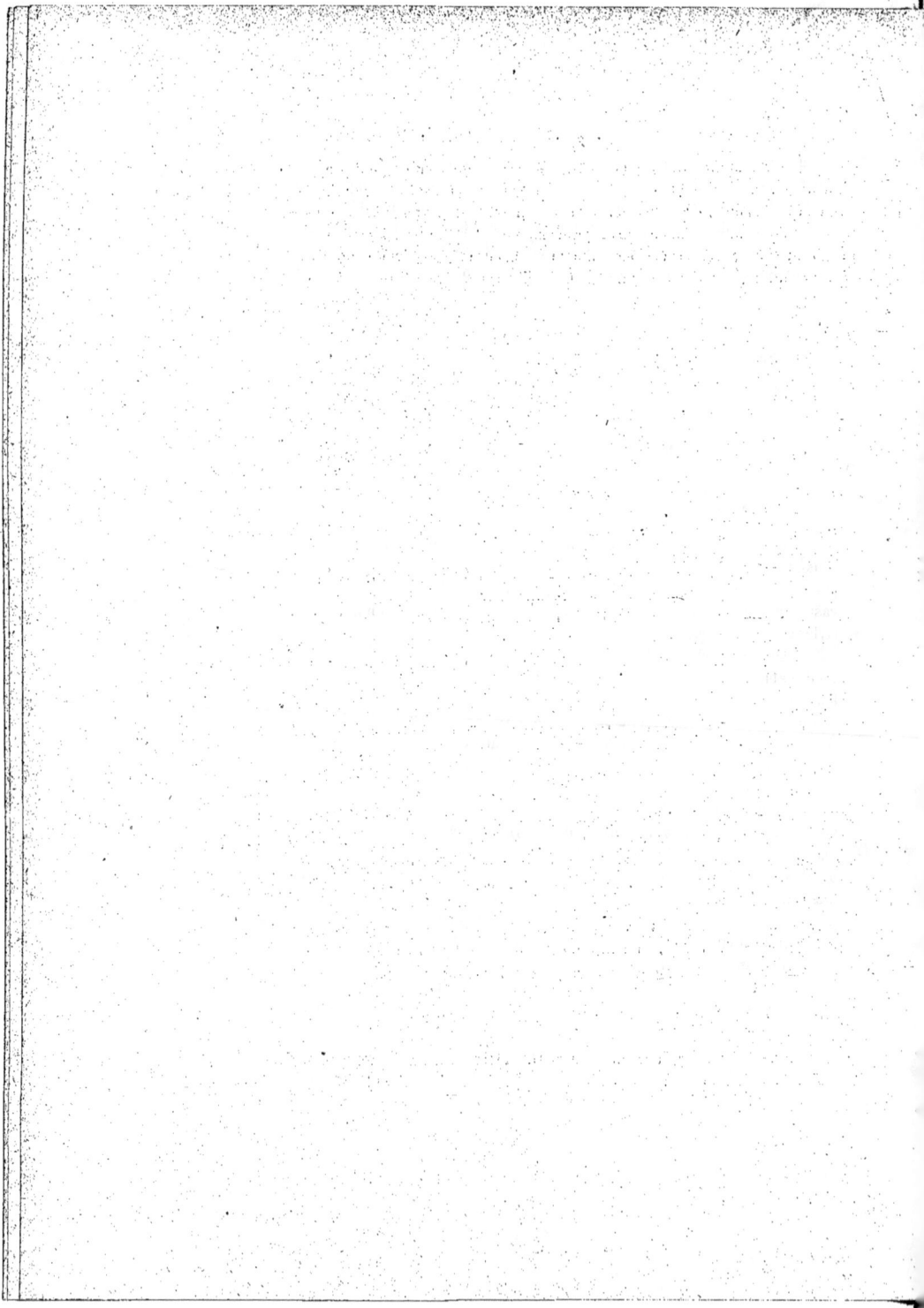

avoir pu déblayer ainsi des milliers de mètres d'épaisseur de terrains, et annuler presque au fur et à mesure de leur production les plus formidables soulèvements de l'écorce. Mais il faut se souvenir en premier lieu de l'énorme durée des temps géologiques, qui se compte probablement par millions d'années. On verra que les mouvements orogéniques nous paraissent aujourd'hui au moins aussi lents. La faible intensité apparente de l'érosion actuelle tient pour une bonne part à la durée excessivement courte de nos observations. Mais elle tient aussi à ce qu'en raison même de l'état de calme relatif où se trouve actuellement l'écorce terrestre, les cours d'eau sont presque partout très près d'avoir atteint cet état d'équilibre à partir duquel ils ne creusent plus qu'avec une vitesse atténuée. Ce qui le montre bien, c'est que chaque fois que par une cause accidentelle le profil d'équilibre se trouve rompu, l'érosion se révèle capable de le rétablir avec une rapidité inouïe. On peut alors apprécier ce qu'elle a dû être dans les premiers temps du soulèvement des montagnes. On cite par exemple le cas de la Kander. Cette rivière, affluent du lac de Thoune, ayant été dérivée artificiellement vers le lac par un trajet plus court que le trajet naturel, et par suite à pente plus forte, n'a pas mis plus de 20 ans à se creuser un nouveau lit de 20 mètres de profondeur sur 50 à 300 mètres de largeur, en rongeant ainsi dans ce court espace de temps 40 à 50 millions de mètres cubes de terrain. Après quoi, un nouvel équilibre étant établi, l'érosion est redevenue faible comme auparavant et l'alluvionnement qui menaçait de combler le lac a repris son cours normal, infiniment plus lent. On prend là sur le fait l'existence d'un état d'équilibre relatif qui ne laisse à l'érosion qu'une faible prise sur le terrain ; dès qu'il est troublé soit par les mouvements naturels de l'écorce terrestre, soit par le travail des hommes, l'érosion reprend une puissance incomparablement plus grande. Les roches les plus dures, quand elles viennent rompre le profil d'équilibre, sont vite entamées. Il en est ainsi par exemple des coulées de lave volcaniques qui parfois viennent obstruer le cours des rivières. Les exemples de coulées de lave dans lesquelles les rivières ont réussi à se frayer un lit profond, alors que l'éruption est si récente que les cônes contemporains, formés de cendres meubles, n'ont pas même encore été modifiés par l'érosion, sont nombreux dans le centre de la France (coulée du Tartaret près Issoire, de la Coupe d'Ayzac près Vals, etc.). En Sicile, le Simeto, dont le cours fut coupé en 1603 par une grande coulée de laves excessivement dures et compactes, a depuis longtemps taillé dans cette roche une gorge de 15 à 20 mètres de largeur sur 20 à 30 de profondeur. Ces exemples contemporains font mieux comprendre ce qu'a dû être l'activité de l'érosion s'attaquant à une région récemment soulevée.

Il faut ajouter que le climat de nos régions n'a pas toujours été ce qu'il est aujourd'hui, et que beaucoup des effets d'érosion formidables que la géologie conduit à reconnaître peuvent dater d'époques où les pluies étaient

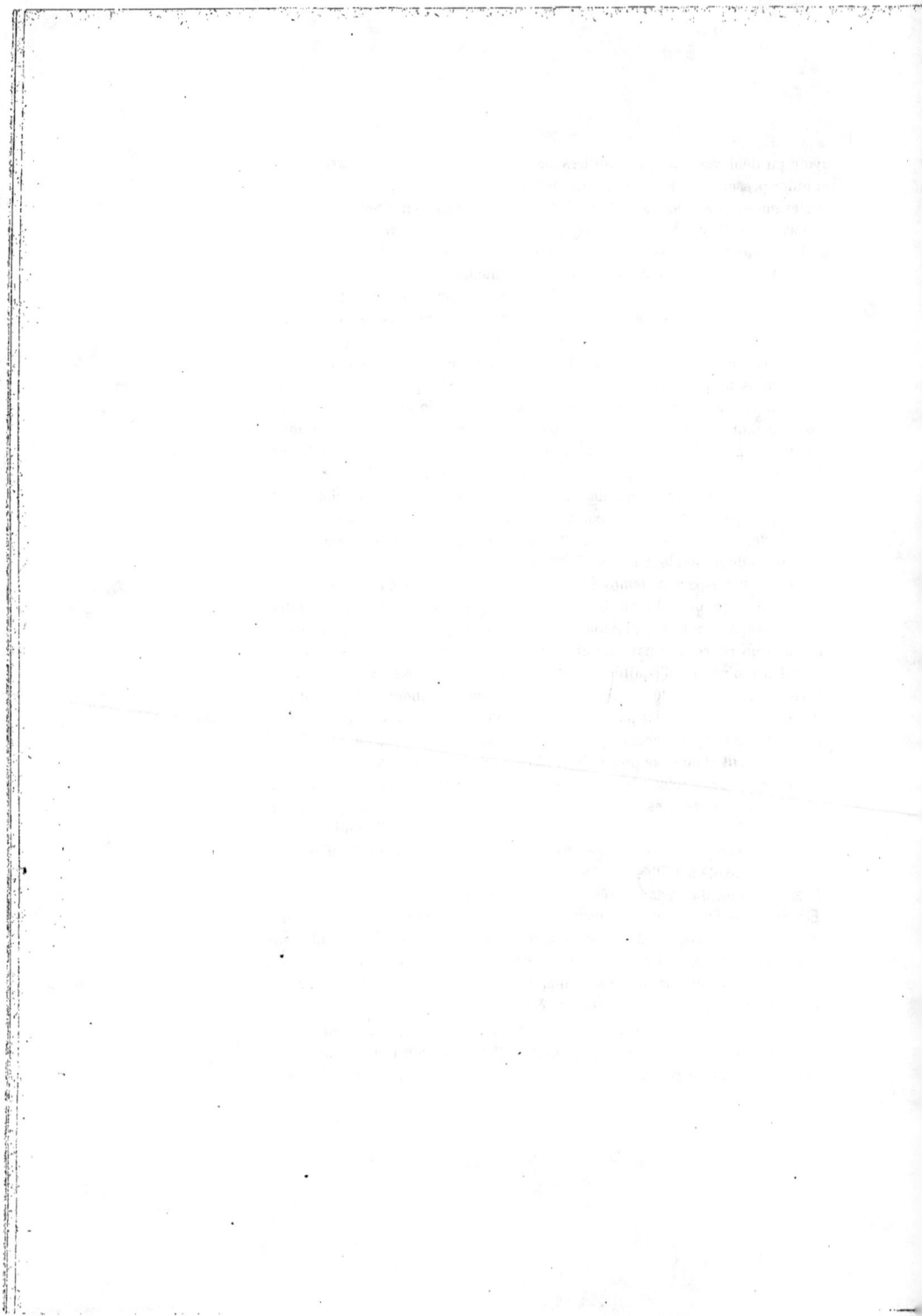

beaucoup plus abondantes. Notamment le début de l'époque quaternaire, c'est-à-dire la période qui a précédé immédiatement celle où nous vivons, a été caractérisé par des précipitations atmosphériques incomparablement plus abondantes et une érosion bien plus active que celles d'aujourd'hui.

Tandis que la quantité de matières tenues en solution par l'eau des fleuves mesure à peu près le travail des eaux d'infiltration, la proportion de matières qu'ils tiennent en suspension en arrivant à la mer mesure l'activité actuelle de l'érosion par les eaux ruisselant à la surface ; car les fleuves actuels, voisins de l'équilibre, n'apportent plus guère à la mer que des sédiments très fins tenus en suspension. On a pu dans quelques cas évaluer la masse de sables charriés sur le fond à l'embouchure ; elle est très faible par rapport à la quantité de matières en suspension. Cette quantité varie beaucoup d'un fleuve à l'autre. Le Rhône tient en moyenne 1/17.000 de substances en suspension (en volume), le Mississipi 1/2.900, le Danube 1/8.000, le Gange jusqu'à 1/800. On estime qu'en moyenne les fleuves apportent à la mer, en matières solides en suspension, 1/2.600 de leur volume, soit pour un débit total de 27.000 kil. cubes, une masse de sédiments de 10 kil. cubes environ. L'action *actuelle* de l'érosion, faible par rapport à ce qu'elle a dû être à d'autres époques, est cependant *double* de celle de la dissolution par les eaux d'infiltration, et plus de 30 fois supérieure à celle des vagues de la mer.

Telle est l'action destructive des eaux courantes. Examinons le phénomène inverse, l'*alluvionnement*.

Une partie des matériaux arrachés par les eaux courantes se dépose sur les continents. Elle constitue les *alluvions* proprement dites.

Ce sont d'abord les cônes de déjection des torrents, dépôts locaux et essentiellement temporaires, destinés à disparaître avec la montagne sur laquelle ils s'appuient.

Puis les alluvions fluviales des plaines. Elles se composent de graviers toujours *roulés*, sans angles vifs, de sables et de limons. Ces matières se déposent par le moyen que nous avons décrit plus haut, partout où la vallée est suffisamment élargie pour que la rivière puisse y tracer des méandres divagants. Les plaines ainsi balayées par les déplacements d'un cours d'eau sont couvertes de cette façon d'une nappe de dépôts fluviaux de peu d'épaisseur que de nouveaux déplacements du lit viennent souvent reprendre et transporter plus bas. De telles plaines d'alluvions existent sur le bas cours de presque tous les fleuves, et accessoirement en amont des discontinuités du profil d'équilibre, en un mot partout où la pente est faible et par suite le profil transversal suffisamment élargi (ainsi dans la plaine du Forez, en amont des rapides du Roannais).

La grosseur des cailloux roulés par le courant est en rapport direct avec sa vitesse sur le fond, qui est à peu près la moitié de la vitesse à la

surface. On a trouvé que pour une vitesse de $0^m,15$ sur le fond ($0^m,30$ à la surface), le courant ne peut déplacer que des limons grossiers de 0,4 millimètre de diamètre environ.

Pour $0^m,20$ des sables fins de 0,7 millimètre.
Pour $0^m,30$ des sables de 1,7 millimètre.
Pour $0^m,70$ de petits graviers de 9,2 millimètres.
Pour $1^m,20$ des cailloux de la grosseur d'un œuf.

Si donc on trouve dans les alluvions des cailloux beaucoup plus gros que ceux que peut transporter le courant actuel *en temps de crue*, ces cailloux n'ont pu être apportés qu'à une époque antérieure et sont l'indice d'un régime ancien plus rapide. C'est un cas très fréquent. Presque partout on trouve ainsi la trace de l'activité plus grande des cours d'eau à une époque géologiquement récente, mais antérieure à la période actuelle.

Quand, après avoir couvert le fond de sa vallée d'une nappe d'alluvions, une rivière vient à approfondir son lit à la suite d'une modification de son régime, par exemple par suite de l'abaissement de son niveau de base, des lambeaux de cette plaine d'alluvions pourront souvent rester conservés au-dessus du niveau du cours d'eau. Il se forme ainsi une ou plusieurs

Terrasses d'alluvions

terrasses qui sont d'autant plus anciennes qu'elles sont plus élevées, et couvertes chacune d'une nappe de graviers, de sable ou de limon, témoin de l'ancien niveau de la plaine. La règle relative à l'âge des terrasses d'alluvions présente de l'intérêt à cause des débris de l'époque quaternaire que contiennent souvent les alluvions et que cette règle permet de classer par ordre d'âge.

Cependant cette règle n'est pas absolue. Il peut arriver, en effet, que le profil longitudinal, au lieu de se creuser, tende à se remblayer par suite d'une déformation du terrain, et qu'une vallée antérieurement creusée soit ainsi graduellement comblée par les alluvions. Si elle vient à être débarrassée par un nouveau creusement de la majeure partie de ces alluvions, il pourra en rester des témoins sur les versants, et ceux-ci seront d'autant plus récents qu'ils seront plus élevés. Mais c'est là une rare exception.

Ce que nous avons dit jusqu'ici ne concerne que le régime normal des rivières. Mais en temps de crues la puissance de transport augmente subitement et momentanément. Le cours d'eau charrie pour un temps une masse de matières bien supérieure à celle qu'il déplace normalement et qui, comme on l'a vu, intervient dans la détermination du profil d'équilibre. Ces

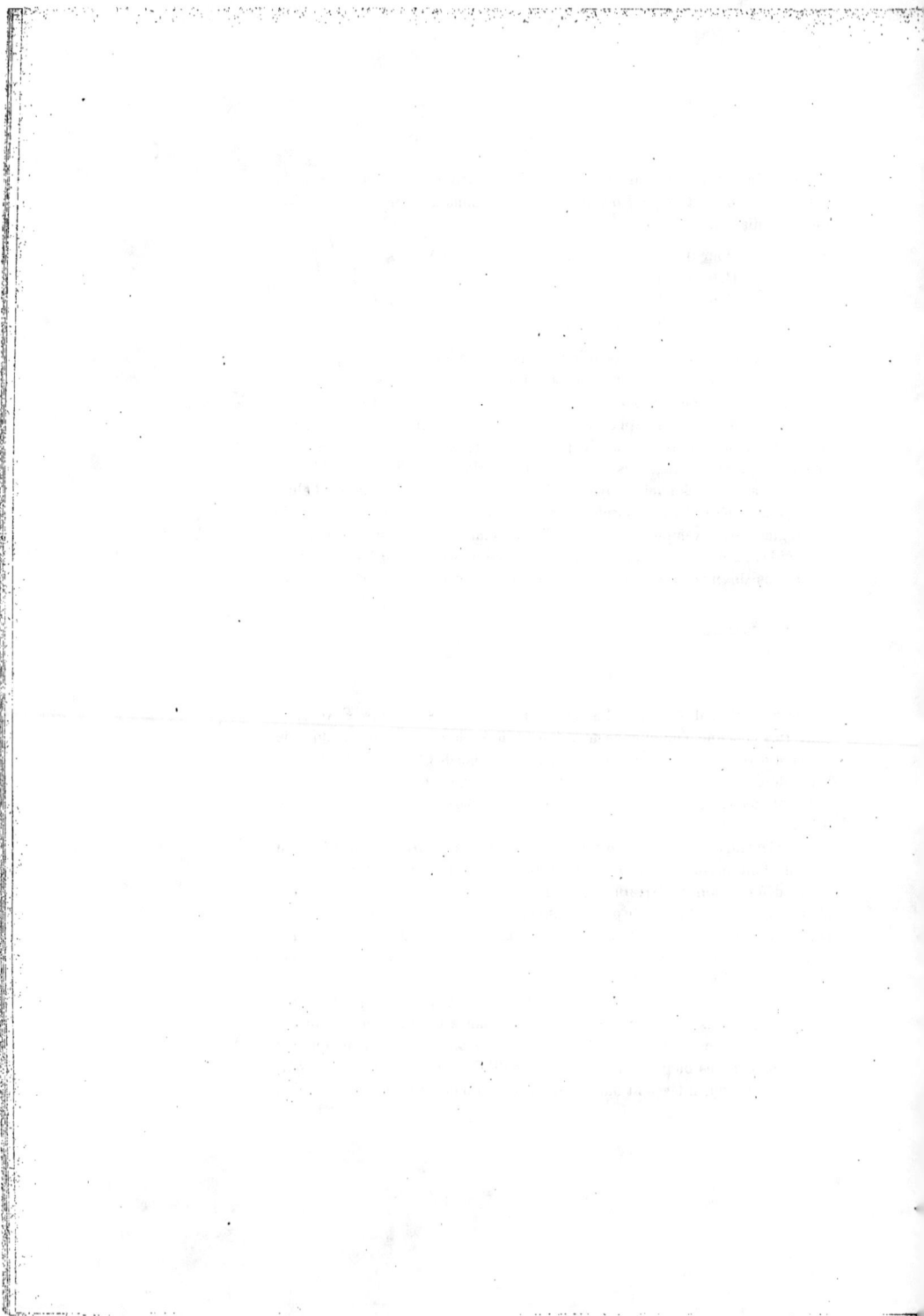

matériaux, aussitôt la crue passée, s'immobilisent soit sur le fond, soit sur les bords que l'inondation a couverts. Il en résulte une tendance du lit à s'élever au-dessus du niveau de la plaine. Il n'est pas rare de voir pour cette raison le fond des vallées convexe et la rivière coulant sur le point le plus élevé, endiguée en quelque sorte entre deux digues naturelles composées des alluvions des crues. Toutefois le cours d'eau tend à se déplacer sur le côté vers le point le plus bas du profil transversal, et sa surélévation naturelle est limitée par cela même. Il en est autrement si des digues artificielles empêchent les divagations latérales. Alors le fond du lit s'élève de plus en plus. C'est ainsi que certains grands fleuves, notamment le Rhône dans le Valais, le Rhin, le Pô, en sont arrivés, depuis qu'on les a endigués pour éviter leurs divagations, à s'élever de plusieurs mètres au-dessus de leur vallée.

Rivière surélevée par les matériaux de ses crues

Enfin, à côté des alluvions répandues par les divagations d'un cours d'eau unique, il faut citer celles qui se déposent toujours au confluent de deux rivières. En face de la pointe qui sépare les deux courants existe une zone de remous ou de calme, où se déposent des limons tenus en suspension. De sorte que cette pointe ne cesse de s'allonger, les rives opposées étant rongées en compensation et le confluent rejeté de plus en plus vers l'aval. D'où la forme habituelle des confluents en pointe tournée vers l'aval. Si le confluent est dans une large plaine, il peut se déplacer ainsi à tel point que l'affluent finit par suivre un long parcours parallèlement au fleuve avant de s'y jeter. Exemple la pointe sur laquelle est bâtie la partie basse de Lyon, ou en plus grand toute la partie de la plaine d'Alsace comprise entre l'Ill et le Rhin. L'Ill, qui se jetait autrefois dans le Rhin près de Mulhouse, court aujourd'hui parallèlement au fleuve sur plus de 120 kilomètres. Loin d'en être séparée par une ligne de hauteurs, elle a, par le déplacement du confluent, réduit à l'état de plan tout ce qui est entre elle et le Rhin, et capté au passage toutes les petites rivières des Vosges, autrefois affluents directs du Rhin.

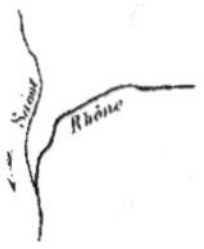

Confluent de la Saône et du Rhône

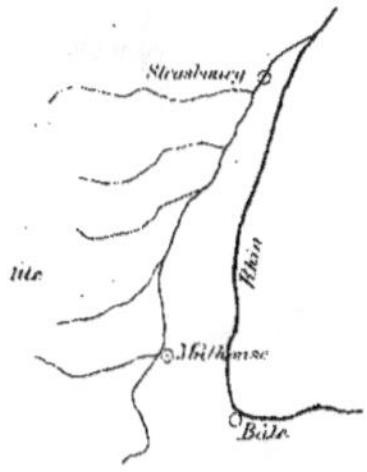

Les matériaux entraînés par les rivières vont se déposer soit dans la mer, soit dans les lacs s'il en existe sur leur parcours. Ainsi se forment deux sortes de dépôts : les deltas marins et dépôts d'estuaires et les deltas lacustres.

Quelques lacs sont dus au barrage accidentel d'une vallée, par exemple par un éboulement de montagne ou par une moraine glaciaire. Ils sont alors peu profonds et destinés à disparaître rapidement, leur émissaire

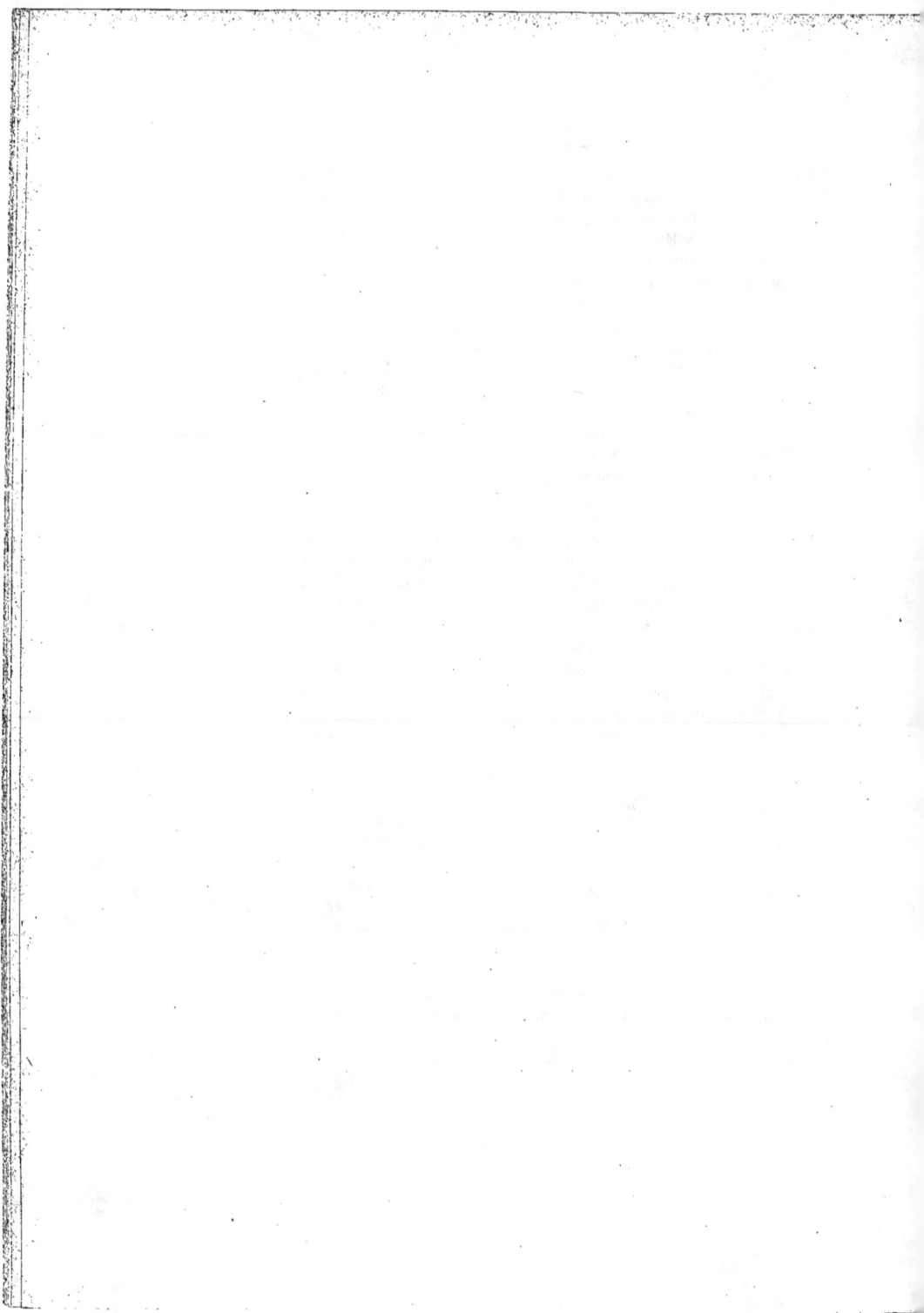

ne tardant pas à entailler le barrage meuble en abaissant graduellement le niveau du lac. Les lacs profonds et étendus sont tous dus à des mouvements du sol, à des affaissements, et sont barrés en aval par un seuil de roches solides en place que l'émissaire ne creuse que lentement. Ce creusement est d'autant plus lent qu'une rivière sortant d'un lac n'entraîne aucun sédiment, et par suite n'agit que fort peu sur les roches de son lit. Les lacs de ce genre ont donc une grande stabilité, leur niveau ne s'abaisse qu'avec une excessive lenteur. Par contre, les cours d'eau affluents perdant toute leur vitesse en débouchant dans le lac, y abandonnent intégralement tout ce qu'ils ont amené de l'amont. Tel le Rhône qui, chargé de limon à son débouché dans le lac de Genève, en sort à Genève absolument limpide. Les matériaux les plus grossiers se déposent immédiatement à l'embouchure, dès que la vitesse du courant diminue. Les limons les plus fins, retenus quelque temps en suspension, vont se stratifier plus loin, et se répartissent plus également sur un plus vaste espace. Les matériaux sont ainsi classés par grosseur (plus exactement par équivalence), et chaque catégorie forme en avant de l'embouchure un talus conique dont la pente est d'autant plus forte que les matériaux sont plus gros et peut varier depuis 35° et plus pour les gros blocs, jusqu'à zéro pour les limons argileux impalpables. Il se forme ainsi en avant de l'embouchure un cône de remblai qui avance peu à peu et dont la partie supérieure est au niveau du lac. C'est ce qu'on appelle un *delta lacustre*. Sur la surface supérieure, le lit de la rivière s'allonge et divague comme dans toutes les plaines, en répandant lors des crues une nappe peu épaisse et horizontale formée des plus gros éléments charriés, qui s'arrêtent les premiers. Dans le delta, les bancs successifs de matières de différentes grosseurs déposés au gré des déplacements du courant se superposent avec chacun son talus naturel, et par suite s'enchevêtrent les uns dans les autres en se terminant en biseau soit vers le haut, soit vers le bas, soit latéralement. Et la finesse des matériaux en même temps que l'horizontalité et le parallélisme des bancs, vont en augmentant quand on s'éloigne de l'embouchure. On

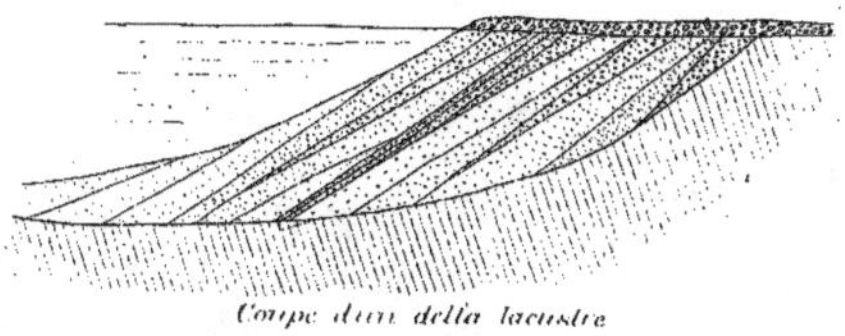

Coupe d'un delta lacustre

trouve souvent des restes de deltas de ce genre sur les flancs des vallées qui ont été autrefois occupées par des lacs ou bien sur les bords des lacs actuels dont ils permettent d'apprécier les variations de niveau. Mais leur intérêt géologique résulte surtout de l'assimilation que l'on a voulu établir entre ces

deltas et les formations houillères. Leurs caractères essentiels résident dans l'existence de la nappe horizontale de gros cailloux qui les couronne, dans la forte inclinaison des bancs de cailloux du cône, avec inclinaison moindre des sables et moindre encore des limons, dans la terminaison en biseau des bancs, qui ne se prolongent sur une certaine longueur dans tous les sens que s'ils sont composés de matières très fines.

Le comblement des lacs par les deltas peut être très rapide, et l'est d'autant plus que les lacs n'existent guère que dans les régions de montagnes, où le régime des cours d'eau est torrentiel et l'érosion active. Le delta du Rhône dans le lac de Genève a avancé de 3 kilomètres depuis l'époque romaine, et une grande partie de l'ancien lac est déjà comblée.

Arrivons au débouché du fleuve dans la mer. L'embouchure se présente sous deux formes : tantôt c'est une échancrure profonde de la côte, un *estuaire*, tantôt l'estuaire est comblé et les sédiments fluviaux s'avancent vers la mer en avant de la côte, constituant un *delta marin*.

Le fleuve des Amazones, le Saint-Laurent, la Gironde, la Loire, la Seine, sont des fleuves à estuaires ; le Nil, le Rhône, le Pô, le Gange, le Mississipi, sont des fleuves à delta. La pente des fleuves à estuaire est plus grande à l'embouchure que celle des fleuves à delta, 15 à 20 secondes en général au lieu de 6 à 8 qu'ont les fleuves à delta. On sait que la pente tend vers zéro au niveau de la mer. Il en résulte qu'en général le fleuve à delta est plus près de l'équilibre, plus avancé dans son évolution, et que si rien ne vient troubler les niveaux relatifs de la terre et de la mer le fleuve à estuaire est destiné à devenir un fleuve à delta. Cependant certaines conditions sont nécessaires. Certains estuaires n'ont aucune tendance à se combler. Cela tient parfois à l'action des marées. Les grands deltas ne peuvent guère se fixer que dans les mers à marées faibles ou nulles, et l'on remarque, en effet, que presque tous sont dans les mers intérieures. Mais il est nécessaire aussi que la côte n'ait aucune tendance à s'abaisser par rapport à la mer. Un estuaire comme celui de la Loire est maintenu libre surtout par l'effet de l'abaissement de la côte, et ce qui le prouve, c'est que le fond de la mer, dans le prolongement de l'estuaire, présente un sillon qui est évidemment la trace de l'ancien lit du fleuve, actuellement immergé. Ainsi, d'une manière générale, l'estuaire étant l'état primitif et normal d'une embouchure, celui-ci n'aura tendance à se combler et à empiéter sur la mer par un delta que si le fleuve est voisin de l'équilibre, si de plus les marées sont faibles, enfin si la mer n'a pas de tendance à envahir le continent.

En arrivant à la mer, dans un estuaire remplissant ces conditions, l'eau du fleuve perd sa vitesse en se répandant en nappe au-dessus de l'eau de mer plus lourde. Les matières suspendues tombent au fond, et cela d'autant plus vite que l'eau salée a la propriété de laisser déposer les substances les plus fines au moins 15 ou 20 fois plus rapidement que l'eau

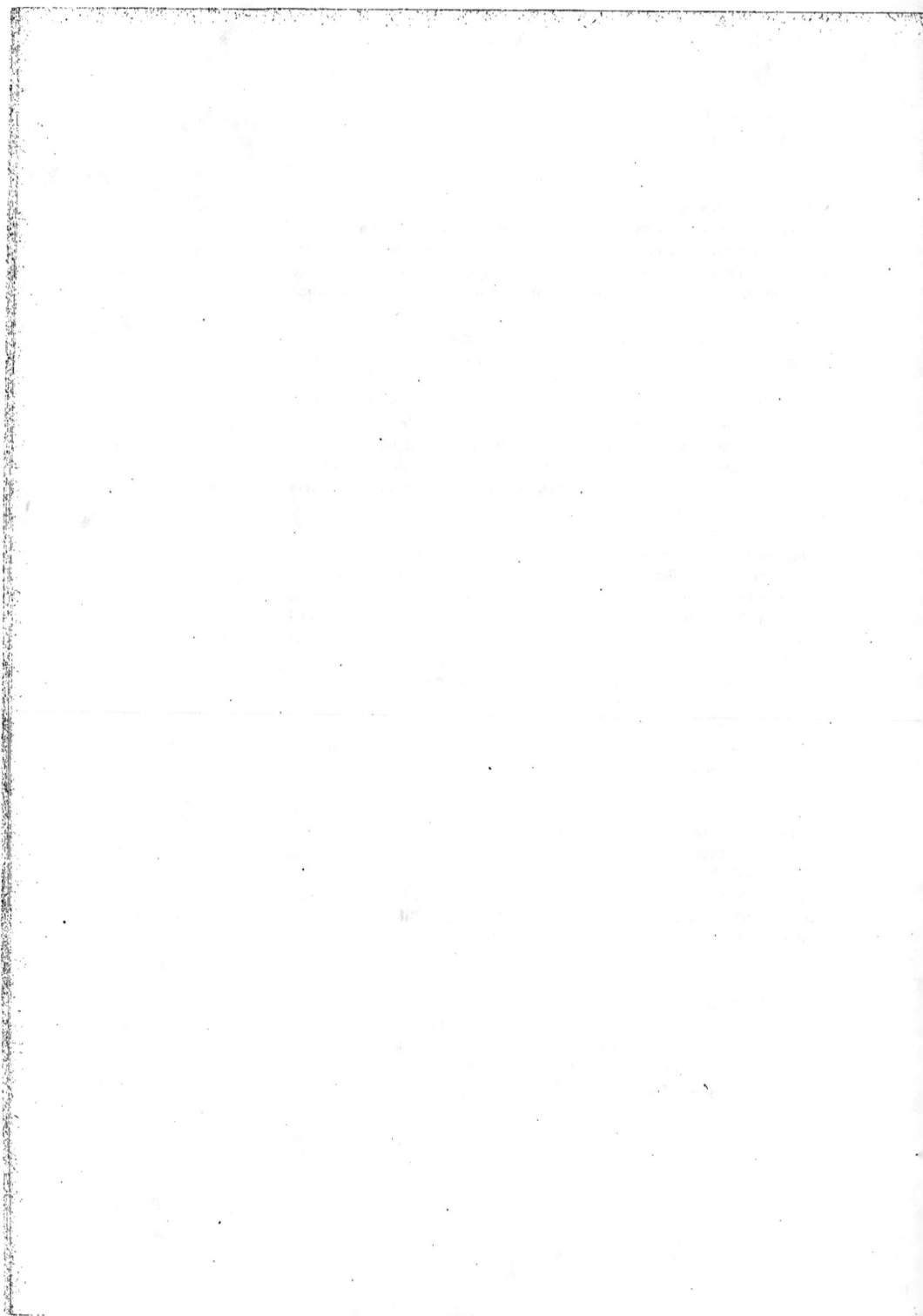

douce, malgré sa densité plus grande. A l'embouchure, la marée vient tantôt pénétrer dans l'estuaire en refoulant le courant, tantôt se retire en laissant au courant toute sa force. Il en résulte une zone de balancement où en moyenne l'action de la marée compense celle du courant, zone d'autant plus voisine de la mer que les marées sont plus faibles. Là s'accumulent les dépôts sous forme de bancs à peu près horizontaux, mais dans chacun desquels les matières se superposent en petits talus successifs, inclinés tantôt dans un sens tantôt dans l'autre, selon que c'est le courant ou la marée qui l'emporte. Le dépôt ainsi constitué est appelé *barre* du fleuve, et son mode de stratification est caractéristique.

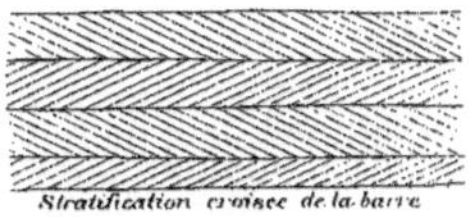
Stratification croisée de la barre

Si la marée est trop forte, la barre reste confinée tout au fond de l'estuaire et ne peut s'avancer, les matériaux étant repris et entraînés au large par la mer. Si la marée est faible, la barre ne tarde pas à s'élever jusqu'au niveau de la mer. Alors le fleuve remblaie rapidement derrière cette sorte de digue naturelle et il se constitue ainsi une plaine basse d'alluvions au niveau de la mer, dans laquelle le courant finit par ne plus maintenir qu'un chenal relativement étroit et dont le bord ne tarde pas en général à se consolider par un cordon littoral ou une ligne de dunes. Dans presque tous les deltas on retrouve à une certaine distance de la mer la trace de cet ancien état de choses, marqué surtout par la ligne des dunes ou l'appareil littoral de l'ancien rivage de la barre.

D'autre part, les matériaux qui dépassent la barre, sables fins et boues, vont se déposer en avant, de moins en moins protégés à mesure qu'ils s'avancent vers la mer. Les vagues et les courants les étalent en demi-cercle, sous forme de talus coniques à très faible pente, de plus en plus réguliers vers le large. Dans ces terrains meubles, dont le niveau ne peut dépasser celui de la mer, le fleuve divague avec une extrême facilité et se divise en général en plusieurs bras divergents (Δ), constamment déplacés si le travail de l'homme ne vient pas les fixer. La végétation qui s'établit sur ces terres basses et humides contribue d'ailleurs pour beaucoup à les consolider. Ainsi se constitue une saillie de la côte qui pour certains fleuves actuels s'avance avec une grande rapidité lorsque le fleuve apporte beaucoup de sédiments et que la mer est assez peu profonde devant l'embouchure.

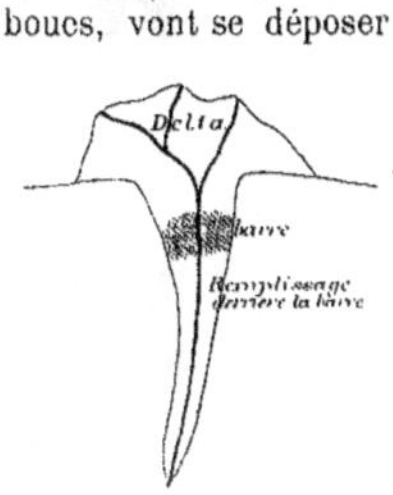

Le delta du *Nil*, qui peut être pris pour type de cette forme d'embouchures, ne donne qu'une faible idée de ce que peut être la croissance annuelle d'un delta. C'est un delta presque mort, qui ne s'avance presque plus. Le Nil en effet, qui provient d'altitudes assez faibles et dont le cours est

excessivement long, est trop près de l'équilibre pour transporter beaucoup de sédiments. Il en est tout autrement pour les rivières dont le cours supérieur est en voie d'érosion rapide et dont la pente moyenne est plus forte. Tel est le cas pour les fleuves issus des Alpes. Le *Rhône* apporte à la mer 21.000.000 mètres cubes de sédiments par an. Son delta, composé aujourd'hui de 2 branches seulement, avance très rapidement, surtout à la pointe du Grand-Rhône. Depuis 1737, il a progressé de 57 mètres par an ; depuis l'époque romaine, le Rhône a agrandi son delta de 250 à 300 kilomètres carrés. Le *Pô*, beaucoup plus actif encore, charrie à la mer en moyenne 43.000.000 mètres cubes de troubles par an, quelquefois jusqu'à 100.000.000 mètres cubes. Le delta s'avance aujourd'hui à 25 kilomètres

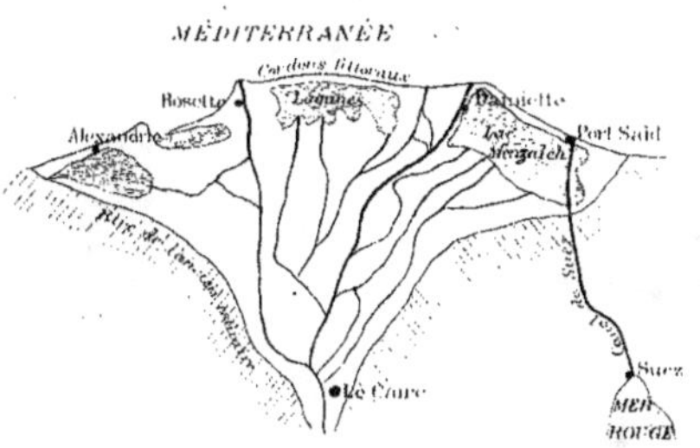

Delta du Nil

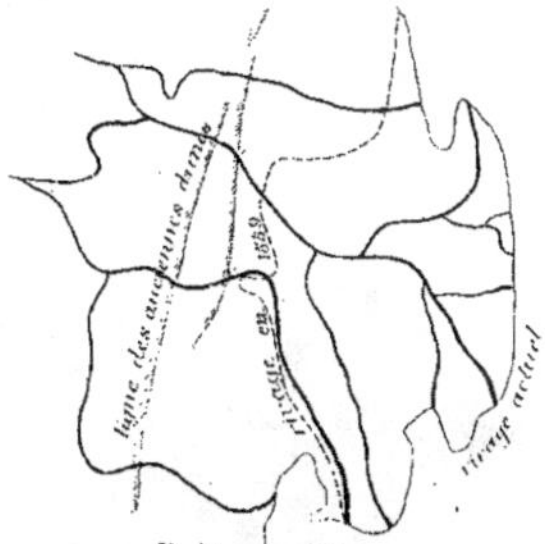

Delta du Pô

en avant de l'ancien rivage, marqué par une ligne de dunes. Et cette avancée est très récente, car elle n'a pas été de moins de 15 kilomètres depuis le xvie siècle. La marche moyenne du rivage est de 70 à 80 mètres par an actuellement. Mais elle n'était que de 25 mètres avant le xviie siècle, époque où l'endiguement du cours du fleuve a empêché le dépôt des matières dans la plaine et reporté tout l'alluvionnement sur l'embouchure. C'est aussi l'endiguement qui est pour beaucoup dans l'avancée actuellement si rapide du Rhône. Le *Missisipi*, bien plus puissant, construit un delta immense, de 500 kilomètres de largeur sur 320 kilomètres de longueur, et qui s'accroît annuellement de 100 mètres environ à la pointe de la branche principale. Les marées et les courants étant faibles dans le golfe du Mexique aux abords de l'embouchure, la profondeur n'y dépassant pas 30 mètres, le delta s'avance avec les formes les plus capricieuses, sans être étalé régulièrement par les mouvements de l'eau comme ceux de la plupart des fleuves.

Un point intéressant à signaler est l'existence, dans les grands deltas comme celui du Missisipi ou du Gange, de couches de végétaux charriés par le fleuve, tombés au fond après un commencement de décomposition qui les rend plus denses, et enfouis par les sédiments minéraux. Des sondages en ont rencontré dans ces deux deltas, et le fait peut être intéressant au point de vue de la formation de la houille.

On voit que la plupart des deltas sont des formations très récentes, dont le début ne remonte guère au-delà des quelques milliers d'années de la période historique. On doit en conclure que l'état d'équilibre actuel de l'érosion qui a permis le comblement des estuaires est, lui aussi, très récent. Il n'y a qu'un temps géologiquement très court que le calme relatif actuel est établi dans la lutte entre les mouvements orogéniques et l'érosion.

Les dépôts de deltas marins diffèrent de ceux des deltas lacustres par l'absence de matériaux grossiers, l'existence seulement de sables et de vases, par l'inclinaison originelle des bancs beaucoup moindre (non seulement à cause de la finesse des matières, mais à cause de leur étalement par les vagues), et, par suite, par la moindre fréquence des terminaisons en biseau et la continuité plus grande des couches si ce n'est au voisinage de la barre où l'on trouve des stratifications croisées. Dans les uns comme dans les autres peuvent exister des végétaux charriés, que le classement naturel par densité rassemble, loin des courants, en bancs plus ou moins mélangés de vase. Enfin, surtout dans les deltas lacustres, où les talus naturels des matières grossières sont forts, il peut se produire des glissements et des tassements occasionnant dans les bancs des accidents d'une nature toute particulière, contemporains du dépôt. On verra que les terrains houillers, s'ils sont en réalité assez différents des deltas, présentent cependant la plupart de leurs caractères et ne peuvent être comparés, parmi les formations actuelles, qu'à ce genre de dépôts.

Nous connaissons les dépôts sédimentaires marins. Les matériaux de ces sédiments sont empruntés en partie à la côte, arrachés par l'action des vagues, et pour une autre part plus importante ils proviennent des fleuves. En avant des estuaires et des deltas, les courants marins viennent prendre les sables et vases qui ne restent pas fixés dans les deltas et les transportent au large. Nous savons que ces dépôts ne vont pas très loin, et qu'au-delà de 250 kilomètres des côtes en moyenne tout s'est déposé. Restent les matières dissoutes, qui fournissent soit des dépôts d'évaporation, soit des dépôts d'organismes.

Dépôts d'évaporation. — L'eau de mer a une composition peu variable. Elle tient de 34 à 38 millièmes de sels dissous, dont :

Na*Cl*.........		27 millièmes.
M*g*C*l*²........	3 à	6 —
KC*l*..........	1 à	3 —
SO⁴M*g*........	1 à	2 —
SO⁴C*a*........	1 à	4 —
CO³C*a*........	0,01 à	0,1, en moyenne 0,012.

Quand cette eau est soumise à l'évaporation dans des bassins où elle ne peut se renouveler rapidement, ces divers sels se déposent. Dès que l'acide

carbonique libre disparaît, le CO^3Ca se dépose le premier. Ceci peut se produire même sur des plages ouvertes, où les sables, humectés à chaque marée et échauffés par le soleil à mer basse, finissent par s'agglomérer en un grès à ciment calcaire. On observe fréquemment des formations de ce genre dans les mers tropicales, mais même par endroits dans les climats tempérés. Quand l'évaporation se produit dans un bassin plus ou moins fermé, la concentration se poursuit et si le volume est réduit à peu près de 37 °/₀, le SO^4Ca commence à se déposer, sous forme de gypse. Quand le volume a perdu 93 °/₀ de sa valeur primitive, c'est le $NaCl$ qui commence à précipiter. Le dépôt du $NaBr$ exige une concentration encore plus grande, ainsi que celui de KCl et des sels de magnésium.

Si l'eau ne se renouvelait pas, il faudrait supposer l'évaporation d'une mer excessivement profonde pour expliquer les dépôts de sel ou de gypse très puissants que l'on rencontre fréquemment dans les anciens terrains. Il faudrait qu'une mer de 4.000 mètres de profondeur s'évaporât entièrement pour produire un dépôt de 3 mètres d'épaisseur de gypse, ou une couche de sel de 50 mètres. D'ailleurs les deux couches se superposeraient sans alterner. Or, non seulement dans les terrains anciens, mais dans les dépôts actuels, on trouve des alternances de bancs de sel et de gypse dont l'épaisseur se compte par centaines de mètres.

Au fond des lacs salés de Suez, la sonde rencontre sur des épaisseurs pouvant dépasser 100 mètres des lits successifs de sel et de gypse entremêlés de petits bancs d'argile. Ceci ne peut s'expliquer que par le remplacement de l'eau de mer au fur et à mesure de son évaporation et par des changements de la concentration de l'eau dans un bassin limité. Sur la côte Est de la Caspienne, le golfe du Kara-Boghaz, dont l'étendue n'est pas de moins de 16.000 kilomètres carrés, communique avec la Caspienne par un chenal dont la profondeur ne dépasse guère 1 mètre. Or, tandis que dans le golfe, où l'évaporation est active, l'eau se concentre de plus en plus, à tel point qu'aucun animal n'y peut vivre, on voit un courant continu y pénétrer par le chenal, sans aucun contre-courant, amenant au bassin d'évaporation 340.000 tonnes de sel par an. Toute cette masse est destinée à se déposer sur le fond du golfe, contribuant à dessaler les eaux de la Caspienne.

Ainsi la condition de la formation de dépôts de sel ou de gypse de quelque importance est l'existence d'un golfe peu ouvert, le plus souvent une lagune, tel que la mer puisse y pénétrer pour remplacer ce que l'évaporation dissipe, sans que le golfe reçoive un afflux d'eau douce suffisant pour compenser l'évaporation. Il s'établit alors un équilibre entre les trois facteurs principaux du phénomène : l'activité de l'évaporation, qui dépend du climat et de la profondeur du bassin (elle est plus grande dans un bassin peu profond dont le soleil chauffe directement le fond) ; les conditions d'entrée et de sortie de l'eau de mer, qui dépendent de la disposition des lieux, souvent

variable ; enfin l'afflux d'eau douce. De cet équilibre dépend la concentration qu'atteindra l'eau dans le bassin. Si elle est faible, il pourra ne se faire qu'un dépôt de calcaire ; si elle est plus grande le gypse se déposera ; si elle l'est plus encore, le sel marin, enfin les sels de K et *Mg* et les bromures. Comme le climat et la disposition des lieux peuvent varier, on conçoit qu'il pourra se faire successivement des dépôts des divers sels. Et l'épaisseur de ces dépôts est pour ainsi dire sans limite. Dans l'Allemagne du Nord, les sondages ont rencontré des épaisseurs de sel de plus de 1.000 mètres (Sperenberg).

On conçoit aussi que lorsque le sel se dépose la concentration est toujours assez grande pour que le gypse soit précipité. De sorte qu'on ne trouve jamais le sel sans le gypse. Par contre, très fréquemment le gypse existe sans le sel, la concentration n'ayant pas été poussée assez loin pour le dépôt de celui-ci.

Dans les bassins où la concentration est assez grande pour que le sel se dépose, les animaux, les poissons surtout, ne peuvent vivre. Le courant qui alimente le bassin amène souvent des poissons de la haute mer. Ceux-ci périssent, et leurs cadavres tombés au fond et englobés dans la sédimentation se décomposent à l'abri de l'air en produisant des huiles minérales et des bitumes. De sorte que constamment on observe dans les terrains l'association du gypse et plus encore du sel avec les matières hydrocarbonées, bitumes, huiles minérales ou gaz carburés. (Ce qui vient d'être dit explique pourquoi elles sont plus fréquentes avec le sel qu'avec le gypse seul.) C'est ainsi par exemple que dans les vastes dépôts de gypse de Sicile, les bitumes et carbures gazeux abondent en beaucoup d'endroits. C'est à ces matières réductrices qu'est due la transformation du gypse en calcaire et soufre suivant la réaction

$$2\ SO^4Ca + 3\ C = 2\ CO^3Ca + 2\ S + CO^2$$

Les grands dépôts de soufre de Sicile, associés au gypse et aux matières bitumineuses, s'expliquent ainsi. Le soufre y est mélangé de calcaire, et précisément en moyenne dans la proportion indiquée par la réaction.

Dépôts d'organismes marins. — L'évaporation n'est pas la seule cause de précipitation des matières dissoutes dans l'eau de mer, et surtout du carbonate de chaux.

Les organismes se chargent de l'extraire de l'eau et d'en former des accumulations d'une grande importance. La silice est précipitée aussi de la même façon.

Tel est le cas d'abord pour les grandes coquilles marines, telles que les huîtres, qui forment le long des côtes et aux faibles profondeurs des bancs étendus. On trouve dans les anciens terrains des couches calcaires, mêlées aux sédiments littoraux, qui sont entièrement assimilables à ces bancs.

Mais c'est surtout aux organismes microscopiques qu'est due la fixation de la majeure partie du calcaire et de la silice dans les sédiments. Ces petits organismes, animaux ou plantes, d'une organisation excessivement simple, s'entourent d'une carapace calcaire (les *foraminifères* notamment) ou siliceuse (*radiolaires, diatomées*, ces dernières appartenant au règne végétal). Ils vivent en général près de la surface et les carapaces tombent au fond après leur mort. Dans la zone des dépôts littoraux, elles viennent se mêler aux vases argileuses, en fournissant le calcaire et la silice hydratée libre des marnes. Au-delà de cette zone, elles constituent à elles seules des dépôts calcaires plus ou moins siliceux entièrement composés de leurs débris, et mélangés parfois de phosphate de chaux précipité provenant de la destruction des organismes. Parmi les sédiments actuels de cette nature, le plus important est la *boue à globigérines* (les globigérines sont des foraminifères microscopiques à enveloppe sphérique), fréquente dans les grands océans entre 500 et 5.300 mètres de profondeur, et composée de calcaire avec 3 à 4 °/₀ de silice. Le calcaire disparaît aux profondeurs plus grandes. Dans les mers fermées, beaucoup moins froides en profondeur que les océans, ou bien au-dessous des grands courants chauds comme le Gulf-Stream, se forme la boue à *biloculines* (autre genre de foraminifères). Sous le Gulf-Stream, qui favorise le développement des organismes par sa température et par les matières qu'il entraîne, tombe au fond de la mer une véritable pluie de carapaces de foraminifères. Le long du courant froid polaire qui côtoie le courant chaud, aucun dépôt semblable ne se produit, de sorte qu'il se constitue de cette façon, au-dessous du parcours du Gulf-Stream, une lentille calcaire limitée en largeur, allongée dans le sens du courant et de tous points semblable à beaucoup de calcaires rencontrés dans les anciens terrains. La boue à globigérines couvre près du tiers de la surface des fonds océaniques. Son dépôt est d'ailleurs excessivement lent, bien plus lent certainement que celui des vases littorales.

Il convient de citer enfin les boues à *radiolaires*, formées d'organismes siliceux, et existant surtout dans les grands fonds, entre 4.000 et 8.000 mètres, là où le calcaire a été dissous et où les carapaces siliceuses subsistent seules. Elles contiennent en général 4 à 5 °/₀ de calcaire seulement et surtout de la silice hydratée. Les éponges, qui vivent aux grandes profondeurs et dont le squelette est composé, pour certaines espèces du moins, de *spicules* ou bâtonnets siliceux, fournissent une bonne partie de la silice de tous ces dépôts. La craie, qui parmi les formations anciennes est très analogue à la boue à globigérines, contient de grandes quantités de ces spicules.

Un autre genre de dépôts calcaires dus à des organismes et dont l'importance est grande en géologie, ce sont les *formations coralliennes*.

Les polypes ou coraux sont de petits organismes mous qui vivent

associés en grand nombre sur un même support calcaire sécrété par eux. A mesure que dans cette colonie l'un des individus meurt, d'autres naissent et continuent sans fin à augmenter les dimensions du support commun, auquel on donne proprement le nom de polypier. Les polypes construisent ainsi, au moyen du carbonate de chaux qu'ils extraient de l'eau de mer, des blocs de calcaire solide de différentes formes dont les dimensions sont parfois très grandes. Ainsi le long de la côte du Brésil existent des colonies de polypes en forme de tables de 20 et 30 mètres de diamètre, étalées à la surface de la mer et portées par un pied central de 4 à 5 mètres de diamètre et 10 mètres de hauteur. On en retrouve de presque identiques dans certains calcaires coralliens anciens du Jura. En général, chaque colonie est beaucoup plus petite, n'atteignant que quelques décimètres.

Les polypiers existent un peu partout, mais ceux qui peuvent constituer des accumulations importantes, et que l'on appelle polypiers constructeurs, ne vivent que dans les mers chaudes. Une température de moins de 20° les fait périr. Aussi les formations coralliennes actuelles sont-elles comprises entre les deux lignes le long desquelles, dans les deux hémisphères, la température de la mer près de la surface atteint à peu près cette valeur en hiver.

De plus les polypiers constructeurs ne vivent pas au-delà de 35 à 40 mètres de profondeur. Il leur faut, en outre, une eau pure, ils ne vivent pas aux embouchures des rivières chargées de limon. Ils doivent rester immergés, tout au plus peuvent-ils supporter une courte émersion à la basse mer. Enfin, leur croissance est favorisée par l'agitation des vagues qui, en brisant les polypiers, répartit les fragments couverts de polypes, lesquels fournissent ainsi des polypiers nouveaux.

Les récifs coralligènes ne peuvent donc se former que sur des fonds de 40 mètres de profondeur au plus. Ces récifs forment par suite le long des côtes une bande de bas-fonds qui viennent affleurer au niveau de l'eau à la basse mer. Les uns, ou récifs *frangeants*, bordent immédiatement la côte, les autres, ou récifs *barrières*, s'étendent parallèlement à la côte à une distance variable selon la profondeur des fonds. Par suite de la croissance plus rapide sous l'action des vagues, le récif se développe surtout du côté de la pleine mer, et laisse entre lui et la côte un espace calme où les polypiers ne croissent que plus lentement. Sur la face qui regarde la mer, les vagues brisent les polypiers, et les fragments ainsi détachés, partiellement réduits en boue fine, viennent s'enchevêtrer dans les interstices des polypiers en place. Des algues calcaires (nullipores), dont le développement exige aussi des eaux agitées, viennent s'y ajouter, de sorte que finalement la face antérieure du récif forme une sorte de béton compact calcaire où l'on ne distingue plus parfois les coraux primitifs. Beaucoup de calcaires coralligènes des anciennes formations sont de cette nature et ne laissent plus voir

que par endroits les polypiers qui les constituent, lesquels sont presque toujours brisés.

Au contraire, du côté de la terre ferme, l'absence des vagues, arrêtées par la barrière extérieure, l'eau douce venant de la terre, les sédiments aussi, tout concourt à ralentir la croissance des polypiers. De ce côté on ne trouve donc que des polypiers entiers, restés en place, et plus ou moins disséminés. Ils s'entourent, sans être brisés, de la vase calcaire ou du sable de même nature provenant de la barrière extérieure. L'ensemble est moins compact, plus stratifié, et les coraux restent bien visibles. Ce second type se trouve également parmi les roches anciennes.

On a observé pour la vitesse d'accroissement des récifs en hauteur des chiffres variant de 1/2 millimètre à 10 millimètres par an. Une fois que le récif a atteint la surface de la mer (il peut s'élever un peu au-dessus des basses mers) il cesse de croître en hauteur, et ne fait plus que végéter, en s'étendant en largeur si les profondeurs de la mer s'y prêtent.

En dehors de ces formations côtières, auxquelles on peut identifier toutes les formations coralligènes des terrains anciens, existent, surtout dans le Pacifique, de nombreuses îles coralliennes ou *Atolls*, isolées en plein océan.

Les Atolls sont des cordons circulaires de récifs dont la surface supérieure dépasse par endroits de quelques mètres le niveau de l'eau, par suite de la projection de blocs calcaires arrachés par les vagues, et qui peuvent ainsi porter de petits îlots couverts de végétation. Au centre de cette ligne de récifs barrières existe une lagune peu profonde, où les coraux croissent lentement, suivant la règle habituelle. A l'extérieur, le récif se termine par une paroi abrupte qui domine à très faible distance des fonds de 1.000 mètres et plus. Longtemps on a cru que sur toute cette hauteur l'atoll était formé de calcaire corallien en place. Partant de cette donnée,

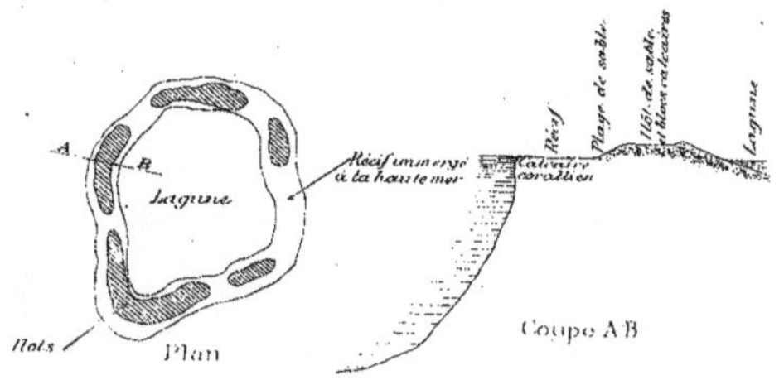

Darwin, puis Dana conclurent que les polypiers ne pouvant vivre qu'à faible profondeur, l'épaisseur du massif ne pouvait s'expliquer que par un affaissement considérable du Pacifique, affaissement lent au cours duquel le récif aurait crû, de façon que sa partie supérieure restât constamment au

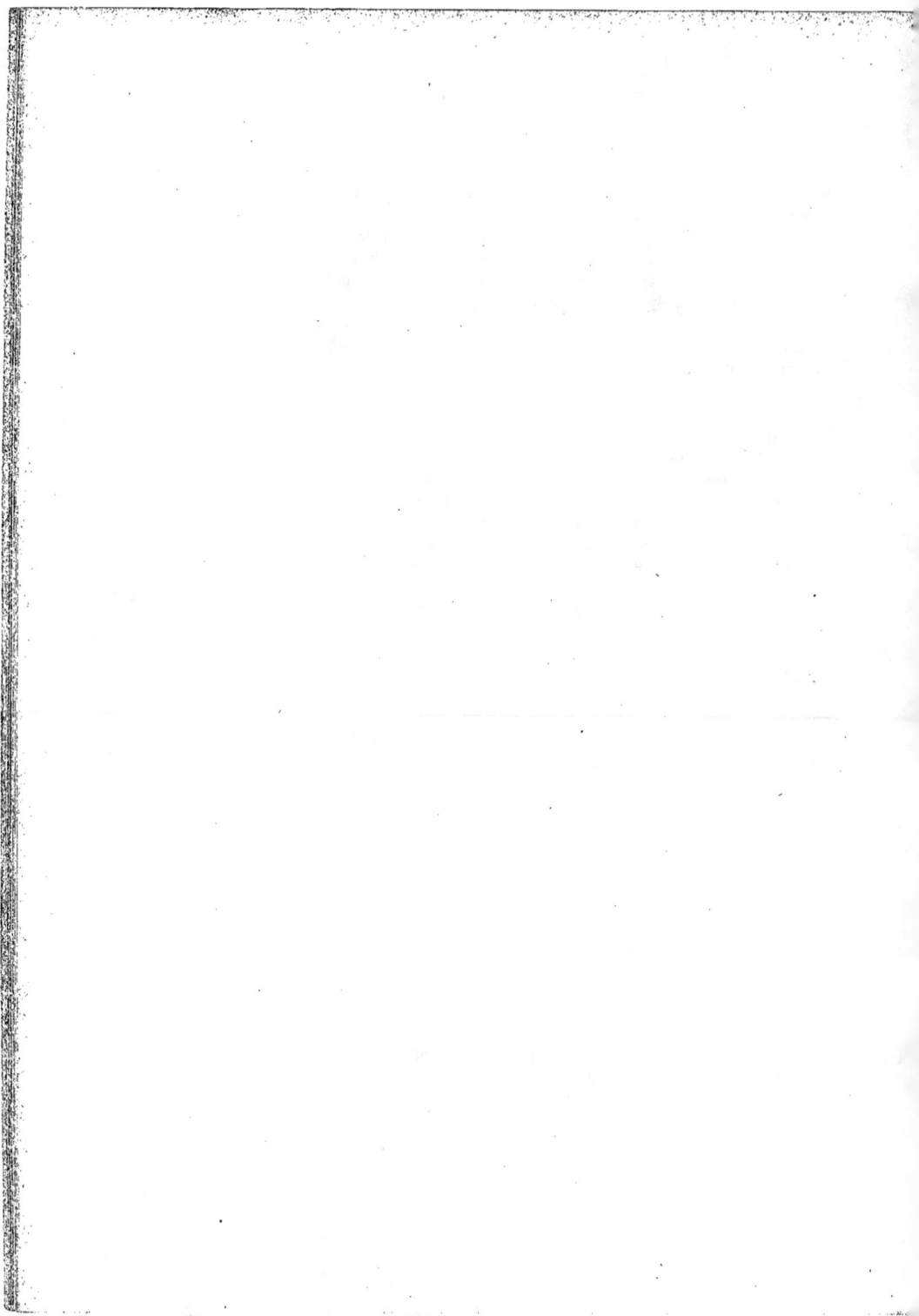

niveau de la mer. Depuis lors on a reconnu que les atolls sont constitués en réalité par des cônes volcaniques sous-marins nivelés par les vagues à quelques dizaines de mètres seulement au-dessous du niveau de la mer, et recouverts par un placage horizontal de récifs, dont la croissance, suivant la règle habituelle, a été plus rapide sur les bords. Sur le talus abrupt qui entoure l'atoll, on trouve bien du calcaire corallien, mais ce sont des blocs éboulés provenant du récif et non des roches en place. La démonstration par les atolls de l'affaissement du Pacifique est ainsi infirmée.

Dans les formations géologiques, on ne trouve rien qui ressemble aux atolls. Néanmoins il est bon de remarquer que ces formations actuelles nous présentent un exemple de dépôts marins synchroniques, très voisins et situés cependant à des niveaux différant de plusieurs centaines de mètres. Si la mer vient un jour à être comblée autour de l'atoll par des sédiments de provenance quelconque, la plateforme supérieure de l'atoll pourra sembler faire suite aux plus élevés d'entre eux, bien qu'elle

Croissance des Atolls par affaissement d'après Darwin

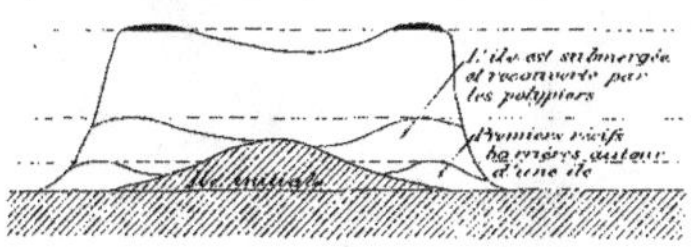

Coupe d'un Atoll

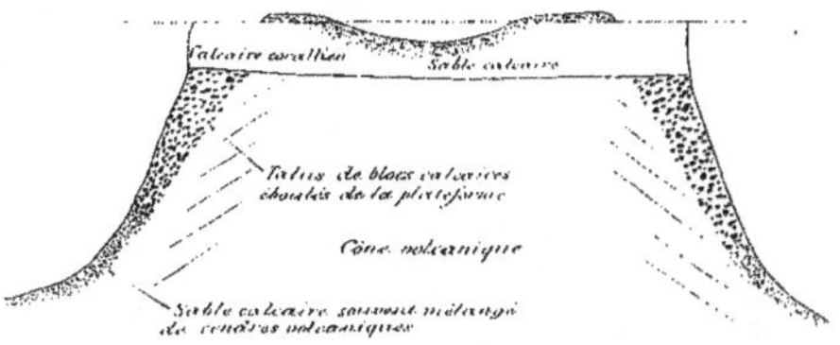

soit beaucoup plus ancienne, et contemporaine des boues calcaires et sables de même nature qui se déposent autour de l'atoll au pied du talus.

Autour des récifs coralliens l'eau de la mer est généralement laiteuse, chargée de fines particules calcaires provenant de la trituration par les vagues de la matière du récif. Ces particules se déposent sous forme de boue calcaire destinée à se transformer, en durcissant, en un calcaire compact à grain impalpable. Des calcaires de ce genre s'observent soit au large, à une certaine distance du récif, soit dans la lagune intérieure. Les fragments plus grossiers restent sur la plage, sous forme de cordon littoral, ou immédiatement autour du récif, et constituent un sable calcaire. Ce sable, agglutiné par des dépôts de calcaire dissous, fournit encore une nouvelle sorte de calcaires dont le grain est plus grossier et reste en général discernable. En particulier, les sables calcaires roulés sur les plages par la vague, et alterna-

tivement humectés et asséchés par le jeu des marées, prennent la texture *oolithique*. Chaque grain de sable s'entoure à la mer basse, par l'effet de l'évaporation, d'une pellicule calcaire très fine (la mer étant saturée de calcaire autour des récifs), et l'accumulation de ces enveloppes finit par le transformer en une petite masse ronde, une *oolithe*, à structure concrétionnée.

L'agglomération d'un tel sable fournit un *calcaire oolithique*, genre de roches constamment associé dans les anciennes formations aux récifs coralliens. A l'époque jurassique en particulier, où une grande partie de l'Europe était couverte d'une mer très peu profonde, les récifs coralliens se sont entourés de calcaires oolithiques sur de vastes étendues.

Dana a signalé le fait que le récif de Matea, dans les îles Marquises, est formé d'une véritable *dolomie*, tenant 38,7 °/₀ de carbonate de magnésium. D'autres exemples du même fait ont été constatés depuis. Les polypiers en vie ne contenant pas de magnésie, on doit considérer ces dolomies coralliennes comme provenant de la substitution de la magnésie à la chaux dans le calcaire sous l'action de l'eau de mer chargée de sels magnésiens et fortement chauffée par le soleil. On a constaté en effet expérimentalement que le sulfate de magnésium vers 60° attaque l'aragonite en la transformant en dolomie et en fournissant d'autre part du sulfate de calcium (sous forme d'anhydrite si l'on opère en présence de NaCl concentré). Les polypiers sont précisément composés d'aragonite et non de calcite (leur densité est supérieure à celle de la calcite). L'association de la dolomie aux calcaires coralliens est fréquente dans les terrains anciens.

4° *Action des glaciers.* — Un dernier mode d'action de l'eau est celui de l'eau solide, sous forme de neige et de glace.

Au-dessus de certaines hauteurs l'eau ne tombe qu'à l'état de neige. On sait, en effet, qu'en raison de la diminution rapide du pouvoir absorbant de l'air lorsque son poids spécifique diminue, la température moyenne de l'air décroît quand l'altitude augmente. Au-delà d'une certaine altitude, variable selon les régions, la chaleur de l'été ne suffit plus à faire fondre les neiges accumulées en hiver. Cette *limite des neiges éternelles*, très variable suivant les climats, est vers 2.800 mètres dans les Alpes centrales, 3.000 et 3.300 mètres dans les Alpes Françaises, et n'est pas la même en général sur les deux versants d'une chaîne, en raison des différences de climat résultant des vents dominants. La neige ainsi accumulée sur les sommets descend dans les vallées, soit sous forme d'avalanches, phénomène tout à fait local et sans importance géologique, soit sous forme de grands fleuves de glace qui s'écoulent lentement jusqu'aux régions basses où ils fondent et que l'on nomme *glaciers*.

La neige tombée sur les montagnes s'accumule dans les parties peu inclinées et concaves. Partout ailleurs elle ne peut s'entasser en grande

masse, car sur les fortes pentes elle tombe en avalanches, et sur les parties convexes elle est balayée par le vent. Il en résulte que la neige s'amasse surtout dans les cirques des anciens torrents. Elle y forme ce qu'on appelle des *névés*.

La neige des névés est très dense, surtout en profondeur, en raison de la compression due au poids de matière accumulée. D'ailleurs à la surface elle reçoit directement en été les rayons du soleil, particulièrement chauds sur les montagnes en raison du faible pouvoir absorbant de l'air, et fond en partie. L'eau s'écoule dans la masse, y regèle et la transforme ainsi en une neige, dure, à gros grains arrondis, qui pèse 500 à 600 kilos par mètre cube alors que la neige fraîche, non tassée, ne pèse que 85 à 100 kilos. Aux hautes altitudes, où la température ne suffit plus pour faire fondre la surface, la neige reste pulvérulente sur une certaine épaisseur, mais ne se transforme pas moins en névé en profondeur par le seul effet de la compression.

Les cirques qui contiennent les névés n'ont pas été creusés par la neige, qui protège au contraire le sol contre toute érosion. Ils sont la trace d'un régime antérieur torrentiel et ont été modelés par les eaux courantes à une époque précédente. C'est ainsi que dans les Pyrénées, plus anciennes que les Alpes, les cours d'eau anciens ont eu le temps de creuser davantage. Les cirques sont en général plus bas, aussi les neiges ne peuvent-elles souvent s'y accumuler, ce qui explique la rareté relative des névés et des glaciers dans cette chaîne.

Les névés en effet sont les réservoirs où s'alimentent les glaciers. La neige entassée dans les cirques, constamment pressée par les couches nouvelles qui s'y ajoutent tous les ans, couches dont l'épaisseur après tassement peut être de 2 à 3 mètres dans les Alpes, tend à glisser vers l'aval. De plus en plus comprimée, elle finit, en arrivant vers l'entrée étroite du goulet, par se transformer en une sorte de glace compacte mais encore opaque, pesant à peu près 900 kilos par mètre cube. C'est la glace caractéristique de la partie haute des glaciers. On sait que sous une pression suffisante, qui dépend de sa température, la glace, par suite du phénomène du *regel*, se comporte comme une matière plastique. Sous l'effet d'une pression locale, elle fond partiellement, puis regèle dès qu'elle a ainsi cédé à l'effort, en sorte qu'elle se moule comme un liquide sur un fond quelconque. Cette glace s'écoule donc lentement, sous l'action de son poids et de celui des névés supérieurs, à travers le goulet de l'ancien torrent. Elle devient de plus en plus compacte, d'autant plus que le ravin est plus étroit, et finit par perdre l'aspect bulleux et opaque qu'elle avait au début, pour devenir une glace transparente, d'un beau bleu sous une certaine épaisseur, qui ne diffère de la glace des lacs qu'en ce que, lorsqu'on la brise, elle se réduit en gros grains polyédriques rappelant encore la structure de la neige des névés.

On voit d'après cela que si à toutes les altitudes on peut trouver

localement de la glace, par exemple contre les rochers chauffés par le soleil qui ont occasionné la fusion de la neige, cependant les véritables glaciers ne se forment qu'au-dessous des névés, c'est-à-dire aux environs de la limite des neiges éternelles. Et à partir de là ils descendent beaucoup plus bas que cette limite.

La glace, en effet, une fois formée, continue à descendre dans le ravin en fondant peu à peu, jusqu'à ce qu'enfin elle arrive en un point où la température de l'air est suffisamment élevée pour achever la fusion de toute la glace descendue du névé. Ce point, qui est l'extrémité du glacier, est donc celui où il y a équilibre entre l'arrivée continue de glace nouvelle et l'élimination continue de cette glace à l'état d'eau. Le glacier avance sans cesse, mais son extrémité est relativement fixe. On conçoit, d'ailleurs, que cette extrémité se déplace d'une année à l'autre et que son emplacement dépend des conditions locales. Toutes choses égales d'ailleurs, plus il tombe de neige sur les sommets, plus le climat est *humide*, plus le glacier est épais et sa vitesse grande, plus il peut descendre loin vers l'aval. Plus l'année est sèche et chaude, plus la limite inférieure du glacier s'élève. Dans les Alpes, la limite inférieure des glaciers se tient actuellement entre 980 et 1.700 mètres d'altitude, donc bien au-dessous de la limite des neiges éternelles : le pied des glaciers est souvent dans les Alpes au milieu de régions relativement chaudes et cultivées. En Nouvelle-Zélande, un glacier alimenté par des précipitations atmosphériques abondantes descend jusqu'à 210 mètres d'altitude, au milieu d'une végétation de pays chauds.

Il importe donc de se rappeler que, pourvu qu'il existe des montagnes assez élevées pour que l'eau y tombe sous forme de neige, l'existence de glaciers descendant jusqu'à de faibles altitudes dans les plaines n'exige nullement un climat froid dans ces plaines. Pourvu que le climat soit humide, que les précipitations atmosphériques soient abondantes, les glaciers peuvent descendre jusqu'à des régions de climat chaud, tropical même. On verra que c'est ce qui s'est produit sur nos régions au moment des grandes invasions glaciaires du début de l'époque quaternaire. Elles sont l'indice, non d'une période de froids, mais d'une période de grandes pluies (de neiges dans les montagnes).

Le mouvement d'écoulement des glaciers, découvert seulement au commencement de ce siècle, est très lent, très variable aussi. On a constaté des vitesses variant de 2 ou 3 centimètres à 1^{m},25 par 24 heures. La mer de glace, qui est un des plus grands glaciers des Alpes, a une vitesse moyenne de 0^{m},305 par jour. Une molécule de glace met en moyenne 125 ans pour descendre les 14 kilomètres de longueur du glacier. Le glacier chemine d'ailleurs exactement comme un cours d'eau : sa vitesse est plus grande au milieu que sur les bords, plus grande à la surface qu'au fond, plus grande

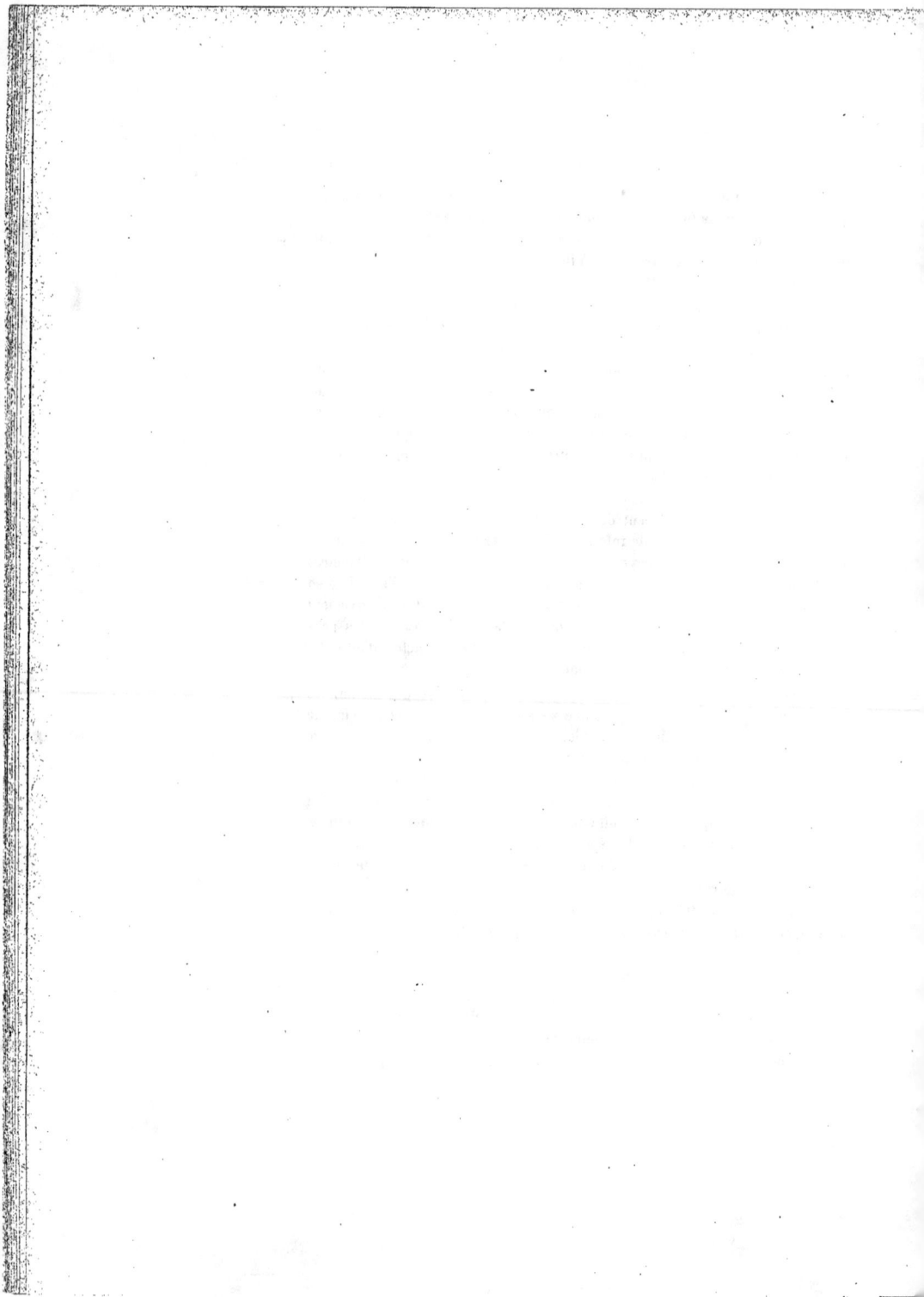

dans les tournants le long de la rive extérieure que le long de la rive intérieure. Exemple :

Vitesse de la Mer de Glace au tournant du Montanvers

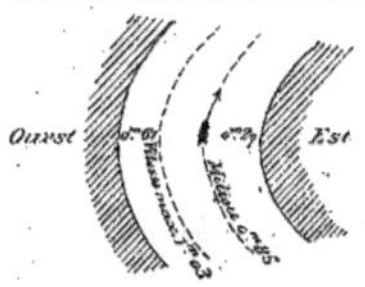

Vitesses du glacier du Tacul dans une section verticale

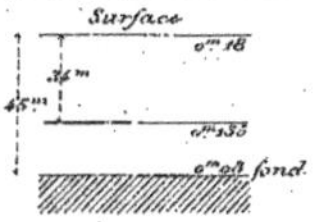

Cette différence de vitesse aux divers points est cause de la formation des *crevasses*. Considérons une ligne transversale tracée sur un glacier, par exemple au moyen de piquets. La vitesse étant moindre sur les bords, cette ligne se déforme en descendant, et par suite s'allonge. Or, si la glace est plastique sous un certain effort de compression, elle n'est pas pour cela extensible sous un effort de traction. Elle se brise par suite suivant des plans normaux aux lignes de distension maximum. La fissure, d'abord capillaire, s'ouvre peu à peu jusqu'à former un gouffre béant de plusieurs mètres de largeur parfois, puis se referme plus loin.

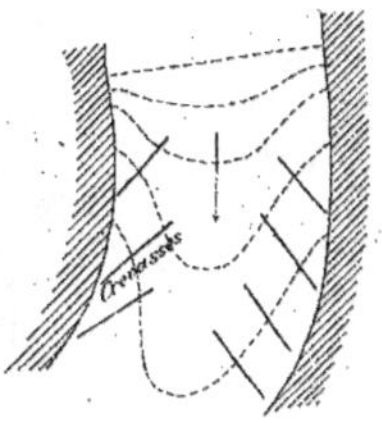

Les glaciers, comme les rivières, entraînent des sédiments. Leur pouvoir d'érosion est très limité, presque insignifiant. Mais il n'en est pas de même de leur pouvoir de transport. Dominés en général par des pentes abruptes, ils reçoivent les fragments de roches, les avalanches de pierres détachées par les intempéries et les entraînent dans leur marche. On appelle *moraines* les accumulations que forment ces sédiments. C'est naturellement le long des bords que se rassemblent les débris les plus nombreux. Les deux bords d'un glacier sont donc chargés de débris, formant sur la glace deux bandes noires continues. Ce sont les *moraines latérales*. Parfois elles se rejoignent et toute la surface du glacier est cachée par un amas confus de blocs de toutes grosseurs. Quand deux glaciers se rejoignent, les deux moraines latérales du côté du confluent se rejoignent et forment en aval, sur le glacier résultant, une *moraine médiane*. Ces moraines forment toujours une saillie à la surface du glacier, non qu'elles soient très épaisses, mais parce que cette couverture de pierres protège la glace contre l'action directe des rayons du soleil et en ralentit la fusion. La saillie est composée surtout de glace, couverte d'une mince couche de pierres. Dans les crevasses, il tombe parfois des blocs qui finissent par atteindre le fond et sont traînés, enchâssés dans la glace, sur le fond. Sous l'action de la pression qu'exerce tout le poids du glacier, ces fragments, s'ils sont composés de roches dures,

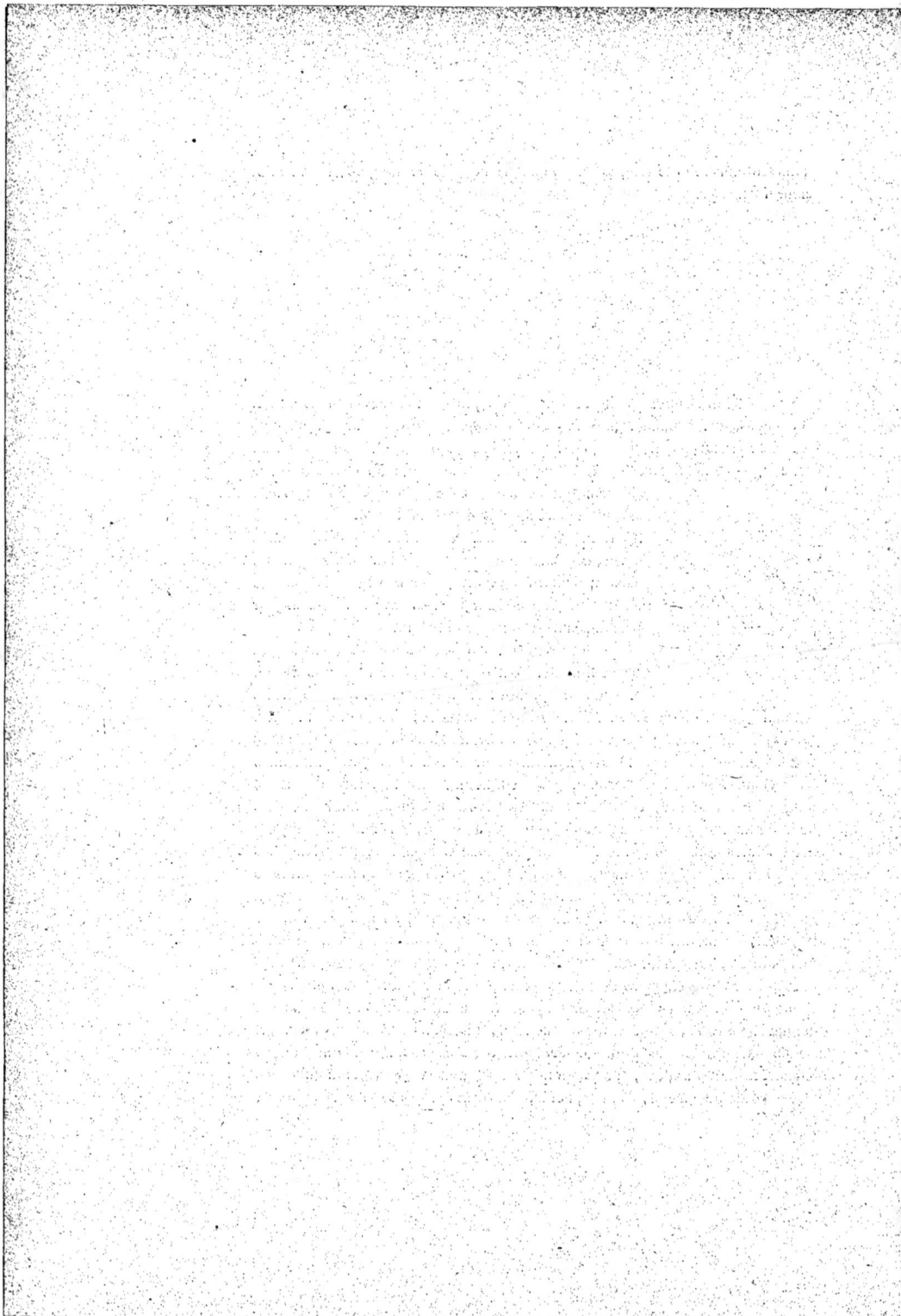

usent le fond, le polissent et y tracent de fines stries droites parallèles à la marche du glacier. S'ils sont tendres, ils s'usent eux-mêmes, se strient de la même façon et s'arrondissent. De la sorte, sans beaucoup approfondir sa vallée, comme il est facile de le constater dans les périodes de recul, le glacier en polit les versants et les marque de stries caractéristiques. Les cailloux traînés sur le fond constituent la *moraine de fond*, peu importante comme masse.

Toutes ces moraines mobiles viennent au pied du glacier former une *moraine frontale*, fixée non plus sur la glace mais sur le sol.

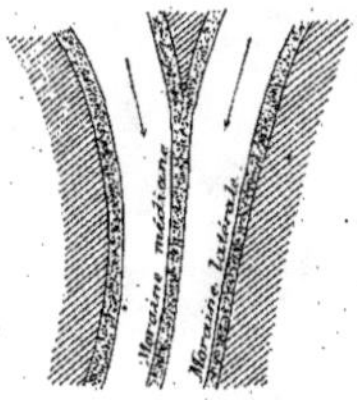

Coupe d'une moraine médiane

C'est un amas de débris de toutes dimensions, depuis des blocs de plusieurs tonnes jusqu'à une boue fine provenant de l'usure des fragments traînés sur le fond et du fond lui-même. La plupart des fragments, tous ceux qui faisaient partie des moraines superficielles, sont *anguleux* et non roulés comme les cailloux des torrents. Quelques-uns sont *polis* sur certaines faces, ou même arrondis et *striés* de stries très fines et régulières caractéristiques. De plus, il n'y a dans la moraine aucune trace de ce classement par grosseurs qui se produit toujours sous l'action des eaux courantes. Les blocs des dimensions les plus diverses sont juxtaposés. Enfin tous les blocs sont pris dans une boue fine, dite *boue glaciaire*, gris clair quand elle provient de calcaires, bleu ardoise quand elle provient de roches cristallines, et non rubéfiée par oxydation comme les vases d'alluvion, parce qu'elle s'est formée à l'abri de l'air. Toutefois la boue glaciaire peut manquer si la moraine a été lavée par les eaux pluviales. Les rivières qui sortent des glaciers sont toujours laiteuses par suite de l'entraînement de cette boue. Il en faut d'ailleurs très peu pour donner à l'eau cet aspect, et la quantité de matières ainsi entraînée est de peu d'importance.

On reconnaît en résumé un ancien glacier :

1° Au poli des roches de sa vallée, qui sont souvent *moutonnées*, arrondies d'une manière caractéristique ;

2° Aux stries tracées dans les roches et qui dans les calcaires s'effacent très vite à l'air, mais se conservent parfois longtemps dans les roches dures ;

3° Surtout à l'existence des moraines. Les moraines frontales sont en

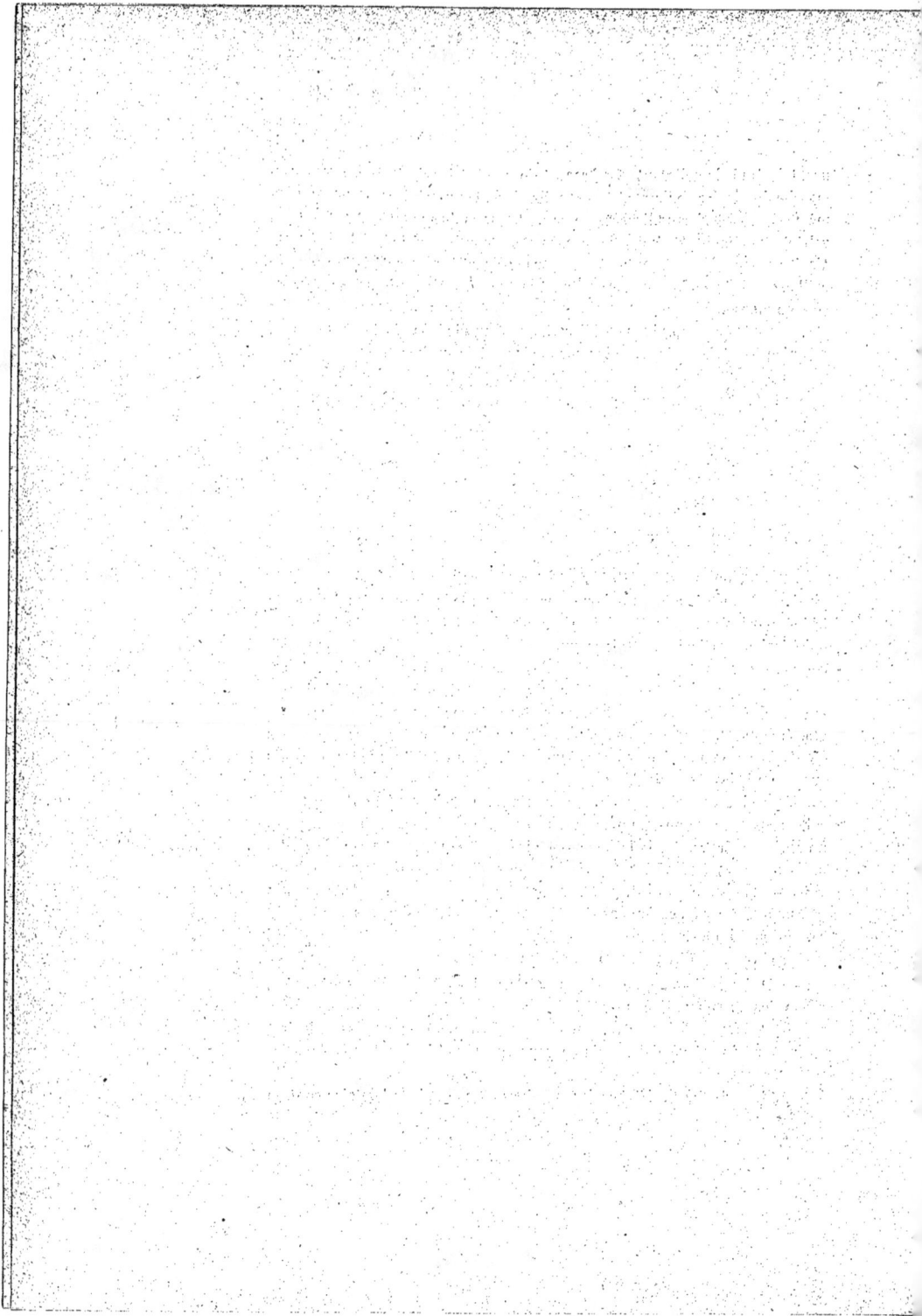

général seules conservées, mais parfois la fusion du glacier a laissé sur les flancs de la vallée des restes de moraines latérales. Et ces moraines se reconnaissent : A la diversité de grosseur des blocs, dépourvus de tout classement. Aux stries que présentent une partie des cailloux tendres, au poli d'une partie des cailloux durs. A la forme anguleuse de presque tous. Enfin à l'existence fréquente de la boue glaciaire bleuâtre fine.

L'action actuelle des glaciers de nos régions, comme agents de transport ou d'érosion, est insignifiante. Leur longueur est trop faible pour qu'ils puissent transporter bien loin les matériaux qu'ils charrient. Ils protègent au contraire leur vallée contre l'érosion torrentielle qui y serait bien autrement active si l'eau y circulait à l'état liquide. Mais il n'en a pas toujours été de même. Au début de l'époque quaternaire, les glaciers des Alpes venaient par exemple jusqu'à Lyon. Ceux de Scandinavie couvraient une grande partie de l'Europe septentrionale. Les dépôts glaciaires formés à cette époque sont importants et les matériaux qui les constituent ont été charriés à des centaines de kilomètres de leur lieu d'origine. Les glaciers actuels des Alpes et de Scandinavie ne sont que le résidu des immenses glaciers de cette époque, qui se répandaient en nappes puissantes jusque dans les basses plaines.

Il existe encore aujourd'hui d'immenses nappes de glace tout à fait comparables à celles-là. Si dans nos régions les glaciers n'occupent qu'une surface insignifiante, il n'en est pas de même dans les contrées polaires. Là, les glaces en mouvement ne se localisent pas au fond de quelques ravins, comme dans les Alpes, mais se répandent en vastes calottes continues sur tout un pays et, progressant comme les glaciers de montagnes, vont se déverser directement dans la mer. Leur extrémité plonge souvent dans la mer et s'y divise, sous l'action des marées, en énormes blocs flottants ou *icebergs* que les courants entraînent parfois jusque sous nos latitudes.

Le Groenland est l'exemple le plus grandiose de ces champs de glace polaires. Il est couvert entièrement, sauf une bande côtière de quelque 25 kilomètres de largeur, d'une calotte de glace qui s'élève depuis la mer jusqu'à 2.700 mètres d'altitude et vient se déverser sur la bande côtière par d'énormes coulées de glaciers crevassés. La température de l'été est suffisante pour produire les phénomènes de fusion superficielle et de regel et constituer une glace de glacier assez compacte, quoique moins que celle des glaciers alpins. Quelques rares sommets rocheux dépassent le niveau de la glace. Ils marquent la place d'une haute chaîne sur les flancs de laquelle les glaciers ont pris naissance, pour croître ensuite jusqu'à se réunir en une nappe continue.

Cette nappe de glace est en mouvement tout comme les glaciers alpins. La vitesse de progression y est faible (quelques centimètres par jour) dans l'intérieur, très rapide (jusqu'à 30 mètres par jour) pour les coulées de

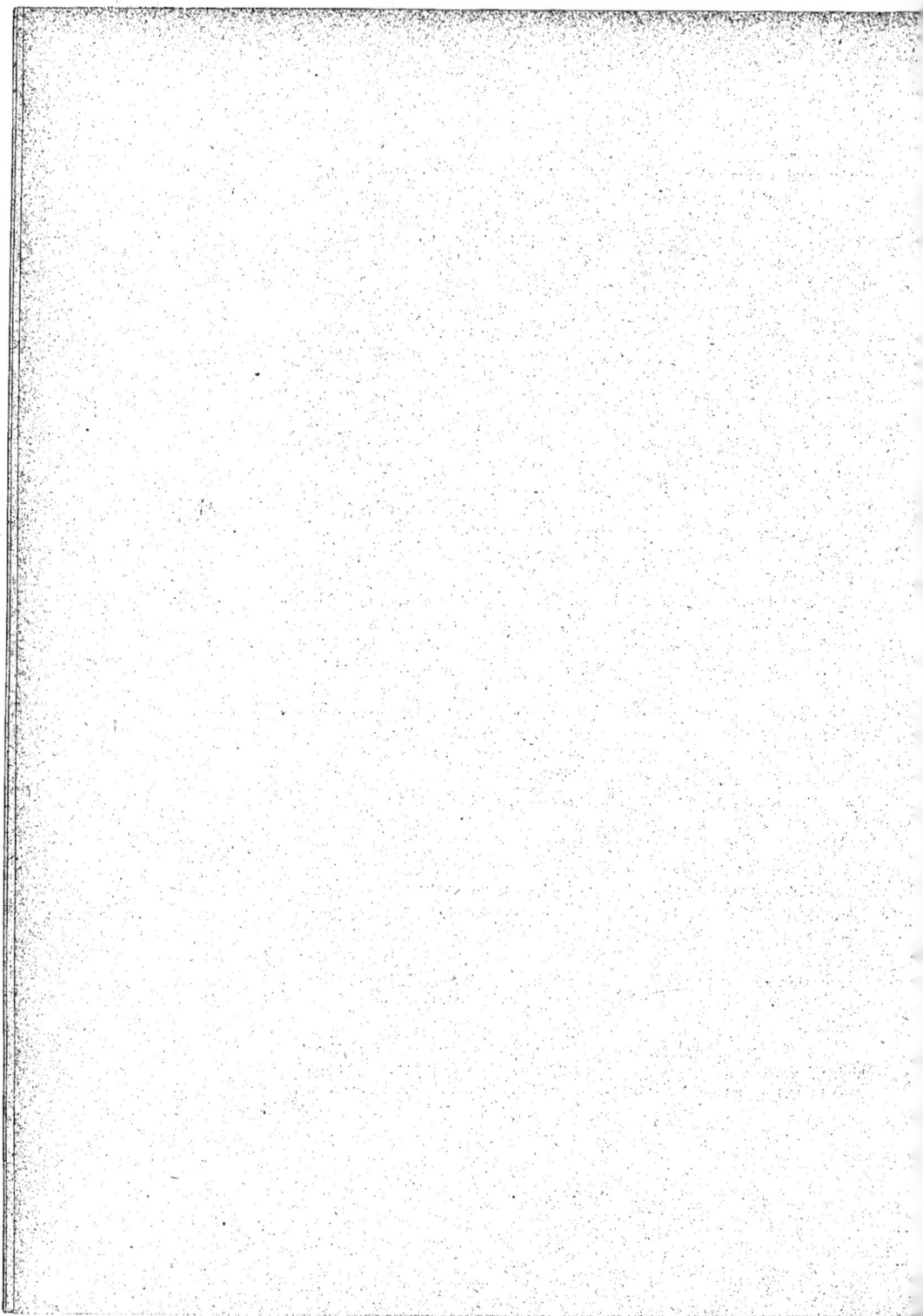

glaciers débouchant sur les côtes. Au Spitzberg, les faits sont analogues. D'immenses coulées de glace de 15 et 20 kilomètres de largeur sur plus de 100 mètres de hauteur arrivent jusqu'à la mer.

Ces glaciers polaires, qui ne sont pas encaissés dans des vallées étroites comme ceux des Alpes, reçoivent peu ou pas de débris de roches et par suite ne transportent presque rien. Les cailloux arrachés au fond forment seulement des moraines de fond peu épaisses. Mais la glace ne porte à sa surface aucun fragment.

Par contre, les glaces côtières salées (banquises), provenant de la congélation de l'eau de mer, et dont l'épaisseur est bien moindre, 4 ou 5 mètres en général, emprisonnent les cailloux des plages et les transportent souvent très loin. C'est ainsi que le banc de Terre-Neuve, formant sur 125.000 kilomètres carrés un bas-fond de 200 mètres de profondeur au milieu d'une mer dont la profondeur moyenne est de 2.600 mètres, est entièrement composé de cailloux transportés par les glaces côtières du Groenland, lesquelles, détachées par la débâcle d'été, viennent, entraînées par les courants, fondre toujours dans les mêmes parages.

Dans les régions polaires antarctiques, où la température est beaucoup plus régulière que dans l'hémisphère Nord en raison de la prédominance des océans, la température ne s'élevant pas au-dessus de 0 en été, les glaciers ne peuvent exister. S'il en est, ce qu'on ignore, ils restent immobiles, la glace cessant d'être plastique quand elle est trop froide, et nulle part on ne voit arriver à la mer ces fleuves de glace mouvants des régions arctiques. Par contre, l'été ne suffisant pas à fondre les banquises côtières, leur épaisseur augmente indéfiniment par le bas. Certaines ont jusqu'à 500 mètres d'épaisseur et s'élèvent de 60 et même 100 mètres au-dessus du niveau de l'eau, constituant autour du continent austral une muraille à pic qui en rend l'abord difficile.

Au point de vue de la comparaison avec les calottes de glace européennes de l'époque quaternaire, il est intéressant de constater que les grands glaciers polaires comme ceux du Groenland et du Spitzberg sont localisés dans la région baignée par les prolongements du Gulf-Stream. Les autres côtes de l'Océan glacial n'en portent pas ; non que la température y soit trop élevée, car c'est précisément l'inverse qui a lieu, mais parce que les précipitations atmosphériques y sont moins abondantes. L'extension des glaciers implique non pas de grands froids, mais des pluies abondantes. Il faut au contraire une température suffisamment élevée pour donner aux glaciers leur mobilité. La faune qui habitait l'Europe au moment des grandes invasions glaciaires a tous les caractères d'une faune de pays chauds, et l'époque glaciaire a été dans nos régions, non une période de grands froids, mais une période de grandes pluies. Le froid est venu ensuite, avec la diminution des pluies et le recul des glaciers. Toutes les théories astronomiques et autres

tendant à rendre compte de la période glaciaire en expliquant la venue de froids exceptionnels sont pour cette raison absolument insuffisantes.

Les glaciers des Alpes sont actuellement, depuis le milieu du siècle, dans une période de recul très accentué. Tous les observateurs sont d'accord pour attribuer ce fait non à un réchauffement du climat, mais à une diminution des pluies. Le recul n'est pas continu, il se fait par oscillations et chaque période de retrait rapide paraît correspondre à une période de sécheresse, avec un retard dû au temps que met la glace à venir du névé à l'extrémité du glacier, retard qui peut être de plusieurs dizaines d'années et n'est pas le même pour des glaciers de différentes longueurs. 20 ou 30 ans après une série d'années pluvieuses, le glacier reprend sa marche en avant, irrésistiblement, quelle que soit la chaleur dans l'année où cette avancée se manifeste. Dans ce mouvement, deux glaciers viennent-ils à se réunir en un seul, le lit où ils se confondent est toujours plus étroit que la somme des lits de chacun d'eux (comme pour les rivières). Par suite, la vitesse augmente dans ce nouveau lit et l'épaisseur aussi. La fusion devient moindre, la surface exposée aux rayons solaires étant diminuée par rapport à la masse. Il en résulte que par le seul fait de la réunion des deux glaciers, la marche en avant de la limite inférieure reçoit une impulsion nouvelle, qui peut être considérable. On conçoit ainsi que sans aucun refroidissement du climat quelques dizaines d'années de grandes pluies suffiraient pour ramener jusque dans les basses vallées les glaciers aujourd'hui confinés en amont.

GÉODYNAMIQUE INTERNE

Il nous reste à examiner les agents d'origine interne qui tendent à déformer la surface terrestre ou à en déplacer les matériaux. Antagonistes des précédents, ces agents ont pour effet de déterminer des dénivellations que les actions externes tendent à supprimer.

Le phénomène d'origine interne le plus saillant à l'époque actuelle, est le *volcanisme*. Ce n'est pas le plus important en géologie. Le volcanisme n'est, quelle que puisse être son importance à certains moments, qu'une conséquence accessoire et consécutive des grands phénomènes de *plissement* et de *fracture* de l'écorce terrestre. Mais ces derniers se produisent, au moins à l'époque actuelle, avec une telle lenteur que la courte durée de nos observations nous permet à peine d'en constater l'existence. Seule l'étude des anciens terrains nous les montrera dans toute leur ampleur et nous devrons, par suite, en remettre la description, nous bornant, dans cette revue des phénomènes actuels, à noter les indices de déformations actuelles de l'écorce. Ces indices, ce sont les *tremblements de terre* et les *oscillations lentes des lignes de côtes*.

1° *Phénomènes volcaniques.* — Les volcans sont des orifices de l'écorce terrestre qui laissent échapper, parfois d'une manière continue, plus souvent à intervalles irréguliers, des gaz et des roches fondues à très haute température. Ces matières fondues viennent s'accumuler autour de l'orifice, formant un amas conique qui constitue le volcan proprement dit, montagne souvent très élevée, au milieu de laquelle subsiste une cheminée centrale, plus ou moins obstruée en temps ordinaire, qui livre passage aux matières projetées. La forme de ce cône dépend essentiellement des proportions relatives de matières fondues et de vapeurs qu'émet la cheminée, et de la fluidité des matières fondues. La projection de gaz est-elle très abondante, ces gaz entraînent avec eux, en gouttes plus ou moins grosses, la lave fluide qui, solidifiée en l'air, retombe en pluie autour de la cheminée, édifiant un cône de débris meubles dont la pente est celle du talus naturel de ces débris, généralement très forte. Les gaz sont-ils rares, la lave s'élève tranquillement jusqu'au jour et s'échappe en nappes fluides capables de s'écouler jusqu'à de grandes distances, élevant ainsi autour de la cheminée un amas de grand diamètre dont la pente peut n'être que de quelques degrés. Dans la majorité des cas, il y a simultanément projection de laves pulvérisées par les gaz et écoulement tranquille de laves en coulées, de sorte que tous les intermédiaires existent entre les cônes de matières meubles à pentes abruptes et les cônes très surbaissés composés uniquement de coulées de lave successives. Dans tous les cas, on ne relève autour des volcans ou dans leur masse (quand l'érosion permet d'y accéder) aucun indice d'un soulèvement des terrains sous-jacents. Jamais le volcan ne consiste, comme on l'a cru autrefois, en un boursouflement du sol, mais uniquement en un tas de scories et de coulées de laves successives, dont la pente, rayonnant vers l'extérieur, provient de ce que toutes ces matières sont issues d'un orifice central.

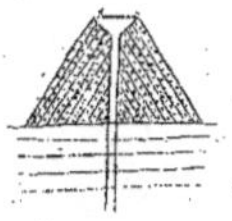

La cheminée débouche au sommet de la montagne par un évasement de forme assez variable appelé *cratère*.

Peu de volcans sont en activité continue ; dans l'immense majorité des cas, les éruptions sont séparées par des périodes de repos plus ou moins complet. En temps ordinaire, on voit seulement une colonne de vapeur d'eau, accompagnée de divers gaz, s'élever lentement du fond du cratère et une foule de petits jets de même nature sortir de divers points de ses parois. Au Vésuve, en temps normal, lorsqu'on est près du cratère, on entend toutes les quelques secondes un souffle violent, et l'on voit une gerbe de grosses gouttes de lave fondue projetées en l'air, qui tourbillonnent en se déforment et viennent retomber dans le cratère où elles bâtissent ainsi un petit cône intérieur de plus en plus élevé. Ces projections, en tournoyant en l'air, prennent des formes

contournées, dont l'une des plus fréquentes est celle d'une sorte de fuseau

Bombe volcanique

(*bombes volcaniques*). Dans d'autres volcans, ces projections manquent totalement en temps de calme, et seul le panache de vapeur qui s'échappe du sommet de la montagne en révèle l'activité momentanément endormie.

L'éruption s'annonce par une augmentation dans l'abondance des projections de vapeur, puis par des bruits souterrains et des tremblements de terre, souvent de brusques modifications dans le régime des sources au voisinage du volcan. A mesure que les projections gazeuses augmentent, elles entraînent de plus en plus de matières solides, soit des bombes de la grosseur du poing ou de la tête, soit de fines gouttelettes qui bientôt transforment le nuage blanc de vapeur en une fumée noire épaisse. En retombant solidifiées, ces gouttes forment une sorte de sable ou de gravier fin qu'on appelle *cendres volcaniques*, *pouzzolane* (fines) ou *lapilli* (fragments de quelques millimètres). Puis subitement le cratère semble se déboucher violemment et une colonne de fumée s'élève d'un seul coup, avec une formidable explosion, jusqu'à des hauteurs qu'on a souvent évaluées à plusieurs milliers de mètres. On a mesuré 3.000 mètres au Vésuve, 10.000 mètres pour certains volcans des Andes, 11.000 pour l'éruption du Krakatoa (îles de la Sonde), en 1883. Cette fumée, une fois qu'elle a épuisé sa force ascensionnelle, si grande au début que les vents les plus violents ne peuvent la dévier de la ligne droite, finit par s'étaler en panache et obscurcit le ciel parfois jusqu'à de grandes distances. Tandis que les matières lourdes retombent sur les pentes du volcan, le vent s'empare des cendres les plus fines et peut les entraîner à des centaines de kilomètres. C'est ainsi qu'on a vu tomber à Stockholm des cendres de l'Hékla (Islande), qui en est distant de 1.900 kilomètres. L'éruption du Temboro (Sumbava), en 1815, qui engloutit 12.000 personnes sous les cendres, fit la nuit complète dans un rayon de 500 kilomètres; l'île de Lombock, située à 120 kilomètres du volcan, fut couverte d'une couche de cendres de 60 centimètres d'épaisseur, détruisant les récoltes si complètement que 44.000 personnes moururent de faim. Au Vésuve, lors de la première éruption des temps historiques, qui coûta la vie à Pline l'ancien et dont Pline le jeune nous a laissé la narration, les villes de Pompéi et Stabies furent ensevelies sous les cendres. (Herculanum, qui est au pied même du volcan, fut recouverte par un fleuve de boue.)

Les cendres volcaniques ne sont autre chose que des gouttelettes de laves pulvérisées par la violence du courant de gaz. Elles se refroidissent

rapidement et restent en grande partie vitreuses. Parfois on y observe au microscope de petits cristaux aciculaires d'augite entourés d'un fragment vitreux d'obsidienne. Ou encore de petits cristaux libres d'augite, de magnétite, de feldspaths, en un mot de tous les éléments que l'on retrouve dans les laves. Quand la lave

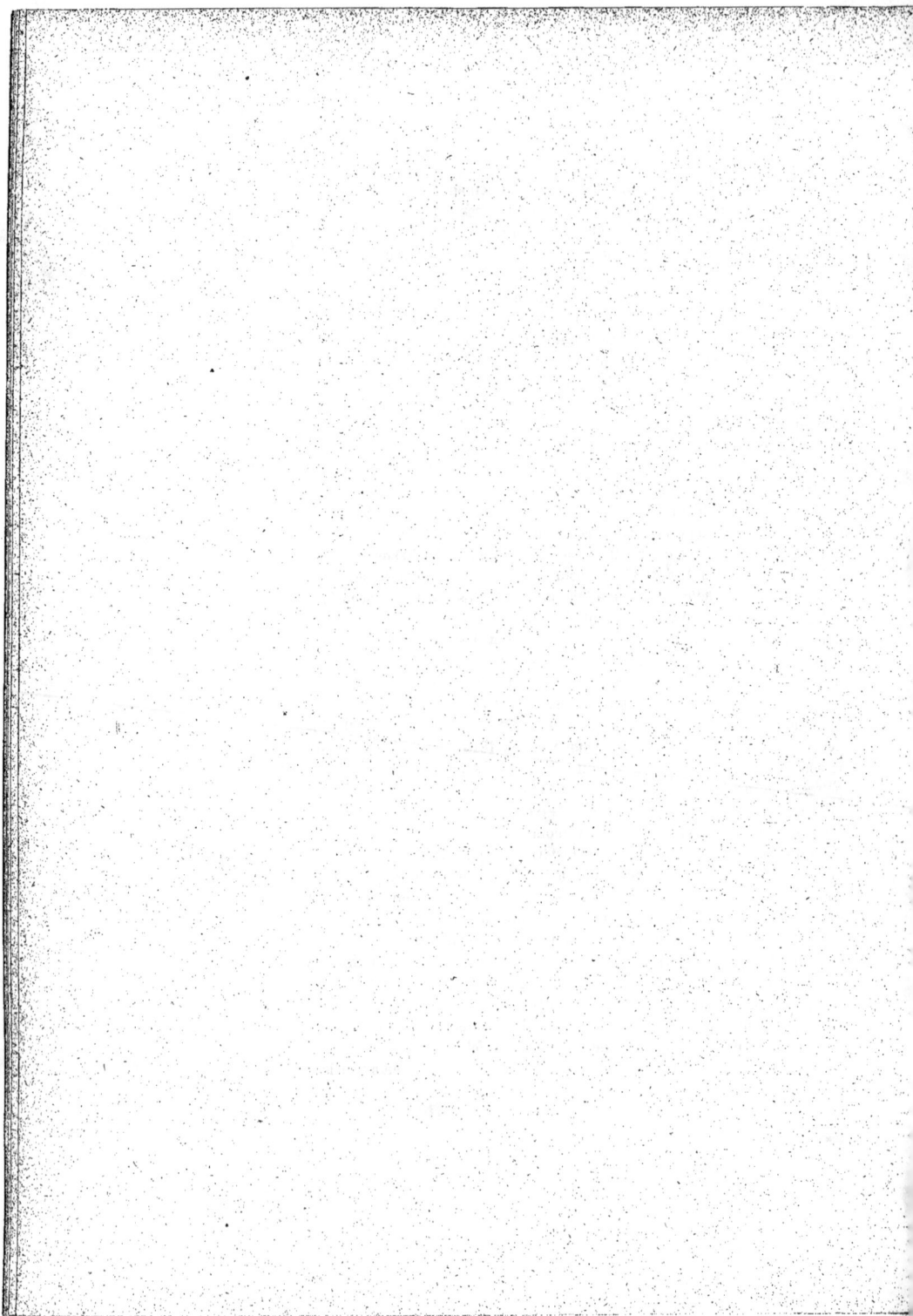

est acide et par suite pâteuse, filante, le passage des gaz la transforme en un verre bulleux, léger, étiré, semblable aux produits que l'on obtient en faisant passer un jet de vapeur à travers des laitiers acides de haut-fourneau, c'est la *pierre ponce*, dont les volcans de la Sonde rejettent d'énormes quantités. Après certaines éruptions de Java on a vu des bancs de pierre ponce flottante de plusieurs kilomètres carrés d'étendue, entraînés par les courants marins jusqu'au milieu de l'océan Indien, jusqu'à Madagascar même. Leurs débris contribuent à la formation de l'argile des grands fonds.

Outre les gouttes de lave qui constituent les bombes, lapilli et cendres, les volcans projettent fréquemment des blocs de roches non volcaniques, arrachées aux parois de la cheminée. Tels les blocs de calcaire dolomitique métamorphisés rejetés par l'ancien Vésuve sur les flancs de la Somma ; ces blocs, remplis de silicates cristallisés, dus sans doute à l'action prolongée des vapeurs volcaniques, sont des fragments de calcaire sédimentaire dont le poids peut atteindre plusieurs centaines de kilos. Les cendres de beaucoup de volcans d'Auvergne contiennent, au milieu des matières volcaniques, quantité de fragments de gneiss, de granite, de roches sédimentaires aussi lorsqu'il en existe dans le sous-sol. Très souvent les bombes contiennent en leur centre un morceau de roche non volcanique. Les laves elles-mêmes en entraînent fréquemment, qui sont plus ou moins fondus ou transformés, plus ou moins dissous dans la pâte fluide quand leur nature s'y prête.

Beaucoup de cratères, dans les périodes de calme, se remplissent d'eau, constituant ainsi un lac parfois profond. D'autre part, lorsque le volcan est élevé, les neiges s'y accumulent comme sur toute autre montagne. Enfin la quantité de vapeur d'eau projetée lors de l'éruption est formidable. Au moment où se produit le débouchage de la cheminée, l'eau du lac, s'il en existe, est projetée, la neige fond au voisinage du cratère, la vapeur d'eau expulsée par le volcan se condense en se détendant et retombe en pluie d'orage. Le tout détermine la descente sur les pentes du cône de véritables torrents d'eau, entraînant des cendres et bientôt transformés en torrents de boue. Cette boue épaisse se prend en masse dans les lieux où elle s'arrête, constituant une roche compacte et dure que l'on prendrait parfois au premier abord pour une lave fondue, mais qu'un examen plus attentif, parfois seulement un examen microscopique, fait reconnaître comme composée de matériaux brisés. C'est un *tuf volcanique*, roche très fréquente autour de beaucoup de volcans anciens et modernes. D'autres tufs se produisent par projection des cendres volcaniques dans les eaux d'un lac ou de la mer. Ils sont alors stratifiés. Herculanum a été engloutie dans un fleuve de boue de ce genre.

En règle générale, l'émission des laves en coulées suit le débouchage de la cheminée et la projection de la colonne de vapeurs. Quelquefois la lave arrive jusqu'au cratère, le remplit et s'épanche par dessus ses bords

en l'ébréchant plus ou moins. Mais c'est là un cas exceptionnel, au moins dans les volcans élevés et à pentes raides composés de débris sans consistance. En général, l'énorme pression de la colonne ascendante de laves détermine dans le cône une fissure radiale, coupant le cône suivant une génératrice. Certaines génératrices sont privilégiées à ce point de vue. Il y a presque toujours, pour un même volcan, une ou deux directions, sans doute en rapport avec les fentes du sous-sol, que l'on appelle les ***plans éruptifs*** et suivant lesquelles se rouvrent, à chaque éruption, des fentes nouvelles. L'un des plans éruptifs de l'Etna par exemple est Nord-Sud, et la plupart des éruptions y déterminent des fissures qui peuvent atteindre 20 kilomètres de longueur avec 1 ou 2 mètres, parfois 4 ou 5 mètres de largeur (l'Etna, dont les pentes inférieures sont très douces, n'a pas moins de 40 kilomètres de diamètre). Au Vésuve, en 1872, une fente s'est propagée jusqu'au sommet du cône, le traversant de part en part.

La fente ne tarde pas à se boucher en partie par les projections. Il ne reste en général, au bout de peu de temps, que quelques orifices ouverts, un ou plusieurs vers l'amont, qui livrent passage à des gaz et à des projections de cendres et de bombes, et un en aval par où s'écoule la lave. La lave s'écoule ainsi presque toujours non du cratère, mais d'un point situé sur les flancs du cône, et parfois très bas, très loin du cratère, dans les grands volcans comme l'Etna. La fente s'étendant d'ailleurs vers le bas, la bouche de sortie de la lave descend aussi de plus en plus.

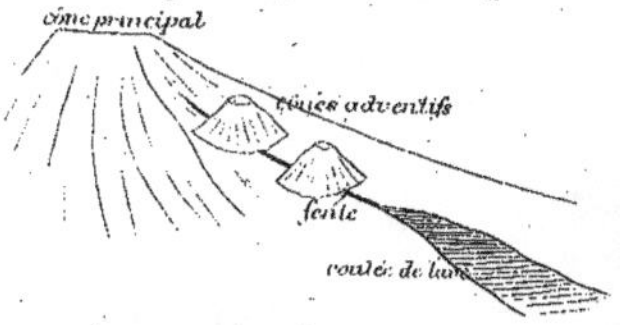

Tantôt la lave en sort tranquillement, tantôt elle est projetée au début sous forme d'un jet parabolique puissant. Ce dernier cas se produit surtout lorsque la lave, avant de déterminer la fissuration du cône, s'est élevée dans la cheminée jusqu'au voisinage du cratère. On voit alors, lorsque l'émission latérale se produit, le cratère se vider rapidement. C'est ainsi qu'en 1894 et 1895 le cratère du Vésuve, s'étant rempli de lave, a été à deux reprises remplacé par un gouffre de 150 mètres de large et 200 mètres de profondeur, en même temps que des fentes ouvertes sur les flancs du cône, à quelque 500 mètres au-dessous du cratère, donnaient issue à des coulées de lave animées d'une grande vitesse.

En même temps, aux orifices supérieurs de la fente, les gaz projetant des cendres et des bombes construisent un ou plusieurs cônes dits ***cônes adventifs***, en tout semblables au cône principal, véritables petits volcans superposés au grand et dont la hauteur, pour une seule éruption, peut atteindre et dépasser 200 mètres. C'est ainsi que l'on compte sur les vastes pentes de l'Etna 700 cônes adventifs, correspondant chacun à une éruption,

tandis que la lave, issue d'une bouche située au pied de chaque cône ou plus bas, s'est répandue sur la pente en torrents de 10 et 12 kilomètres de longueur sur plusieurs centaines de mètres de largeur. La lave ne parvient presque jamais au cratère terminal de l'Etna, qui est à 3.300 mètres d'altitude. Au Vésuve, qui est beaucoup moins élevé (1.200 à 1.300 mètres selon les temps), la lave, pendant quelques années, s'épanchait fréquemment au cratère. Mais le plus souvent il se forme une fente et une bouche de laves sur les pentes extérieures.

Les laves, dont nous étudierons la constitution avec celle des laves anciennes, sont des silicates généralement basiques, ne contenant jamais de quartz libre ni de feldspath orthose, mais seulement comme éléments cristallins des plagioclases basiques, de l'amphigène, de la néphéline, du pyroxène en abondance, en un mot les silicates qui peuvent cristalliser par simple fusion. Quand la lave est plus acide, elle est vitreuse. Les roches les plus acides étant aussi les plus légères, on constate souvent que les laves sont d'autant plus acides qu'elles sortent plus près du sommet du volcan, tandis qu'au pied de la montagne s'épanchent des roches lourdes basiques et riches en fer. Il y a donc des variations assez importantes dans la nature des laves émises par un même volcan à l'époque actuelle. Ces variations sont bien plus grandes encore si l'on considère les produits émis pendant un temps géologiquement long. On voit alors un même volcan fournir des laves passant d'un extrême à l'autre dans l'échelle des teneurs en silice. A fortiori en est-il ainsi si l'on considère les laves de deux volcans voisins. Néanmoins, les laves d'un même volcan ou de volcans voisins ont toujours entre elles, quelle que soit leur acidité, un air de famille se traduisant surtout par l'existence de certains minéraux particuliers. Il apparaît ainsi que toutes ces laves sont issues d'un réservoir commun et ne varient sans doute d'une éruption à l'autre ou d'un volcan à un autre voisin que parce que les fissures du sol qui leur servent de cheminée ascensionnelle vont les prendre à des profondeurs différentes.

La coulée de la lave à la surface du sol est lente, sauf les cas où le courant rencontre une pente très forte. On peut considérer $0^{m},10$ par seconde comme une vitesse normale. On a constaté localement jusqu'à 2 et 3 mètres par seconde. Près de la bouche de sortie, où la lave est très chaude, elle se solidifie avec une surface généralement unie et couverte de replis ondulés. On l'appelle *lave cordée*. Si la lave est pâteuse et la pente peu accentuée, la coulée peut conserver cet aspect sur toute sa longueur. Le plus souvent, le refroidissement rapide de la surface forme autour de la coulée une gaine solide que le mouvement de progression brise à mesure qu'elle se constitue. La lave est ainsi couverte de fragments qui en cachent la partie liquide et incandescente et ressemble plus à un tas de coke qu'à un fleuve de verre fondu. En avant, elle pousse devant elle une sorte de moraine frontale formée

de ses débris solidifiés, laquelle s'écroule de temps en temps, laissant voir un instant la matière incandescente, dont le rayonnement est bientôt éteint par la formation d'une pellicule solide nouvelle. Il y a tous les intermédiaires entre une telle coulée obscure et les coulées rapides restant incandescentes sur une certaine longueur. Lorsque la coulée est couverte de beaucoup de fragments de croûte solidifiée enchevêtrés en tous sens, on lui donne le nom de *cheire*. Les cheires des anciens volcans d'Auvergne sont parmi les plus remarquables comme chaos de blocs entassés. Au-dessous de la cheire, la lave devient compacte, s'étant refroidie lentement. Souvent dans cette partie centrale on observe une division de la masse en prismes normaux à la surface et irrégulièrement hexagonaux (colonnades, *orgues* des basaltes d'Auvergne). Cette division est due au retrait ; les prismes sont toujours normaux à la surface de refroidissement. Enfin au contact du sol, la lave redevient scoriacée et irrégulière, englobant dans sa masse des fragments du sol sur lequel elle a coulé.

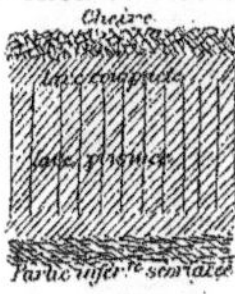

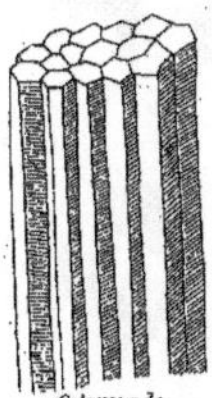
Colonnade de lave prismée

La lave peut se solidifier sur des pentes très fortes. On avait donné autrefois comme preuve de la formation des volcans par soulèvement du sol la pente très forte de certaines coulées anciennes. Depuis lors on a observé des exemples de solidification de laves sur des pentes de 40° et plus.

La température des laves n'a jamais pu être mesurée qu'assez longtemps après leur sortie. Elle dépasse certainement 1.000°. Cette température se conserve très longtemps, car la gaine solide est excessivement peu conductrice ; il reste au centre de la coulée un noyau liquide qui ne se solidifie qu'après des mois ou des années. La conductibilité de la lave solide est si faible que des champs de neige sur l'Etna, recouverts d'une faible couche de cendres volcaniques, puis d'une coulée de lave, ont subsisté pendant des années après la solidification de celle-ci. Des arbres enveloppés par la coulée restent parfois debout et ne sont carbonisés que superficiellement.

Quant à la dimension des plus grandes coulées connues, on peut citer pour les volcans d'Europe celle de 1794 au Vésuve, qui détruisit Torre del Gréco, et qui présentait une longueur de 5.700 mètres sur 650 mètres de largeur moyenne et 13 mètres de hauteur. Son volume est de 23 millions de mètres cubes. L'Etna donne des coulées plus importantes, par exemple celle qui, partie des Monti Rossi (deux cônes adventifs datant de la même éruption), vint en 1669 détruire quatorze villages et une partie de Catane, pour se déverser ensuite dans la mer. Sa longueur était de 24 kilomètres, sa largeur de 1.400 mètres et son épaisseur d'une quinzaine de mètres, et elle mit 46 jours à atteindre la mer. Mais les volcans des îles Sandwich rejettent des

masses plus grandes encore. Le Mauna-Loa lance des coulées qui ont jusqu'à 50 kilomètres de long, 2.000 mètres de largeur moyenne et par endroits 100 mètres de puissance verticale, avec un volume atteignant un demi-kilomètre cube.

La forme des coulées, à égale pente et égal volume, dépend surtout de la nature de la lave. Plus basique elle est plus fluide, moins pâteuse ; les coulées s'étendent plus loin et sur des épaisseurs moindres. Les laves de Santorin (Archipel grec), relativement acides, à 60 °/₀ de silice, forment des coulées épaisses et courtes, ayant par exemple 1 kilomètre de long sur 100 mètres d'épaisseur ; tandis que les laves basiques de l'Etna, à 45 °/₀ de silice, s'étendent sur 15 et 20 kilomètres avec 10 ou 15 mètres d'épaisseur. La même différence se retrouve naturellement dans les roches anciennes.

Les volcans, on l'a vu, n'émettent pas que des laves, mais aussi en énorme quantité des gaz. Leur masse ne peut être évaluée même approximativement, mais si l'on en juge par la masse des matériaux projetés elle doit être formidable. Les grandes explosions des volcans de la Sonde projettent des quantités de matières solides se comptant par *dizaines de kilomètres cubes* dans une seule éruption. Même en dehors des éruptions, il sort toujours en divers points du cône des émanations gazeuses, ou *fumerolles*. Et, ce qui est à remarquer, les fumerolles ne sortent pas seulement des fissures du cône ou de la cheminée, mais *de la lave* en fusion elle-même et durant tout son refroidissement. Les gaz volcaniques peuvent donc être dissous, et le sont effectivement, par la lave fondue ; ils se dégagent par un véritable rochage au refroidissement.

Toutes les fumerolles n'émettent pas les mêmes gaz. Mais elles peuvent se répartir en un petit nombre de catégories :

1° Fumerolles *sèches* ou anhydres, sortant de la lave incandescente et jamais des fissures du cône. Elles ne sont pas complètement anhydres, mais l'eau n'en constitue qu'une partie infime. Elles sont formées presque uniquement de sels volatils, surtout de $NaCl$ (94,3 °/₀ dans les gaz du Vésuve) avec KCl, $MnCl^2$, $FeCl^3$, $CuCl^2$, des traces de fluorures et de sulfates alcalins. Elles ne peuvent exister qu'au rouge vif et sont un produit d'évaporation superficielle des laves ;

2° Fumerolles *acides*. Elles se dégagent de la lave plus froide, vers 300 à 400°, et des fissures du cône au voisinage des laves incandescentes. La vapeur d'eau y domine (de 80 à 99 °/₀), avec surtout HCl et SO^2. SO^3 n'est qu'en très petite quantité, mais son odeur suffocante fait reconnaître immédiatement cette classe de fumerolles ;

3° Fumerolles *alcalines* ou ammoniacales. Leur température est voisine de 100°. Elles contiennent surtout de la vapeur d'eau, avec des sels ammoniacaux, AzH^4Cl surtout et $CO^3(AzH^4)^2$, et des quantités moindres de H^2S et CO^2. Quand la température tombe au-dessous de 100°, les sels

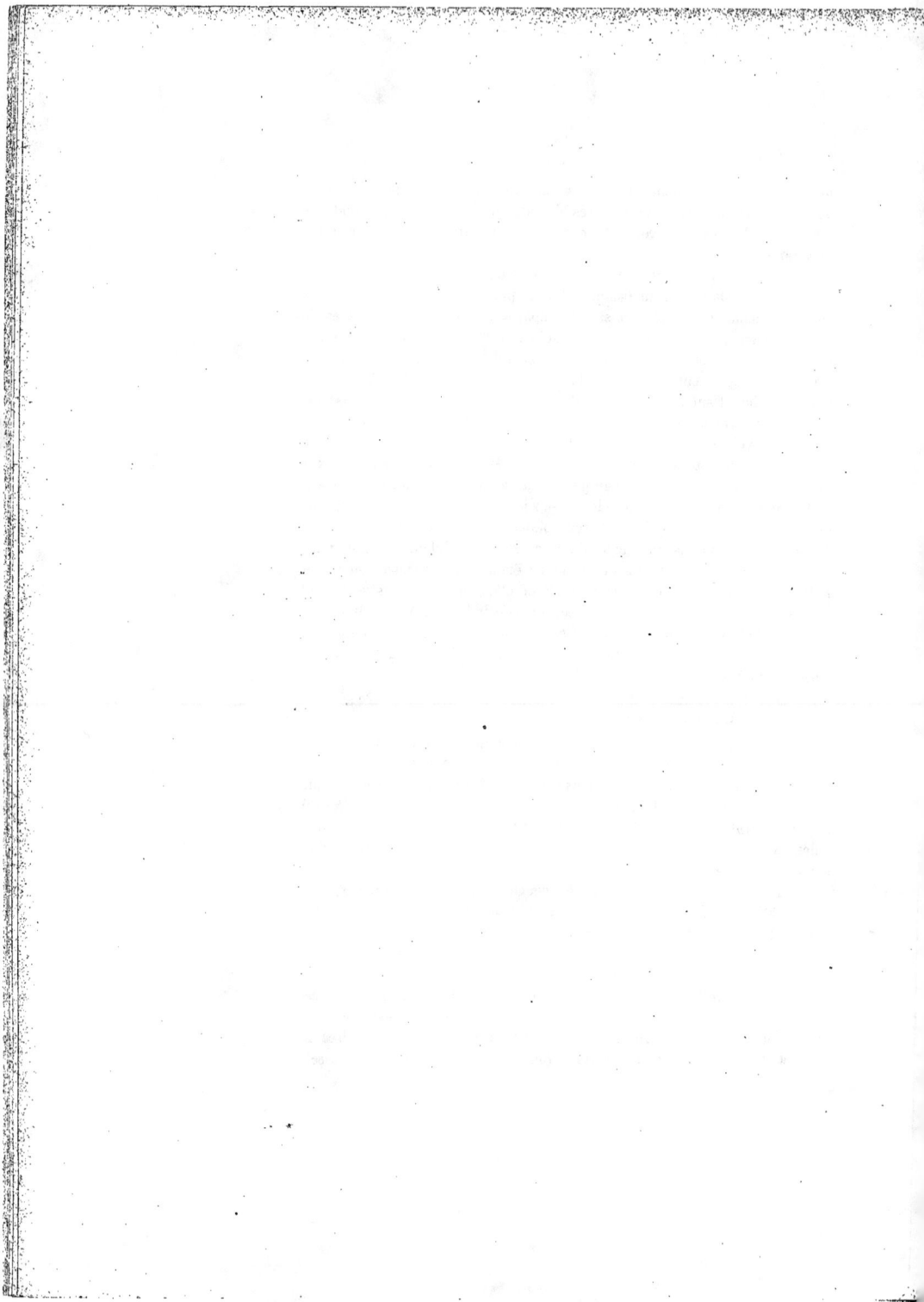

ammoniacaux se déposent en grande partie et il ne reste que H^2S et CO^2, constituant avec l'eau dominante les fumerolles *froides*, simple variété des précédentes ;

4° *Mofettes*, ou émanations froides de CO^2, marquant le dernier temps de l'activité volcanique. Elles se dégagent à la température ordinaire et on les observe encore pendant des années ou même des siècles après les éruptions, dans des régions comme l'Auvergne où tout autre trace de l'activité volcanique a disparu.

On a constaté en outre dans les fumerolles chaudes l'existence de l'hydrogène et des carbures, qui dans les conditions habituelles viennent brûler à l'air, mais qu'on a pu recueillir en 1861, au Vésuve, une coulée étant venue s'épancher sous la mer. Les gaz qui venaient bouillonner à la surface contenaient 88,5 °/₀ de H et CH^4 (environ 1 de CH^4 pour 3 de H) et 11,5 °/₀ de CO^2. Il apparaît ainsi comme très probable que l'eau et l'acide carbonique que rejettent les volcans proviennent au moins en partie de l'oxydation de l'hydrogène et des carbures, la cheminée du volcan exerçant un appel de l'air extérieur. Dans les fumerolles froides, H disparaît, mais les carbures persistent avec CO^2.

La répartition de ces diverses sortes de fumerolles dans l'espace et dans le temps est régulière. Dans une même coulée, tandis que les parties incandescentes émettent des fumerolles sèches, on trouve à mesure que l'on s'en éloigne, des fumerolles acides moins chaudes, puis des fumerolles alcalines, enfin des dégagements froids d'acide carbonique et de carbures. Et dans le temps un même point d'une coulée ou du cône volcanique émet successivement des fumerolles des divers types, toujours dans le même ordre, qui représente ainsi l'ordre d'activité décroissante du phénomène volcanique.

En réalité, d'après M. Fouqué, les fumerolles des divers types ne diffèrent entre elles que par la disparition de certains éléments à mesure que la température s'abaisse. Les plus chaudes contiennent tous les éléments des plus froides, mais noyés dans une masse de produits que la lave a achevé de dégager quand elle a atteint un certain degré de refroidissement, ou qui, s'ils se dégagent, vont se condenser dans les fissures du terrain. Ainsi la disparition des sels alcalins peu volatils transforme les fumerolles sèches en fumerolles acides, qui contiennent elles-mêmes déjà l'ammoniaque des fumerolles alcalines, laquelle domine ensuite lorsque le dégagement de HCl est devenu moindre et ainsi de suite.

Les fumerolles produisent par sublimation des dépôts métalliques fréquents dans les fentes des volcans : oligiste surtout, en lames brillantes, dues à l'oxydation du $FeCl^3$; sulfure de cuivre (covelline), chlorure de plomb (cotunnite), réalgar et orpiment. Le soufre, dû à l'oxydation de H^2S à l'air, ou à la réaction mutuelle de H^2S et SO^2, se dépose parfois en grande

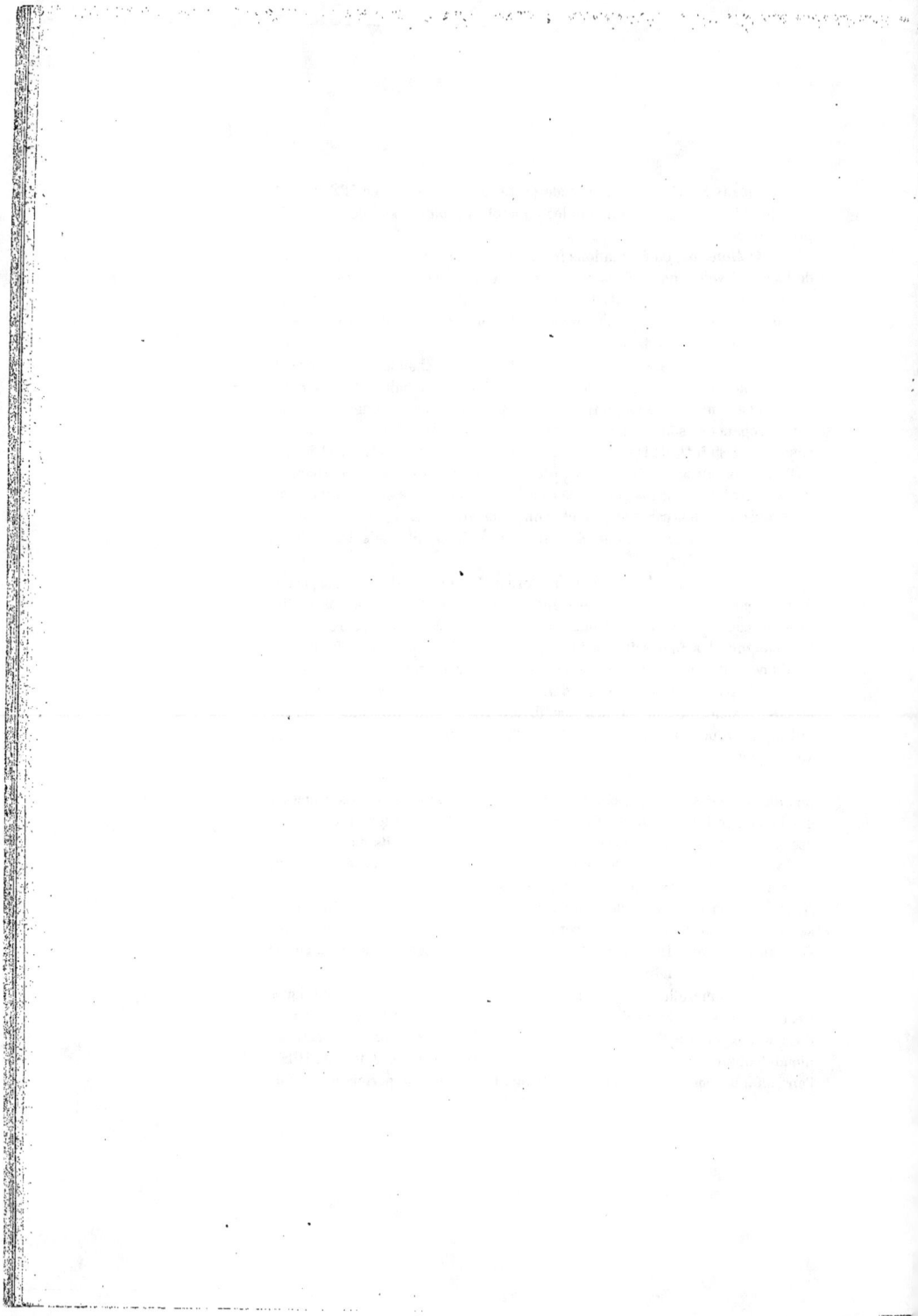

quantité, et des sulfates (alun, alunite) se forment par une oxydation plus complète du soufre et par l'action de l'acide sulfurique résultant sur les feldspaths des laves et des cendres. L'acide borique est aussi fréquent.

Principaux types de volcans.

Type des îles Sandwich. — Ce sont des volcans qui n'émettent presque uniquement que des laves, avec très peu de gaz et de projections. La lave, très basique et aussi fluide qu'un métal fondu, séjourne dans de grands cratères, véritables lacs, dans lesquels elle s'élève de temps à autre jusqu'à déborder, pour retomber ensuite. Les plus grandioses de ces volcans sont ceux de l'île d'Hawaï, dans l'archipel des Sandwich. L'île entière, sur une superficie de 20.000 kilomètres carrés, se compose de laves. On en évalue le volume *émergé* à 11.000 kilomètres cubes, soit de quoi couvrir l'Angleterre d'une couche de lave de 83 mètres d'épaisseur. Sur cette mer de lave solidifiée s'élèvent deux grands cônes de 4.200 mètres d'altitude, mais dont les pentes ne dépassent pas 7°, car ils sont formés de coulées très basiques sans produits de projection. Un seul est actif, le Mauna-Loa. Il se termine par un cratère de 6 kilomètres de longueur sur 2.800 de largeur, composé d'une série de gouffres échelonnés à parois verticales. Cette immense excavation, dont la profondeur atteint 250 mètres, ne se remplit qu'au moment des éruptions, formant alors un lac de lave bouillonnante de 9 kilomètres carrés, d'où s'élèvent parfois des jets de lave dépassant le sommet de la montagne et persistant durant plusieurs mois. Les coulées se font par débordement ou plus souvent par fissure latérale, et le lac se vide brusquement pour plusieurs années, la lave s'échappant au jour en quelque point inférieur ou s'épanchant parfois dans des cavités souterraines. Celles-ci sont nombreuses dans la masse du volcan. C'est d'ailleurs un fait commun que de voir les coulées, quelque temps après le début de leur écoulement, s'entourer d'une gaine solidifiée qui persiste tandis que la lave intérieure s'échappe en aval ; il se forme ainsi une grotte en forme de long couloir. On voit ainsi au Mauna-Loa des coulées s'engouffrer dans des cavités de ce genre, reparaître au jour après un certain parcours souterrain pour disparaître de nouveau. Quand le lac de lave du cratère se vide sans donner de coulée à la surface, c'est sans doute que la lave s'épanche dans de semblables grottes. Les éruptions se font sans explosion et consistent simplement dans l'ascension tranquille des laves, d'où les vapeurs s'échappent d'une manière continue par une sorte d'évaporation.

Sur la pente du Mauna-Loa existe une cavité cratériforme curieuse, le Kilauea, de 5.000 mètres de grand axe et 12 kilomètres de tour, située à 1.200 mètres d'altitude. C'est encore un lac de lave en activité, comme le cratère terminal, mais qui contient de la lave presque en permanence. Ses

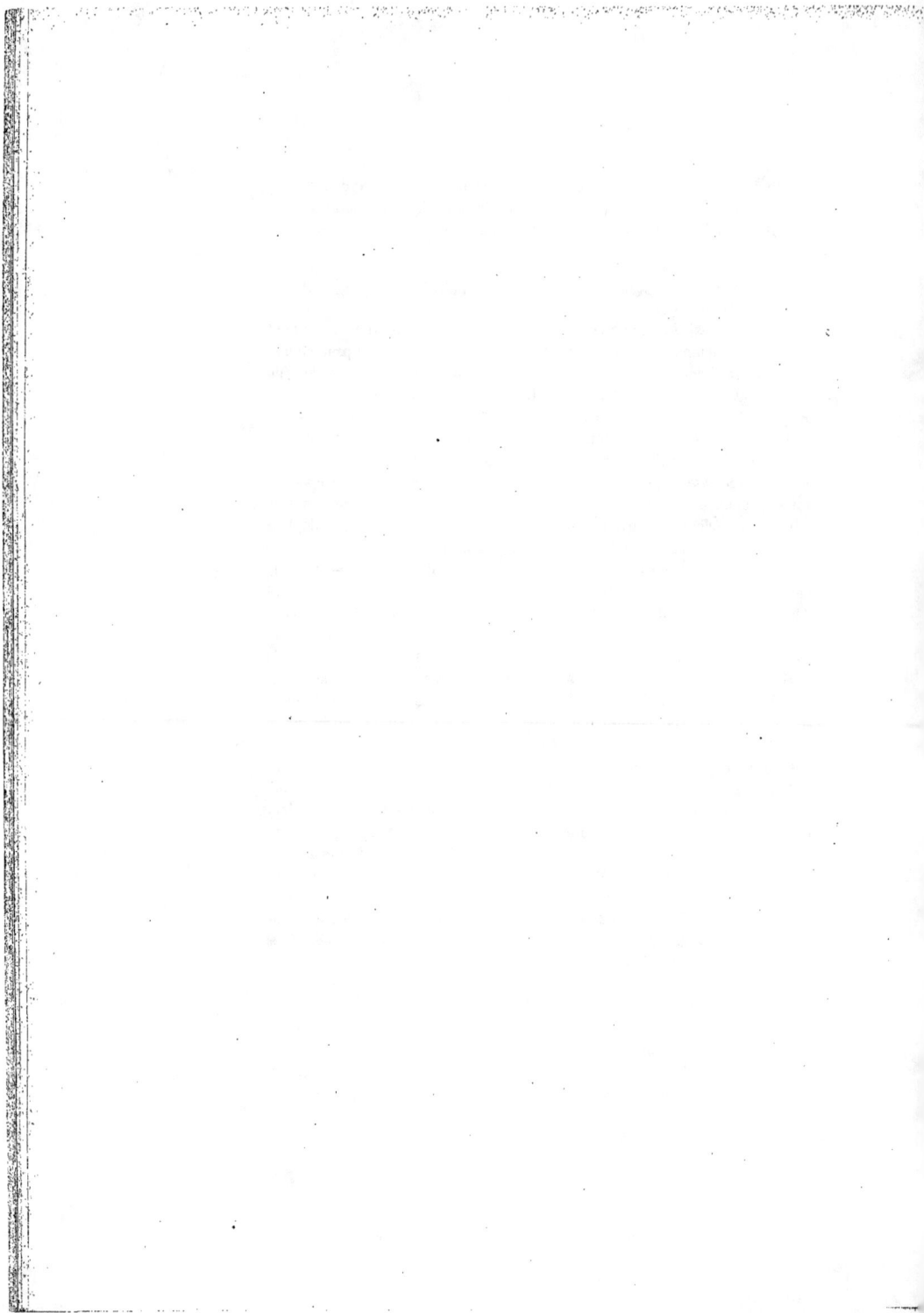

parois verticales forment deux gradins successifs d'une centaine de mètres de hauteur chacun, mais dont après chaque éruption la hauteur a été trouvée augmentée. Le cratère est donc dû à l'effondrement de cavités souterraines et il en est de même du cratère terminal. Sur le fond plat de l'excavation existent plusieurs lacs de lave *permanents*, dont le plus grand a 300 mètres

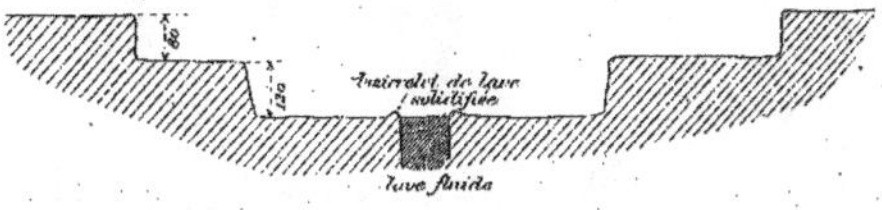

Le Kilauea en temps normal

de diamètre. Les éruptions consistent dans une montée lente du niveau de ces lacs. La lave envahit tout le fond du cratère, met plusieurs années à s'élever jusqu'à remplir plus ou moins complètement la cavité, puis son niveau baisse brusquement et elle disparaît, laissant voir le cratère vide et généralement modifié dans sa forme et dans sa profondeur surtout. On a compté 9 mouvements de ce genre de 1823 à 1891. Il n'y a aucune relation apparente entre les éruptions du Kilauea et celle du cratère principal situé à 32 kilomètres de là.

On voit qu'ici le cratère consiste en une simple cavité d'effondrement. L'épanchement de masses formidables de lave peut donc n'être accompagné d'aucune formation d'appareil cratériforme proprement dit. C'est ce qu'on observe pour beaucoup d'éruptions anciennes.

Type des îles de la Sonde. — C'est le type exactement opposé. Les îles de la Sonde portent une longue série de volcans que l'on peut considérer comme les plus puissants du monde, surtout ceux de Java et de Sumbava. Les éruptions de ces volcans consistent, non plus en des écoulements tranquilles de laves, mais en de formidables explosions avec projection de cendres et de pierre ponce, sans coulée de lave (une seule coulée observée en 1885 au Sémerou, le plus grand volcan de Java). Au lieu de cônes très surbaissés comme le Mauna-Loa, les volcans de la Sonde édifient des cônes de scories à forte pente, de grande hauteur (beaucoup dépassent 3.000 mètres), mais de diamètre beaucoup moindre et que les explosions détruisent ou reconstruisent rapidement.

L'éruption de 1815 au Temboro (voir page 102), qui jusque-là était un cône régulier de 4.000 mètres de hauteur, eut pour effet, dans une seule explosion, de transformer ce volcan en une montagne de 2.750 mètres de hauteur, creusée en son centre d'un gouffre de 530 mètres de profondeur et de 25 kilomètres de tour. Les évaluations de la masse de matières projetées ainsi d'un seul coup varient de 150 à 300 kilomètres cubes.

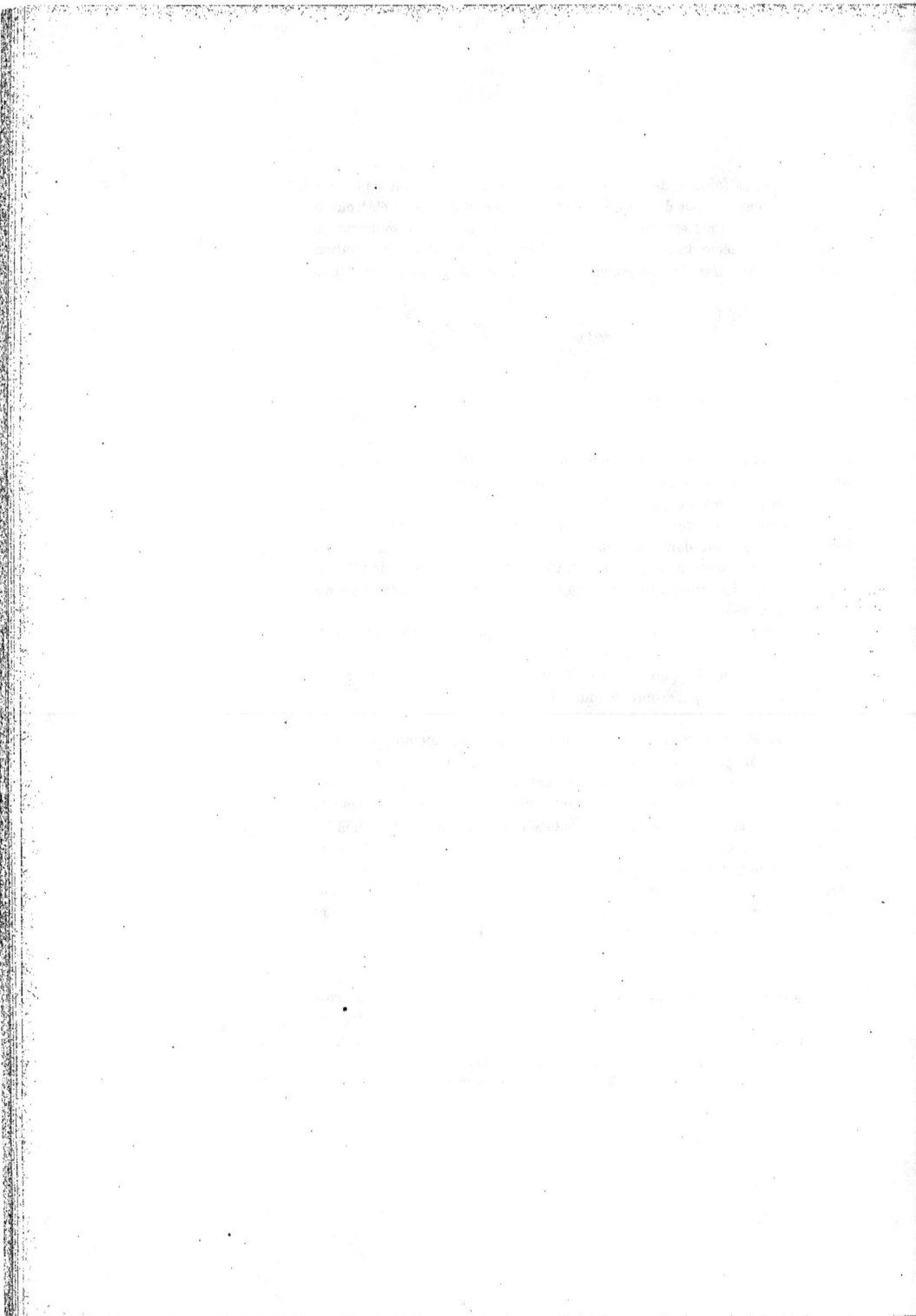

On peut prendre pour type de ces explosions l'éruption de 1883 au Krakatoa. L'île de Krakatoa, isolée au milieu du détroit de la Sonde, était formée avant 1883 de trois cônes volcaniques alignés du Sud au Nord et paraissant éteints depuis 1680. En mai 1883 on vit tout à coup s'élever du cône sud, le plus élevé, une immense colonne de vapeurs et de cendres, dont la hauteur fut estimée à 11.000 mètres. Elle continua à jaillir pendant 3 mois, répandant des cendres et de la pierre ponce jusqu'à 500 kilomètres de distance. Puis en août se produisit sur l'emplacement des deux cônes du Nord une formidable explosion que l'on entendit à des distances de 4.000 et 4.500 kilomètres et que de brusques oscillations du baromètre firent même percevoir jusqu'en Europe. Une vague immense atteignant 35 mètres de hauteur vint balayer les côtes de Java et de Sumatra, projetant des vaisseaux à plusieurs kilomètres à l'intérieur des terres et causant la mort de 40.000 personnes. Après l'explosion, les 2/3 de l'île avaient disparu, remplacés par des fonds de 200 mètres et plus. Le cône sud seul subsistait, coupé comme à l'emporte-pièce sur son flanc nord. La masse de matières projetées est estimée à 18 kilomètres cubes. Aucune lave en coulée ne s'est épanchée.

Type mixte. — C'est le plus fréquent, celui du Vésuve ou en plus grand celui de l'Etna et des volcans d'Islande. Il y a simultanément explosion avec projection de cendres et écoulement de laves. Sans qu'on puisse énoncer une règle absolue à ce sujet, lorsqu'un volcan de ce type est resté longtemps inactif, la série des éruptions commence en général par une explosion formidable comme celles des volcans de la Sonde, ayant pour effet de déboucher la cheminée. Puis se succèdent des éruptions où le rôle des gaz est de moins en moins dominant, et finalement le volcan en arrive à une période d'activité presque continue mais tranquille, consistant dans la montée lente des laves qui restent en permanence au voisinage du cratère, et rappelant le mode des volcans des îles Sandwich. La règle est moins absolue qu'on ne l'a cru. Elle s'applique cependant particulièrement bien au Vésuve.

Jusqu'en l'an 79 après J.-C. le Vésuve était un volcan éteint, vaste cône régulier surmonté d'un cratère large et peu profond envahi par la végétation. La première éruption, annoncée depuis plus de 15 ans par des tremblements de terre, fut une violente explosion sans émission de laves, avec projection de cendres et torrents de boue qui détruisirent Pompeï, Herculanum et Stabies. Cette explosion, de tous points comparable à celles des volcans de la Sonde, remplaça par un gouffre large et profond plus de la moitié de l'ancien volcan, n'en laissant subsister que la partie la plus éloignée de la mer, coupée presque verticalement suivant un vaste demi-cercle. C'est l'arête de la Somma, qui entoure le volcan actuel sur plus de la

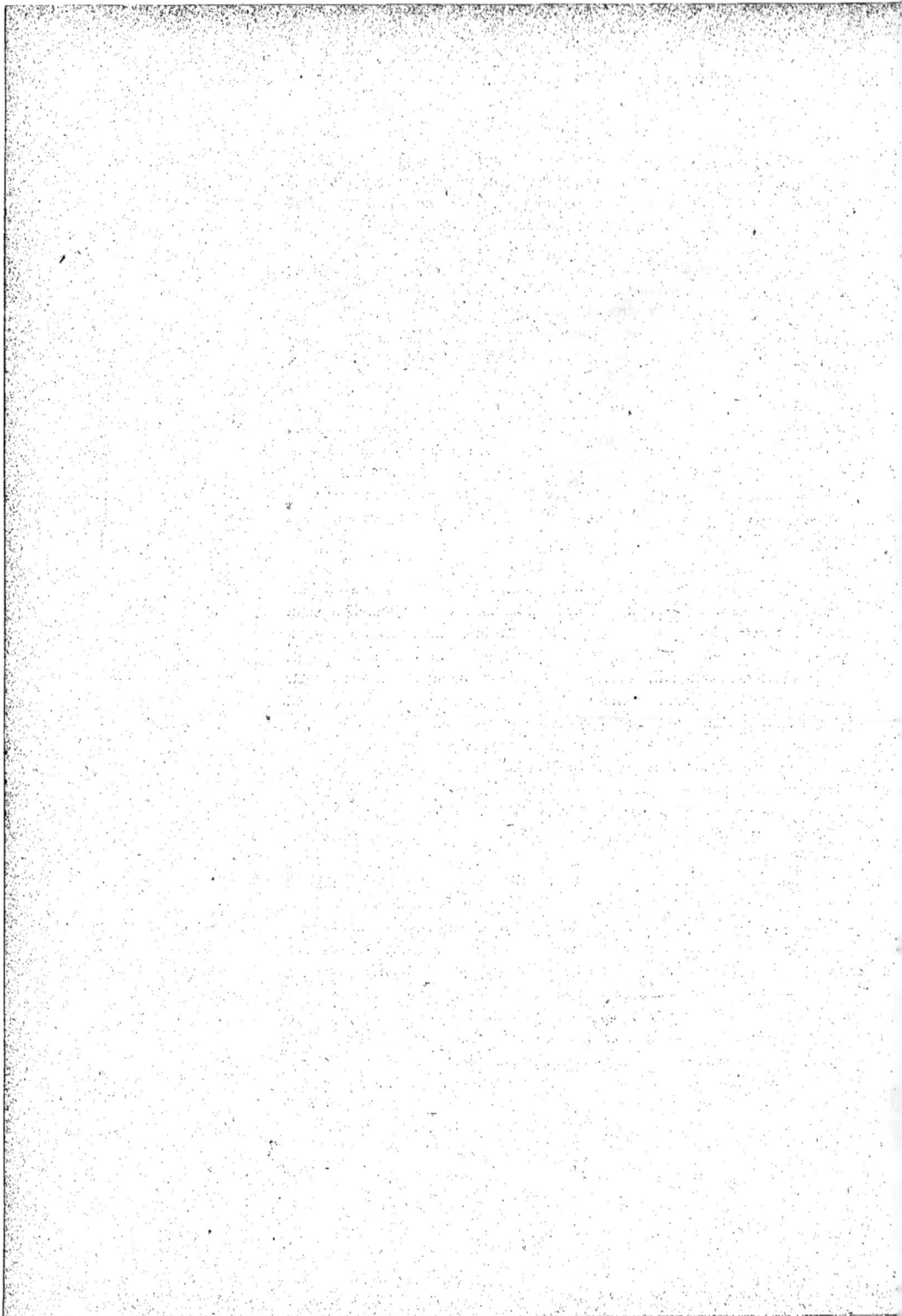

moitié de sa circonférence. Ce volcan actuel s'est construit à l'intérieur de la Somma depuis l'an 79, par une longue série d'éruptions. Ce furent d'abord, jusqu'au XIVᵉ siècle, des éruptions violentes et espacées, une tous

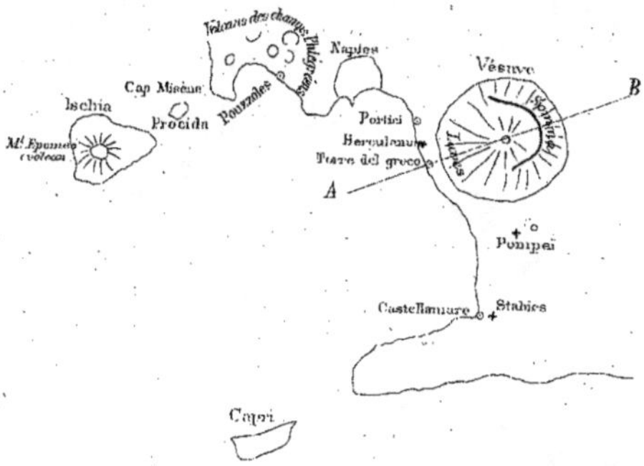

Coupe A B

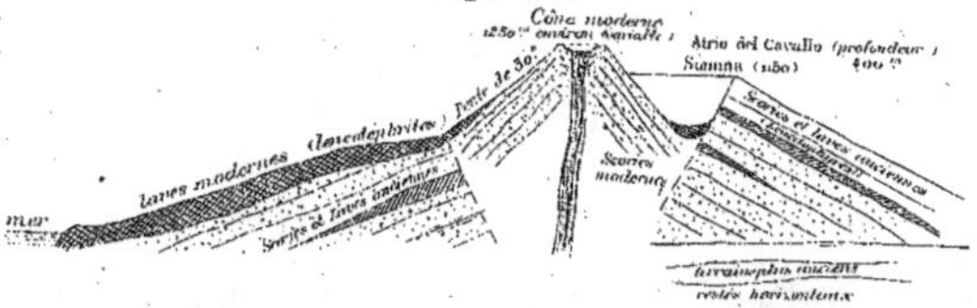

les 100 ans environ. Puis survint une période de repos de 300 ans jusqu'en 1631. Après ce long repos, ce fut de nouveau en 1631 une éruption explosive qui diminua la hauteur du volcan de 200 mètres, mais fut accompagnée de l'émission d'une puissante coulée de lave. Depuis lors les éruptions n'ont pas discontinué, rarement 10 ans se sont passés sans paroxysme, mais elles sont devenues de moins en moins violentes en moyenne. Surtout depuis 1865 elles ne consistent plus guère qu'en épanchements de lave, soit par le cratère, soit par des fissures latérales, sans explosions de grande violence. La cheminée se remplit de laves, puis se vide, avec des effondrements qui rappellent (en petit) ceux du Kilauea. Les projections peu violentes mais continues élèvent peu à peu dans le cratère un cône que les effondrements ou les explosions plus intenses détruisent de temps en temps. On appelle souvent période d'activité *strombolienne* celle que traverse en ce moment le Vésuve, et que caractérisent de simples oscillations de niveau de la lave dans une cheminée, presque sans projections.

Le *Stromboli*, dans le groupe entièrement volcanique des îles Lipari,

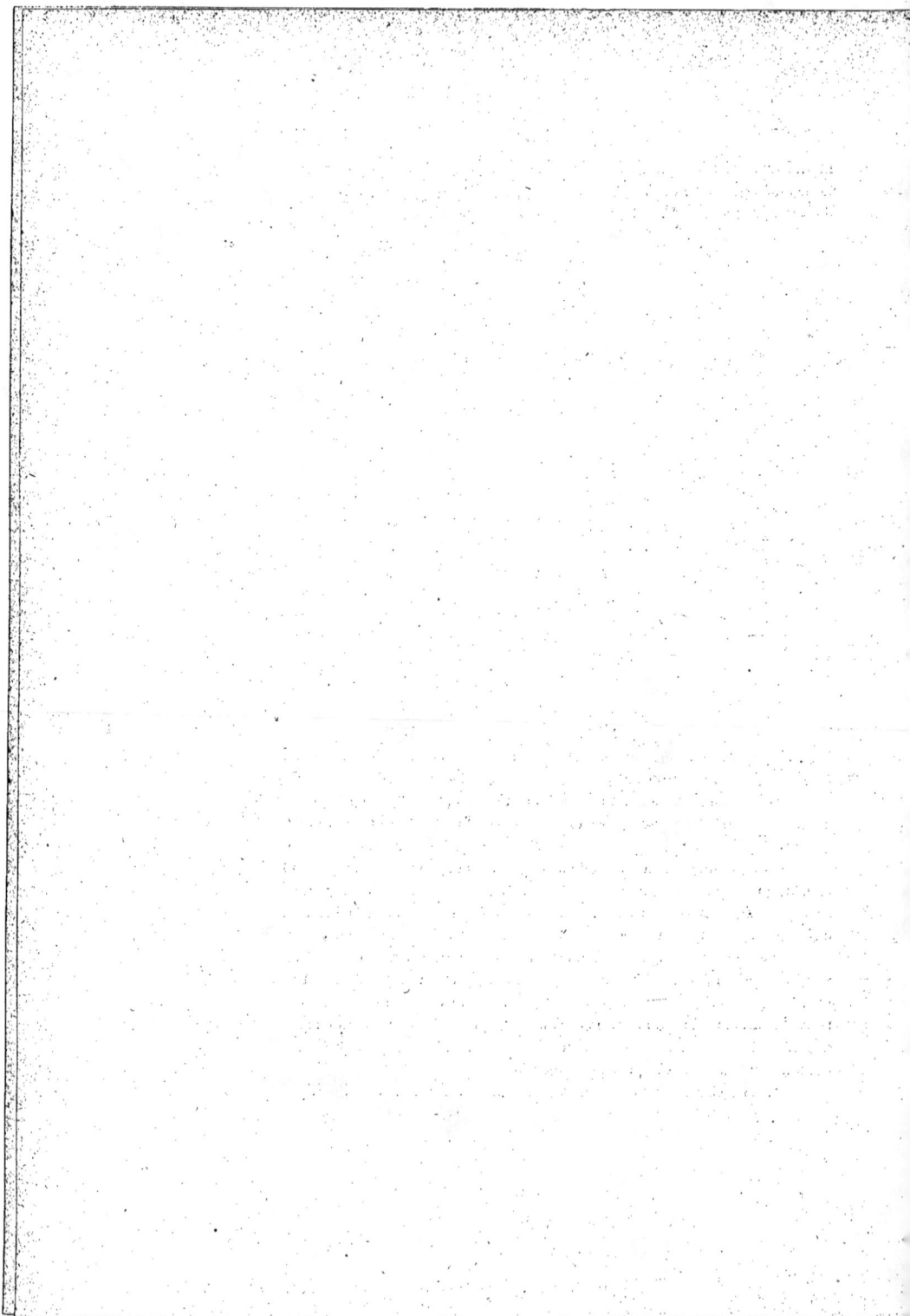

est en effet un des exemples les plus curieux de ce mode d'activité. Son cratère, ouvert dans un ancien cône de scories, sur 1.900 mètres de long et 1.000 mètres de large, n'a pas cessé de mémoire d'homme de contenir de la lave bouillonnante et d'émettre sans explosion d'abondantes vapeurs. Au fond du cratère, la lave s'élève de 5 ou 6 mètres toutes les quelques minutes, pour retomber ensuite après que de grosses bulles de gaz sont venues crever à la surface, projetant une pluie de scories. Pour que la lave puisse ainsi rester fluide pendant des siècles au contact de l'air, il faut que le foyer de l'activité volcanique soit bien peu éloigné et en communication bien facile avec le cratère.

L'Etna, situé sur la côte Est de la Sicile, est le plus puissant volcan d'Europe. Son cône immense domine la mer de 3.300 mètres, et sa circonférence dépasse 130 kilomètres.

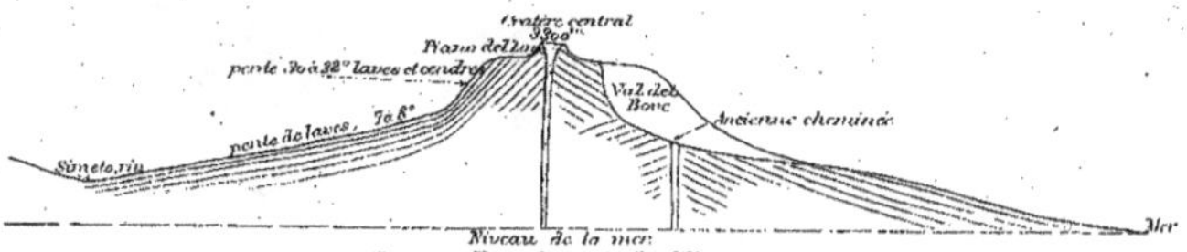

Coupe Est-Ouest de l'Etna

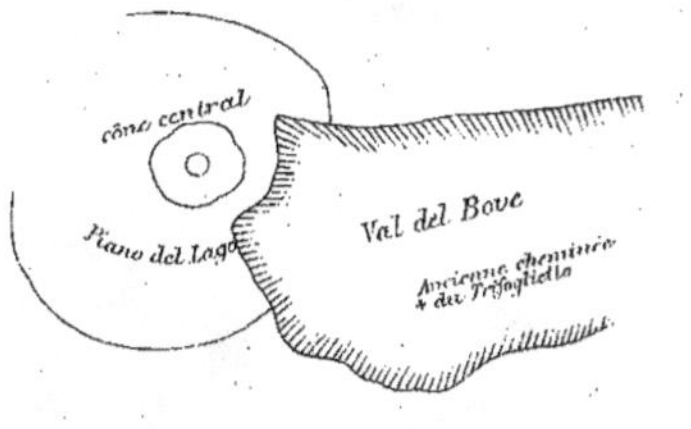

La pente extérieure faible (7 à 8°) est formée de laves, et parsemée d'une foule de cônes adventifs dont quelques-uns ont jusqu'à 250 mètres de haut. Plus haut, la pente s'élève à 30°, et là le cône est composé surtout de scories. Cela forme une sorte de gibbosité centrale, qui se termine par un plateau incliné à l'Est (Piano del Lago). Enfin sur ce plateau s'élève le cratère terminal, à forte pente, uniquement composé de débris projetés, creusé en son centre d'une excavation à parois verticales de 600 à 700 mètres de diamètre au fond de laquelle débouche la cheminée, émettant sans cesse une épaisse colonne de vapeur. A l'Est s'ouvre dans le flanc de la montagne un vaste cirque à parois verticales de plus de 1.000 mètres de profondeur, le Val del Bove. Au fond du Val del Bove, les couches de cendres et de laves se

relèvent vers un point qui indique l'emplacement d'une ancienne cheminée (Trifoglietto). Le Val del Bove est le résultat d'une grande explosion antérieure aux temps historiques, de tous points comparable à celle du Krakatoa et ayant projeté à peu près la même masse de matières que celle-ci, mais différant de celle qui a donné naissance à la Somma en ce que, après cette explosion, l'ancienne cheminée a cessé de fournir des éruptions, l'activité du volcan se déplaçant vers le Nord-Est et se concentrant sur une cheminée nouvelle, celle qui aboutit au cratère actuel. De sorte que le nouveau volcan ne s'est pas reconstruit, comme au Vésuve, à l'intérieur du gouffre créé par l'explosion de l'ancien, mais à côté, laissant ce gouffre béant.

Un grand nombre de volcans présentent soit des gouffres de ce genre, soit des remparts circulaires plus ou moins complets, entourant le cône central comme la Somma entoure le Vésuve.

L'Etna est en activité constante et régulière depuis les temps historiques. Rarement 8 ou 10 ans se passent sans une éruption, et chaque fois il se forme de nouveaux cônes adventifs et des coulées de lave de 10 kilomètres de longueur et plus. Les éruptions réalisent le type parfait des éruptions mixtes, où les laves et les émissions de gaz avec projections de cendres ont à peu près même importance.

Type des Champs Phlégréens et de la Chaîne des Puys. — Dans les Champs Phlégréens, à l'Ouest de Naples, existent une série de petits volcans disséminés, dont chacun est comparable à l'un des cônes adventifs de l'Etna. L'activité volcanique, au lieu de se concentrer pendant de longs siècles sur une même cheminée, s'est déplacée à chaque éruption, élevant chaque fois un cône nouveau. Tel est le cas aussi dans la chaîne plus ancienne des Puys. Chacun des petits volcans de cette chaîne n'a fourni qu'un petit nombre d'éruptions, souvent une seule. Ils s'alignent par séries sur des lignes droites, traces évidentes des fissures du sous-sol qui ont servi de cheminées ascensionnelles, mais nulle part l'activité n'est restée concentrée assez longtemps en un même point pour construire un volcan complexe comparable à l'Etna ou même au Vésuve. Le Cantal et le Mont-Dore sont au contraire des volcans persistants comparables à l'Etna.

Volcans sous-marins. — Ils ne diffèrent des autres que par le mode de dépôt des matières qui ne s'accumulent pas dans l'eau exactement comme sur la terre ferme. Il est à remarquer qu'en général les émissions de gaz y sont peu abondantes. Dans la Méditerranée il est arrivé à différentes reprises que des éruptions sous-marines aient fait naître des îlots de scories portant un cratère en leur centre. (Notamment entre la Sicile et Pantelleria, en 1831 et 1863). Tant qu'un cône volcanique sous-marin de ce genre n'est composé que de scories projetées, les vagues ont bientôt fait de le détruire. L'île

Julia, formée en juillet et août 1831, près de Pantelleria, et qui en août atteignait 4.800 mètres de tour et 40 mètres de hauteur (plus 200 mètres au-dessous de la mer) avait disparu en décembre, dispersée par les vagues. La mer, reprenant les matériaux meubles, les répand sur un vaste espace en couches horizontales de tuf sous-marin. C'est ainsi qu'ont été nivelés dans le Pacifique les volcans sur lesquels s'élèvent les Atolls. Il n'en reste qu'un tronc de cône plat nivelé à quelques dizaines de mètres au-dessous du niveau de la mer.

Il en est autrement si les laves entrent pour une part importante dans la construction de l'édifice sous-marin. Il peut alors s'élever du fond de la mer des îles volcaniques durables. Tel est le cas de l'archipel de Santorin (dans l'Archipel grec). Les îles de Théra, Thérasia et Aspronisi, composées de laves et de tufs anciens, forment un vaste volcan à demi immergé, creusé en son centre d'un gouffre comparable à celui de la Somma, de 600 à 800 mètres de profondeur dont à peu près moitié sous la mer, et à parois presque verticales. Une série d'éruptions, ayant duré de 97 après J.-C. jusqu'en 1870 et séparées par de longs intervalles de repos, ont fait naître au milieu de ce gouffre d'explosion trois petites îles, les Kaménis (les Brûlées), dont la dernière venue, Nea-Kaméni, a triplé de surface dans l'éruption dernière, de 1866 à 1870. L'éruption a pu être observée en détail et a présenté ce caractère particulier de s'être faite sans projections, au moins au début. Sur la côte Sud de Nea, on vit le fond de la mer se soulever lentement, encore couvert de galets et de coquilles, et constituer un îlot bientôt soudé à l'île. La lave, très siliceuse et d'ailleurs refroidie à la surface par le contact de l'eau, s'élevait en une sorte de grosse bulle au-dessus du point de sortie, sans pouvoir s'épancher en coulée. Ce n'est que plus tard que, cette bulle ayant crevé, un cratère s'ouvrit à sa surface, émettant des scories et des coulées de lave pâteuse qui se répandant vers la mer triplèrent la surface émergée de l'île. Il est intéressant de constater que des laves très pâteuses peuvent ainsi s'accumuler en une sorte d'intumescence au-dessus de la cheminée volcanique, avant toute formation d'un appareil cratériforme. Certaines montagnes volcaniques antéhistoriques, comme le Puy-de-Dôme, formées de roches acides, consistent en effet en un amas de lave en forme de calotte sphérique sans aucun cratère. Bien qu'elles se soient formées à l'air libre, le volcan sous-marin de Santorin nous donne une idée de leur mode de formation.

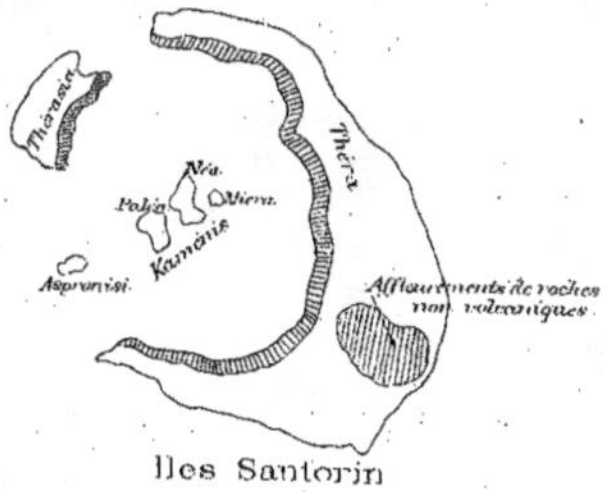

Iles Santorin

Solfatares et Geysers. — L'énergie interne du globe ne se manifeste pas seulement par des éruptions violentes comme celles des volcans proprement dits. Longtemps après qu'un volcan a cessé de projeter des laves et des scories, il reste des traces de l'activité volcanique. Ce sont des dégagements tranquilles de gaz, véritables fumerolles persistantes de plus en plus froides.

Les *solfatares* sont des volcans qui n'émettent plus, ou qui plus rarement n'ont jamais émis de laves ni de cendres et d'où s'échappent des fumerolles chargées surtout de H^2S et SO^2. Il s'y dépose du soufre et les roches volcaniques voisines, feldspathiques, sont attaquées en fournissant des sulfates, surtout de l'alunite. La plus connue est celle de Pouzzoles, dans les Champs Phlégréens, dont la dernière éruption violente date de 1198, et qui depuis lors émet de la vapeur d'eau et de l'hydrogène sulfuré. Il s'y dépose du soufre, des sulfates, un peu d'acide borique et de sulfure d'arsenic. Dans celle de Vulcano (îles Lipari) on avait installé une exploitation de ces produits dans le cratère, lorsqu'une série d'éruptions violentes de 1886 à 1890 vint ramener la solfatare à l'état de volcan.

Certaines solfatares du Chili, celle du Demavend au Caucase, forment de riches gisements de soufre. On en connaît de nombreuses en Islande, au Mexique, à Java. Aux îles Lipari et à Santorin, la mer est rendue acide et sulfureuse en certains points par des fumerolles solfatariennes sous-marines.

Aux solfatares se rattachent intimement les *geysers*. Dans certaines régions volcaniques, en Islande par exemple, abondent les sources chaudes dont l'eau est chargée de gaz acides, principalement de H^2S, SO^2 et CO^2. Cette eau est beaucoup moins riche en ces divers acides que ne l'est celle qui provient de la condensation des fumerolles. En sorte que l'on doit considérer ces sources comme formées par infiltration d'eaux superficielles, mais échauffées et chargées de divers gaz par la condensation de fumerolles qu'elles rencontrent dans leur trajet souterrain. Il y a d'ailleurs tous les intermédiaires entre ces sources *semi-volcaniques*, dont la majeure partie de l'eau est de l'eau de surface, et les simples fumerolles plus ou moins condensées avant leur arrivée au jour.

Ces sources bouillantes et acides, traversant des terrains composés de silicates, attaquent ces silicates volcaniques et se chargent ainsi de chlorures, carbonates et sulfates alcalins et magnésiens, en isolant de la silice, qui reste en partie dissoute dans l'eau chaude mais se dépose dès que les eaux se répandent au jour. De sorte que l'un des caractères de ces sources semi-volcaniques est le dépôt de silice hydratée (opale geysérite) qui se produit à leur point d'émergence.

On appelle plus spécialement geysers celles des sources de cette catégorie dont le jaillissement est intermittent et éruptif. Elles ne diffèrent

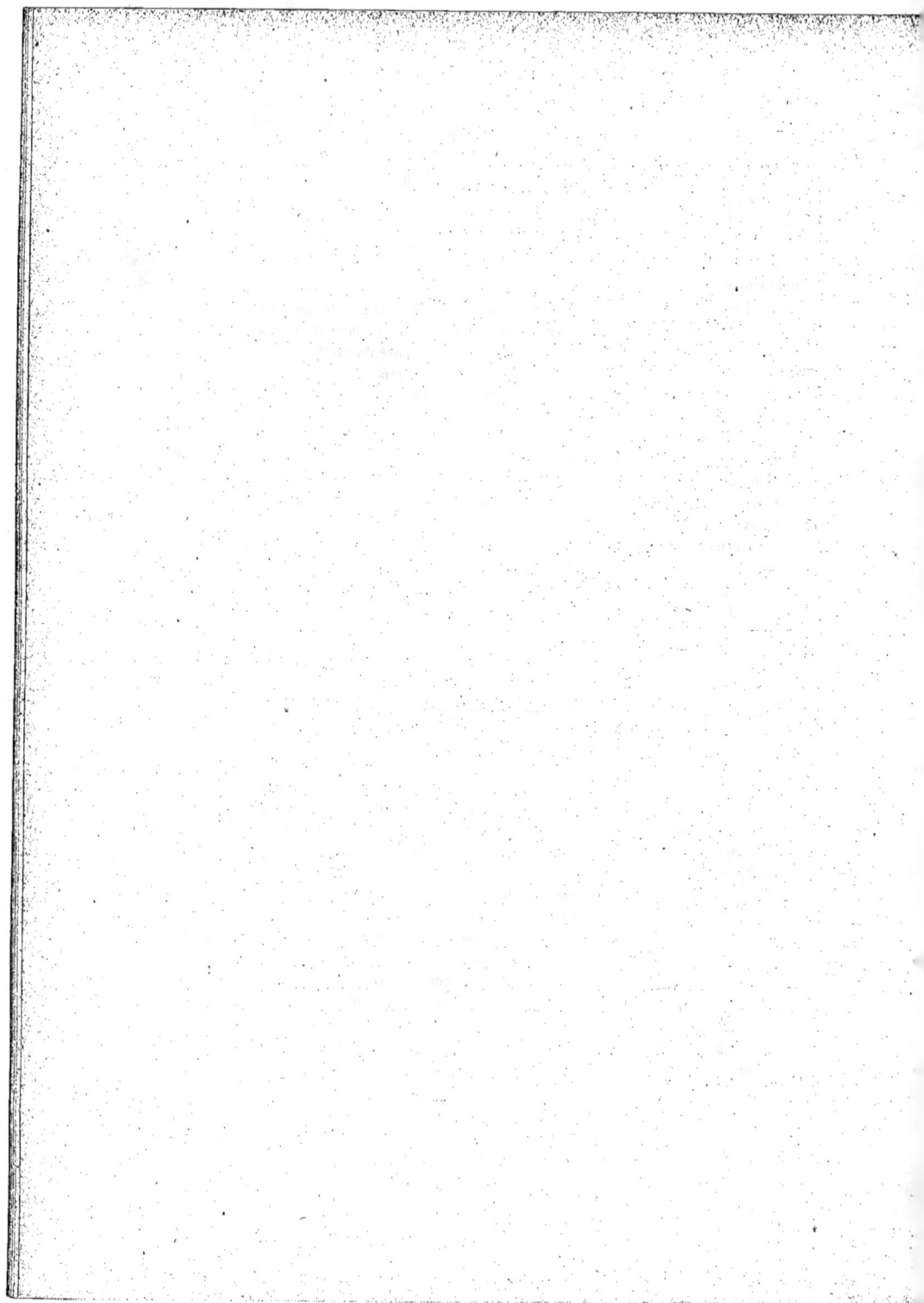

des autres que par la disposition spéciale du terrain au point où elles sourdent. L'eau chaude des geysers séjourne dans un puits ou cheminée souvent large (3 mètres de diamètre au Grand-Geyser d'Islande) et de profondeur restreinte (22m,50 au Grand-Geyser). Pendant les périodes de calme, la température va croissant en profondeur, sans atteindre nulle part la température d'ébullition correspondant à la pression en chaque niveau. En un ou plusieurs points de la cheminée débouchent des fumerolles chaudes, qui viennent se condenser dans l'eau et l'échauffent. Au point où arrive un de ces courants de vapeur chaude, la température se rapproche peu à peu de celle qui convient à l'ébullition. Les bulles de vapeur se résorbent moins vite et finissent par déterminer des mouvements dans la colonne d'eau jusque-là tranquille. Une petite masse d'eau à la température de 120° par exemple vient-elle à être amenée par ces mouvements en un point plus élevé où la pression est telle que l'eau y entre en ébullition à 119°, cette masse d'eau se vaporisera brusquement, projetant la colonne d'eau superposée, diminuant par cela même la pression et déterminant l'ébullition subite de l'eau sur une certaine hauteur. La colonne d'eau se trouve ainsi projetée brusquement à 20, 30 ou 40 mètres au-dessus du sol. Cela dure quelques minutes. Une partie de l'eau retombe en dehors et s'écoule. Le reste, refroidi par son parcours aérien, retombe dans la cheminée. Tout revient au calme lorsque la température s'est par ce moyen suffisamment abaissée pour que l'ébullition soit impossible. Après l'éruption, le niveau de l'eau dans la cheminée est abaissé. Mais les infiltrations latérales d'eau superficielle froide ont bientôt fait de rétablir le niveau primitif, et les fumerolles recommencent à échauffer la masse jusqu'à une nouvelle éruption. On a vérifié au Grand-Geyser qu'une pierre suspendue au fond de la cheminée n'est pas projetée par l'éruption, qui ne se produit là qu'entre la surface et 13 mètres de profondeur. Le jaillissement intermittent est d'ailleurs facile à reproduire.

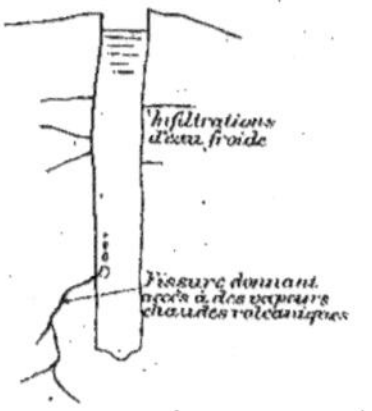

Ainsi un geyser n'est autre chose qu'un puits naturel alimenté surtout par des infiltrations comme les puits ordinaires, mais dans lequel débouchent soit au fond soit latéralement des fumerolles volcaniques chaudes.

Le dépôt de silice des geysers construit en général autour de l'orifice de leur cheminée un cône d'opale de dimensions toujours assez restreintes (celui du Grand-Geyser a 70 mètres de diamètre et 10 mètres de haut, mais il repose sur des dépôts siliceux plus anciens et il semble que la cheminée soit simplement un orifice maintenu libre par la circulation des eaux pendant que le sol s'élevait autour d'elle par le dépôt continuel de silice). Les geysers d'Islande sont aujourd'hui beaucoup moins actifs qu'il y a quelques dizaines d'années.

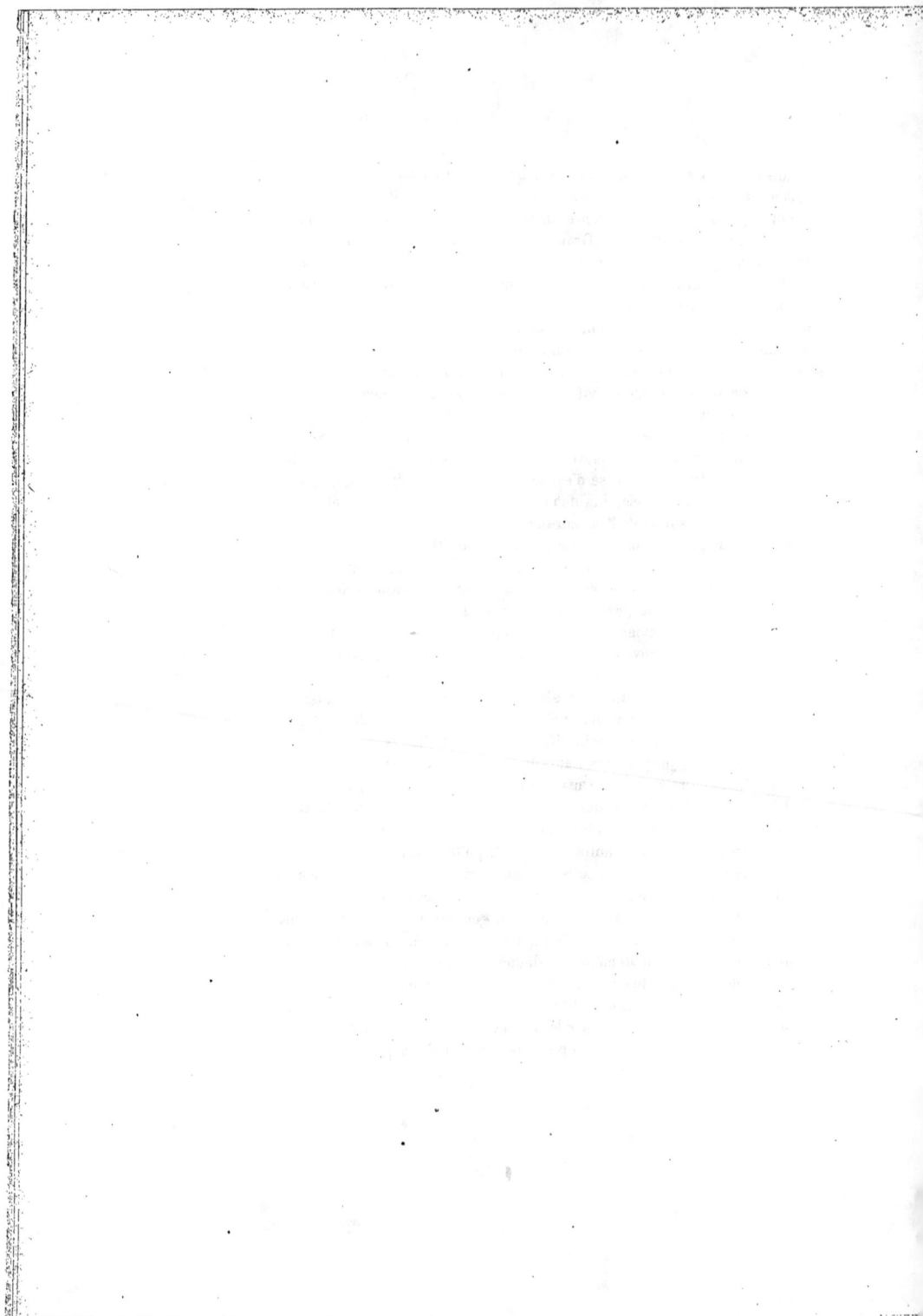

Au parc national du Yellowstone (Etats-Unis), existent des geysers plus nombreux et plus puissants encore que ceux d'Islande, présentant, au milieu de beaucoup d'autres sources bouillantes à débit plus ou moins régulier, les mêmes jaillissements éruptifs. La plupart déposent de la silice et ne diffèrent en rien des geysers islandais. Mais quelques-uns, dont les eaux traversent des massifs de calcaire, dissolvent grâce à l'acide carbonique qu'ils contiennent une grande quantité de carbonate de chaux et viennent le déposer au jour, formant de puissantes nappes de *travertin* calcaire d'une blancheur de neige.

En Nouvelle-Zélande existait aussi jusqu'en 1886 un groupe remarquable de sources chaudes volcaniques et de geysers, concentrés autour d'un vaste lac d'eau chaude (le Rotomahana) qu'ils alimentaient. En 1886 une formidable explosion, accompagnant une éruption d'un volcan voisin, le Taravera, détermina la formation à travers tout le groupe de geysers d'une fente de plus de 10 kilomètres de longueur, large par endroits de 200 mètres, fente qui donna passage à une énorme quantité de vapeurs et bouleversa de fond en comble le district des sources.

Il est à remarquer que tous ces groupes de sources geysériennes et les solfatares également sont concentrés autour des volcans qui émettent des laves *acides*. Les volcans comme ceux d'Hawaï ou l'Etna, dont les laves sont basiques, n'en présentent pas. Les grands dégagements de vapeurs, avec les explosions qui en sont la conséquence et les solfatares et geysers qui en sont les reflets affaiblis, sont associés de préférence aux émissions de laves riches en silice. On verra aussi que la cristallisation des roches acides nécessite la présence de ces vapeurs, alors que celle des laves basiques se fait par simple refroidissement d'une masse fondue.

A côté des geysers, il faut placer dans l'ordre décroissant de l'activité volcanique les *soufflards* ou *suffioni*. Ceux de Toscane sont des jets de vapeur d'eau à 105 ou 120°, contenant un peu de H^2S, surtout de l'acide carbonique, et accessoirement des hydrocarbures. Condensés dans des bassins ou Lagoni, ils fournissent une eau chargée d'acide borique, avec des sels alcalins et un peu de silice. Dans les Steamboat-Springs de Californie, des soufflards déposent avec l'acide borique des sulfures métalliques, notamment du cinabre. Plusieurs lacs des Montagnes Rocheuses sont chargés de borax par des émanations de ce genre.

Dans la chaîne côtière de Californie, des travaux souterrains exécutés sous une colline dite *Sulphur-Bank* ont permis de prendre sur le fait la formation d'un gisement de cinabre sous l'action d'émanations volcaniques analogues aux suffioni. Une ancienne coulée de lave recouvre des grès sédimentaires très fissurés, à travers lesquels s'élèvent des eaux solfatariennes chaudes (jusqu'à 90°) et chargées de sulfures et carbonates alcalins avec un excès de CO^2 et H^2S et aussi un peu de B^2O^3. Ces eaux déposent

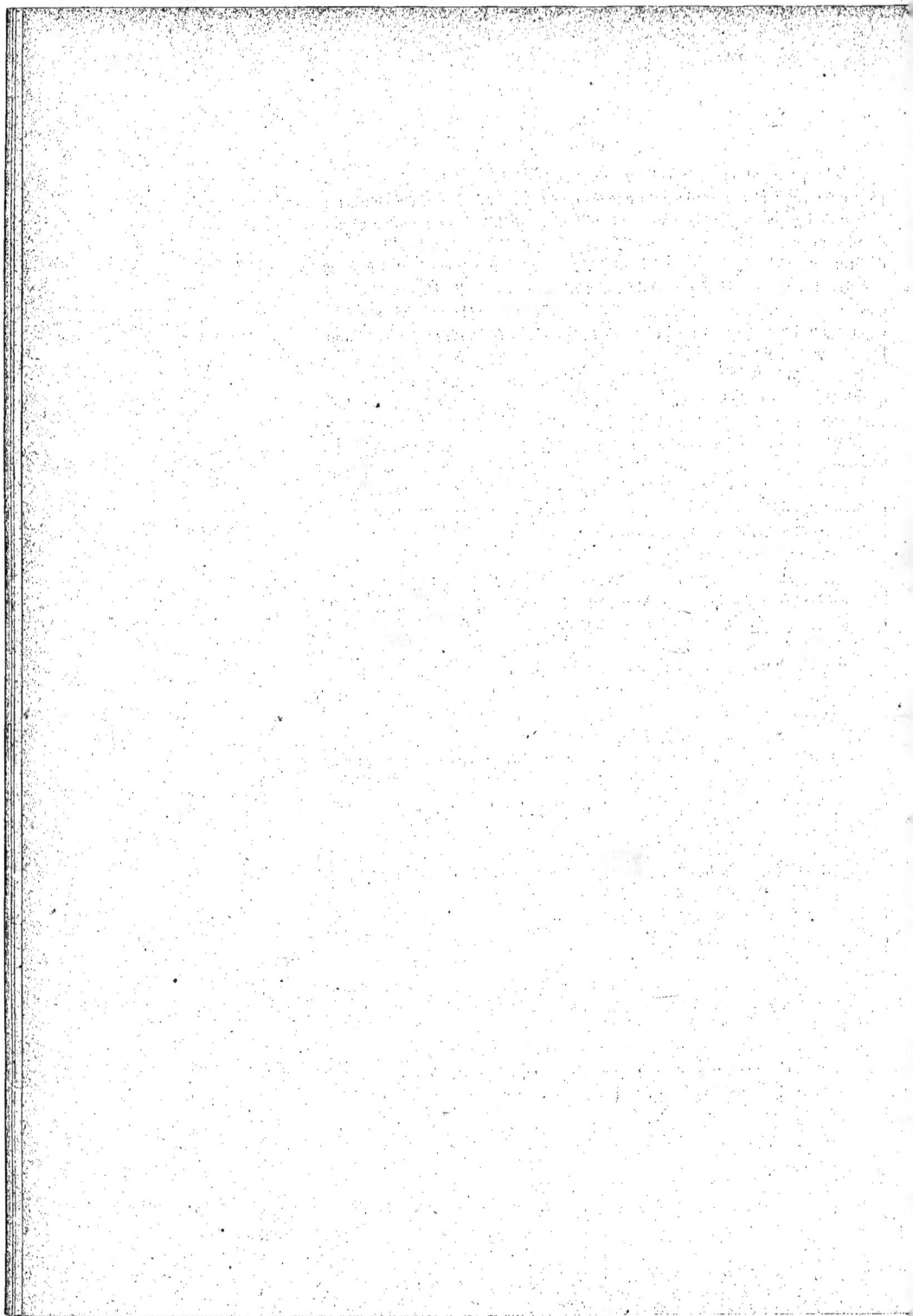

abondamment de la silice comme celles des geysers, et en même temps du cinabre qu'elles tiennent en solution grâce aux sulfures alcalins. Elles arrivent au jour ayant perdu tout le mercure qu'elles contenaient et déposent dans les fissures de la lave et à sa surface une grande quantité de soufre. Dans les grès le cinabre est en qualité exploitable. Plus haut il se mélange au soufre en proportion décroissante. La pyrite de fer se dépose avec le sulfure de mercure. C'est là un exemple remarquable de la formation actuelle d'un gîte filonien, pour lequel il est impossible de douter que les eaux qui le minéralisent soient d'origine volcanique. On verra que la plupart des gîtes métallifères s'expliquent par des dépôts dus à des eaux volcaniques (ou semi-volcaniques plutôt) comme celles du Sulphur-Bank. Le quartz et les sulfures métalliques, qui dominent dans le remplissage des filons, s'expliquent tout naturellement ainsi. L'acide carbonique dont les dégagements marquent, on l'a vu, le dernier terme des émanations volcaniques, a servi de véhicule aux carbonates dont le dépôt achève souvent le remplissage des filons. En sorte que l'ordre habituel des dépôts filoniens concorde bien avec l'ordre décroissant d'activité volcanique qui va des fumerolles chaudes chlorhydro-sulfureuses aux dégagements froids d'acide carbonique.

Après ces émanations chaudes viennent des témoins d'une activité volcanique plus ancienne, dégagements plus froids de gaz où dominent l'acide carbonique et les carbures gazeux, souvent aussi les carbures liquides. Seulement ici l'origine volcanique des dégagements n'est pas toujours démontrée. On a vu que les carbures abondent dans les gaz émis par les volcans. Mais il n'est pas moins certain que les mêmes carbures (notamment CH^4) se retrouvent dans les produits de décomposition de matières organiques (gaz des marais, grisou, carbures associés au sel gemme). L'origine des dégagements de carbures et d'acide carbonique est donc une question d'espèce à discuter dans chaque cas particulier, et toute théorie prétendant la résoudre d'une manière générale et absolue ne peut qu'être incomplète.

Parmi les émanations de cet ordre dont l'origine volcanique n'est pas douteuse, il convient de citer les innombrables dégagements d'acide carbonique froid (mofettes) qui se font jour soit directement soit sur le trajet d'eaux souterraines autour de tous les massifs volcaniques, même éteints depuis des siècles. L'Auvergne en présente des centaines d'exemples et il en est de même partout autour des volcans actifs ou géologiquement récents. Il n'est pas rare que des sources bitumineuses se rencontrent dans leur voisinage. Telles sont celles de la Limagne, au pied de la chaîne des Puys, et notamment la source de bitume du Puy de la Poix, près de Clermont. Le bitume imprègne les terrains les plus divers dans la Limagne; on le trouve jusque dans les fissures du granite, au-dessous de tous les terrains fossilifères, et il n'est guère douteux que son origine soit encore volcanique

comme celle des dégagements d'acide carbonique et sources gazeuses qui abondent dans la même région.

Les *salses* ou volcans de boue sont des cônes d'argile généralement de petites dimensions d'où sort une boue plus ou moins chargée de sels, amenée au jour par des gaz carbonés (CO^2 et carbures). Les Maccalube de Sicile (près de Girgenti) en sont un exemple célèbre mais minuscule. Ils n'ont d'ailleurs rien de volcanique, et proviennent du dégagement à travers une couche d'argile des gaz carburés d'origine animale qui sont fréquents dans les gisements de gypse et de soufre purement sédimentaires de Sicile. Les salses des Apennins sont infiniment plus puissantes et donnent lieu parfois à de véritables éruptions, avec formation de fissures d'où sortent en abondance de l'eau, des carbures gazeux et des bitumes, et projection de ces matières, accompagnées de pierres et de boue, jusqu'à 100 mètres de hauteur et plus. Les salses les plus remarquables comme dimensions sont celles du Caucase, qui existent aux deux extrémités de la chaine, et sont en relation avec les immenses gisements de pétrole de Bakou et de Taman. Les volcans de boue de Bakou ont jusqu'à 400 mètres de hauteur. Leurs éruptions consistent en dégagements de gaz carburés, avec écoulement de pétroles liquides et projections de pierres et de boue arrachées aux terrains sous-jacents. Dans tous les cas d'ailleurs, les matières solides projetées par les salses n'ont rien de volcanique et sont toujours empruntées aux terrains environnants. Il ne peut être question d'attribuer une origine volcanique qu'aux gaz et liquides seuls. Il est à remarquer que les volcans de boue de Bakou occupent une région volcanique ancienne, et qu'il est par suite légitime de voir en eux un dernier témoin de l'activité solfatarienne. Mais la solution de ce problème se rattache à la question très controversée de l'origine des pétroles, qui sera examinée plus tard.

L'eau et la boue des salses sont constamment salées. Le sel se trouve partout associé aux dégagements de carbures gazeux et aux sources de bitumes. Cette association est, d'ailleurs, aussi compatible avec l'hypothèse de l'origine organique qu'avec celle de l'origine volcanique des carbures.

Parmi les sources de bitumes sans dégagements de gaz de quelque importance, il faut ranger à côté du Puy de la Poix, qui n'est qu'un infiniment petit dans cet ordre de phénomènes, le lac de la Braie dans l'île de la Trinité. C'est un véritable lac de bitume, de 5 kilomètres de circonférence, dont la matière, bien qu'assez résistante pour porter des voitures, est cependant en mouvement lent continuel. L'origine volcanique de cette masse énorme de carbures ne peut guère être mise en doute. On doit en dire autant de la Mer Morte. C'est un vaste bassin de 1.200 kilomètres carrés, dont la surface est à 400 mètres et le fond à 800 mètres au-dessous du niveau de la Méditerranée, et qui occupe un point particulièrement déprimé d'un long effondrement linéaire que l'on peut suivre jusqu'au centre

de l'Afrique, jalonné par de nombreux volcans. L'eau de ce lac est plus de deux fois plus riche en sels que l'eau de la Méditerranée (sa densité s'élève par endroits jusqu'à 1,25) et les proportions de ces sels ne sont pas les mêmes. En particulier les bromures sont beaucoup plus abondants que dans l'eau de mer, et les iodures, qui ne manquent jamais dans l'eau de mer, totalement absents. La proportion de brome augmente en profondeur et du fond du lac s'échappent des bitumes qui viennent flotter à la surface. On connaît autour de la Mer Morte un certain nombre de sources chaudes, qui contiennent précisément les mêmes sels que l'eau du lac et dont certaines amènent au jour des bitumes. Il ne paraît pas douteux que la Mer Morte ne soit un ancien lac d'eau douce chargé de sels par des émanations d'origine volcanique débouchant au fond du lac. Elle n'a jamais été en communication avec la mer.

Sources thermo-minérales. — On appelle sources *thermales* les sources dont la température dépasse la température moyenne de l'air au point d'émergence, c'est-à-dire celle qui règne à quelques mètres de profondeur dans le sol. On appelle sources *minérales* celles qui contiennent des gaz ou des sels dissous en proportion plus grande que ce que contiennent habituellement les simples eaux d'infiltration froides. La plupart du temps ces deux propriétés vont ensemble, et l'on qualifie de thermo-minérales les sources qui jouissent de l'une ou de l'autre, généralement de toutes les deux. Il y a d'ailleurs toutes les transitions possibles entre des sources dont la température peut aller jusqu'à près de 100° ou qui sont surchargées de matières dissoutes, et les eaux d'infiltration froides communes.

L'intervention des phénomènes volcaniques dans l'échauffement et la minéralisation de beaucoup de sources est incontestable : les geysers et sources chaudes connexes des régions volcaniques en sont la preuve. Mais même dans le cas des geysers la majeure partie de l'eau provient d'infiltrations superficielles, et les bases dissoutes sont empruntées aux roches que traversent les eaux. Seuls les gaz acides, CO^2, H^2S, HCl, y sont certainement le produit d'émanations d'origine interne.

Ces gaz se retrouvent dans un grand nombre de sources thermales dont les relations avec des phénomènes volcaniques sont moins évidentes. Notamment dans l'immense majorité des cas l'acide carbonique, qui abonde dans un grand nombre d'eaux thermales, ne peut s'expliquer que par des mofettes venues de la profondeur.

Mais il existe aussi, surtout au pied des grands massifs de montagnes, des sources chaudes très peu minéralisées en général et dont la thermalité aussi bien que la minéralisation peuvent s'expliquer sans avoir recours aux phénomènes volcaniques. Ces eaux paraissent s'échauffer simplement parce que leur parcours souterrain comporte une descente à grande profondeur.

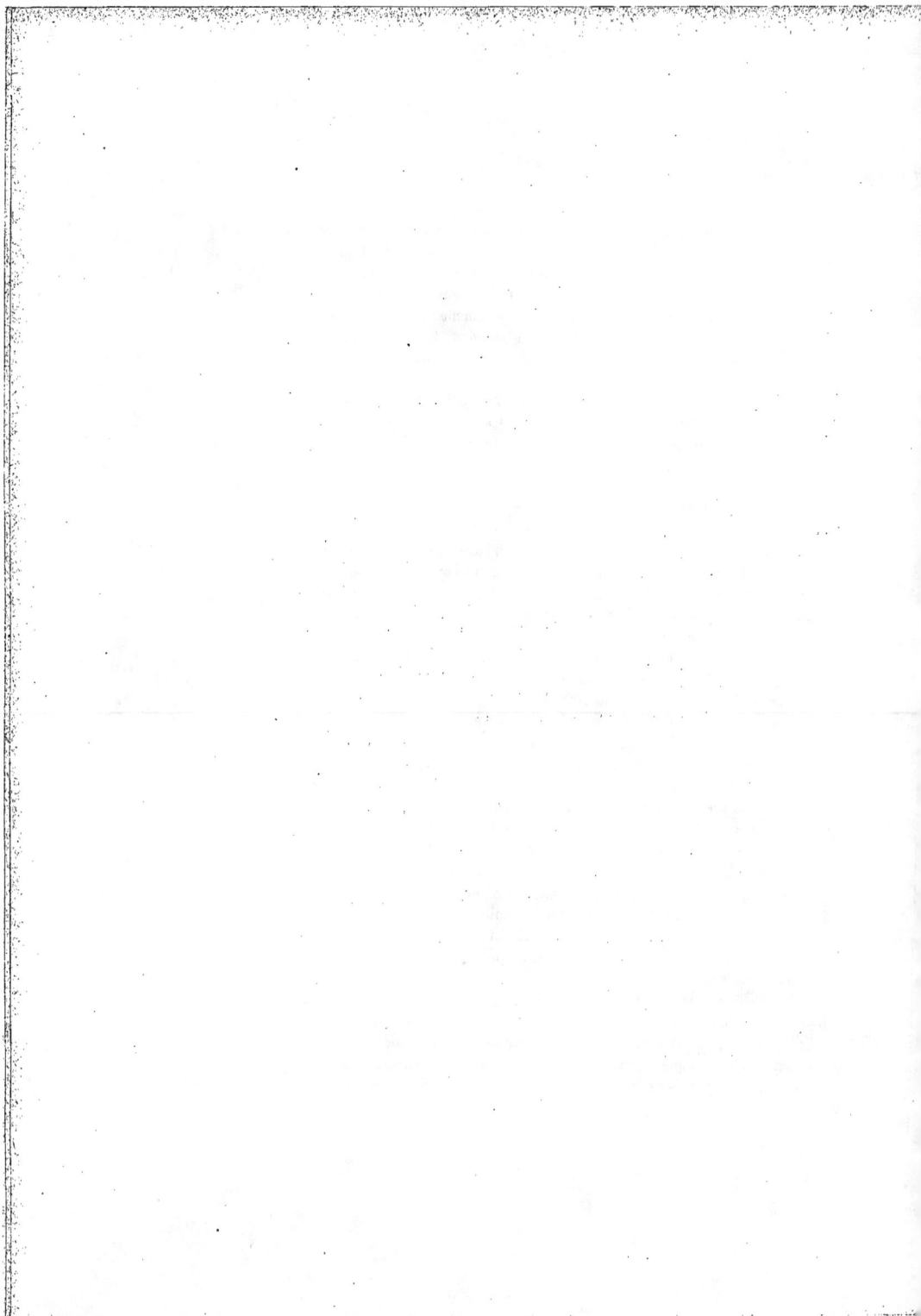

On les appelle parfois sources géothermales. Mais on conçoit qu'il soit très difficile d'établir une limite nette entre les sources purement géothermales et les sources purement volcaniques ou tout au moins semi-volcaniques comme les geysers. Dans la plupart des cas la condensation de fumerolles chaudes dans l'eau d'infiltration superficielle froide ne se fait pas d'une manière aussi évidente et aussi près de la surface que dans les geysers. Elle a lieu à une profondeur plus ou moins grande, où la source a déjà acquis une certaine température géothermale, en sorte que l'arrivée de vapeurs volcaniques chaudes n'est pas *nécessaire* pour expliquer la température élevée de l'eau. Seule la minéralisation pourrait donc servir de critérium. Mais souvent ce critérium est discutable. Par exemple, H^2S qui est incontestablement volcanique dans les geysers est, incontestablement aussi, dû à la réduction de sulfates contenus dans une eau d'infiltration superficielle quand il apparaît dans des sources froides ayant traversé des terrains gypseux comme celles d'Enghien près Paris. HCl, qui n'existe dans les eaux que combiné à des bases, s'explique aussi bien par la dissolution des chlorures que contiennent beaucoup de terrains sédimentaires que par des venues acides volcaniques neutralisées ensuite par leur action sur les alcalis des roches silicatées. Il n'y a guère que l'acide carbonique libre dont aucune réaction des eaux d'infiltration superficielles sur les terrains ne paraît susceptible d'expliquer l'existence et dont les partisans les plus résolus de l'origine uniquement superficielle des eaux thermales sont contraints de reconnaître l'origine interne.

Ici donc encore, comme pour les carbures, la question ne peut être résolue d'une manière absolue et générale, et l'on doit repousser aussi bien la théorie, fréquemment admise aujourd'hui, d'après laquelle *toutes* les eaux thermales seraient de simples eaux d'infiltration, que l'idée plus ancienne consistant à faire de toutes les sources chaudes des émanations volcaniques. La vérité est certainement entre les deux théories, et doit être discutée dans chaque cas particulier. Ce qu'il importe de faire ressortir cependant, c'est qu'il ne paraît pas exister de sources thermales *uniquement* volcaniques. Même dans les geysers, l'eau est presque uniquement superficielle et ne provient pas de la simple condensation de fumerolles. Cette condensation en profondeur se comprendrait d'ailleurs assez mal. Il semble que, là où les fumerolles interviennent, elles ne servent qu'à minéraliser et à échauffer un courant d'eau d'infiltration qui leur sert de condenseur.

L'existence possible de sources uniquement géothermales est rendue évidente par ce que l'on observe dans les eaux artésiennes. L'eau des puits artésiens de Paris arrive au jour à la température de 28°, soit 17° de plus que la température moyenne de l'air. C'est une véritable eau thermale, dont la température élevée est due uniquement à son trajet à grande profondeur. Il suffit que la source remonte au jour par des fractures naturelles du sol, au

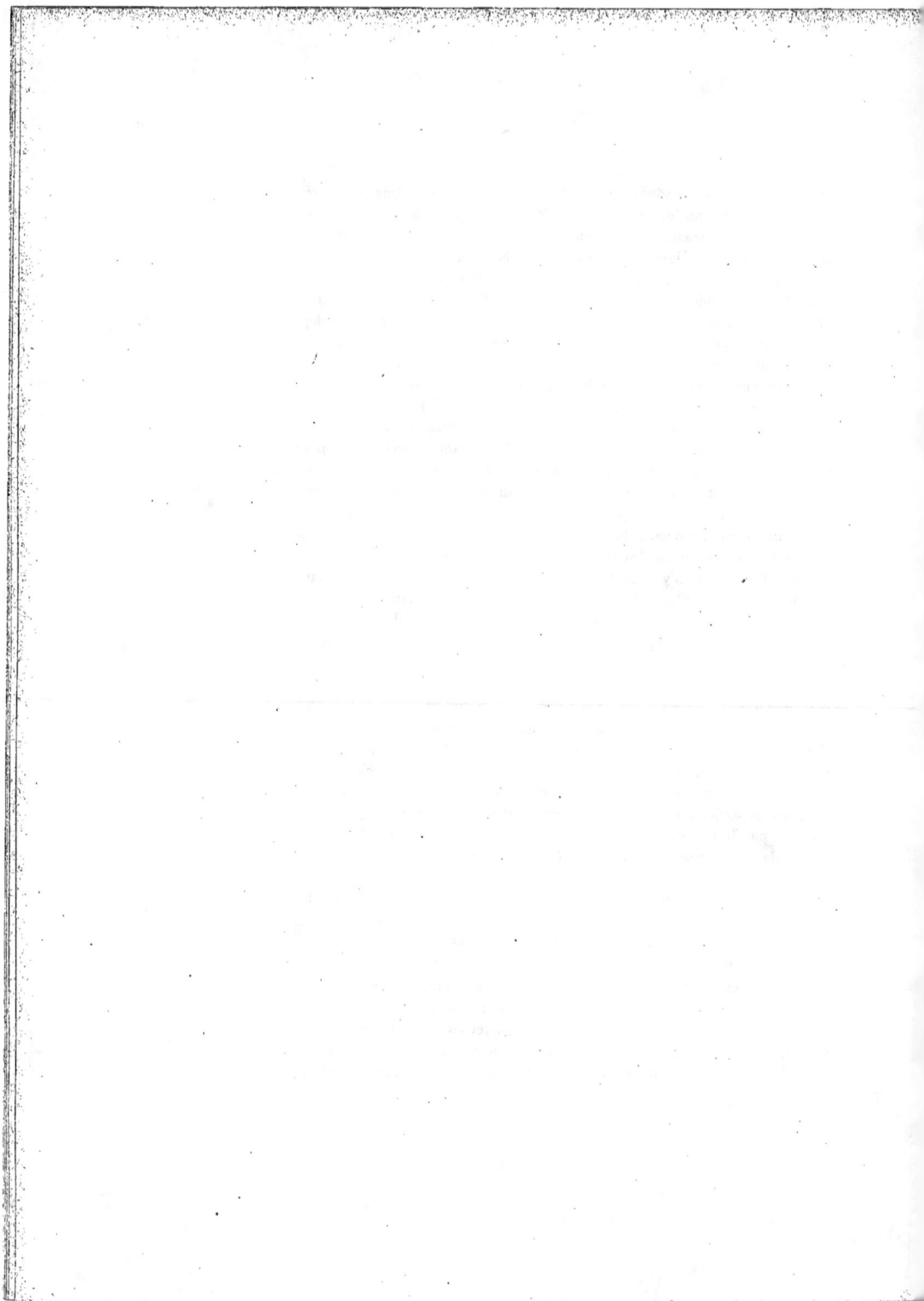

lieu de se frayer passage à travers un sondage artificiel, pour qu'elle soit une source thermale naturelle.

Mais on conçoit que pour qu'une telle source reste très chaude en arrivant au niveau du sol, il faut que son ascension ne soit pas trop lente, il faut donc que son débit soit important. En même temps il faut que dans son parcours souterrain elle atteigne de grandes profondeurs : 3.000 mètres environ pour une source voisine de 100°, du moins dans les régions non volcaniques où le degré géothermique est de quelque 30 mètres, et en réalité plus encore à cause du refroidissement qui ne peut manquer de se produire dans l'ascension des eaux, quelque grand que soit le débit. Dans de pareils trajets, la perte de charge est forcément très considérable. Il faut donc, pour qu'une source chaude (et par suite de grand débit) puisse déboucher au niveau du sol en dehors des régions volcaniques, que la charge motrice soit importante, et qu'il y ait par suite une grande différence de niveau entre le point où a lieu l'infiltration et celui où la source émerge. Les grandes sources chaudes géothermales ne peuvent donc exister, en dehors des zones volcaniques, qu'au pied de hautes montagnes. Tel parait être le cas des grandes sources thermales peu minéralisées des Alpes et des Pyrénées (Aix, Luchon, Cauterets, etc.). La verticalité fréquente des couches plissées dans les grandes montagnes aide évidemment aussi à la pénétration des eaux d'infiltration aux grandes profondeurs.

Dans les districts volcaniques modernes ou anciens, la question se complique. Le degré géothermique est beaucoup moindre, en sorte que l'eau peut atteindre de hautes températures, par le seul effet géothermique, sans descendre aussi bas. La théorie de l'infiltration pure et simple suffirait donc à expliquer que dans ces régions existent des sources chaudes de grand débit même au pied de massifs montagneux peu élevés comme les montagnes d'Auvergne (Vichy, Néris, Bourbon-l'Archambault, Royat, Chaudesaigues, etc.). Seulement l'apparition de l'acide carbonique libre, généralement abondant dans les sources de cette catégorie, montre bien que le volcanisme n'agit pas sur elles uniquement par la diminution du degré géothermique, mais contribue aussi à leur minéralisation, du moins dans la plupart des cas. La plupart de ces sources sont de la catégorie des sources semi-volcaniques, et leur richesse en acide carbonique leur permet de dissoudre sous forme de carbonates une grande quantité d'alcalis et de bases alcalino-terreuses. Elles diffèrent ainsi beaucoup, le plus souvent, par leur composition chimique, des sources purement géothermales des grandes montagnes, qui ne contiennent en dissolution que peu de chose, et surtout peu de carbonates lorsqu'elles sortent de terrains cristallins.

Les eaux thermales, quelle que soit leur origine, remontent toujours d'une assez grande profondeur. Ce sont essentiellement des eaux *ascendantes*, comme les eaux artésiennes, qui arrivent au jour en montant et diffèrent

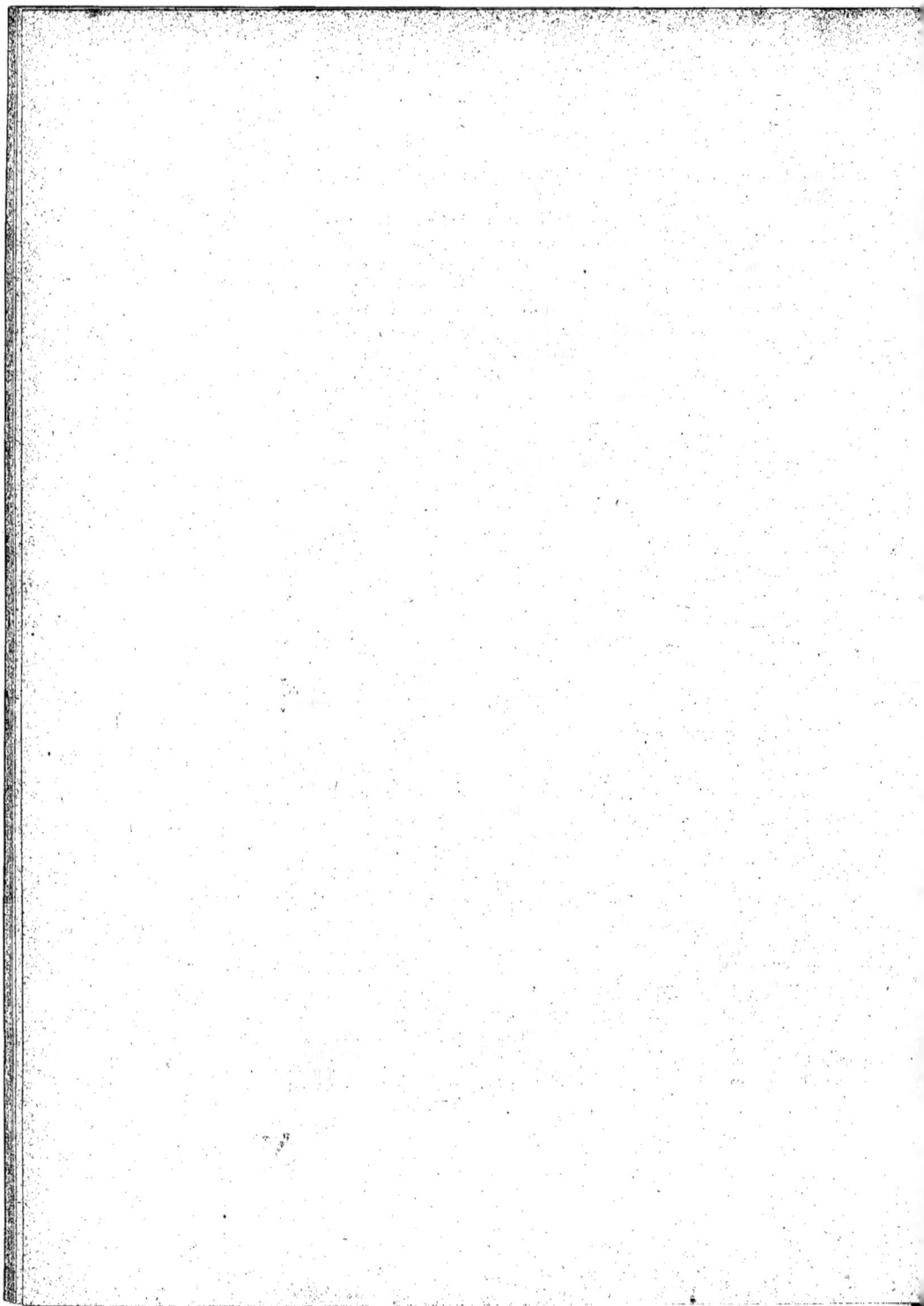

encore par là des sources ordinaires débouchant à flanc de coteau. Ce que nous avons dit du régime des eaux ascendantes leur est applicable. Celles qui sont purement géothermales remontent au jour en vertu des lois de l'hydrodynamique, le point de sortie étant plus bas que le lieu d'infiltration. Mais leur parcours souterrain est très long, aussi leur débit est-il remarquablement constant. Les variations dans l'abondance des pluies n'influent sur le débit qu'avec un retard généralement long et sont atténuées par l'emmagasinement de l'eau sur un long trajet. Pour les sources qui reçoivent sur leur parcours des gaz et en particulier de l'acide carbonique, la pression de ces gaz joue le rôle, sinon de moteur, du moins de régulateur, et le débit est moins encore influencé par les circonstances atmosphériques au point d'infiltration. Une telle source se comporte comme si elle était mue par une charge constante, laquelle peut bien varier un peu d'une saison à l'autre, mais très lentement. En sorte que, par exemple, une source gazeuse que l'on a laissé s'élever à son niveau statique se comporte comme un véritable baromètre. Le fait a été constaté notamment pour la source Saint-Léger de Pougues, dont le niveau statique s'élève exactement de 13 à 14 centimètres quand la pression atmosphérique diminue de 1 centimètre de mercure et inversement. Il en résulte que le débit est influencé d'une manière très sensible par les variations de la pression barométrique et l'est d'autant plus que le niveau d'émergence est plus voisin du niveau statique.

Ces eaux ascendantes peuvent dans les régions de montagnes, où les terrains sont plissés, remonter au jour dans quelque strate perméable plus ou moins verticale, et généralement en suivant le contact de cette couche perméable avec une autre imperméable superposée. Dans les massifs de roches imperméables comme le granite, ou dans les terrains stratifiés horizontaux, elles ne peuvent parvenir au jour qu'en suivant quelque fissure plus ou moins verticale de ces terrains. Les sources thermales sont pour cette raison alignées, soit dans les régions plissées sur certains contacts, soit plus souvent dans les massifs imperméables ou dans les terrains horizontaux le long de fractures ou failles. Il est à remarquer que les gisements métallifères se trouvent aussi pour la plupart soit le long de ces contacts, soit dans ces fractures. Il y a ainsi une liaison intime entre les eaux thermales actuelles et les dépôts anciens de minerais métalliques. Et il apparaît comme très probable que ces dépôts ne sont que d'anciennes incrustations dues à des sources analogues aux sources minérales actuelles et ayant suivi les mêmes chemins souterrains. Un très grand nombre de sources thermales sortent de filons métallifères ou de contacts minéralisés (Bourbon-l'Archambault, Evaux, Néris, Plombières, Vals, Karlsbad, etc.), et la rencontre d'eaux chaudes dans les travaux des mines métalliques est commune (Comstock, Sierra Almagrera, Freiberg, etc.). Il est vrai que les eaux thermales actuelles ne contiennent pas, ou ne

contiennent qu'en proportion infinitésimale les métaux lourds que l'on rencontre dans les filons, mais on verra que l'étude des filons démontre que les eaux qui les ont minéralisés ont varié fréquemment de composition et n'ont pas constamment déposé de ces métaux. Les matières que déposent sur les parois des fractures les eaux thermales actuelles sont précisément celles qui dominent comme *gangues* dans les filons : calcaire (dominant), quartz (plus rarement constaté), barytine, opale, sulfures d'arsenic (l'orpiment à Saint-Nectaire et Vals); en sorte qu'il n'y a pas de différence essentielle entre les eaux thermales actuelles et celles qui ont déposé les gangues des filons. On reviendra plus tard sur l'origine des gîtes métallifères.

Il arrive quelquefois que la fracture qui amène les eaux thermales soit bien isolée des infiltrations superficielles qui se produisent dans la région d'émergence, et que par suite la source présente un *griffon* bien défini en roche dure et ne reçoive rien des eaux d'infiltration du voisinage. Tel est le cas des sources de Bourbon-l'Archambault ou de Néris. D'autres fois on parvient par des travaux de captage à établir artificiellement cet état de choses. Mais dans un très grand nombre de cas l'émergence se produit dans des conditions telles qu'aucun travail ne peut parvenir à isoler la source ascendante profonde. Des mélanges se produisent alors entre celle-ci et les infiltrations superficielles, parfois dans des conditions très complexes, les eaux qui arrivent au jour différant alors plus ou moins de celles qu'amène la fracture. Ainsi s'explique la variété de composition très fréquente des différentes sources d'un même district, qui bien qu'alimentées par une même venue profonde sont souvent de natures bien distinctes.

Comme exemple d'un groupe de sources complexe de compositions chimiques variées formant cependant l'émergence d'une seule et même source profonde, on peut citer celui de Pougues (Nièvre), et à l'opposé, comme type d'un groupe nombreux de sources assez bien isolées de la surface pour que les infiltrations n'y interviennent pas et que tous les griffons donnent la même eau, le groupe de Vichy. Dans les deux cas, l'eau thermale arrive par une fracture verticale (plusieurs dans le cas de Vichy), à travers des terrains à peu près horizontaux et marneux, imperméables. A Vichy, les affleurements des cassures sont jalonnés par de grandes sources chaudes, minéralisées surtout en bicarbonate de sodium (Puits-Carré, Grande-Grille, l'Hôpital). Une seule est froide (Célestins), parce que son débit est faible et qu'elle arrive au jour dans une épaisse masse d'aragonite, véritable remplissage de filon déposé par la source elle-même et dont la conductibilité est relativement grande. Mais à Pougues comme à Vichy, ces eaux ascendantes rencontrent sur leur trajet vertical, à faible profondeur, une ou plusieurs couches de terrains perméables (sables à Vichy, calcaire à Pougues) intercalées dans les marnes imperméables. Elles s'infiltrent dans ces couches, formant ainsi un niveau souterrain, une nappe d'eau minérale dont l'eau ne tarde pas à se

refroidir. Les sondages effectués en un point quelconque de l'étendue de cette nappe donnent issue à de l'eau minérale froide, souvent jaillissante et comparable aux eaux artésiennes. Le sondage de Montrond a rencontré aussi une nappe semblable, mais à grande profondeur, sous la plaine du Forez. Or à Vichy les nappes de sable se trouvent être parfaitement isolées de la surface du sol, soit que la pression des eaux minérales ou du gaz carbonique suffise à refouler les eaux superficielles, soit que les sables se trouvent colmatés aux affleurements par de l'argile. D'ailleurs ces sables sont siliceux et ne peuvent rien fournir de soluble aux eaux qui les traversent. Il en résulte que les nombreux sondages effectués dans la plaine de Vichy et de Saint-Yorre donnent tous des eaux identiques à celles des grandes sources chaudes et n'en différant que par la température.

A Pougues, au contraire, la couche perméable calcaire affleure en des points suffisamment élevés au-dessus du niveau statique des eaux minérales pour que l'eau douce de surface puisse y pénétrer. En sorte que plus on s'éloigne de la fracture qui livre passage aux eaux ascendantes bicarbonatées sodiques, plus l'eau minérale arrivant au jour soit par les sondages soit par des fissures naturelles est mélangée d'eau douce et appauvrie en soude. Par contre, l'eau chargée d'acide carbonique dissout le calcaire, de sorte qu'à mesure que l'on s'éloigne de la fracture principale on voit la teneur en chaux augmenter de plus en plus. Elle passe par un certain maximum, puis diminue au point où l'afflux d'eau douce est assez grand pour compenser l'accroissement de teneur en chaux dû à la dissolution. Mais le *rapport* de la teneur en chaux à la teneur en soude ne cesse d'augmenter depuis la fracture principale jusqu'aux affleurements du calcaire. Il se constitue ainsi toute une gamme d'eaux de teneurs différentes en bicarbonates sodique ou calcaire, et distribuées assez régulièrement pour que l'on puisse prévoir, étant donné l'emplacement d'un sondage, quelle sera la composition de l'eau qu'il rencontrera. Enfin au voisinage immédiat de certaines sources se produisent des infiltrations d'eaux superficielles qui diminuent la teneur totale en éléments dissous sans modifier la proportion relative des divers sels.

On voit, d'après cet exemple, combien peuvent être complexes les origines d'une source minérale. La constitution d'une source comme celles de Pougues ne comporte pas moins de quatre venues différentes : 1° infiltrations à très grande distance, dans le massif granitique du plateau central. 2° venues volcaniques, principalement de CO^2, grâce auxquelles l'eau, devenue chaude en profondeur, attaque les feldspaths du granite et se charge de bicarbonates alcalins. Elle remonte ensuite à travers les terrains sédimentaires de Pougues, à la faveur d'une grande fracture qui les traverse, puis rencontrant au milieu de ces terrains un banc de calcaire perméable y pénètre en remontant vers ses affleurements. 3° là, elle se charge de chaux mais rencontre une nouvelle venue d'eaux superficielles froides, qui

l'appauvrit graduellement en alcalis. Des fissures verticales ou des sondages lui donnent issue au jour. Et lorsqu'on suit les diverses sources en s'éloignant de la cheminée ascensionnelle profonde, on les voit passer graduellement de l'état de sources presque uniquement alcalines à celui de sources principalement calciques. Enfin 4° avant d'émerger, l'eau de certaines de ces sources reçoit encore des eaux douces venues du voisinage immédiat du griffon.

Au point de vue de la nature des matières dissoutes, on répartit les eaux thermo-minérales en un certain nombre de groupes (forcément assez arbitraires, car il existe tous les intermédiaires). Ce sont :

1° Sources ferrugineuses, simples eaux d'infiltration froides en général mais parfois aussi chargées de CO^2 d'origine volcanique.

2° Sources salines, chargées de NaCl, $MgCl^2$, SO^4Ca, SO^4Na^2, eaux d'infiltration souvent froides ayant traversé des gisements de sels. Le sulfure de calcium provenant de la réduction du sulfate y est fréquent.

3° Sources carbonatées, chargées de CO^2 par des émanations volcaniques et ayant par suite dissous soit du carbonate de chaux soit des carbonates alcalins.

4° Sources sulfureuses, contenant H^2S et du sulfure de sodium. Leur origine est variable. H^2S peut être d'origine volcanique, ou provenir de la réduction de sulfates par des matières organiques. En général, malgré l'odeur forte qu'il donne à l'eau, il est en proportion excessivement faible.

5° Sources thermales non minéralisées. Ce sont les sources géothermales des régions de montagnes, qui n'ont de remarquable que leur température et ne contiennent presque rien en solution (Plombières, Ragatz, etc.). Beaucoup de sources du groupe précédent, toutes les sources chaudes sulfureuses des Pyrénées en particulier, rentreraient aussi bien dans ce groupe.

6° Sources des régions volcaniques. Généralement très chaudes et très minéralisées, contenant souvent avec des chlorures, sulfates, carbonates et sulfures, de l'acide borique, de l'arsenic, de la silice et déposant parfois du mercure. Elles sont minéralisées par des fumerolles, et paraissent se rapprocher le plus des eaux anciennes qui ont incrusté les filons métallifères.

Causes du volcanisme. — On compte à la surface du globe environ 300 volcans actifs ou ayant donné des éruptions depuis les temps historiques et plus de 400 éteints, mais géologiquement très récents et que l'érosion n'a pas encore eu le temps de démanteler. Ceci en comptant comme un volcan unique chaque centre d'activité, l'Etna par exemple étant un seul volcan malgré ses centaines de cônes distincts. La répartition de ces volcans est remarquable. Presque tous sont alignés le long des côtes et dans les îles. D'où l'on a voulu conclure que le voisinage de la mer était nécessaire à

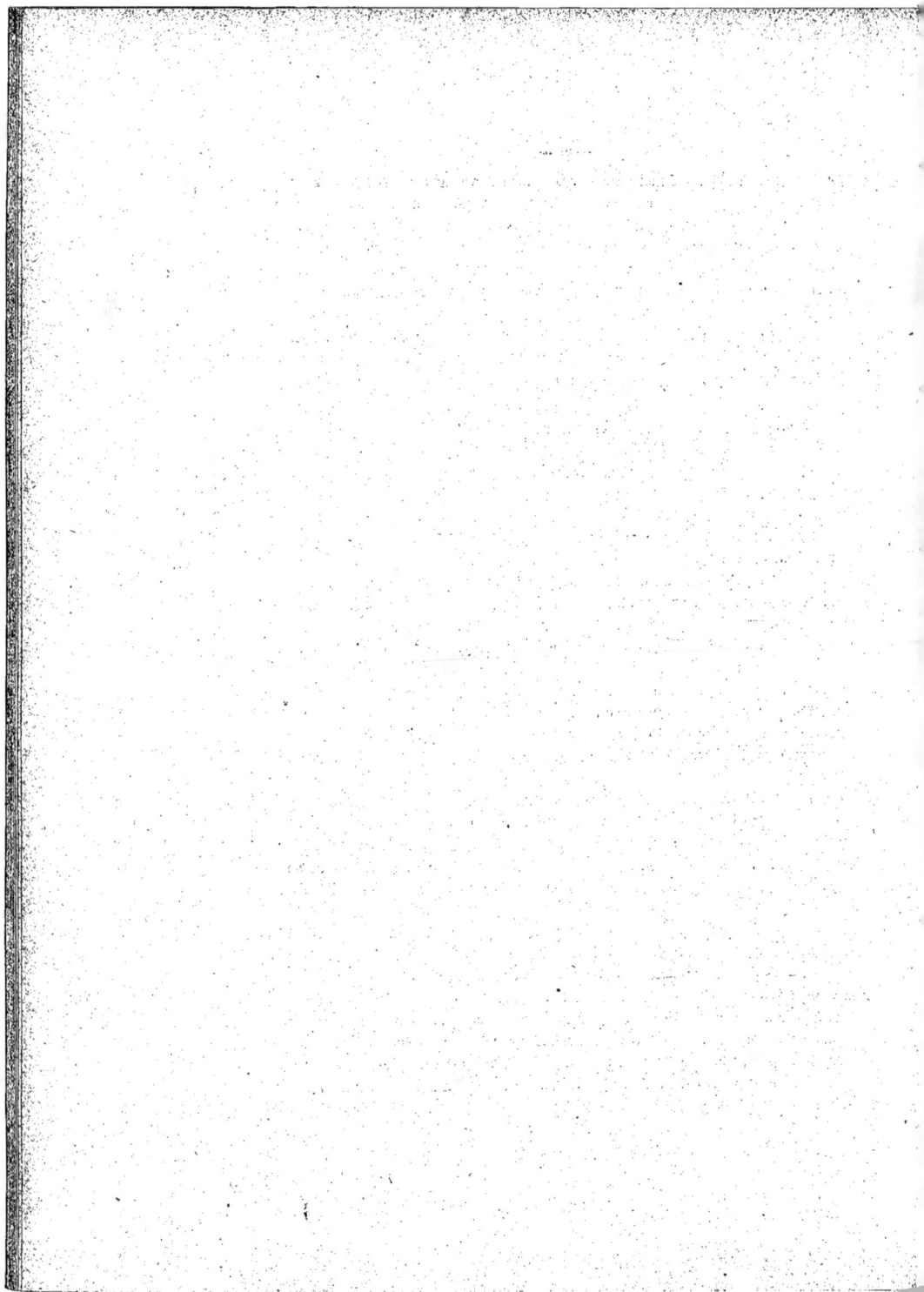

l'existence des phénomènes éruptifs. Nous allons voir que cette conclusion n'est pas justifiée.

D'abord autour du Pacifique s'étend un immense cercle de volcans continu, depuis les Shetland jusqu'aux volcans Erebus et Terror situés au sud du cercle polaire austral, en passant par la Terre de Feu, les 23 volcans du Chili, du Pérou et de la Bolivie, les 16 volcans géants de l'Equateur, les 50 volcans de l'Amérique centrale, ceux du Mexique (dont l'altitude atteint 5.400 mètres), ceux de Californie et de la Colombie anglaise, les 5 volcans de la presqu'île d'Alaska, les 34 cônes des îles Aléoutiennes, les 33 du Kamtschatka, les 23 des Kouriles, les 129 (dont 35 actifs) du Japon, ceux des îles Mariannes, des iles Salomon et des Nouvelles-Hébrides, enfin les deux puissants volcans de la Nouvelle-Zélande. Cette ligne se bifurque aux deux points où elle croise la dépression méditerranéenne : d'une part dans les Antilles, d'autre part dans les îles de la Sonde, les Philippines, Formose et les Liou-Kiou (200 volcans dont 49 actifs dans ce dernier groupe). Il est à remarquer que précisément en ces deux régions se trouvent les volcans les plus puissants du monde, ceux de l'Amérique centrale et ceux de la Sonde.

D'autre part la concentration des volcans le long de la dépression méditerranéenne n'est pas moins marquée. Cette nouvelle ligne se détache de la première par les Antilles et les îles de la Sonde, et comprend les

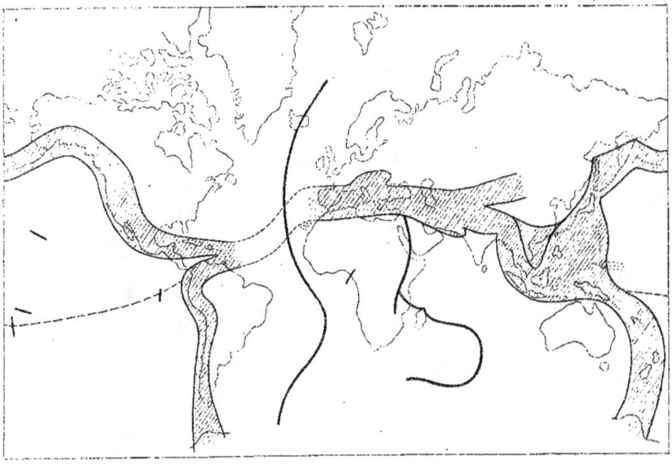

Zones comprenant : 1° tous les plissements récents (tertiaires) ;
2° toutes les côtes et chaînes d'îles à facies Pacifique.
3° la majeure partie des volcans actifs.

Lignes de volcans en dehors de cette zone (centre du Pacifique, axe de l'Atlantique et système de l'Océan Indien).

volcans des Canaries, ceux d'Italie et de l'Archipel grec, du Caucase, de l'Arménie, sans compter un grand nombre de volcans éteints (Espagne et France centrale, côte d'Algérie, Perse, Indochine occidentale).

Ces deux lignes qui sont, on l'a vu, les deux grandes lignes de plissements récents de l'écorce terrestre, comprennent la grande majorité des volcans actifs ou géologiquement récents. La plupart des volcans sont donc concentrés le long des côtes à *facies Pacifique*. Le long des côtes à facies Atlantique, par exemple sur toutes les côtes du Nord de l'Asie et de l'Europe, du Nord et de l'Est de l'Amérique, il n'y a pas de volcans récents.

En dehors des zones de plissements récents, il existe une série de volcans, pour la plupart insulaires, en rapport évident avec les deux effondrements Atlantique et Indien : ce sont d'abord, jalonnant l'axe de l'Atlantique, le volçan de Jan Mayen, l'Islande entièrement volcanique avec 20 volcans actifs, les Açores, les îles du Cap-Vert, l'Ascension, Sainte-Hélène, Tristan da Cunha et les Sandwich Australes. Puis dans l'Océan Indien et sur les grands effondrements de l'Afrique orientale, les volcans des îles Crozet, Kerguelen, Saint-Paul, Amsterdam et la Réunion, ceux de la côte Nord-Est de Madagascar (ceux-ci éteints), des Comores, les quelques volcans actifs qui existent encore auprès des gigantesques cônes éteints du Kenia et du Kilimanjaro (6.000 mètres) et plus au Nord, près du lac Rodolphe, ensuite ceux d'Abyssinie dont les éruptions n'ont cessé que depuis les temps historiques, ceux d'Arabie sur la côte de la mer Rouge.

A ces quatre grandes séries il ne reste à ajouter que les quelques chaînes de volcans disséminées au milieu du Pacifique, ceux des îles Sandwich (Hawaï), des Samoa, des Tonga et des Galapagos (ces trois dernières semblant prolonger la dépression méditerranéenne), et au fond du golfe de Guinée les volcans de Fernando-Po et des Monts Cameroun.

On voit avec quelle netteté les volcans s'alignent le long des grandes lignes de dislocation (plissement ou effondrement) de la surface terrestre. Et l'on comprend pourquoi ils sont généralement peu éloignés de la mer : c'est qu'ils accompagnent les plissements qui bordent presque partout les côtes à facies Pacifique (sauf dans l'Asie centrale) ou jalonnent les grandes lignes d'effondrement qui sont presque partout occupées par l'Océan (sauf dans l'Afrique orientale). Et ces deux exceptions de l'Asie et de l'Afrique sont précisément typiques, en ce que bien que la mer n'occupe pas les lignes de dépression il y existe cependant des volcans, qui sont par suite excessivement éloignés de la mer. Le Kenia est à 500 kilomètres de la côte, d'autres en Afrique plus loin de la mer encore, et les volcans du Thibet sont distants de 1.500 kilomètres du golfe du Bengale. C'est donc uniquement parce que la mer occupe en général les zones de dislocation, sur lesquelles sont localisés les volcans, que ceux-ci sont, en général seulement, voisins de la côte. Le voisinage de la mer n'est nullement *nécessaire* à la production des

phénomènes volcaniques ; il est bien moins encore *suffisant*, puisque l'énorme étendue des côtes à facies Atlantique ne présente pas un seul volcan en dehors des points où existent des effondrements.

D'autre part, on remarque dans les régions volcaniques un alignement presque toujours bien marqué des cônes volcaniques sur des lignes droites, traces évidentes de fractures de l'écorce terrestre. Là où les volcans sont en rapport avec des effondrements verticaux, ces lignes peuvent se croiser en divers sens : tel est le cas des Puys d'Auvergne. Mais pour les volcans situés sur les chaînes de plissement, la distribution des cheminées volcaniques est plus régulière. Elles s'alignent par groupe de deux, trois ou plus sur des fractures perpendiculaires aux plis, c'est-à-dire perpendiculaires à la direction générale de la chaîne. Cela est très marqué par exemple pour les volcans de l'Amérique centrale ou de Java. Nous verrons que les cassures des champs d'effondrement sont précisément très souvent entrecroisées en tous sens, tandis que celles des chaînes plissées sont uniquement normales aux plis (failles de décrochement). Les orifices de l'écorce terrestre qui donnent issue aux éruptions ne sont autres que des cassures semblables à celles que la géologie nous apprendra à reconnaître et que nous étudierons plus en détail avec l'aide de la stratigraphie.

La première condition du volcanisme est donc l'existence de cassures

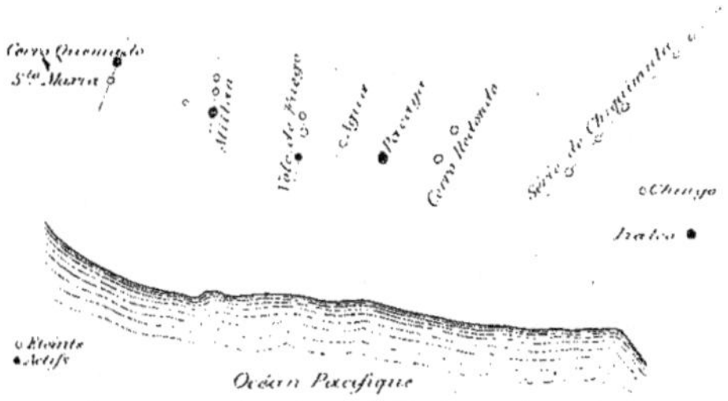

Groupement des volcans de l'Amérique Centrale sur des cassures transversales à la chaîne

Alignements des Puys

mettant la surface en communication avec les profondeurs du sol. Les cassures sur lesquelles s'établissent les volcans ne sont d'ailleurs presque jamais des failles à grand rejet. Ainsi dans la Limagne, les Puys, qui sont en rapport évident avec la grande faille qui borde la plaine, sont cependant alignés, non sur cette faille, mais à une distance plus ou moins grande sur de petites cassures qui peuvent être profondes mais n'ont qu'un rejet insignifiant. Il en est de même des filons, et la raison en sera examinée plus tard.

Toutes ces cassures sont l'effet de la contraction graduelle du noyau terrestre. Tandis que ce noyau interne se refroidit, la surface reste à température constante. Elle ne peut donc, sous l'action de son poids, rester appliquée sur le noyau qu'à la condition de se déformer, de diminuer d'étendue en se ridant. Si l'on considère le diagramme indiquant la répartition des températures sur un rayon terrestre à deux époques successives, le refroidissement et la contraction qui en est la conséquence (le premier représenté par la différence des ordonnées des deux courbes) sont nuls à la surface et au centre, et passent par un certain maximum qui est peu éloigné de la surface (30 kilomètres environ d'après Thomson). La plus grande partie du noyau terrestre (plus des 9/10 du volume), ne se refroidit pas sensiblement. Au-dessus, sur une épaisseur que l'on évalue à quelque 600 kilomètres, le refroidissement augmente de plus en plus, et il en résulte un état de tension qui doit agir sur la forme générale du relief et est probablement cause de la disposition tétraédrique de l'ensemble. A partir de la profondeur où le refroidissement est maximum, cette tendance à la distension serait remplacée par une compression tangentielle si la sphère située à cette profondeur était libre de se contracter. Comme elle ne se contracte pas librement, la distension persiste et ne disparaît qu'à une

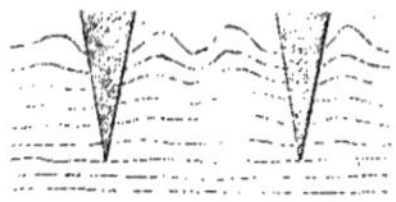

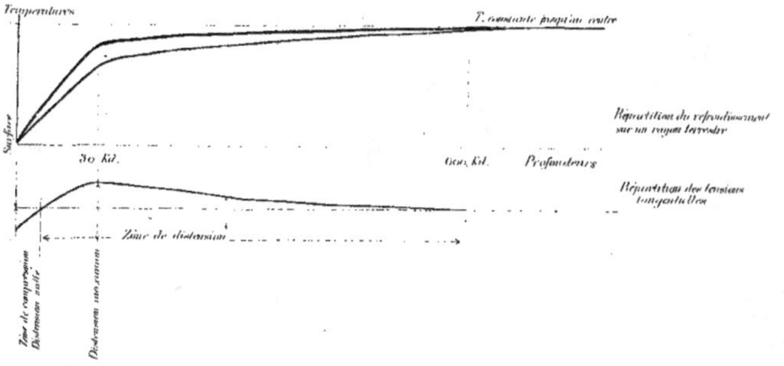

distance de la surface encore moindre. A cette profondeur il n'y a aucune tendance à une distension ou à une compression latérale. Au-dessus, dans une zone qui est par conséquent toute superficielle, l'écorce se trouve dans un état de compression, d'arcboutement latéral comparable à celui d'une voûte. Et cette compression tangentielle va en augmentant, depuis la profondeur où elle est nulle, jusqu'à la surface. L'écorce doit donc se plisser

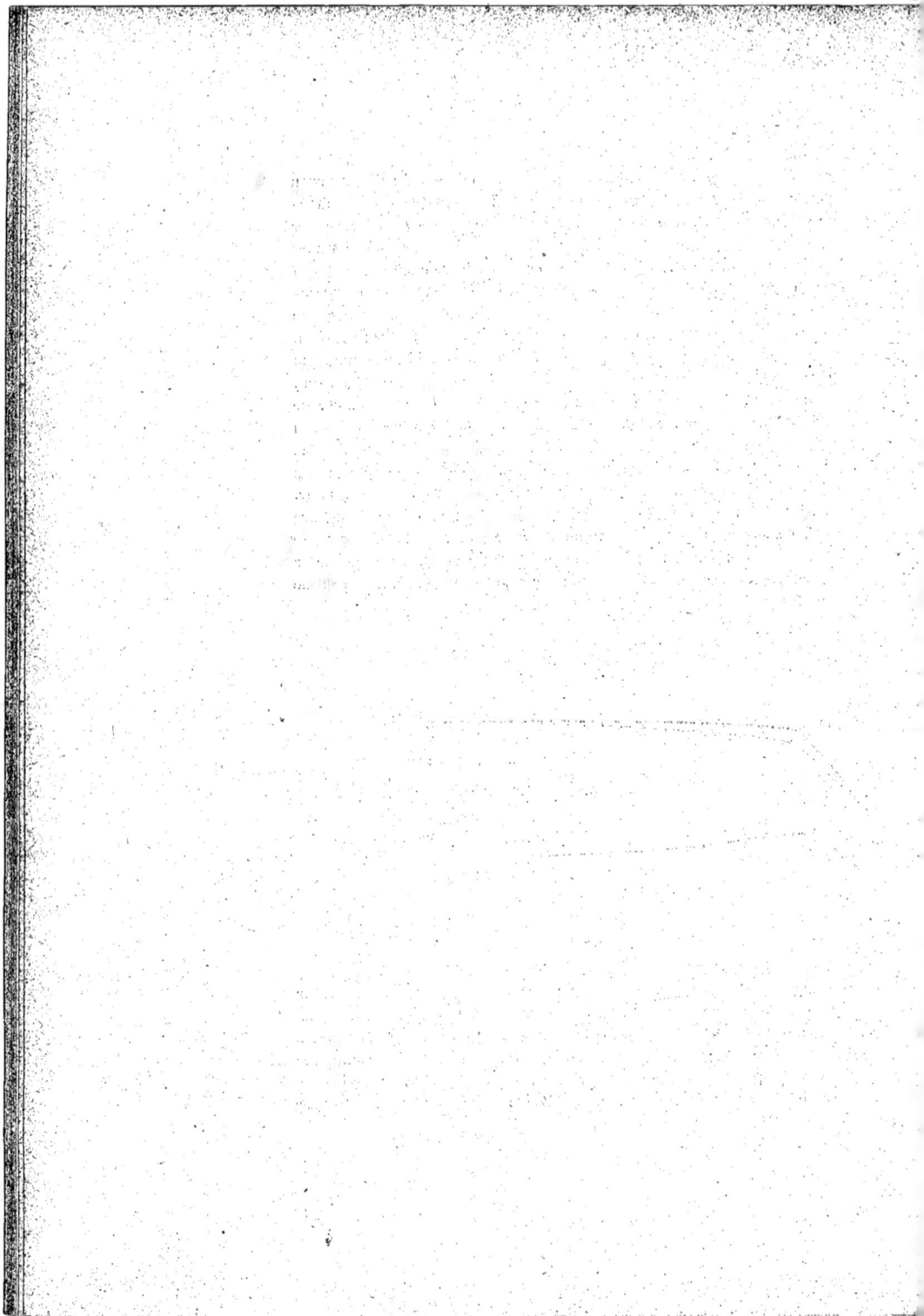

fortement à la surface, et de moins en moins en profondeur, les plis disparaissant d'ailleurs probablement à une profondeur très faible, de quelques kilomètres. L'effet est en quelque sorte comparable à celui d'un coin que l'on enfonce dans une matière plastique.

Telle est la cause des plissements de l'écorce terrestre, dont nous étudierons plus tard les détails. On voit qu'ils n'affectent qu'une croûte superficielle dont l'épaisseur, très faible par rapport au rayon, est probablement bien inférieure à 30 kil. La tectonique confirme d'ailleurs ce résultat de la géothermique.

Pour les cassures, toutes ne sont pas de même nature et il est probable que certaines ne s'arrêtent pas à cette faible profondeur. Quelques-unes peuvent atteindre la couche inférieure distendue, qui dans ses parties les moins profondes, où elle est encore solide, doit se prêter particulièrement bien à la formation de larges cassures, béantes vers le bas. L'existence de telles cassures ne peut être démontrée directement, mais elle est vraisemblable et expliquerait bien l'ascension des laves jusqu'à la couche peu profonde de nulle tension.

Au-dessus, dans la zone de compression, les laves trouvent pour s'élever jusqu'au jour deux sortes de fractures : Les unes certainement peu profondes, ne pouvant dépasser la profondeur des plissements, ce sont les décrochements normaux aux plis dans les régions de montagnes. Les autres sont, non pas les grandes cassures profondes des champs d'effondrement, qui ne restent en général pas béantes, mais les fissures accessoires de ces zones effondrées, lesquelles n'atteignent sans doute qu'une faible profondeur.

Les cheminées d'ascension volcaniques se composent ainsi vraisemblablement de grandes fractures souterraines profondes, graduellement ouvertes vers le bas dans la zone de distension, puis, au-dessus, de fendillements beaucoup moins importants localisés soit dans les régions plissées, soit dans les champs d'effondrement. Les matériaux volcaniques, pour arriver au jour, empruntent tantôt l'un, tantôt l'autre de ces fendillements, une même cassure profonde alimentant ainsi un certain nombre de bouches volcaniques dispersées sur une zone plus ou moins large et fréquemment déplacées. On conçoit bien ainsi la localisation des éruptions dans les régions fissurées (plissées ou effondrées) et l'existence de zones volcaniques plus ou moins diffuses mais marquant toujours l'emplacement approximatif d'accidents importants.

D'autre part nous savons que dans les régions volcaniques les isogéothermes se relèvent fortement vers le sol. Ce sont des régions où, sur une certaine étendue, les matières fondues se rapprochent de la surface plus que partout ailleurs. On conçoit que la lave, s'élevant à travers une fracture profonde, apporte avec elle, non plus par conduction mais *par convection*, une certaine quantité de chaleur. Elle échauffe ainsi les terrains environnants,

les fait fondre à son contact et agrandit l'orifice, les courants qui ne peuvent manquer de s'établir dans la masse fondue par l'effet du refroidissement faisant remonter sans cesse une provision de chaleur nouvelle. C'est sans doute de cette façon que les laves peuvent arriver jusqu'au voisinage immédiat de la surface sans se figer et en restant en libre communication avec le noyau fluide interne.

Dans un volcan comme le Stromboli, la vaste cheminée, sans doute largement évasée vers le bas, atteint la surface du sol, et la lave peut y rester fluide au contact de l'air parce que les courants descendants et ascendants la renouvellent sans cesse. Dans la plupart des volcans, au contraire, la lave ne parvient au sol que par des

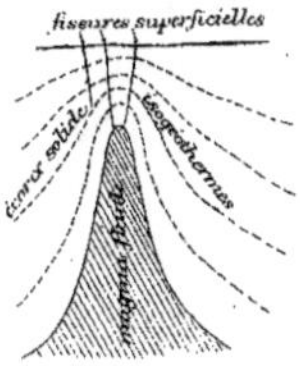

cheminées étroites ouvertes à la faveur des fendillements superficiels. La conductibilité du sol est d'ailleurs si faible que la lave peut s'élever sur des hauteurs de centaines de mètres à travers des cassures de quelques décimètres d'épaisseur. Dans toutes les régions volcaniques anciennes, où l'érosion a mis à nu les cheminées ascensionnelles sous forme de filons de laves, on voit de ces filons de 50 centimètres d'épaisseur et même moins et dans lesquels la roche fondue s'est élevée cependant sur plusieurs centaines de mètres jusqu'au sol.

Il semble d'après cela que rien ne s'oppose à ce que l'on considère les laves comme issues du noyau fluide central, résidu de l'ancien globe fluide. On a objecté cependant la variabilité de composition des laves, soit d'un volcan à un autre voisin, soit même dans un même volcan. Mais les roches se classant par densité (c'est-à-dire par ordre de basicité) dans le noyau terrestre, il est naturel que de deux cheminées volcaniques celle qui prend ses laves à un niveau inférieur fournisse des laves plus basiques. Et en effet les volcans situés au milieu des grandes dépressions océaniques, ceux des îles Sandwich par exemple, rejettent des laves plus basiques que celles des volcans continentaux. Cela concorde avec l'excès de pesanteur observé aux mêmes points. D'ailleurs dans une même cheminée profonde, la lave attaque certainement les parois formées de roches plus acides. L'étude des roches volcaniques en fournit la preuve, car il n'en est point où l'on ne retrouve des débris plus ou moins incomplètement digérés de diverses roches. Cette corrosion modifie la composition de la lave, et doit fournir en général au début d'une série d'éruptions des produits plus acides qu'à la fin, lorsque la cheminée a cessé de s'agrandir. On comprend ainsi qu'en une règle assez générale, quoique sujette à de nombreuses exceptions, les éruptions successives *d'un même centre volcanique* fournissent des laves de plus en plus basiques.

L'hypothèse d'un noyau igné central explique également bien les

gaz émis en grande quantité par les volcans. Lorsque la première pellicule solide s'est formée à la surface de la sphère liquide, l'atmosphère contenait à l'état de vapeur toute l'eau actuelle des mers ainsi que les sels volatils qu'elle renferme. La pression de cette atmosphère devait en conséquence être de quelque 250 kilos par centimètre carré. Or les silicates fondus, tout comme les métaux, absorbent les gaz : les fumerolles qui sortent de la lave incandescente en sont la preuve. Sous la haute pression de l'atmosphère primitive, le magma liquide a dû dissoudre une quantité considérable de vapeurs, les mêmes précisément dont la condensation a formé l'eau de mer actuelle et d'autres telles que H et les carbures restés en profondeur à l'abri du contact de l'oxygène superficiel.

A mesure que de nouvelles couches se refroidissent sous l'écorce solide, elles dégagent les gaz qu'elles contiennent, par un véritable *rochage*. Ces gaz s'accumulent peu à peu dans les points de la masse liquide les plus éloignés du centre, c'est-à-dire dans les cheminées volcaniques. Leur tension croît, et finit par surmonter la résistance du tampon de matières solides qui s'est formé vers l'orifice supérieur de la cheminée durant une longue période de repos. D'où un débouchage violent constituant une éruption explosive, éruption d'autant plus violente que la durée de la période de repos a été plus grande, parce que l'obturation de la cheminée a été d'autant plus complète. D'ailleurs, comme on doit s'y attendre, ce sont surtout les parties superficielles de la sphère liquide primitive qui ont dû absorber de grandes quantités de vapeurs. Aussi avons-nous vu que les laves basiques, c'est-à-dire issues d'une grande profondeur, amènent avec elles peu de gaz, tandis que les éruptions explosives les plus violentes sont le propre des volcans émettant des produits acides et pris par suite à une profondeur moindre.

Ainsi débouchée par l'action des gaz accumulés, la cheminée livre passage aux matières fondues. Celles-ci pourront s'y élever ou non jusqu'au jour, quelle qu'ait été d'ailleurs la violence de l'explosion, car leur ascension est déterminée par une tout autre cause que celle des gaz. Elle est due à la pression qu'exercent sur le noyau interne les couches superficielles de l'écorce en vertu de la pesanteur et des tensions déterminées par le refroidissement. Dans la zone externe comprimée l'arcboutement latéral diminue la pression verticale due au poids des roches. Mais dans la zone suivante de distension, beaucoup plus épaisse, la pression verticale exercée sur le noyau interne est au contraire augmentée par l'effet de la distension. On comprend ainsi que des laves, plus denses en moyenne que les couches consolidées de l'écorce, puissent néanmoins s'élever jusqu'au jour sous l'action de la pression exercée par cette écorce.

On comprend aussi que la venue de laves suive toujours l'émission explosive de gaz et ne la précède jamais ; et qu'il n'y ait aucune relation

entre l'abondance de l'émission de vapeurs et celle de la coulée de laves, la lave pouvant, une fois la cheminée ouverte par les gaz, n'avoir pas la force ascensionnelle suffisante pour atteindre la surface. Il est manifeste d'ailleurs dans toutes les grandes éruptions que la force qui suffit à peine à élever les laves jusqu'à l'orifice de la cheminée, sans les projeter jamais sous forme de jet à de grandes hauteurs, est hors de proportion avec celle qui lance la colonne de vapeurs et de débris à des 10.000 mètres d'altitude et plus.

La discontinuité des éruptions est aisément expliquée. Une fois que la masse de gaz accumulée en profondeur s'est échappée et qu'une certaine quantité de lave s'est épanchée, la tension se trouve par là même diminuée en profondeur, puisque le noyau interne, par cette diminution de son volume, a cédé en partie à la pression exercée par l'écorce. La lave cesse de pouvoir s'élever jusqu'au sol, elle se fige dans les parties les plus superficielles de la cheminée. Puis, le refroidissement continuant, il recommence à s'accumuler des gaz sous cet obstacle et en même temps la pression de l'écorce s'accroît. Une nouvelle éruption peut alors se produire. S'il en est ainsi, l'affaissement de l'écorce et les plissements qui en sont le résultat doivent être des phénomènes intermittents, ou tout au moins alternativement ralentis puis brusquement accélérés, les grandes émissions volcaniques concordant avec les paroxysmes des effondrements ou des plissements de la surface terrestre. C'est ce que l'étude des terrains confirme pleinement. Elle nous montrera les dislocations de la surface se produisant d'une manière continue à toutes les époques, mais tantôt d'une manière très lente et presque insensible, tantôt avec une vitesse accélérée. Et aux périodes de calme des mouvements orogéniques correspondent des temps de repos de l'activité volcanique, tandis que la reprise de l'affaissement est toujours accompagnée d'une reprise des éruptions.

Bien que l'hypothèse d'un noyau igné central réunisse de la manière la plus simple tous les grands faits de la géologie et relie en particulier les données de l'astronomie, de la géothermique, de la tectonique et de l'étude des volcans dans un ensemble satisfaisant, on a cherché par bien des moyens à y échapper. C'est la tendance actuelle d'une certaine école de géologues de ramener le plus grand nombre possible de faits de la géodynamique à des actions externes, fût-ce par les hypothèses les plus compliquées.

Au nombre des théories inspirées par cette tendance, l'une des plus en honneur aujourd'hui est la *théorie marine des volcans*. Elle ne supprime pas, il est vrai, comme d'autres, la chaleur centrale et admet l'existence permanente de roches fondues en profondeur. Mais elle prétend expliquer par un mécanisme tiré des actions superficielles l'existence des vapeurs volcaniques et l'ascension des laves. Remarquant que la plupart des volcans sont au voisinage de la mer, on admet que l'eau de mer s'infiltre par capillarité dans les terrains, arrive au contact de la lave fondue et s'y vaporise subi-

tement, déterminant par la tension de sa vapeur l'ascension des laves dans la cheminée. La prédominance de H^2O, de $NaCl$, de HCl dans les gaz volcaniques s'expliquerait ainsi, l'existence de H par la dissociation de l'eau.

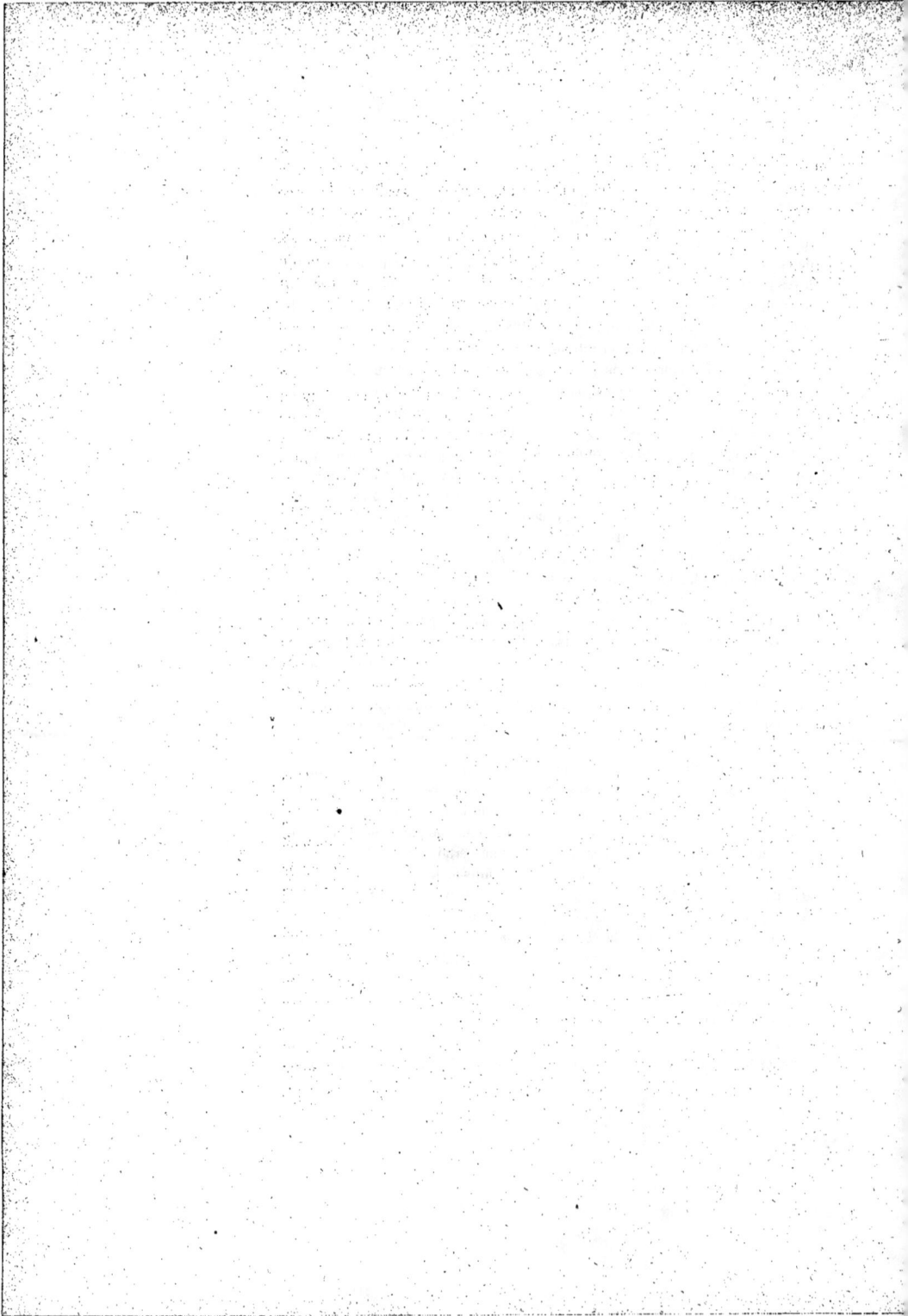

On doit remarquer d'abord que beaucoup de volcans sont à des centaines de kilomètres de toute mer et ne paraissent voisins de la côte que sur des cartes à très petite échelle (nous avons vu comment s'explique cette proximité relative). Il est bien difficile d'admettre que l'eau de mer s'infiltre à pareille distance, alors surtout que nous voyons partout dans les terrains l'eau douce, infiltrée à des niveaux plus élevés, refouler l'eau marine. Dans tous les cas, on n'a aucune preuve de cette infiltration de l'eau salée en profondeur, pas même au voisinage immédiat des côtes et *a fortiori* à 100 kilomètres et plus. D'autre part, si la lave était poussée par la pression des gaz dus à la vaporisation de l'eau, on la verrait précéder et non suivre l'émission de gaz. Il est remarquable aussi que les volcans les plus immédiatement voisins de la mer, comme ceux des îles Sandwich ou de Santorin, n'émettent précisément que très peu de gaz. Et ces gaz s'échappent de la masse même de la lave, qui les contient en dissolution. Si l'on admet un noyau fluide interne, on ne voit pas quelle difficulté il peut y avoir à admettre que des gaz y sont dissous de tous temps et qu'ils sont analogues aux substances volatiles que contient l'eau de mer, puisqu'ils ont même origine. Comment expliquer aussi dans l'hypothèse marine la masse énorme de CO^2 qu'émettent les volcans, les carbures, l'acide borique? Les gaz des volcans, recueillis à l'abri de l'air, sont réducteurs ; à l'air, ils sont capables de brûler. Comment expliquer ce fait s'ils proviennent de la dissociation de la vapeur d'eau, l'oxygène devant y exister en quantité équivalente à l'hydrogène?

Pour toutes ces raisons, la théorie marine doit être rejetée, non seulement comme complètement inutile et introduisant sans profit une hypothèse peu vraisemblable, mais comme contraire à un grand nombre de faits. Prétendre que les volcans empruntent leurs vapeurs à la mer, c'est prendre l'effet pour la cause ; ce sont au contraire les vapeurs volcaniques qui apportent à la mer et à l'atmosphère des éléments nouveaux. Pour les sels de l'océan, il est probable qu'ils y ont existé en majeure partie depuis l'origine. Mais pour l'acide carbonique de l'atmosphère, on peut affirmer qu'il a été apporté pendant toute la durée des temps géologiques, par les émissions volcaniques. C'est à l'atmosphère en effet qu'a été emprunté tout l'acide carbonique des calcaires. Répandu dans l'air, il suffirait à en élever la pression à *plusieurs kilos* (3 ou 4 kilos au moins) par centimètre carré. Et ces calcaires se sont formés en majeure partie alors que la terre était déjà habitée par des êtres vivants analogues aux êtres actuels et certainement incapables de vivre dans une pareille atmosphère. On est donc forcé de conclure que cet acide carbonique n'a jamais été accumulé dans l'atmosphère, mais y est venu

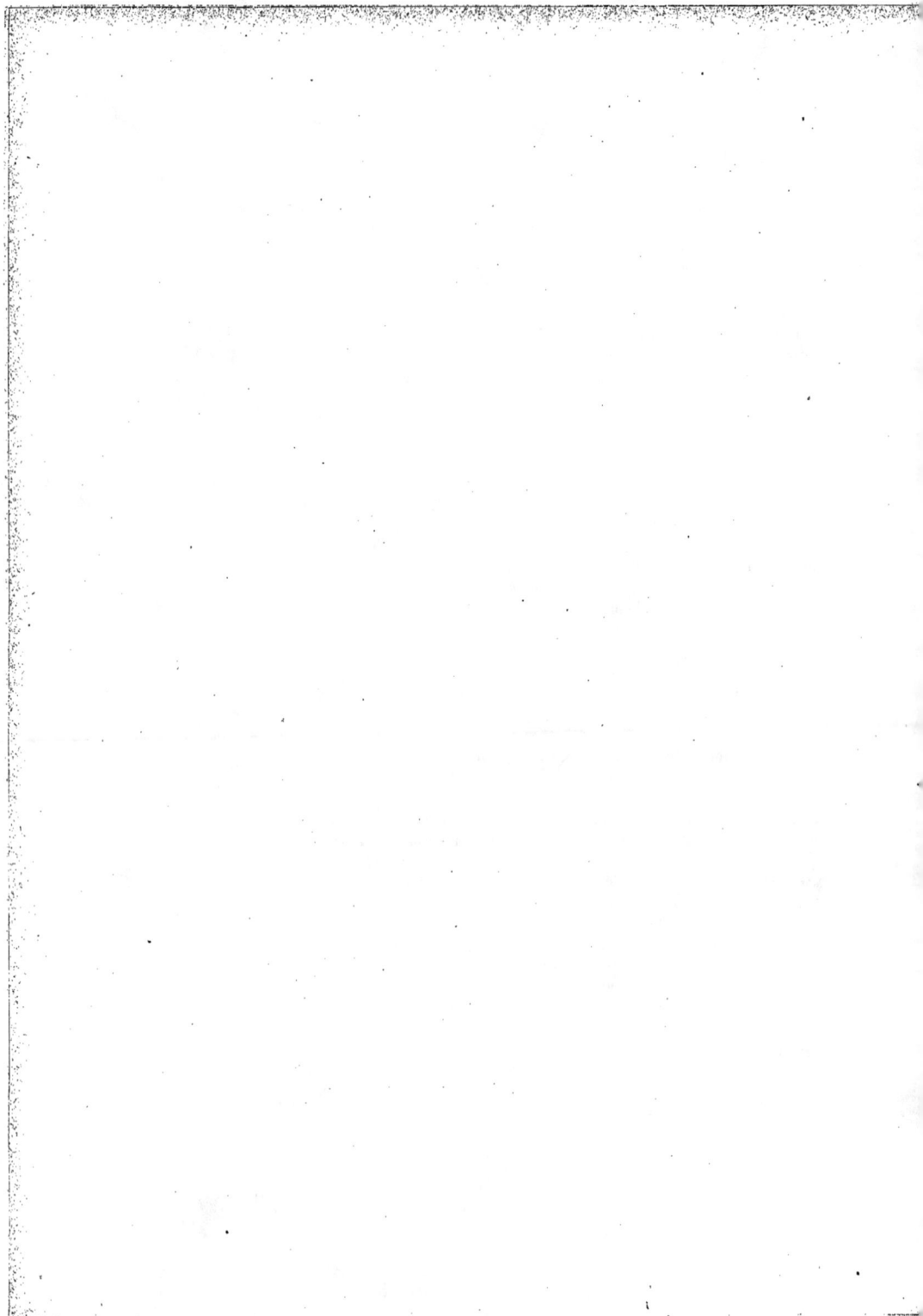

peu à peu, et a été au fur et à mesure, comme il l'est encore à l'époque actuelle, fixé sous forme de calcaires (ou sous forme de charbon par les plantes, en beaucoup moindre quantité), la chaux étant empruntée à la décomposition des roches cristallines.

Soulèvements volcaniques. — L'étude des seuls volcans actuels, qui ne nous montre le phénomène volcanique qu'à la surface, ne peut nous éclairer sur certains détails souterrains sur lesquels au contraire nous trouvons des renseignements dans l'examen des volcans anciens, dans la masse même desquels l'érosion permet de pénétrer. L'un des faits les plus remarquables que l'étude des roches volcaniques anciennes ait mis en lumière est l'existence en profondeur de nappes et de masses de laves *intrusives*, c'est-à-dire ayant pénétré souterrainement entre les strates de terrains sédimentaires. Cette intrusion suppose évidemment un soulèvement des terrains superposés. On verra que dans la plupart des cas il ne s'agit que de nappes minces, et par suite de soulèvements insignifiants. Les mouvements du sol de faible amplitude ne sont pas rares autour des volcans; il est donc très possible que des intrusions de ce genre se produisent encore actuellement en profondeur lorsque la lave ne trouve pas d'issue au jour. Ces faibles soulèvements n'ont aucune part à la formation des cônes volcaniques, tous formés de matières rejetées par le volcan et reposant sur un terrain ancien resté horizontal. Mais des observations faites en Amérique, dans l'Utah, semblent montrer que de véritables soulèvements du sol en forme de dôme par la seule force ascensionnelle des laves, lorsque celles-ci ne peuvent s'épancher à la surface faute d'issue, ne sont pas impossibles. On appelle *laccolithes* de grands dômes souterrains arrondis, à base elliptique, composés de roches éruptives assez acides, trachytiques, autour desquels les couches sédimentaires, partout horizontales au voisinage, se relèvent avec des pentes pouvant atteindre 45°. Ces masses éruptives n'ont pas atteint la surface du sol, elles envoient seulement vers le haut des filons nombreux dont l'existence suffit à montrer que la venue de la roche est postérieure au dépôt des terrains stratifiés. D'ailleurs les laccolithes existent aux niveaux les plus divers de la série sédimentaire, bien qu'ils soient voisins et composés des mêmes roches. Il n'y a donc pas de doute que leur venue en place ne soit postérieure à la formation des terrains superposés et n'ait été accompagnée du soulèvement de ces terrains. Ce soulèvement est considérable. Dans les Henry Mountains, sur la rive droite du Colorado, plusieurs laccolithes atteignent 1.500 et 2.000 mètres de hauteur, sur quelque

Laccolithes des Henry Mts

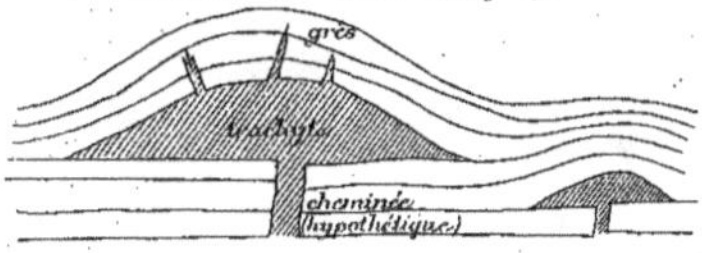

5 kil. de petit axe et 6 de grand axe à la base. Il est à remarquer que les roches des laccolithes sont acides, par suite pâteuses, analogues en cela à celles qui dans la chaîne des Puys forment au-dessus de la surface du sol des dômes compacts, sans cratères. On conçoit qu'une roche de cette nature, ne trouvant pas un orifice large pour s'épancher au jour, ait pu dépenser sa force ascensionnelle à soulever un manteau de terrains stratifiés en le décollant de sa base.

En dehors des intrusions de nappes minces, parfois de grande étendue, on ne trouve dans d'autres régions rien de semblable aux laccolithes de l'Utah. Le seul cas qui puisse en être rapproché se trouve précisément dans la chaîne des Puys. C'est celui du dôme trachytique du Puy Chopine, où la roche pâteuse a soulevé au-dessus d'elle une grande écaille de schistes anciens (voir plus loin). Mais cette écaille ne forme pas un manteau continu, elle ressemble plutôt à un énorme fragment brisé qui aurait flotté sur la roche au moment de son ascension.

Une ancienne théorie, aujourd'hui abandonnée, due à Léopold de Buch et à de Humboldt, prétendait voir dans tous les cônes volcaniques le résultat de soulèvements analogues aux laccolithes (bien avant la découverte de ceux-ci), et rattachait à cette prétendue formation de « cratères de soulèvement » une théorie sur la formation de toutes les montagnes. On sait aujourd'hui, et personne ne le met plus en doute, que la pente des matières qui constituent les cônes volcaniques n'est que la pente du talus naturel de ces matières et ne suppose aucun soulèvement des terrains antérieurs ; que d'ailleurs les montagnes proprement dites sont le résultat d'un phénomène de plissement où n'interviennent pas les roches éruptives. Néanmoins, bien qu'elle reste inapplicable aux volcans proprement dits et aux chaînes de montagnes, on voit que la théorie des cratères de soulèvement trouve une application inattendue dans le phénomène récemment observé des laccolithes. Il ne s'y forme, il est vrai, ni volcan, ni cratère, mais un soulèvement analogue à celui que concevaient les anciens partisans de cette théorie. De tels soulèvements paraissent d'ailleurs avoir été excessivement rares.

2° *Tremblements de terre.* — D'après tout ce que nous savons des volcans, ils ne sont pas la *cause* des mouvements de l'écorce terrestre, ils en sont le ***résultat***. Nous verrons plus tard quelle amplitude ont atteinte ces mouvements de l'écorce, ou mouvements *orogéniques*, dont nous avons déjà signalé la cause, c'est-à-dire le refroidissement du globe terrestre. Pour le moment, nous avons à nous demander si de nos jours les mouvements orogéniques se manifestent encore, et de quelle façon.

On observe à l'époque actuelle deux sortes de phénomènes qui peuvent être en relation avec les déformations de la terre, ce sont les

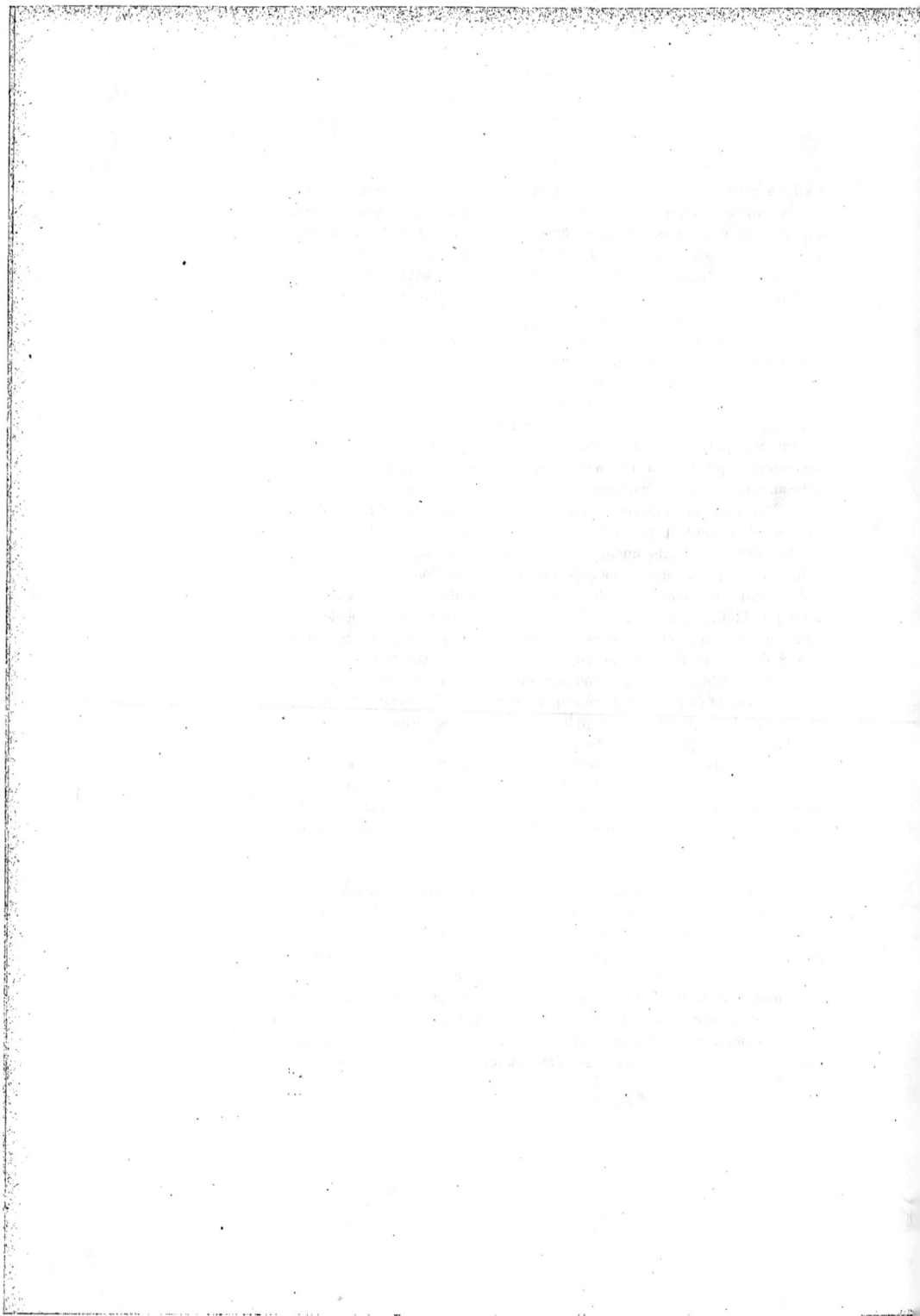

tremblements de terre ou séismes et les *variations du niveau relatif des continents et des mers.*

On appelle tremblements de terre tous les ébranlements du sol, quelle que soit leur origine. Il est clair que leurs causes sont des plus variées et qu'ici encore il faudra faire la part de ce qui provient réellement de la profondeur et de ce qui résulte de simples actions externes. Depuis les ébranlements locaux produits par des éboulements de mines et qui se font sentir tout au plus jusqu'à quelques kilomètres de distance, jusqu'aux ondulations gigantesques qui parcourent tout un continent et dont l'origine ne peut être cherchée que dans des mouvements généraux de l'écorce terrestre, il y a place pour bien des phénomènes de natures différentes.

Les secousses de tremblements de terre sont de trois sortes : *Choc vertical, choc horizontal* et *ondulations* se propageant exactement comme des vagues à la surface de l'eau.

En 1878, en Silésie, l'éboulement subit des travaux d'une houillère, dans une couche de 8 mètres de puissance, à 200 mètres de profondeur, produisit nettement ces trois effets : Au-dessus du lieu de l'éboulement, en P, les objets placés sur le sol furent projetés violemment en l'air par la secousse verticale. Dans les environs, en P′, on ressentit une secousse à peu près horizontale, de moins en moins forte à mesure qu'on s'éloignait de P, et provenant évidemment du choc direct propagé suivant AP′. Et, d'autre part, une série d'ondulations, un mouvement vibratoire relativement lent, parti du point P et se propageant à la surface du sol comme une série d'ondes sur la mer.

Dans les tremblements de terre d'origine profonde, les secousses verticales, toujours dirigées de bas en haut, ne se font sentir que sur un espace restreint, situé évidemment au-dessus du point où se produit l'ébranlement, point que l'on appelle le *centre* du séisme. Ces secousses marquent ainsi le pied P de la verticale du centre, que l'on appelle l'*épicentre*. Elles sont parfois terribles. En 1837, au Chili, un mât enfoncé de 10 mètres en terre et assujetti par des tiges de fer, fut projeté en l'air par la violence du choc vertical. A Rio-Bamba, en 1797, plusieurs habitants, tués par le choc, furent projetés par dessus une rivière sur une colline de 100 mètres de hauteur. En 1783, en Calabre, on vit des maisons lancées en l'air comme par une explosion. Mais les mouvements ondulatoires, affectant une zone beaucoup plus étendue, sont plus fréquemment observés. Il est difficile de se faire une idée de l'amplitude qu'ils peuvent atteindre réellement. Au dire des témoins, elle pourrait être considérable, car maintes fois ils ont comparé le sol à une mer agitée ou à un liquide en ébullition ; on rapporte qu'en Calabre, et aussi en 1811 dans le Missouri, des arbres s'inclinaient jusqu'à toucher le sol de leurs branches, restant parfois ensuite enchevêtrés les uns

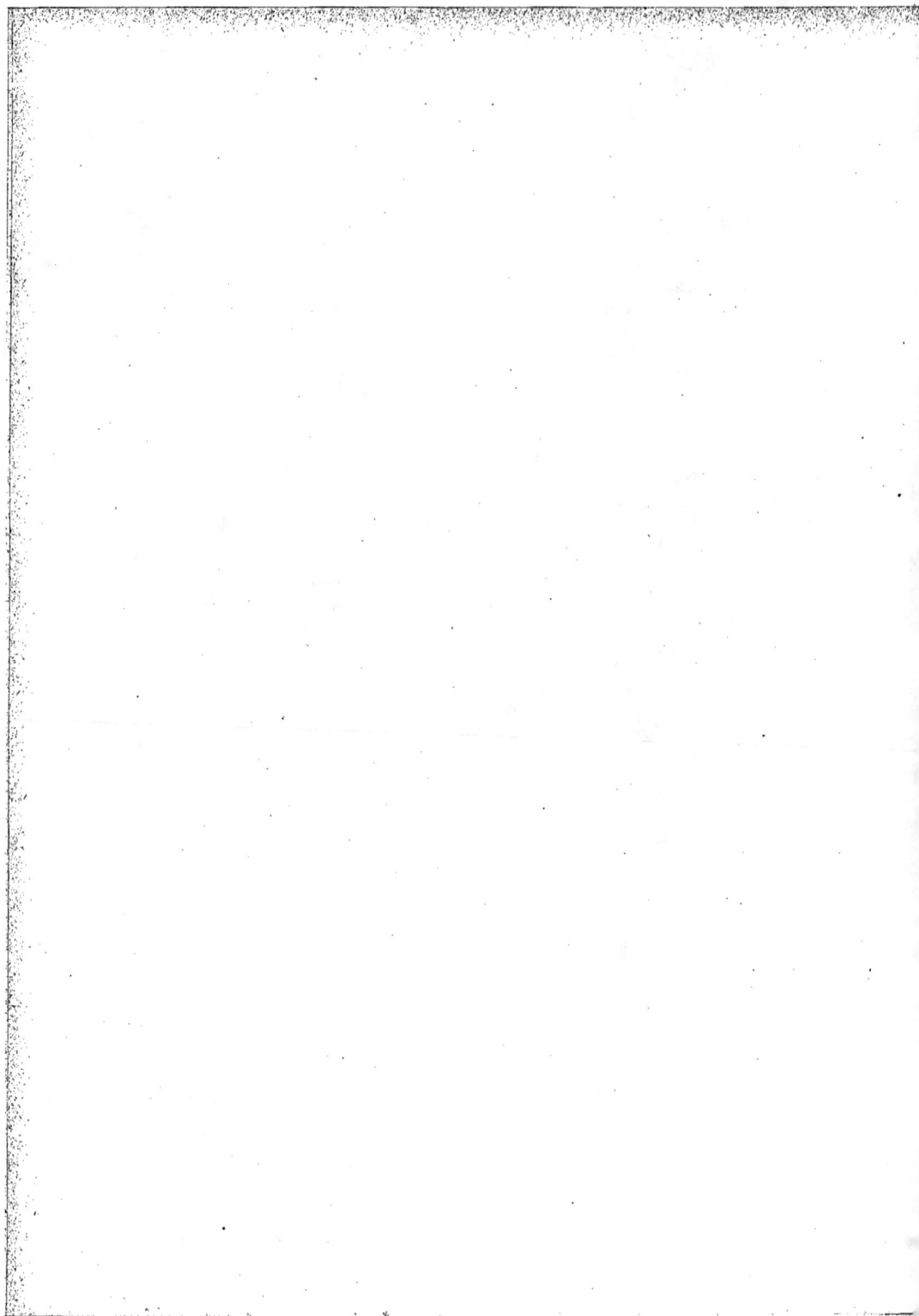

dans les autres. L'écorce terrestre ferait donc preuve, dans ces cas exceptionnels, d'une extraordinaire flexibilité.

Les secousses de tremblement de terre sont rarement isolées. Quelquefois cependant tout le phénomène se termine, après un petit nombre de secousses, en quelques secondes. A Ischia, la ville de Casamicciola fut détruite et 2.300 personnes tuées dans l'espace de 16 secondes, en 1883. Beaucoup plus souvent les séismes se manifestent par longues séries, pendant des mois ou même des années. Les tremblements de terre du Valais, commencés en 1855, ont duré jusqu'en 1857 ; en Andalousie, en 1884, les secousses qui ont ravagé le pays durèrent près de cinq mois ; et presque toujours il se produit au moins pendant un jour ou deux une série de plusieurs secousses. Généralement la première n'est pas la plus intense, la dernière non plus, mais ceci ne peut être posé en règle générale.

L'étendue de la zone sur laquelle se fait sentir le séisme est des plus variables et sans rapport immédiat avec l'intensité des secousses à l'épicentre. Elle dépend naturellement de la sensibilité des moyens de constatation. Si l'on s'en tient aux effets perceptibles sans instruments, aux secousses violentes ressenties par toute une population, on peut citer comme extrêmes le séisme de Lisbonne en 1755, qui détruisit la ville et qui fut ressenti sur 1/13 environ de la surface terrestre, celui de 1856 qui secoua violemment toutes les côtes de la Méditerranée, de la Corse à la Syrie, celui de Charleston (côte Sud-Est des Etats-Unis) en 1886, ressenti sur trois millions de kilomètres carrés. Et à l'opposé celui de 1879 à Linthal, en Suisse, qui fut très violent en ce point et ne fut pas même ressenti dans les vallées les plus voisines. En général, les tremblements de terre locaux comme ce dernier s'expliquent par des effondrements de cavités souterraines déterminées par les eaux d'infiltration et doivent être séparés avec soin des véritables séismes en relation avec des mouvements orogéniques. Nous les laisserons de côté.

Les secousses se propagent en général en rayonnant autour d'un centre dans toutes les directions, avec une intensité maximum au centre et décroissante à mesure que l'on s'en éloigne. C'est le cas habituel. Cependant, il y a des cas où la propagation ne se fait que le long d'une bande de terrain, dans une seule direction. Ainsi, dans l'Amérique du Sud, on voit les séismes se propager entre les Andes et la côte du Pacifique, sans franchir la chaîne. Ceci n'arrive que le long des grandes lignes de plissements de l'écorce. Enfin, on cite des cas très rares où l'ébranlement, au lieu de partir d'un centre, part d'une ligne droite ébranlée d'un seul coup sur toute sa longueur.

La propagation rayonnante de l'onde séismique n'est jamais géométriquement régulière. Les ondes de choc ne sont pas exactement sphériques, car la consistance, l'élasticité des terrains sont variables. C'est ainsi que les vitesses constatées varient depuis 500 mètres par seconde (et même dit-on

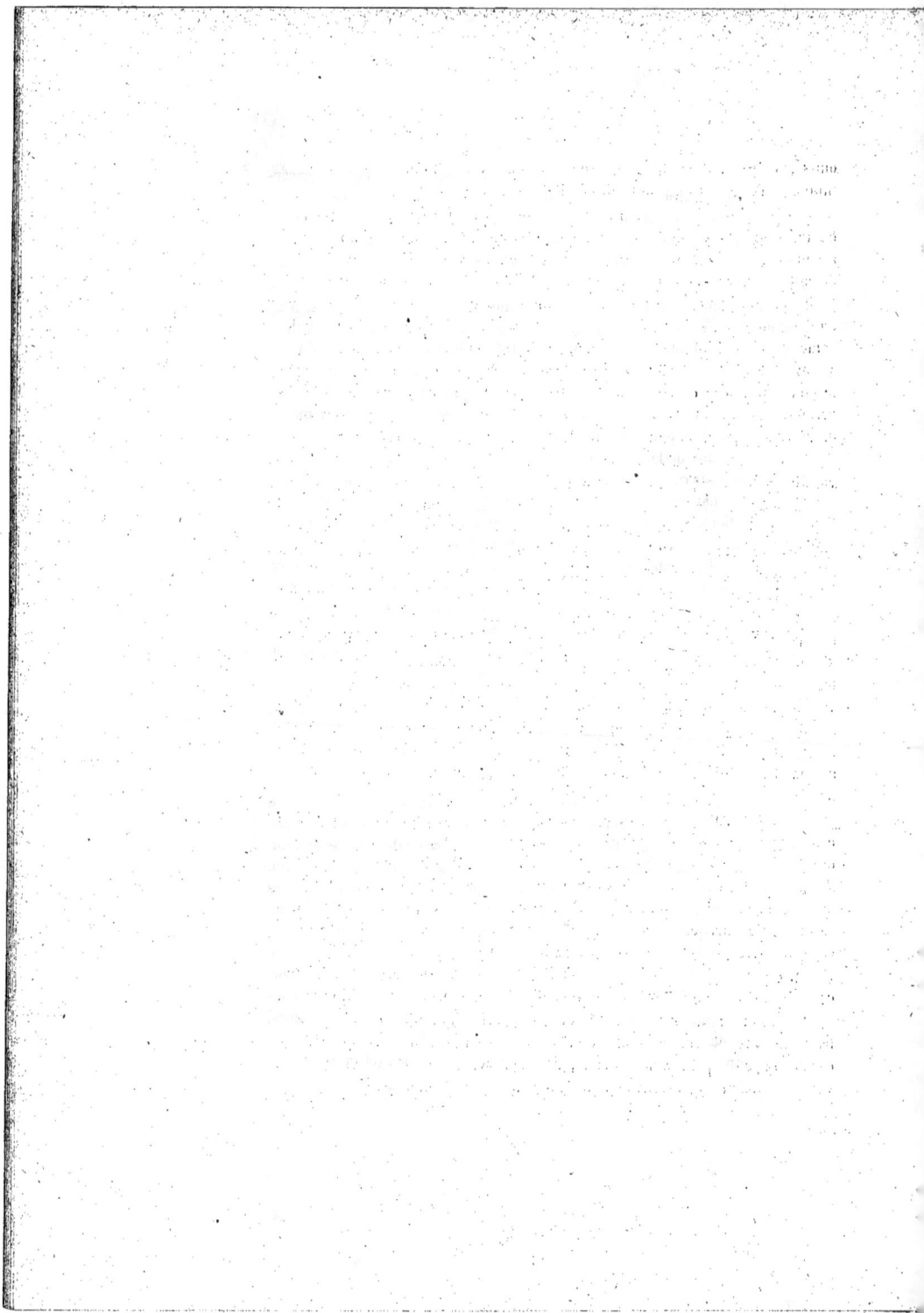

130 mètres) jusqu'à 5.200 mètres, ce dernier chiffre se rapportant au séisme de Charleston en 1886, l'un des mieux étudiés. MM. Fouqué et Michel Lévy ont déterminé expérimentalement les vitesses de propagation d'un choc produit par une explosion dans des terrains de diverses natures, et ont trouvé :

Granite	2.500 à 3.100	mètres	par seconde.
Grès compact..	2.000 à 2.500	—	—
Marbre........	630	—	—
Sable.........	300	—	—

On doit donc s'attendre à trouver, ce qui a lieu en effet, pour les lieux des points atteints par la secousse à un même instant, des courbes différant beaucoup de cercles et dépendant dans une large mesure de la nature du sous-sol.

L'influence de la nature du terrain se fait sentir non seulement sur la vitesse de propagation mais sur la nature des secousses. Un terrain meuble ralentit les secousses et augmente leur amplitude. Si l'épaisseur en est grande, les secousses s'y éteignent, de sorte que les lieux situés sur de grandes épaisseurs d'alluvions, ou même simplement de sédiments sableux ou marneux, sont à l'abri des secousses violentes. (Tels le bassin de Paris, les plaines de l'Allemagne du Nord, etc.) Par contre, si l'épaisseur des terrains meubles est faible, les secousses de faible amplitude dans le terrain dur sur lequel ils reposent y acquièrent une grande intensité et sont souvent destructrices. Sur les roches dures, les secousses se propagent vite, mais leur amplitude est faible, les effets destructeurs moindres. C'est une observation constante dans les grands tremblements de terre que les villes ou portions de villes situées sur une faible épaisseur de sédiments reposant sur des roches solides sont plus exposées à la destruction que les quartiers construits directement sur le terrain compact. Les parties basses des ports de mer sont souvent dans ce cas. Et les effets destructeurs sont particulièrement accentués au contact entre le terrain meuble et la roche dure.

Il faut remarquer que les secousses ne se font guère sentir qu'à la surface du sol. On a observé plusieurs fois que dans des régions violemment secouées on n'avait rien ressenti dans les travaux de mines, et l'on ne cite pas de dégâts causés dans les mines par des tremblements de terre. Cela tient sans doute à ce que la secousse se propage dans le sol avec une amplitude très faible, exactement comme un choc imprimé à une série de billes de billard qui se touchent. L'amplitude du mouvement est presque nulle dans les billes intermédiaires, et le mouvement ne devient intense que pour la dernière, celle qui est libre. De même, ce n'est qu'à la surface du sol que la secousse produit un déplacement appréciable du terrain.

Quand les secousses se produisent au fond des océans, elles y déter-

minent des vagues puissantes, outre les chocs directs parfois constatés sur les navires. Des ondes de 20 et 30 mètres de hauteur, se propageant avec des vitesses de 150 et 200 mètres par seconde, viennent se précipiter sur les côtes, occasionnant ce qu'on appelle un raz de marée. Leur vitesse de translation est d'ailleurs identique à celle de la marée. En 1896, 30.000 personnes furent tuées au Japon par un raz de marée, et les exemples en sont fréquents sur la côte Ouest de l'Amérique. En pleine mer, les vaisseaux ressentent peu ou pas ce gonflement des eaux, qui se produit sur un vaste espace et n'affecte pas la forme d'une vague à forte pente.

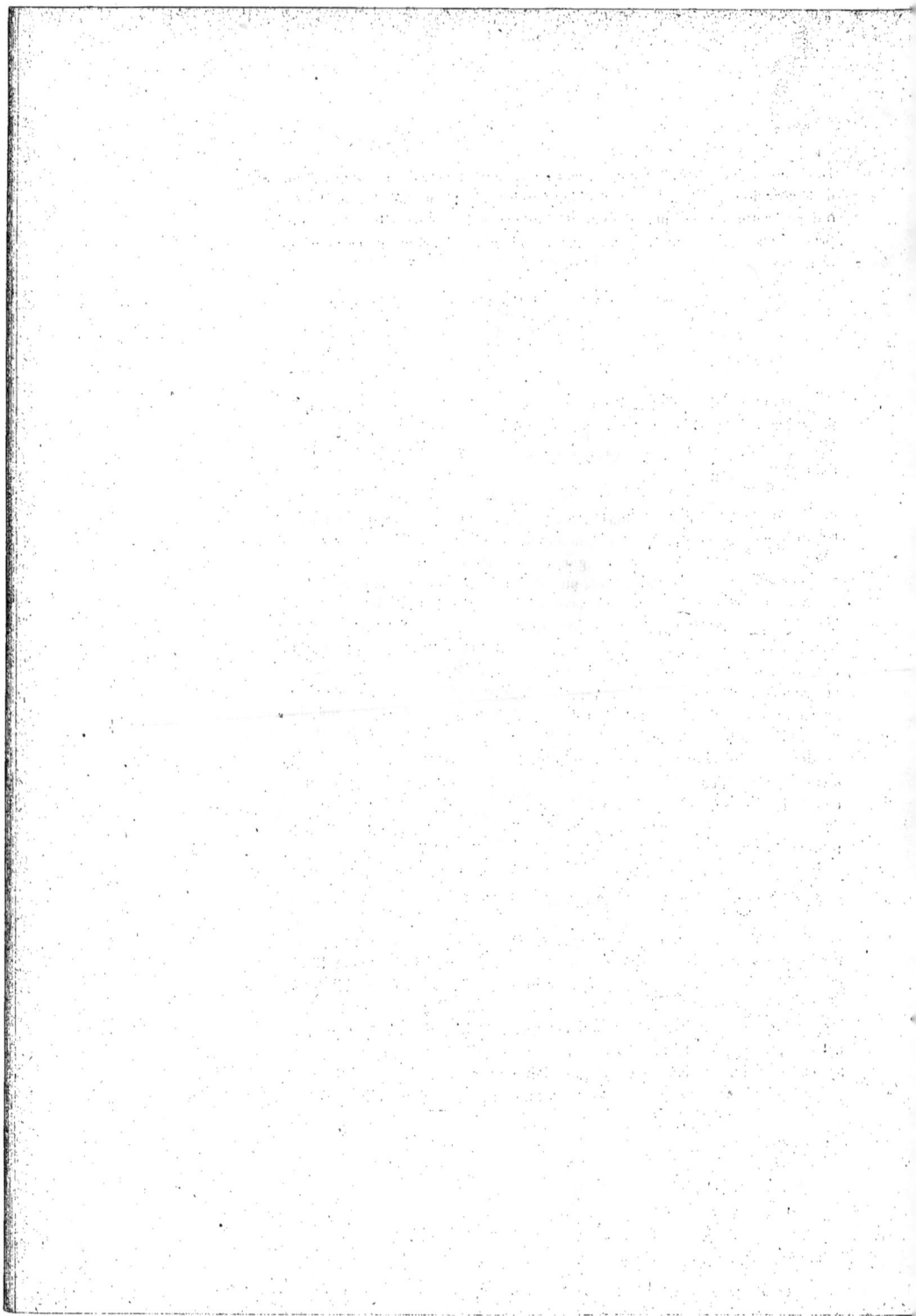

On a établi en un certain nombre de points de la terre des appareils destinés à enregistrer les séismes, ou *séismographes*. Les uns se composent de pendules très mobiles traçant sur du papier ou sur un sable fin des lignes d'où l'on peut déduire la direction et l'amplitude du mouvement, et enregistrant en même temps l'heure des secousses. D'autres comportent une cuve à mercure dont le liquide se déverse au moindre choc par des seuils correspondant aux principales directions de l'espace. Le poids du mercure écoulé à chaque déversoir permet de mesurer l'intensité des secousses et d'en apprécier la direction.

Au moyen d'appareils de ce genre, auxquels on est parvenu à donner une grande sensibilité, on constate que non seulement les tremblements de terre proprement dits se propagent beaucoup plus loin que ne le faisait croire l'observation directe, mais encore que l'état de mouvement est tout à fait normal pour la surface du sol. Le sol est constamment agité de petits frémissements, ou *microséismes*, dont les grandes secousses ne sont que les paroxysmes. Au Japon, où la séismographie est étudiée avec un soin particulier, on a constaté que les vents violents, les marées, sont capables de produire des mouvements microséismiques sensibles. Tous les microséismes ne sont donc pas d'origine profonde, mais ils mettent en évidence une mobilité du sol que l'on ne soupçonnait pas auparavant.

C'est en partie au moyen des séismographes que l'on a pu étudier en détail les derniers grands tremblements de terre. Mais le plus souvent, ces appareils n'existant pas partout, on en est réduit à se servir des observations faites par les témoins du phénomène et des traces laissées par lui.

L'étude d'un tremblement de terre comporte avant tout la détermination de l'épicentre. C'est le point autour duquel les effets destructeurs ont été le plus considérables (en tenant compte s'il y a lieu de la nature des terrains). C'est aussi celui où l'on observe, quand il s'en produit, des secousses verticales. C'est celui vers lequel convergent toutes les lignes de propagation observées. C'est le point central des courbes que l'on obtient en joignant les points où la même secousse a été observée à la même heure. C'est enfin le point central des courbes obtenues en joignant les points où l'intensité des secousses a été de même grandeur.

On conçoit qu'étant donnée la vitesse de propagation généralement très grande des secousses, il soit difficile, dans la plupart des cas, de connaître l'heure précise à laquelle elles ont atteint chaque point. La direction de propagation est aussi rarement connue avec précision, les oscillations d'objets suspendus pouvant être déviées par leur mode de suspension ou par la direction des murs lorsque l'observation est faite dans une maison. C'est donc surtout à l'intensité des secousses que l'on doit recourir.

On a établi dans ce but une échelle d'intensité de 0 à 10, les chiffres 10 et 9 correspondant à la zone de destruction plus ou moins complète des édifices, 8, 7 et 6 à la zone des secousses ressenties par toute une population, sans dégâts graves, 5, 4 et 3 à celle des secousses ressenties par un certain nombre de personnes seulement et dans des conditions déterminées, 2 et 1 aux secousses sensibles seulement aux instruments. Les zones correspondant au même degré d'intensité se disposent concentriquement, et leur centre détermine en général sans ambiguïté sinon l'épicentre, du moins une région peu étendue qui le contient.

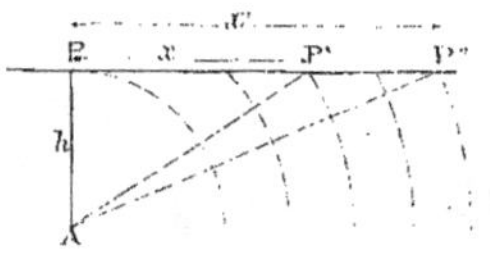

Pour la détermination du centre lui-même, la difficulté est beaucoup plus grande. On a cherché à le déterminer par le moyen suivant : A étant le centre, P l'épicentre, P' un point quelconque de la surface, v la vitesse de propagation de la secousse, si celle-ci est supposée constante dans une première approximation, on aura

$$AP' = vt = \sqrt{h^2 + x^2}$$

Pour un autre point P'' on aura de même

$$AP'' = vt' = \sqrt{h^2 + x'^2}$$

et par suite

$$v(t' - t) = \sqrt{h^2 + x'^2} - \sqrt{h^2 + x^2} \ (1)$$

Le temps $t' - t$ que met la secousse, à la surface, à se propager de P' à P'' permettra ainsi de calculer h, connaissant les distances de ces points à l'épicentre. Avec deux observations semblables, on pourra même calculer v. On voit que si h est très petit, c'est-à-dire si le centre est peu profond, dès que x et x' seront un peu grands, l'équation se réduira sensiblement à $v(t' - t) = x' - x$. Le mouvement de propagation à la surface sera sensiblement uniforme. Au contraire, si h est très grand, la vitesse à la surface,

(1) Le calcul doit être un peu modifié, si les distances x et x' sont grandes, pour tenir compte de la sphéricité de la surface.

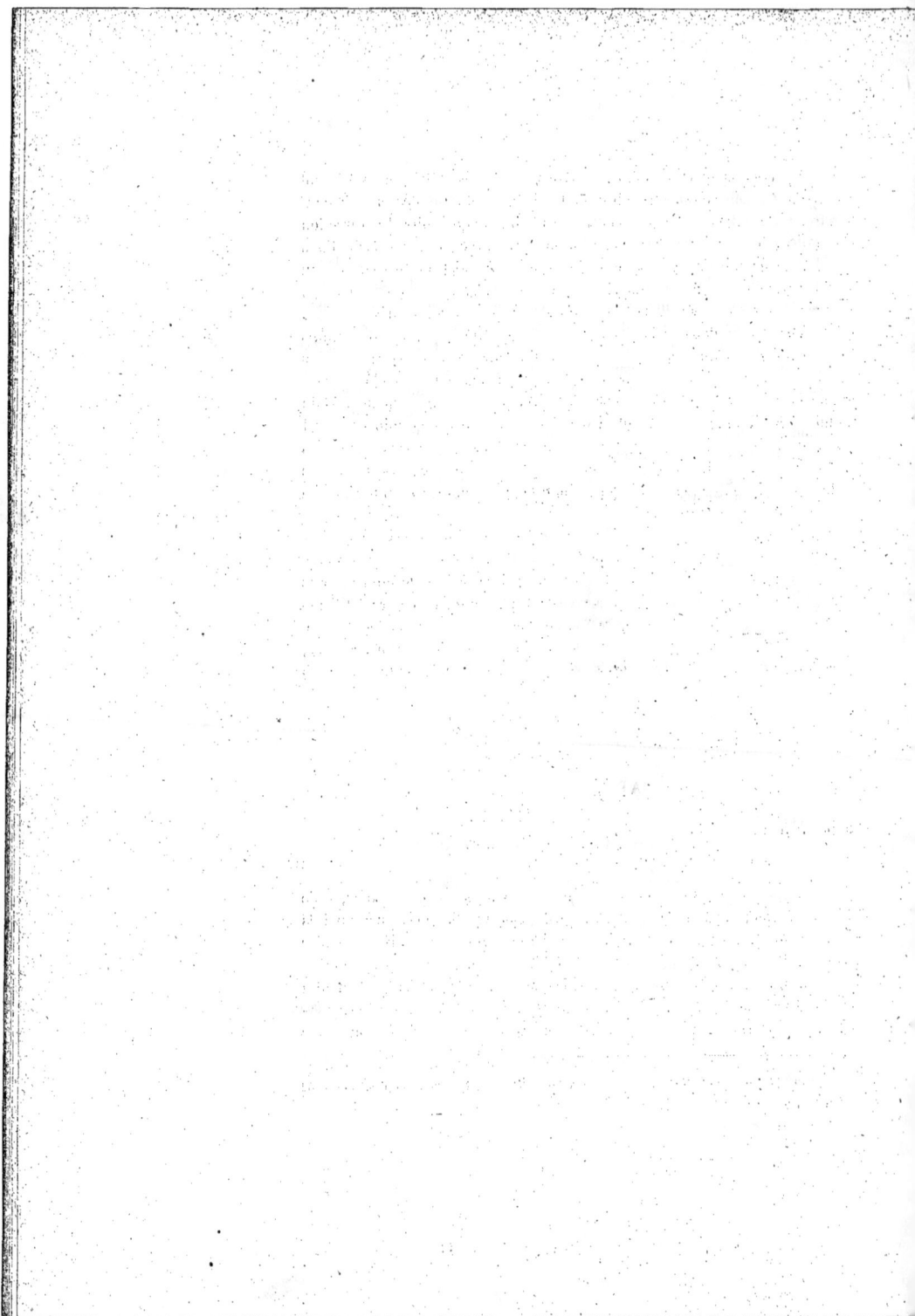

très grande près de l'épicentre, décroîtra beaucoup ensuite. Or, toutes les observations faites sur ce point concordent : la vitesse décroît peu de l'épicentre vers l'extérieur. Le centre d'ébranlement ne paraît donc jamais être bien éloigné de la surface.

On a cherché aussi à se servir de l'intensité des secousses, ou plus exactement de leur amplitude y étant l'amplitude en P', on aura

$$y = \frac{a}{\sqrt{h^2 + x^2}}$$

(car l'intensité, mesurée par le carré de l'amplitude, est de la forme $\frac{a}{AP^2}$ dans toute propagation d'ondes).

On voit facilement que $\frac{d^2y}{dx^2} = o$ pour $x = \frac{h}{\sqrt{2}}$

Il y aura donc dans la courbe des amplitudes un point d'inflexion dont l'abscisse fera connaître $\frac{h}{\sqrt{2}}$ et par suite h. Mais il est bien plus difficile encore de mesurer l'amplitude de la secousse que de connaître les heures de passage des secousses aux divers points. La méthode est peu applicable.

Le procédé qui a fourni les résultats les plus concordants est celui qui résulte de l'observation des crevasses produites dans les édifices. On choisit les crevasses les plus nettes, produites dans des murs bien isolés, sans orifices, tels que des fenêtres, sans soutiens latéraux. Ces fentes sont

dans leur ensemble normales à la direction du choc. Horizontales à l'épicentre, elles se relèvent graduellement jusqu'à la verticale à une certaine distance. Les normales aux plans des cassures convergent vers un point qui est le centre.

Quelle que soit la méthode employée, tous les observateurs sont d'accord pour fixer les centres d'ébranlement à des profondeurs très faibles par rapport au rayon terrestre : jamais plus de 50 kilomètres et le plus souvent entre 10 et 30 kilomètres. Dans le cas spécial des séismes associés aux phénomènes volcaniques, qui sont très violents parfois mais n'ébranlent que de faibles surfaces, on a dû admettre des profondeurs bien moindres encore : par exemple de 400 à 1.000 mètres, suivant les évaluations, pour le tremblement de terre d'Ischia qui détruisit Casamicciola et ne fut pas même ressenti sur la côte immédiatement voisine de l'île. Les séismes de ce genre, dus sans doute à des mouvements souterrains de la lave, à des explosions de gaz, en un mot au travail souterrain qui précède les éruptions volcaniques, sont fréquents autour des volcans et annoncent souvent les éruptions. Leurs effets sont généralement locaux et leur centre peu profond.

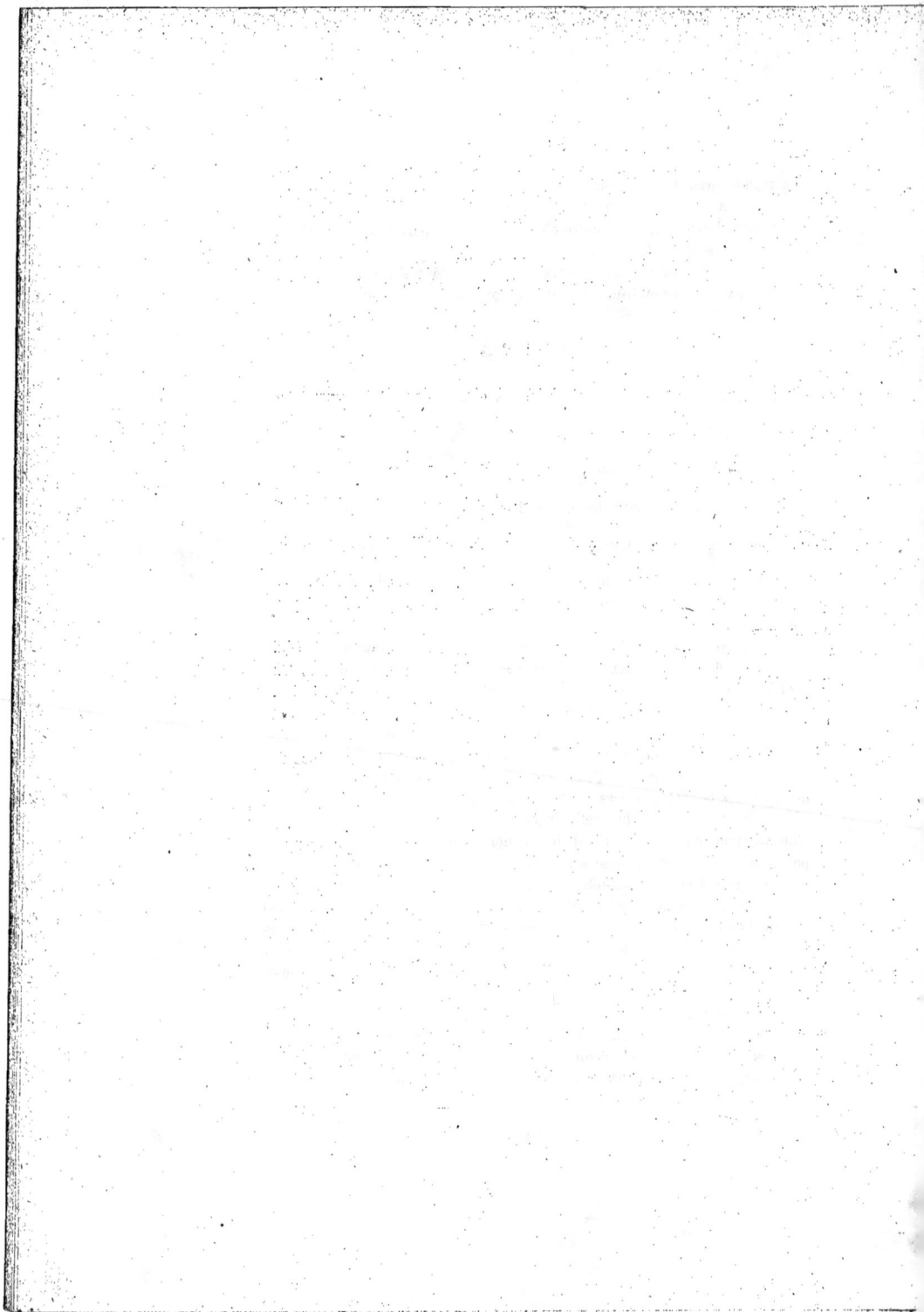

Il est d'ailleurs impossible de les séparer nettement des séismes à centre plus profond qui ne paraissent pas être en relation immédiate avec les phénomènes volcaniques.

On voit donc que les centres des tremblements de terre se localisent dans la croûte externe solide de la terre. Quelques-uns sont peu profonds, et certainement situés dans la zone superficielle de compression, mais ceux-là paraissent pour la plupart en rapport avec les volcans. Les autres sont à une profondeur dépassant probablement celle de la couche de nulle tension, atteignant la partie supérieure de la zone de distension. C'est une première raison de croire que les séismes (en éliminant les séismes de surface comme nous l'avons spécifié) sont en rapport avec la fissuration de l'écorce. Ils seraient le résultat de l'ouverture des cassures profondes d'effondrement qui à la surface se traduisent soit par les plissements soit par les effondrements verticaux. En un mot ils seraient l'indice de la continuation actuelle des *mouvements orogéniques* qui affectent précisément la même zone.

La répartition des séismes à la surface du globe vient confirmer cette idée. Presque tous en effet se localisent le long des grandes lignes de dislocation de l'écorce terrestre, telles qu'on les a définies plus haut. En Amérique des tremblements de terre fréquents et terribles affectent la bande côtière ouest, c'est-à-dire précisément celle qui contient tous les plissements récents du continent. Dans l'Amérique du Sud, tout ce qui est à l'est de cette zone (à l'est des Andes) est complètement exempt de séismes. Dans l'Amérique du Nord, il en est de même sauf pour la région côtière est, bordant l'Atlantique Nord. En Europe, l'immense majorité des tremblements de terre affectent la zone méditerranéenne et alpine, mais comme en Amérique la bordure de l'Atlantique est parfois ébranlée (Ecosse, Norvège). En Afrique, les centres d'ébranlement se localisent aussi le long de la côte méditerranéenne et d'autre part le long de la mer Rouge, région d'effondrement bien caractérisée. L'Arabie qui forme le prolongement du continent africain, est également exempte de séismes sauf sur la côte de la mer Rouge. Par contre dès qu'en Perse et dans les Indes on pénètre de nouveau dans la zone des dislocations méditerranéennes, on retrouve avec elle les tremblements de terre. En un mot il n'y aurait presque rien à changer à la carte de la p.   pour que la zone couverte de hachures représentât celle où se distribuent les tremblements de terre. En dehors de cette zone, il n'y aurait guère à ajouter que des régions en rapport évident avec les effondrements atlantiques et indiens, comme pour les volcans. Les mouvements orogéniques, volcans et tremblements de terre apparaissaient ainsi comme dus à une même cause, étant localisés dans les mêmes régions.

Dans le détail, le lien entre les mouvements orogéniques et les séismes n'est pas moins frappant. Chaque fois que l'on a pu relever dans une même

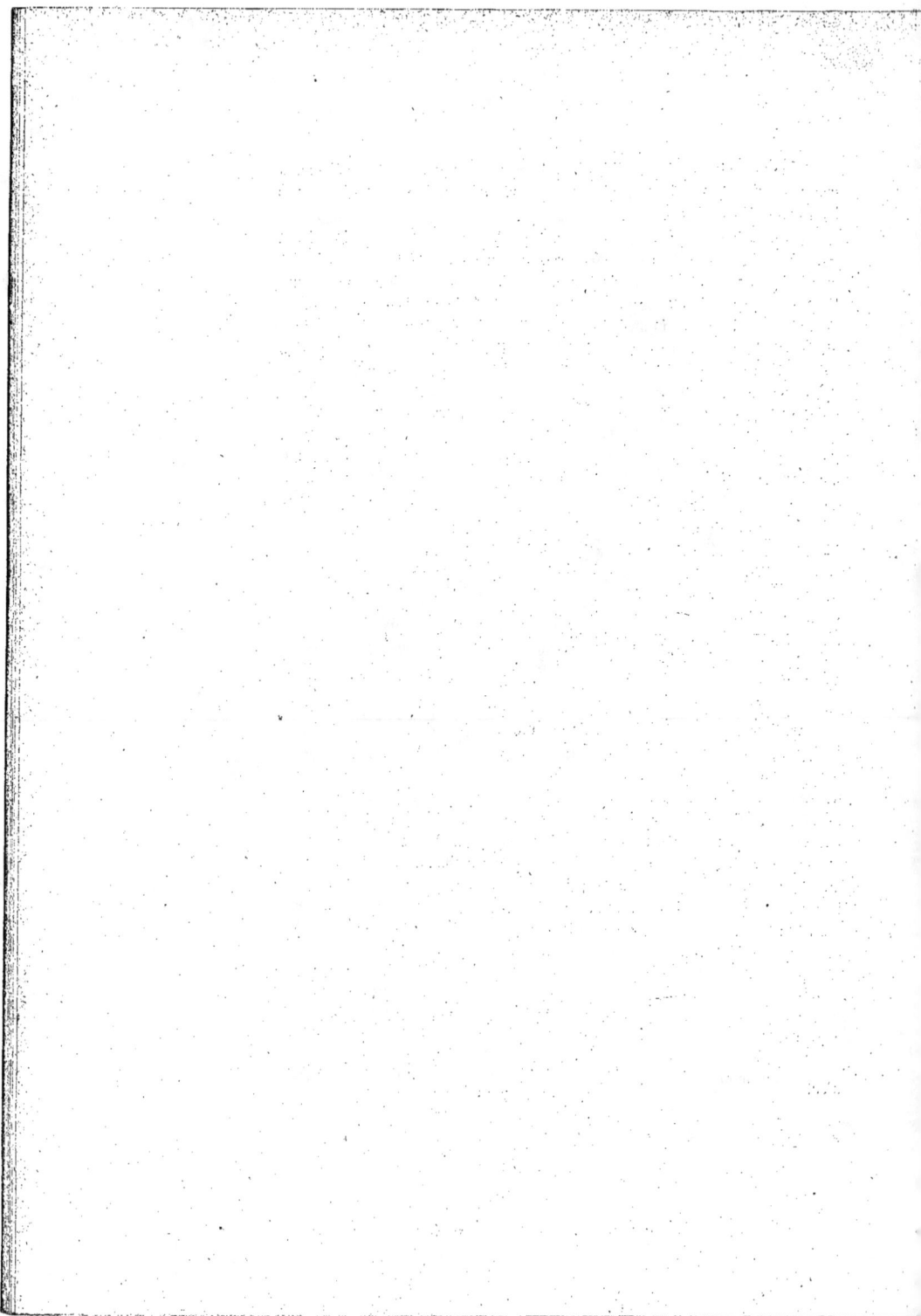

région une série d'épicentres correspondant à des secousses successives, mêmes réparties sur un grand nombre d'années, on a toujours trouvé ces points jalonnant à la surface soit une direction de plissement, soit une grande faille d'effondrement, soit les directions perpendiculaires (qui coïncident dans le cas des plis avec les décrochements normaux, dans le cas des failles avec les cassures radiales des champs d'effondrement).

Il faudrait donc conclure de là que les mouvements orogéniques se poursuivent à l'heure actuelle. Mais s'il en est ainsi les tremblements de terre devraient produire à la surface des déformations sensibles. A la vérité la formation des fissures profondes dans la zone de distension peut bien ne pas se traduire *immédiatement* par des déformations permanentes dans la zone superficielle de compression, laquelle est maintenue par son arcboutement latéral comme une voûte. On ne doit donc pas s'attendre à voir tous les tremblements de terre accompagnés de dénivellations immédiates et définitives à la surface. En fait, ces dénivellations sont assez rares pour que l'on ait pu longtemps douter de leur existence.

On avait signalé depuis longtemps des phénomènes de ce genre mais toujours douteux. Très fréquemment les secousses déterminent dans le sol, même en roche dure, des crevasses larges de plusieurs mètres, dont les unes se referment aussitôt, les autres restent béantes. Certaines ont jusqu'à 100 kilomètres de longueur et plus. Mais le plus souvent les deux lèvres de ces cassures restent au même niveau. Des déplacements verticaux ont été observés à diverses reprises, mais surtout dans les terrains peu consistants, prêts à glisser sur leur base de terrains solides, et dont la secousse ne semblait avoir fait que déterminer le décollement.

Ainsi dans le delta de l'Indus, en 1819, un district de plusieurs milliers de kilomètres carrés, formé des alluvions du delta et situé au niveau de la mer, fut à la suite d'un tremblement de terre immergé à 5 mètres de profondeur moyenne. Une cassure rectiligne, formant aujourd'hui un talus abrupt (Ullah Bund, digue des Dieux) sépare le lambeau de terrain mis en mouvement des formations restées en place. En Grèce, en 1861, on observa la submersion d'une bande de terrain meuble de 13 kilomètres de longueur sur 100 à 200 mètres de largeur le long d'une côte. Il ne s'agit là évidemment que de glissements superficiels déclanchés par la secousse.

Autour des volcans, les tremblements de terre produisent parfois des mouvements verticaux du sol incontestables. En 1861, le rivage fut relevé de 1 mètre environ à Torre del Greco (au pied du Vésuve) à la suite d'un séisme. Ce relèvement portait sur 200 mètres de longueur. A Néa-Kaméni, durant l'éruption de 1866, un séisme fut accompagné de la submersion de maisons.

Mais en ce qui concerne les séismes d'origine profonde il n'est plus possible aujourd'hui de douter qu'ils coïncident parfois avec la formation de véritables failles, avec rejet. Le 28 octobre 1891, au Japon, une secousse de

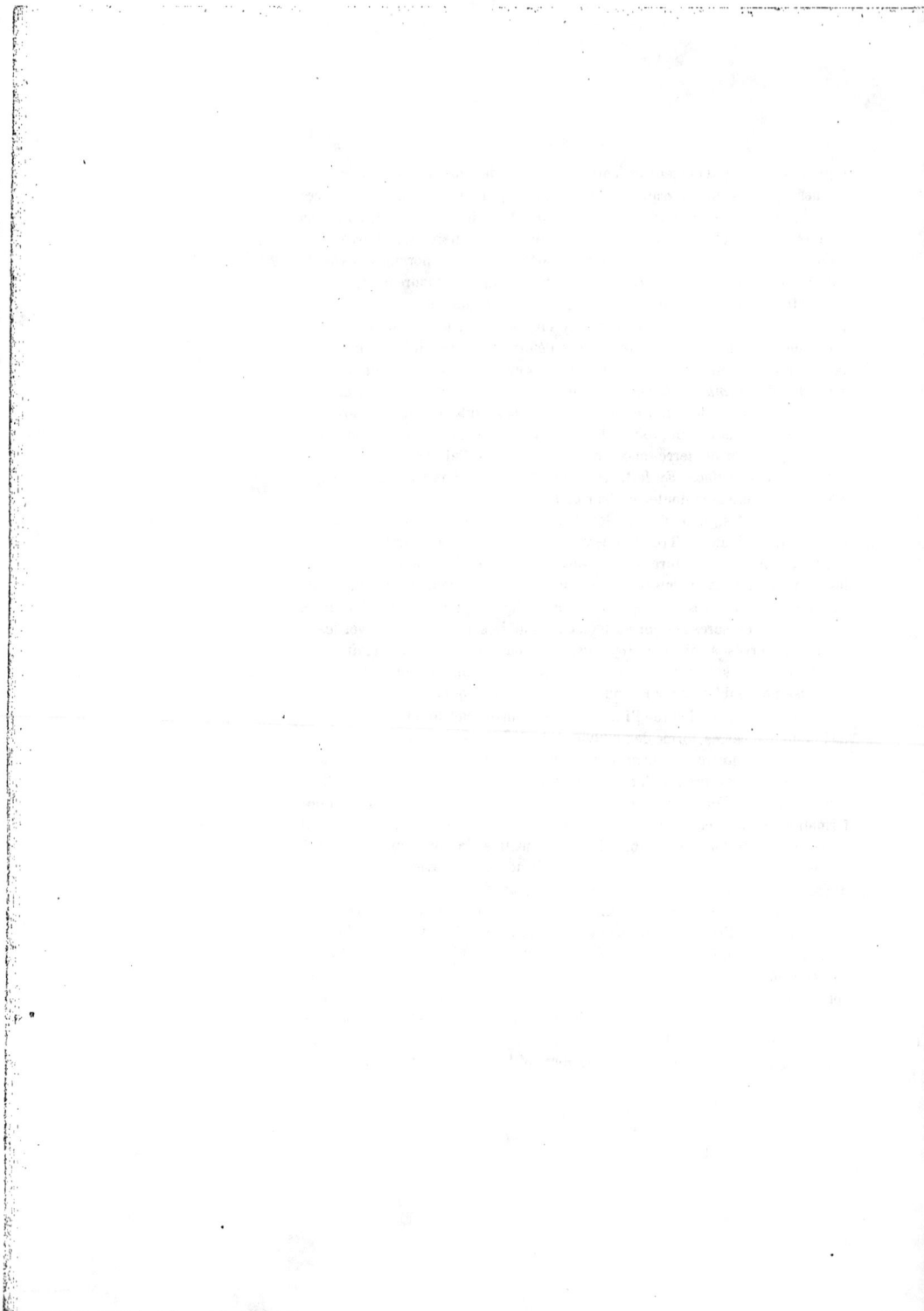

grande violence fut accompagnée de la formation d'une cassure de 112 kilomètres traversant indifféremment les divers terrains et rejetant verticalement l'une de ses lèvres de $0^m,30$ à 6 mètres par rapport à l'autre, avec en même temps un rejet horizontal atteignant 4 mètres. Une route fut ainsi coupée en deux tronçons qui ne sont plus dans le prolongement l'un de l'autre en plan, et dont l'un est à 6 mètres au-dessus de l'autre.

A la suite des tremblements de terre d'Agram de 1880 à 1885, on a constaté par des mesures géodésiques précises des déplacements de certains points atteignant jusqu'à $2^m,75$ en plan et $2^m,50$ en hauteur.

En 1892, en Afganistan, une voie de chemin de fer fut tordue, déplacée horizontalement de 80 centimètres et verticalement de 20 à 30 centimètres par l'effet d'une crevasse produite durant un séisme.

Au Bengale, en juin 1897, 60 kilomètres de voie ferrée ont été tordus ainsi. En 1894, en Grèce, une crevasse de 60 kilomètres de longueur, le long de la côte de la mer Egée, a entraîné un rejet de $1^m,50$ à 2 mètres vers la mer, et cela dans des calcaires compacts.

Une ancienne observation de Lyell (1855) avait d'ailleurs fait connaître en Nouvelle-Zélande une cassure de 145 kilomètres de longueur, ouverte en 1848 et prolongée suivant la même direction à la suite d'un tremblement de terre en 1855, le long de laquelle la lèvre mobile avait effectué un mouvement de bascule, se relevant jusqu'à 3 mètres au-dessus de l'autre vers le Nord, et s'abaissant jusqu'à $1^m,50$ au-dessous vers le Sud.

En 1872, en Californie, une faille ayant jusqu'à 6 mètres de rejet fut aussi le résultat d'un tremblement de terre.

Ainsi on ne peut douter que les séismes soient (au moins pour la plupart) dus à la formation actuelle de cassures de l'écorce terrestre. De ce que les mouvements qui les accompagnent sont toujours de faible amplitude, on doit simplement conclure qu'à l'époque actuelle les mouvements orogéniques sont excessivement lents. Ils se produisent par petits mouvements saccadés et de peu d'amplitude chaque fois. A d'autres époques ils ont pu être plus actifs. Toutefois, il paraît bien probable que jamais les effondrements et plissements de plusieurs milliers de mètres d'amplitude que la géologie nous conduit à constater ne se sont produits d'un seul coup, par de formidables cataclysmes ; ils sont bien plutôt le résultat d'une longue série de petits mouvements à peine perceptibles, comme ceux qui déterminent encore les séismes actuels. L'étude des terrains nous montre constamment les fosses creusées par les effondrements comblées *au fur et à mesure* de leur approfondissement par les sédiments arrachés aux parties saillantes, de façon qu'en moyenne la vitesse des phénomènes orogéniques, dans toute la durée des temps géologiques, a été de l'ordre de grandeur de celle de l'érosion, et plutôt plus lente que plus rapide.

Les grandes dénivellations actuelles, datant de l'époque de la

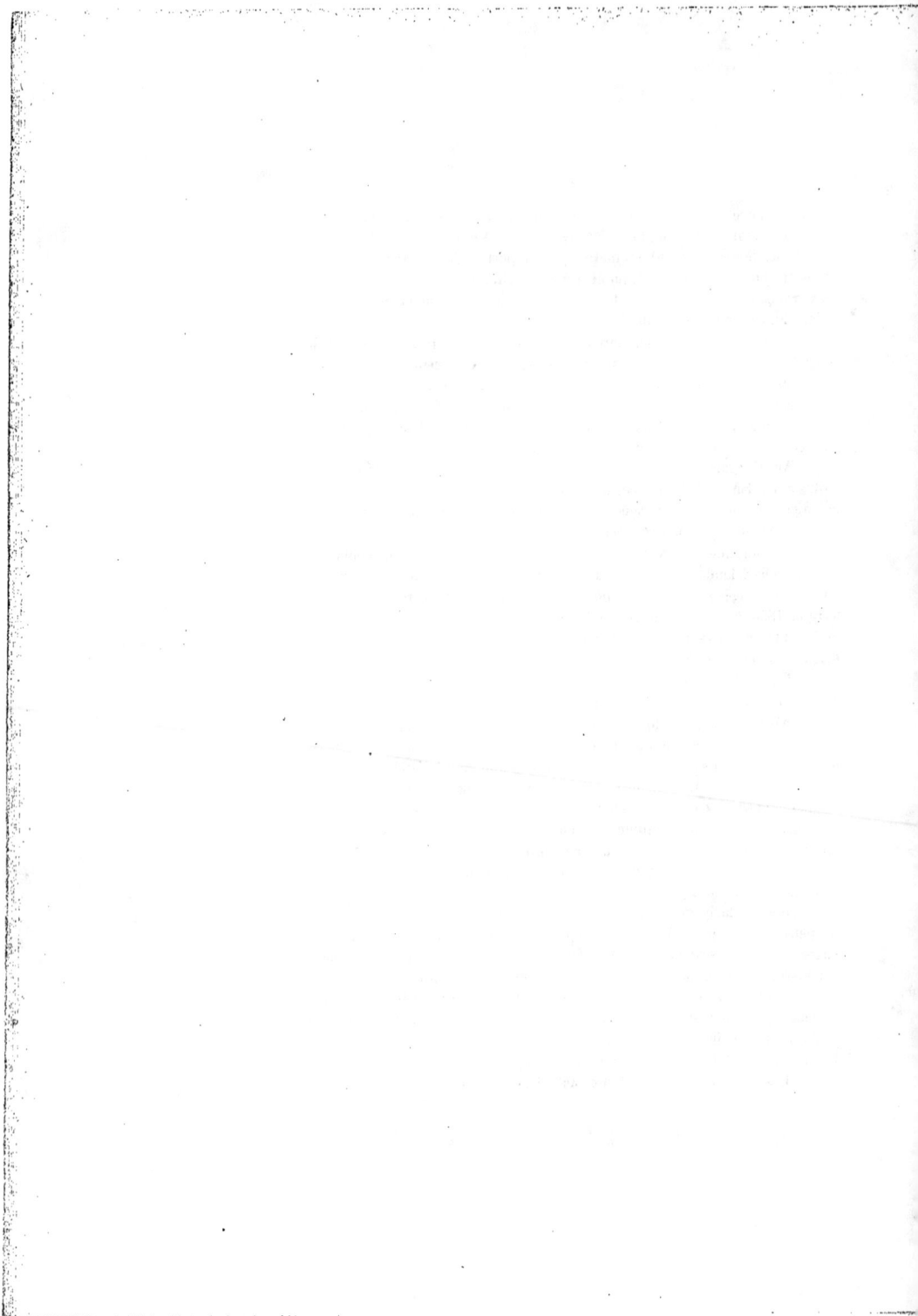

surrection des chaînes Alpines, paraissent une exception dans la série des temps. Presque toujours les mouvements orogéniques ont été assez lents pour que l'érosion les ait nivelés au fur et à mesure. De sorte qu'en somme on n'a pas de preuve décisive que les mouvements orogéniques aient jamais été *beaucoup* plus rapides qu'à l'époque actuelle. Il en est d'eux comme de l'érosion dont les effets, accumulés pendant l'énorme durée des périodes géologiques, paraissent hors de proportion avec ceux que nous voyons se produire sous nos yeux ; ils sont cependant dus au même agent, peut-être plus actif à certaines époques, mais toujours cependant du même ordre de grandeur.

Enfin, pour donner une idée de la fréquence des tremblements de terre, ajoutons que par exemple au Japon on en constate en moyenne 500 par an, sans tenir compte des microséismes. De 1865 à 1873, on a relevé dans le monde entier 1.184 séismes importants, perceptibles sans instruments, et durant cette période il ne s'est pas passé un jour sans qu'on ressentît au moins une secousse en quelque point du globe. Certaines régions sont dans un état de mouvement continuel : telle toute la côte Est du Japon, la vallée de la Save entre Laibach et Agram, la ligne NE-SO allant de Vienne à Wiener Neustadt, etc. On peut dire qu'il y a bien peu de moments où la terre ne soit pas ébranlée en quelque point de sa surface.

Un dernier fait à signaler est l'action remarquable des séismes sur le régime des sources profondes, même très loin de l'épicentre, dans des régions où aucun effet n'est ressenti à la surface. Ainsi la proportion de matières en suspension dans l'eau des puits artésiens de Paris augmente momentanément et est parfois plus que doublée lors des séismes affectant un point quelconque de l'Europe occidentale et nullement ressentis à Paris. Le tremblement de terre qui détruisit Lisbonne en 1755 modifia brusquement, et en général momentanément, le débit de beaucoup de sources thermales même en France, notamment celui de la source de Bourbon-l'Archambault.

3° *Variations des niveaux relatifs de la Terre et de la Mer.* — La surface de la terre ne se déforme pas seulement par secousses brusques. On constate aussi des déformations lentes. Les nivellements précis sont trop récents pour qu'on puisse en déduire jusqu'ici avec certitude non seulement les allures, mais même l'existence de ces mouvements. Cependant déjà le nivellement de la France en voie d'exécution semble présenter avec celui de Bourdaloue des différences inexplicables par des erreurs d'observation. Toutefois, ces différences sont à peu près de l'ordre des erreurs possibles et ce n'est qu'avec doute que l'on peut les attribuer à des déformations réelles de la surface. Dans les pays de montagnes existent partout des traditions rapportant que tel point jadis visible de tel autre en est aujourd'hui caché

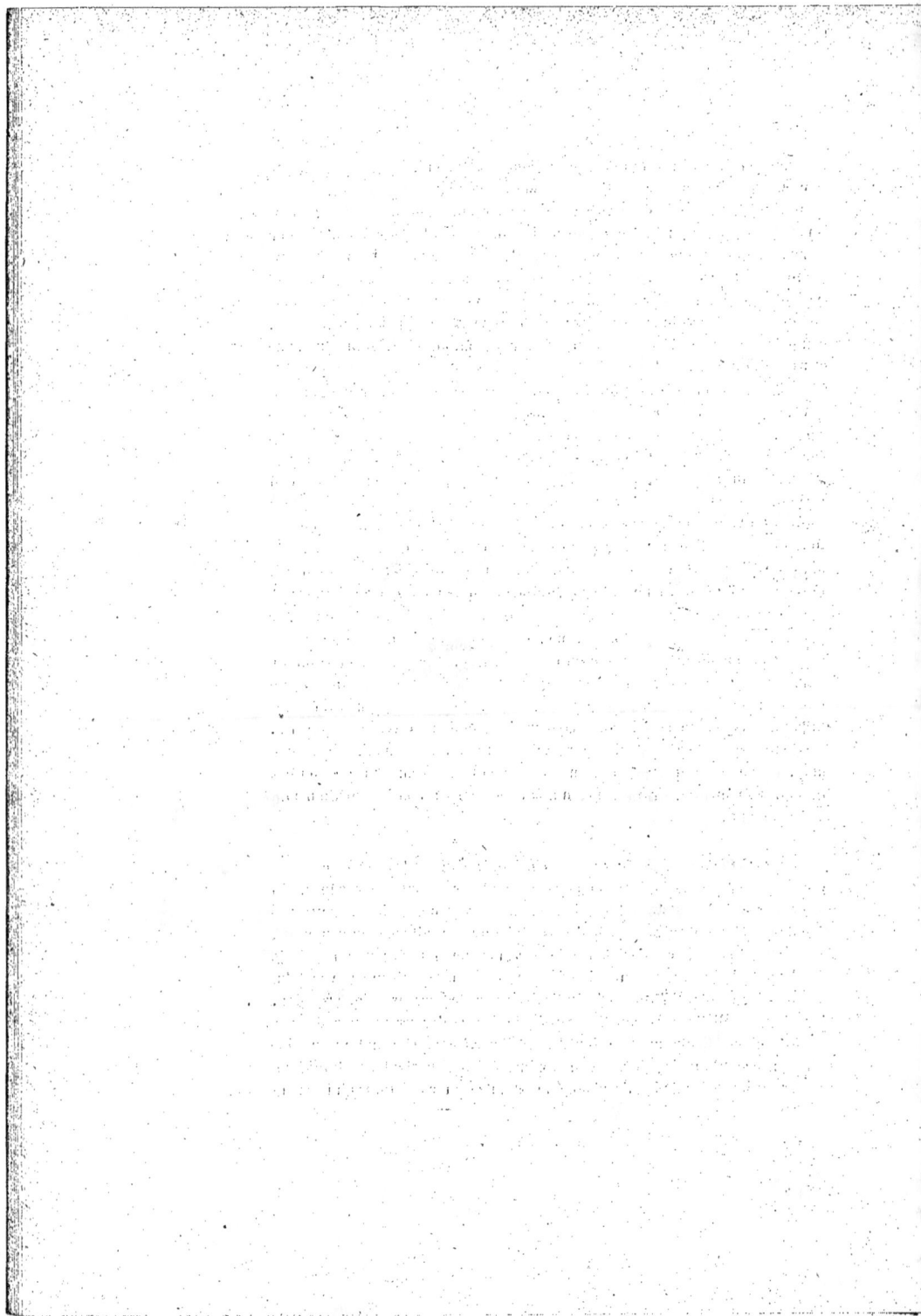

par une crête autrefois moins élevée ou inversement. Les quelques vérifications entreprises, notamment dans le Jura, semblent indiquer en effet des mouvements, mais si lents que l'observation en est toujours délicate et que jusqu'ici leur réalité n'est pas indiscutable.

On en est donc réduit actuellement, jusqu'au jour où les nivellements de précision pourront être repris après une période suffisamment longue, à rechercher les indices de déformations le long des côtes, où la mer fournit un niveau repère constamment observable.

En fait, un grand nombre de plages récentes, contenant les coquilles d'animaux actuels, se trouvent aujourd'hui relevées au-dessus du niveau de la mer ; et inversement d'autres témoignent d'un mouvement d'affaissement de la terre par rapport à la mer. Dans le premier cas, on dit que la mer effectue un mouvement *négatif* ou de *régression*, dans le second un mouvement *positif* ou de *transgression*.

Les exemples de ces mouvements sont nombreux, mais il en est beaucoup qui ne démontrent pas d'une manière certaine une déformation du continent.

L'un des cas les plus anciennement observés et les plus discutés est celui de la Baltique. Dès le commencement du XVIIIe siècle, on a observé que le rivage de la Suède septentrionale se relève graduellement, et l'on a évalué à plus de 1 mètre par siècle le taux de ce relèvement. Depuis 1850 des observations précises ont été entreprises et ont montré qu'en réalité le mouvement d'émersion de la côte suédoise, dont l'existence paraît réelle, est masqué en grande partie par des oscillations de la mer. La Baltique, mer étroite et peu profonde, en communication avec l'Océan par des détroits resserrés et recevant beaucoup d'eau par les fleuves, est une mer en mouvement, un véritable fleuve ayant une pente du Nord au Sud. Tous les ans, au moment des pluies, son niveau s'élève et cette élévation ne se propage aux régions du Sud qu'après s'être manifestée dans le Nord. D'autres fois les vents de l'Atlantique refoulent les eaux de la Mer du Nord vers la Baltique; l'écoulement des eaux devient plus difficile, le niveau s'élève. De même qu'il se produit ainsi des oscillations annuelles, il peut se produire aussi des variations à plus longue période, par exemple un afflux d'eau douce plus considérable pendant quelques années, pendant quelques siècles peut-être, puis un retrait ensuite. D'où des variations du niveau qui peuvent faire croire à des oscillations de la terre ferme si l'on considère, à tort, le niveau de la mer comme constant et horizontal. On voit que les oscillations des lignes de côtes dans les mers fermées sont peu probantes en ce qui concerne les déformations actuelles de l'écorce solide. Toutefois, pour la côte de Suède, en tenant compte des variations du niveau de la mer, il semble bien qu'il y ait réellement un relèvement, mais faible, variant selon les points de 5 à 25 centimètres par siècle.

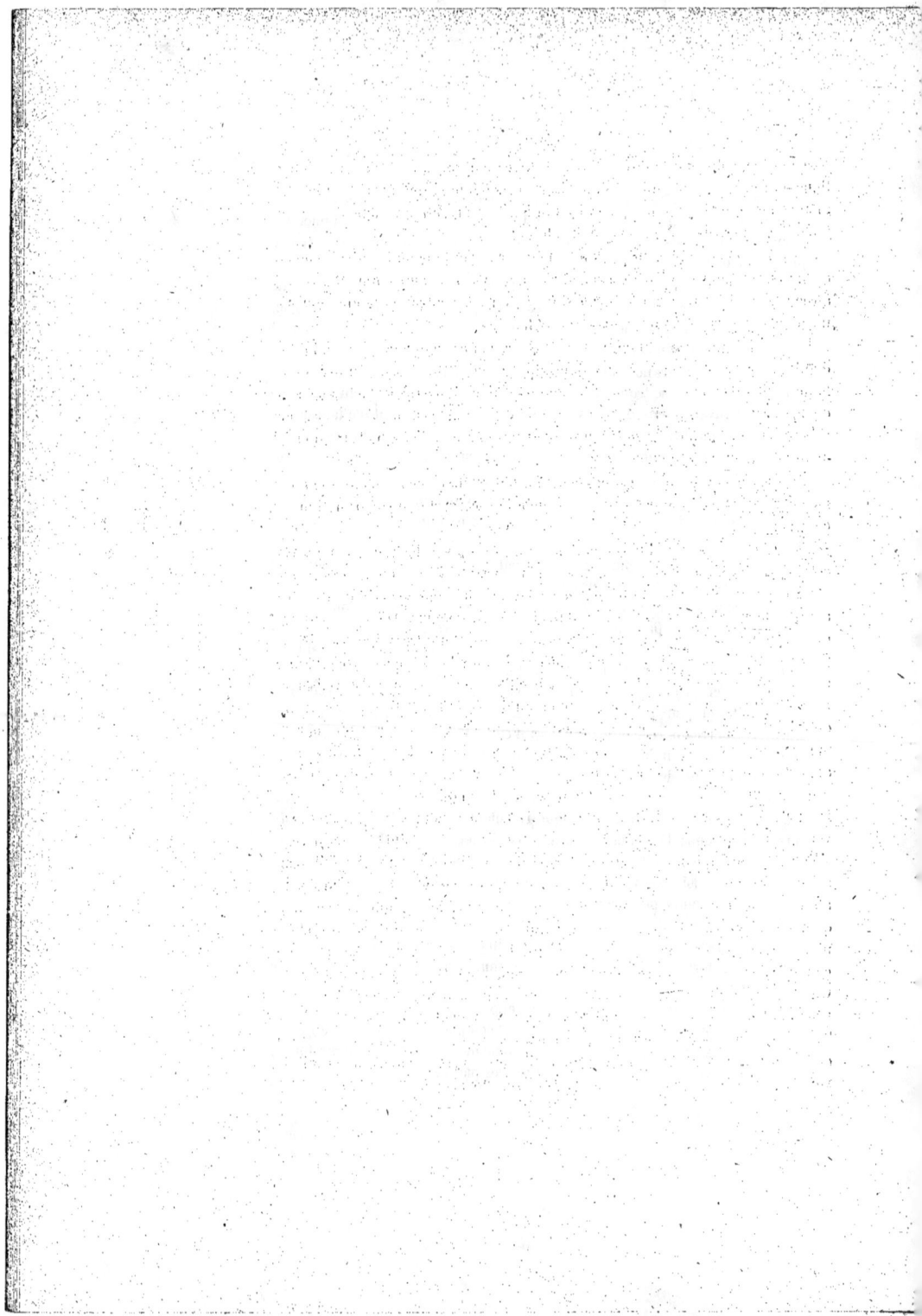

Dans les mers intérieures plus profondes d'autres causes d'erreur apparaissent. En particulier dans la Méditerranée, les différences de salure font varier la densité de l'eau de 1,0271 à 1,0295. Il en résulte que le niveau n'est ni constant, ni horizontal, et peut varier de 2 mètres et plus pour une profondeur de 1.000 mètres seulement. L'évaporation étant plus active dans la Méditerranée que l'arrivée des eaux fluviales, il en résulte que les eaux de l'Atlantique se précipitent constamment dans la Méditerranée par Gibraltar, où existe un courant constamment dirigé vers l'Est. C'est pourquoi l'eau de cette mer est un peu plus salée que celle de l'Océan. Son niveau est donc un peu inférieur à celui de l'Atlantique, ce que les nivellements ont confirmé. On conçoit que des variations du climat, influant sur l'abondance des apports fluviaux ou sur l'activité de l'évaporation, déterminent des variations de niveau ; et que celles-ci ne soient pas les mêmes partout, la salure, et par suite la densité pouvant varier de façon différente en deux points différents. Inversement dans la mer Noire, les fleuves apportent plus d'eau qu'il ne s'en évapore. Il existe, par suite, un courant du Nord au Sud à travers le Bosphore, et le niveau de la mer Noire est supérieur à celui de la Méditerranée. Il peut varier et varie en effet de saison en saison.

On doit donc se défier des observations faites dans les mers peu ouvertes, ou tout au moins n'en accepter les résultats qu'après discussion approfondie.

Dans les mers ouvertes même, beaucoup de cas s'expliquent de façon analogue. Leur niveau n'est pas davantage horizontal en toute rigueur. Dans l'Atlantique on a constaté des densités allant de 1,0260 à 1,0275, ce qui, sur des profondeurs de 4.000 mètres, peut créer des différences de niveau de 6 mètres. Le niveau peut donc varier en un même point, par exemple sous l'influence des variations de débit des fleuves ou du déplacement des courants. Beaucoup de cas d'immersion ou d'émersion, quand ils ne supposent que des mouvements de faible amplitude, sont donc discutables et peuvent n'avoir aucun rapport avec les mouvements orogéniques.

Tel est le cas, très probablement, pour la submersion des côtes de la Hollande, qui paraît être plutôt le résultat de variations de niveau de la mer du Nord et surtout de l'accroissement constaté dans l'amplitude des marées, que l'effet d'un affaissement du sol. Sur les côtes de Normandie et de Bretagne, on relève de nombreux indices d'affaissement relatif du terrain, mais il n'est pas possible de dire si le mouvement absolu est effectué par la mer ou par le continent.

Le long du littoral du Calvados on voit sur les plages, à mer basse, des forêts anciennes, quoique géologiquement contemporaines, transformées en bancs de tourbe ou de lignite contenant encore les souches en place. La baie du mont Saint-Michel n'a été envahie par les eaux que depuis les temps historiques, et était traversée à l'époque romaine par deux routes

aujourd'hui immergées. Tout autour de la Bretagne les bancs de tourbe situés au-dessous du niveau de la mer abondent, ils contiennent des restes de l'époque néolithique et même de l'époque romaine, et sont parfois recouverts de sables marins sur plusieurs mètres d'épaisseur. La légende de la ville d'Ys, submergée vers le ve siècle dans la baie de Douarnenez, paraît basée sur un fait réel : les routes qui y conduisaient viennent encore aujourd'hui se terminer à la côte, en convergeant vers un point situé à plusieurs kilomètres du rivage, où, dit-on, on a pu encore apercevoir des ruines sous 5 à 6 mètres d'eau.

Par contre, au sud de la Loire, il n'existe aucun indice de transgression jusqu'à la Gironde. L'ensablement dû aux apports des cours d'eau suffit au contraire à faire avancer la côte rapidement, si bien que La Rochelle, par exemple, autrefois bâtie sur un rocher isolé, entouré par la mer, ne communique plus avec l'Océan que par un chenal étroit et peu profond. Au Sud de la Gironde, et dès l'embouchure de ce fleuve, la côte est au contraire envahie par la mer. Depuis 1630, la pointe de Grave a reculé de 1.600 mètres.

Il est impossible, dans l'état actuel de nos connaissances, de faire la part des mouvements réels du sol dans ces oscillations, quand elles sont aussi faibles que celles de nos côtes. Il en est autrement dans d'autres régions. Ce sont d'une part les régions polaires, d'autre part la zone Pacifique et Méditerranéenne.

Dans la zone circumpacifique et méditerranéenne, on constate en beaucoup de points des mouvements récents dont l'amplitude est telle qu'aucune oscillation de la mer ne paraît susceptible de les expliquer. Ils sont l'indice de la continuation des mouvements orogéniques dans cette zone des grands plis récents. Ce sont les mouvements négatifs qui dominent, marqués par d'anciennes plages formant *terrasses* à des hauteurs parfois très grandes au-dessus du niveau actuel de la mer. Ces terrasses n'appartiennent pas toujours à la période contemporaine en toute rigueur ; beaucoup datent des temps antéhistoriques, mais elles contiennent une faune marine identique à celle des mers actuelles et leur formation est géologiquement très récente. En Sicile, ces anciennes plages s'élèvent jusqu'à 400 mètres au-dessus de la mer et datent du début des temps quaternaires. On les retrouve dans les Baléares, sur les côtes de la Mer Rouge, bordées par des récifs de polypiers émergés ; dans l'Hindoustan où elles atteignent 60 mètres de hauteur ; et tout autour du Pacifique, où les terrasses de polypiers émergés abondent ; aux îles Salomon par exemple, les polypiers modernes sont par endroits soulevés à plusieurs centaines de mètres d'altitude et le mouvement continue aujoud'hui à raison de plus de $1^m,50$ par siècle. Au Japon, aux îles Kóuriles, les terrasses atteignent 150 mètres de hauteur. Sur la côte Ouest de l'Amérique, l'amplitude des mouvements récents est

encore plus grande, et l'on a signalé dans l'Alaska des dépôts situés à 2.000 mètres d'altitude et contenant uniquement les coquilles actuelles des mers voisines. Il est donc impossible de douter que des mouvements du sol de grande amplitude, quoique très lents, n'affectent encore aujourd'hui la région dans laquelle se trouvent précisément concentrés les grands plis tertiaires.

Toutefois les lois de ces mouvements ne peuvent encore être même esquissées. De ce que les mouvements négatifs dominent parmi ceux que l'on a constatés, on ne peut rien conclure, car les mouvements positifs, ne laissant de traces qu'au fond de la mer et non sur le continent, sont beaucoup moins remarqués et leur amplitude ne peut en général être mesurée. Beaucoup de points des côtes méditerranéennes sont en voie d'affaissement (côte française à Marseille, Italie, Grèce), mais rien ne permet de démontrer la continuité et la grande amplitude de ces mouvements, en sorte que l'on peut toujours douter qu'ils soient dus à des déformations du sol. Le seul affaissement d'ensemble qui ressorte avec quelque évidence est celui du centre du Pacifique. D'après l'étude des atolls, Dana avait cru pouvoir non seulement affirmer l'existence de cet affaissement, mais en mesurer l'amplitude. On sait aujourd'hui que les atolls, généralement construits sur des cônes volcaniques, ne fournissent qu'une mesure très exagérée du mouvement. Il n'en est pas moins vrai que le centre du Pacifique, au moins dans la partie septentrionale, montre partout des traces d'affaissement, contrepartie évidente du relèvement de toute la bordure de cet océan et correspondant vraisemblablement à un phénomène de même généralité et d'amplitude comparable.

Ainsi les terrasses méditerranéennes et pacifiques mettent en évidence une grande mobilité du sol dans ces régions. Elles seules permettent de mesurer l'amplitude des mouvements, mais de ce que les mouvements positifs ne laissent pas les mêmes traces il ne faut pas conclure qu'ils sont moins intenses. Le contraire est plus probable, car on va voir que la mer, graduellement expulsée des contrées polaires, doit tendre à envahir les autres régions.

Dans les contrées polaires, principalement dans l'hémisphère nord, on observe le long des côtes des terrasses marines, contenant des coquilles d'eau salée identiques à celles des mers actuelles. En Norvège par exemple ces terrasses, nettement postérieures au recul des glaces quaternaires, et par conséquent de date très récente, se montrent au moins à deux niveaux différents. Leur hauteur au-dessus de la mer croît régulièrement du Sud au Nord. Elle s'annule dans le sud du Danemark, est faible encore dans le sud de la Scandinavie, et atteint 150 mètres et plus dans le nord de la Norvège. De même en Ecosse, on retrouve des terrasses semblables qui dans le Nord s'élèvent jusqu'à 160 mètres d'altitude, et le mouvement est très récent, car

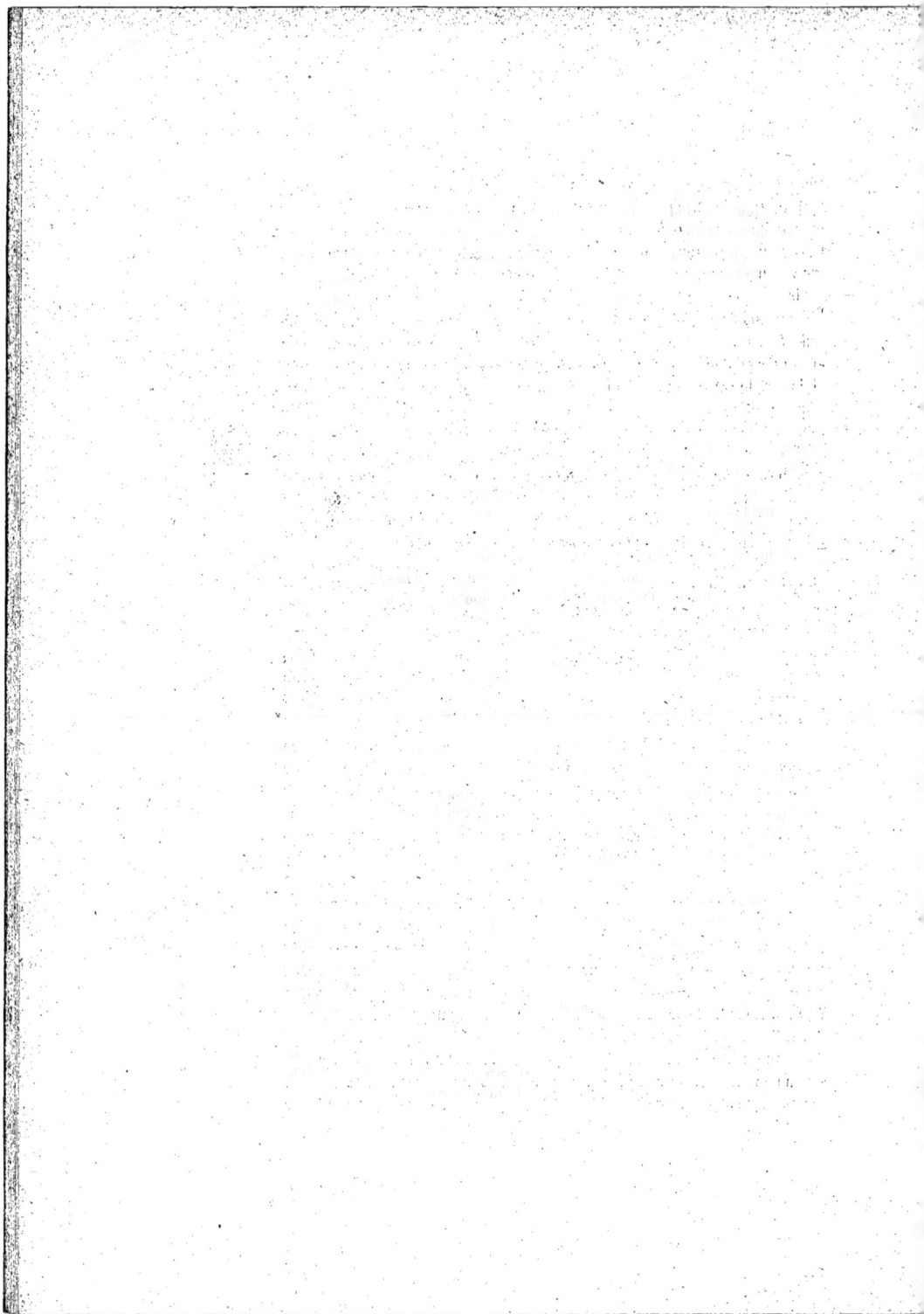

l'ancien port romain d'Alaterva est relevé de $7^m,50$ au-dessus de la mer. Les mêmes faits s'observent en Islande, au Groenland, en Nouvelle-Zemble, au Spitzberg, en un mot sur une grande partie du pourtour de l'Océan glacial Arctique. Dans l'Amérique du Nord, les terrasses qui atteignent 300 mètres d'altitude au Labrador s'abaissent graduellement vers le Sud, comme en Norvège, et disparaissent au sud de New-York.

Ainsi, à une époque récente, postérieure à la période glaciaire, le sol a subi dans les contrées polaires nord un relèvement accentué vers le pôle, et le mouvement se continue aujourd'hui.

Dans la région des grands lacs d'Amérique les anciennes terrasses lacustres fournissent des repères qui ont permis d'étudier en détail ce mouvement. Les grands lacs eux-mêmes lui doivent leur existence, car ils ne sont pas autre chose que d'anciennes vallées dans lesquelles l'eau s'est accumulée par suite du relèvement du terrain dans la direction nord-est. Ce relèvement se continue actuellement à raison de 8 centimètres par 100 kilomètres et par siècle, et a pour effet de faire émerger la rive septentrionale des lacs et de noyer la rive méridionale, si bien qu'à Chicago par exemple l'empiètement graduel des eaux est très sensible et qu'au taux actuel 3000 ans suffiraient pour que les lacs Supérieur, Michigan, Huron et Erié qui ne sont séparés du bassin du Mississipi que par un seuil insignifiant cessassent de se déverser dans le Saint-Laurent, leurs eaux devenant entièrement tributaires du Mississipi.

Une partie de la bordure de l'Océan Glacial Arctique est exempte de terrasses et échappe au mouvement d'ensemble. C'est la pointe nord-ouest de l'Alaska, où le sol est formé d'une épaisse nappe de glace très ancienne recouverte par endroits d'alluvions quaternaires à dents de mammouth, et qui descend jusqu'au niveau de la mer. Ce district n'a pas été sensiblement soulevé depuis les temps quaternaires. Il en est de même de la plus grande partie de la côte de Sibérie.

Dans l'hémisphère sud, on trouve également des terrasses s'élevant graduellement vers le pôle : sur les côtes de l'Amérique du Sud elles atteignent 300 mètres au détroit de Magellan, s'abaissent à 30 ou 40 mètres au golfe de la Plata, et disparaissent au Brésil. Au cap de Bonne-Espérance elles atteignent 120 mètres et disparaissent plus au Nord. On les retrouve également sur les côtes sud de l'Australie et en Nouvelle-Zélande.

Ainsi dans les contrées polaires des deux hémisphères le mouvement mis en évidence par les terrasses est d'une grande régularité : c'est un gonflement des deux calottes polaires qui a pour effet de faire émerger graduellement le nord de l'Europe, de l'Asie et de l'Amérique, ainsi que les pointes sud de l'Afrique, de l'Australie et de l'Amérique. Il a forcément pour effet de refouler les eaux polaires vers les contrées tempérées et équatoriales et il est bien probable que la prédominance des mouvements positifs dans les latitudes moyennes, notamment sur les côtes de France, en est le résultat.

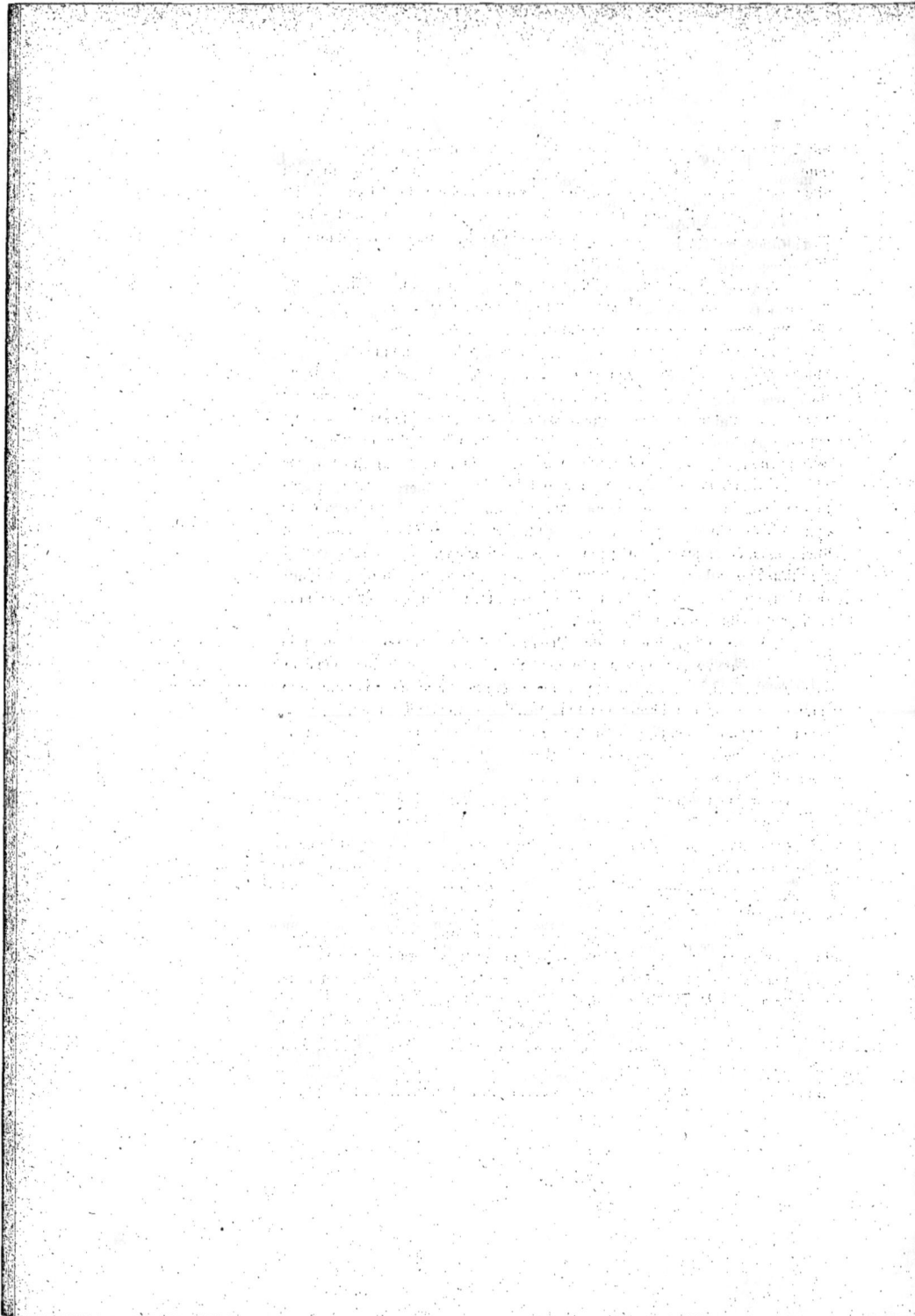

Le soulèvement des régions polaires reste jusqu'ici assez énigmatique. Il paraît cependant avoir suivi partout la disparition des glaces quaternaires, et provient peut-être de la dilatation du sol dans les contrées autrefois occupées par les glaces, et dont la température superficielle s'est depuis relevée de quelques degrés. Il y a en effet coïncidence assez exacte entre la limite

SCHÈMA DES MOUVEMENTS RÉCENTS ET ACTUELS DES COTES

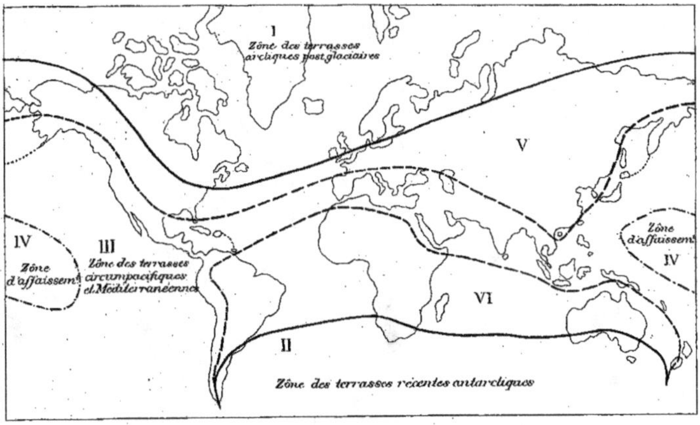

I. Emersion augmentant d'amplitude vers le Nord, postglaciaire.
II. Emersion augmentant d'amplitude vers le Sud, id. (?).
III. Mouvements de grande amplitude, commencés dès le pliocène.
Dans la région méditerranéenne, mouvements en sens divers.
Dans la bordure du Pacifique, émersion dominante.
IV. Centre du Pacifique, immersion.
V et VI. Régions neutres, mouvements de faible amplitude où domine l'immersion.

d'extension des grandes calottes glaciaires quaternaires et celle de la zone des terrasses arctiques. Mais à vrai dire l'hypothèse s'applique mal aux terrasses antarctiques. Il est plus probable que le relèvement circumpolaire est en relation, d'une manière que l'on ne peut encore préciser, avec les mouvements qui s'accomplissent dans la zone méditerranéenne et pacifique. Il suffit que dans les déformations qui résultent de sa contraction la surface du globe s'écarte excessivement peu de la forme convenant à l'équilibre d'une masse fluide en rotation pour que les eaux refluent soit vers le pôle si le sphéroïde s'aplatit, soit comme cela paraît se produire depuis l'époque glaciaire, vers les régions équatoriales si l'aplatissement diminue.

TABLEAU SOMMAIRE DES PRINCIPALES SUBDIVISIONS DES TEMPS GÉOLOGIQUES

ÈRES	SYSTÈMES	ÉTAGES		
Archéenne (Azoïque)		*Archéen.* *Précambrien.*		Pas de fossiles.
Primaire (Paléozoïque)	*Silurien.*	Silurien infér. ou *Cambrien.*		Premiers organismes. Apparition des trilobites.
		Silur. prop[t] dit.	Ordovicien. Gothlandien.	
	Dévonien.	*Dévonien*......	Infér. (Rhénan). Moyen (Eifélien). Supérieur.	Grand développement des poissons.
	Carbonifère-Permien	*Anthracifère*...	Culm, Dinantien.	Grand développement des végétaux. Premiers reptiles.
		Houiller......	Westphalien. Stéphanien.	
		Permien......	Autunien. Grès rouge. Zechstein.	Extinction des trilobites. Apparition des ammonites.
Secondaire (Mésozoïque)	*Triasique.*	*Trias*.........	Infér. Werfénien. Moyen Muschelkalk Supér. Keuper.	Grand développement des ammonites. Premiers mammifères.
	Jurassique.	*Infralias*......	Rhétien. Hettangien.	
		Lias..........	Sinémurien. Toarcien. Charmouthien.	Premières bélemnites.
		Oolithe inf[re]...	Bajocien. Bathonien.	
		Jurassique sup[r].	Callovien. Oxfordien. Rauracien. Séquanien. Kiméridgien. Portlandien.	Premiers oiseaux.
	Crétacé.	*Infracrétacé*...	Néocomien. Aptien. Albien.	
		Supracrétacé..	Cénomanien. Turonien. Sénonien. Danien.	Extinction des ammonites et des bélemnites. Premières plantes dicotylédones.
Tertiaire (Cénozoïque)	*Tertiaire inférieur.*	*Eocène.* *Oligocène.*		Grand développement des mammifères.
	Tertiaire supérieur.	*Miocène.* *Pliocène.*		
Quaternaire (Néozoïque)	(Simple annexe de l'ère tertiaire.)	*Quaternaire.*		Apparition de l'homme

CHAPITRE II

Pétrographie

A. — ROCHES ÉRUPTIVES

Caractères des principaux minéraux des Roches éruptives. — Composition, indice moyen déterminant le relief et couleur en lames minces en lumière naturelle.

	COMPOSITION	$n = \frac{n_g + n_m + n_p}{3}$	COULEUR EN LAMES MINCES
Tridymite	SiO^2	1,428	Incolore.
Leucite	$4\ SiO^2,\ Al^2O^3,\ K^2O$	1,508	Id.
Orthose	$6\ SiO^2,\ Al^2O^3,\ K^2O$	1,524	Id.
Microcline	Id.	1,526	Id.
Albite	$6\ SiO^2,\ Al^2O^3,\ Na^2O$	1,535	Id.
Cordiérite	$\frac{5}{2}\ SiO^2,\ Al^2O^3,\ (Mg,\ Fe)O$	1,536	Id.
Oligoclase	90 à 65 % Albite + 10 à 35 % An.	1,538 à 1,543	Id.
Néphéline	$2\ SiO^2,\ Al^2O^3,\ Na^2O$	1,543	Id.
Quartz	SiO^2	1,547	Id.
Andésine	65 à 50 % Ab. + 35 à 50 % An.	1,553	Id.
Labrador	50 à 35 % Ab. + 50 à 65 % An.	1,558	Id.
Anorthite	$2\ SiO^2,\ Al^2O^3,\ CaO$	1,583	Id.
Chlorites	Variable.	1,577 à 1,589	Vert à jaune. Polychroïsme marqué.
Mica noir	Variable. Surtout magnésien.	1,591	Brun très foncé à jaune. Excessivt polychroïque.
Mica blanc	$2\ SiO^2,\ Al^2O^3,\ (K^2,\ H^2)O$	1,598	Incolore.
Calcite	$Co^3\ Ca$	1,601	Id.
Actinote	$SiO^2,\ (Mg,\ Fe,\ Ca)O$	1,625	Vert à brun. Polychroïque.
Tourmaline	Variable.	1,636	Brun, bleu, rose. Excessivement polychroïque.
Apatite	$P^2O^5,\ 3\ CaO + \frac{1}{3}\ Ca\ F^2$	1,637	Incolore, parfois violacé très pâle.
Hornblende	$SiO^2,\ (Mg,\ Fe,\ Ca)O + p.\ Al^2O^3$	1,642 à 1,719	Vert à brun. Polychroïque.
Hypersthène ...	$SiO^2,\ (Mg,\ Fe)O$	1,67 à 1,70	Vert ou brun très pâle. Polychroïsme sensible.
Olivine	$SiO^2,\ 2\ (Mg,\ Fe)O$	1,679	Incolore.
Diallage	$SiO^2,\ (Mg,\ Fe,\ Ca)O$	1,688	Jaunâtre clair ou incolore. Polychroïsme nul ou à peine sensible.
Augite	$SiO^2,\ (Mg,\ Fe,\ Ca)O + p.\ Al^2O^3$	1,715	(Id. — voir Diallage)
Epidote	$6\ SiO^2,\ 3\ Al^2O^3,\ 4\ CaO,\ H^2O$	1,750	Incolore.
Grenat commun	$3\ SiO^2,\ Al^2O^3,\ 3\ (Mg,\ Fe)O$	1,765	Incolore ou très pâle, jaune ou rose. Pas de polychroïsme.
Sphène	$SiO^2,\ TiO^2,\ CaO$	1,930	Incolore ou brun clair. Pas de polychroïsme.
Zircon	$SiO^2,\ ZrO^2$	1,952	Incolore.
Rutile	TiO^2	2,712	Incolore ou brun.

Tableau des Biréfringences maxima $n_g - n_p$ et des teintes de polarisation (nicols croisés) fournies par les lames minces de 0 à 0mm 03 d'épaisseur.

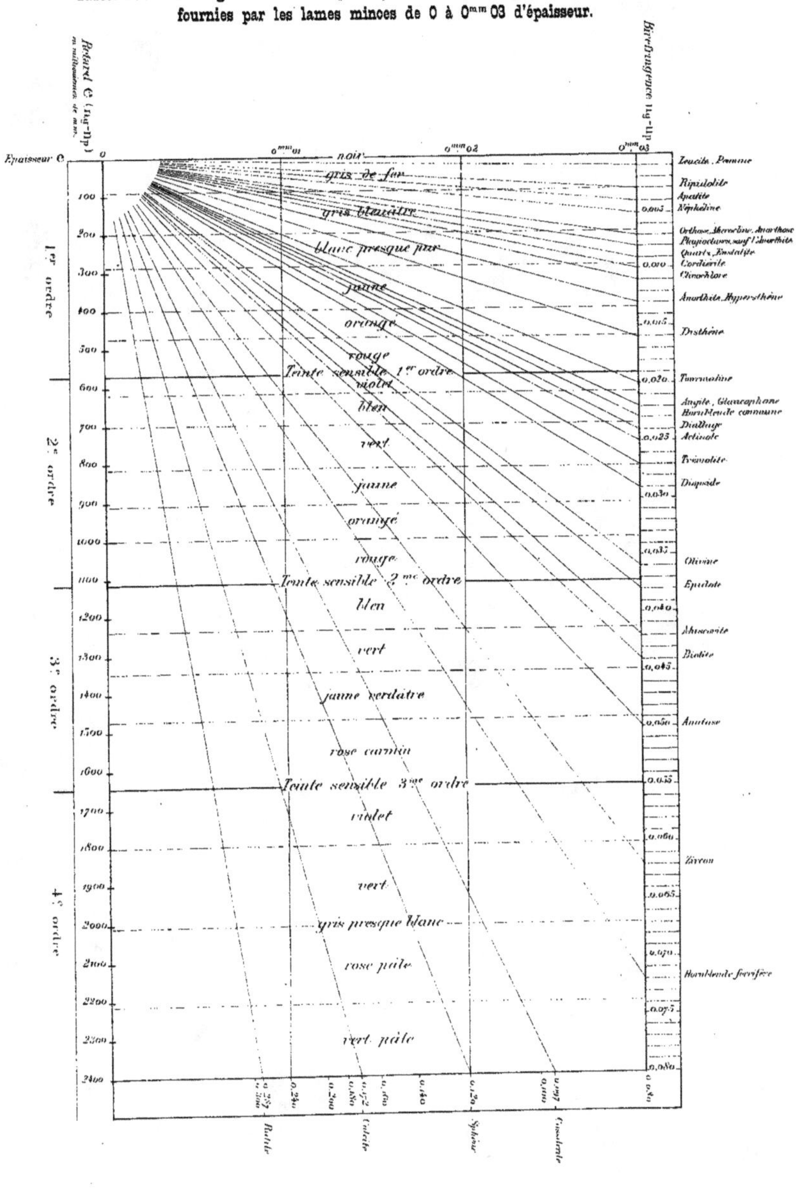

Caractères des feldspaths en lames minces. — Incolores, pas de relief, faible biréfringence. En général kaolinisation plus ou moins avancée, troublant la transparence.

Deux clivages, p et g^1, dont un seul est visible (p), l'autre jamais. Par contre, la trace de g^1 est donnée par la macle de l'albite dans tous les plagioclases. Les cristaux sont aplatis parallèlement à g^1 et presque toujours allongés suivant pg^1 (surtout les microlithes).

Macle de *Karlsbad*, fréquente dans tous les feldspaths : pénétration par rotation autour de l'arête du prisme, avec accolement suivant une surface irrégulière grossièrement parallèle à g^1.

Macle de l'*albite*, constante dans les plagioclases : Hémitropie par rapport à la face g^1, avec accolement suivant g^1.

Macle du *péricline*, commune dans tous les plagioclases : Pénétration par rotation autour de l'arête ph^1, avec accolement suivant une surface à peu près plane, voisine de p (section rhombique), sauf dans le microcline, où elle est presque normale p. Au point de vue de l'orientation optique des deux éléments, la macle du péricline équivaut presque exactement à celle de l'albite, la normale à g^1 et l'arête ph^1 étant peu différentes dans les plagioclases, puisque leur symétrie n'est pas très éloignée de la symétrie clinorhombique. Pratiquement, les deux macles ne diffèrent que par le plan d'accolement.

Orthose. — Absence de macles de l'albite et du péricline, caractéristique (l'orthose étant clinorhombique, ces macles sont impossibles). Plan des axes optiques voisin de p (5°).

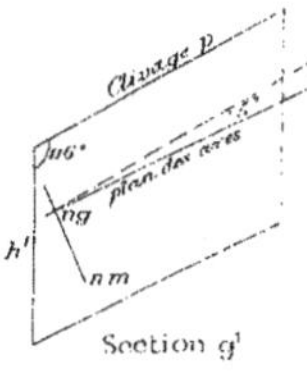

Section g^1

Section normale à g^1 macle de Karlsbad

Quand les deux cristaux de la macle de Karlsbad s'éteignent symétriquement, ils s'éteignent ensemble et parallèlement aux traces de p et g^1. Les microlithes allongés suivant pg^1 s'éteignent à 0—5° de pg^1. Leur allongement est négatif.

Microcline. — Quadrillage excessivement fin de macles de l'albite et du péricline. Dans une section g^1 (reconnaissable à ce que la macle de l'albite n'y apparait pas), l'extinction des deux séries de lamelles de la macle du péricline se fait simultanément à 5° de la trace du clivage p.

Section quelconque

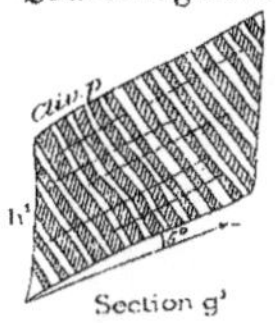

Section g^1

Souvent traversé de veinules

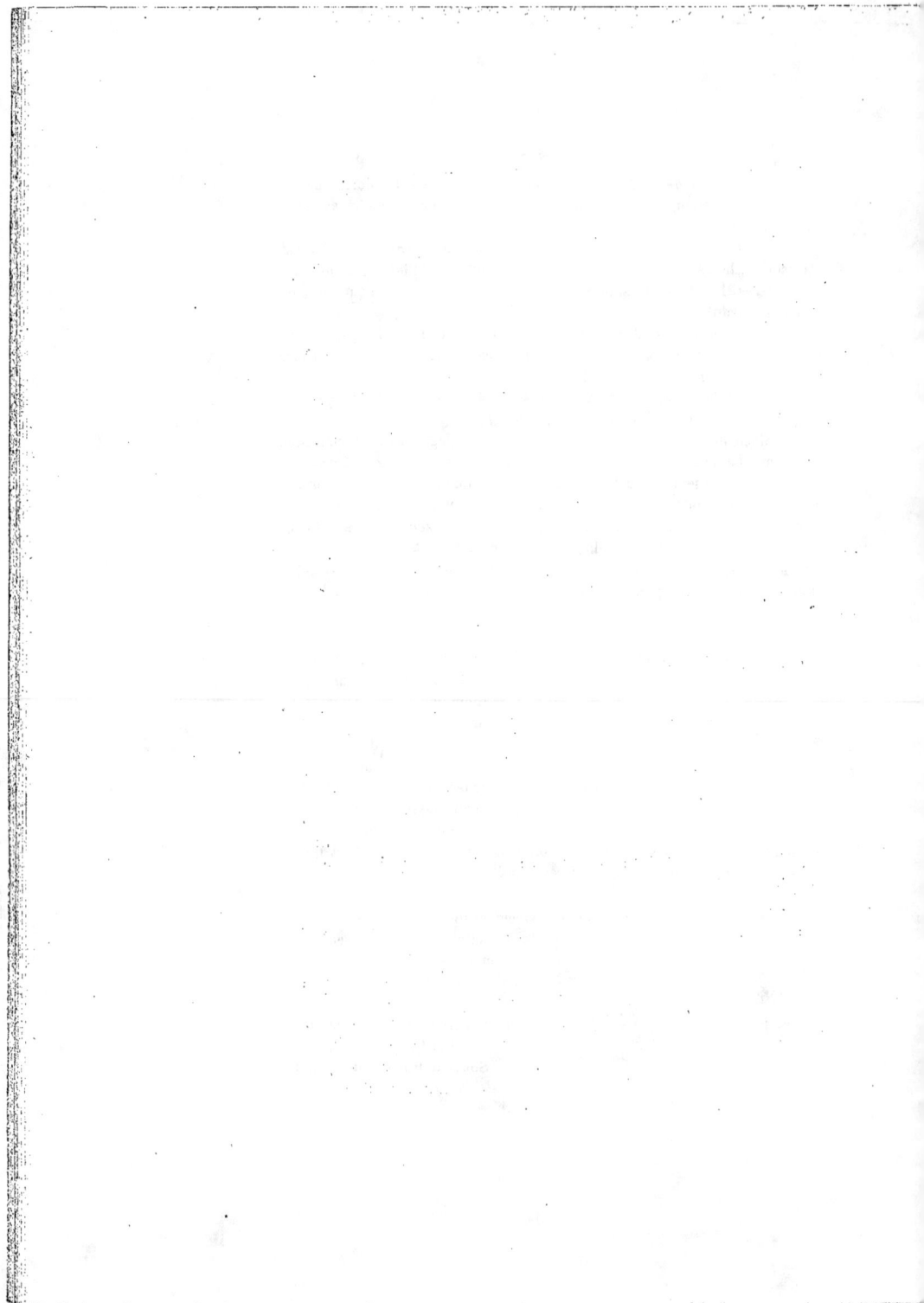

d'albite plus biréfringentes, l'ensemble constituant la *perthite* (ou microperthite quand les éléments sont microscopiques).

Anorthose. — Macles de l'albite en général très fines et serrées, mais macles du péricline rares ; il n'y a pas de quadrillage comme dans le microcline. L'anorthose se rapproche de l'oligoclase par ses propriétés optiques, et ne s'en distingue bien que par la petitesse de l'angle des axes (30 à 50°), ou bien par la grandeur des indices (procédé Becke), qui sont tous inférieurs ou au plus égaux à celui du baume du Canada.

Plagioclases proprement dits (feldspaths sodico-calciques). — Série continue de l'albite à l'anorthite, que l'on divise ainsi :

Albites, de	0	à	10 °/₀	d'anorthite pure.
Oligoclases........	10	à	35	—
Andésines.........	35	à	50	—
Labradors.........	50	à	65	—
Bytownites........	65	à	85	—
Anorthites	85	à	100	—

Les trois macles sont communes. Celle de l'albite ne manque jamais.

Procédé de détermination rapide : Chercher les sections perpendiculaires à g^1. On les reconnaît :

1° A ce que les extinctions des lamelles 1 et 2 se font symétriquement par rapport à la trace du plan de macle de l'albite g^1, qui est une ligne fine et nette (le plan g^1 étant normal à la lame) ;

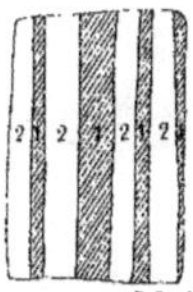

2° Les lamelles 1 et 2 présentent huit fois par tour le même éclairement, quelle que soit la section considérée. Si la section est normale à g^1, quatre de ces positions sont celles pour lesquelles la trace de g^1 est parallèle au fil du réticule (1re espèce). Mais l'égalité de teinte s'apprécie mal dans ces positions, parce que

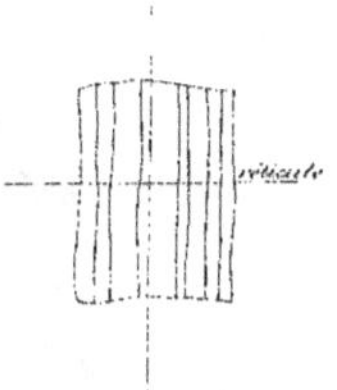

Éclairement égal 1re espèce

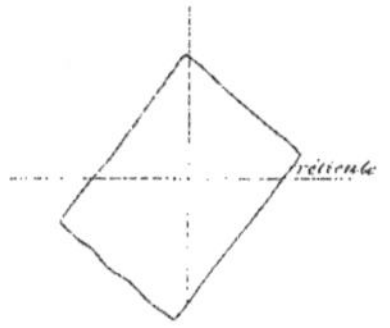

2e espèce

les bords des lamelles qui se recouvrent se compensent et ressortent en liserés noirs entre les lamelles.

[illegible]

[illegible]

[illegible]

[illegible]

[illegible]

Les quatre autres (2e espèce), sont caractérisées au contraire par la disparition de toute séparation entre les lamelles maclées, et l'égalité de teinte s'y apprécie avec une extrême précision.

Si la lame est bien normale à g^1, ces positions d'égal éclairement de seconde espèce sont celles pour lesquelles la trace de g^1 est exactement à 45° des fils du réticule. Ayant donc placé la trace de g^1 parallèlement au fil du réticule, on fait tourner la platine de 45°. Si la macle de l'albite disparaît complètement, la section est normale à g^1.

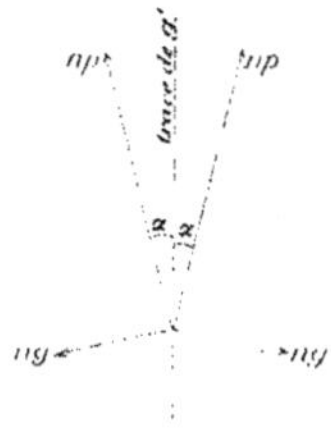

Extinction symétrique dans la zône normale à g'

Dans les sections ainsi choisies, on mesure l'angle α de la section principale *np* avec la trace de g^1 (angle d'extinction).

α varie pour chaque plagioclase, selon celle des sections normales à g^1 à laquelle on a affaire, depuis zéro jusqu'à un certain maximum, qui est faible dans les plagioclases acides, grand dans les basiques. En observant un petit nombre de sections normales à g^1, on détermine un angle α qui se rapproche beaucoup du maximum (la probabilité pour qu'on rencontre un angle voisin du maximum étant très grande).

Le diagramme ci-après donne les maxima de α pour les divers plagioclases. On voit que, comme on n'a pas en général le moyen de distinguer

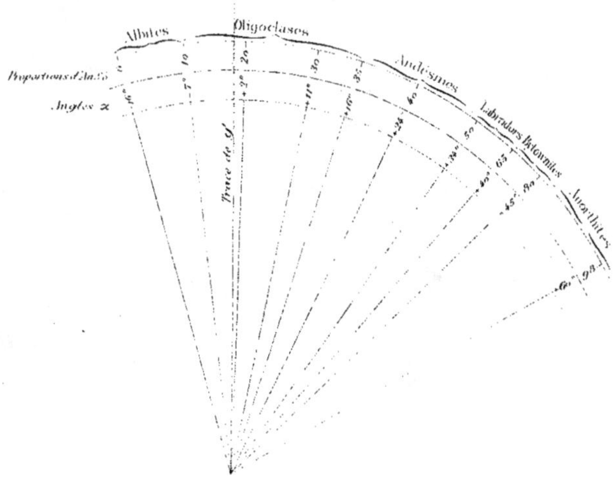

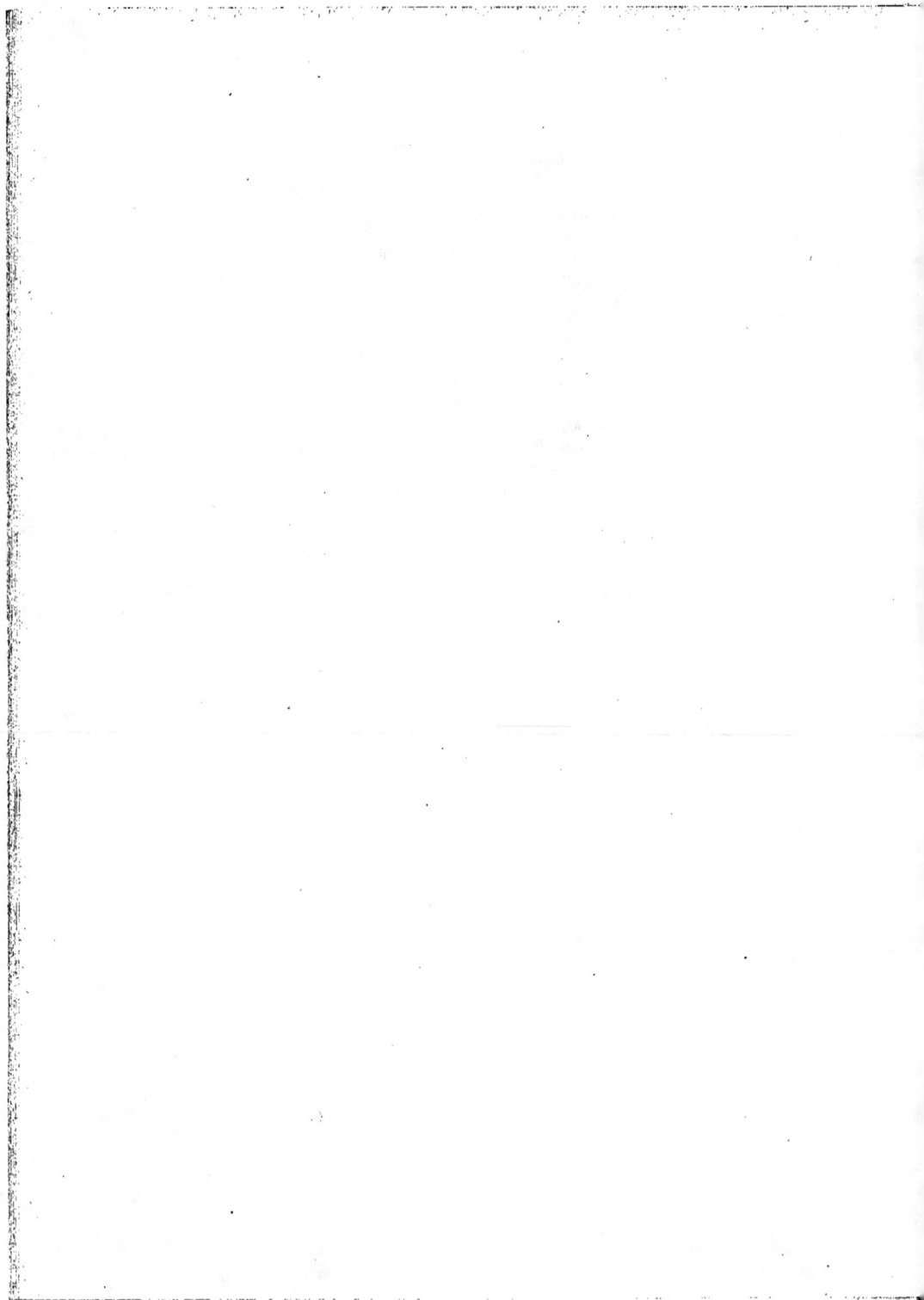

les angles positifs des négatifs, il y a ambiguïté entre les albites et les oligoclases basiques, c'est-à-dire pour les angles inférieurs à 16°. Tout angle supérieur à 16° détermine complètement le feldspath. Si l'angle est très petit, on a affaire à l'oligoclase moyen, voisin de 20 °/₀ d'anorthite.

L'ambiguïté n'a donc d'importance qu'entre les albites et oligoclases basiques. Elle est levée, quand il y a du quartz, en observant par le procédé Becke les contacts quartz-feldspath. En l'absence de quartz, le plus simple est de chercher les sections, d'orientation quelconque, qui présentent simultanément les macles de l'albite et de Karlsbad.

Quand on place un feldspath dans la position d'éclairement commun de seconde espèce pour la macle de l'albite, cette macle s'efface et la macle de Karlsbad apparait seule, le cristal n'étant plus divisé qu'en deux parties d'inégal éclairement A et B. Dans les plagioclases acides, à moins de 20 °/₀ d'anorthite, les teintes de A et B sont presque identiques, quelle que soit la section. Dans les plagioclases à plus de 20 °/₀ d'anorthite, les teintes de A et B sont bien nettement différentes, et d'autant plus que le feldspath est plus basique.

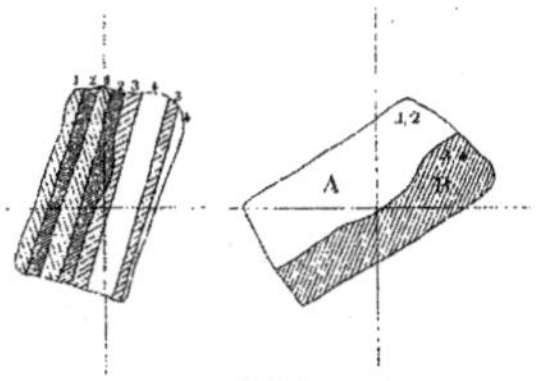

Position quelconque — Éclairement commun de 2e espèce

Zone pg¹. — Les microlithes feldspathiques étant toujours allongés suivant pg^1, ceux qui apparaissent notablement plus longs que l'épaisseur de la lame sont vus suivant une face de la zone pg^1. Ceci ne s'applique, bien entendu, qu'aux microlithes en aiguille, non à ceux qui sont aplatis suivant g^1. La mesure de l'angle d'extinction maximum α rapporté à pg^1 et *np* donne les renseignements suivants :

Albite pure	20°
Oligoclase à 20 °/₀ d'An	0°,5
Oligoclase à 25 °/₀ —	0°
Oligo-Andésine à 35 °/₀	7°
Andésine-Labrador à 50 °/₀	18°
Labrador à 60 °/₀	32°
Anorthite à 95 °/₀	55°

Il y a encore ambiguïté, qui ne disparait que pour les feldspaths à plus de 50 °/₀ d'Anorthite. Mais les très petits angles sont bien caractéristiques de l'Oligoclase.

Tableau des indices des feldspaths, pour l'application du procédé Becke.

	n_g	n_m	n_p	Signe optique.	Angle des axes.
Orthose.........	1,526	1,524	1,519	—	faible, variable.
Microcline.......	1,529	1,526	1,523	—	voisin de 90°.
Anorthose.......	1,530	1,529	1,523	—	faible (30 à 50°).
Albite...........	1,540	1,534	1,532	+	voisin de 90°.
Oligocl. acide....	1,542	1,538	1,534	..	90°.
— basique..	1,547	1,543	1,539	..	90°.
Andésine........	1,556	1,553	1,549	—	voisin de 90°.
Labrador........	1,562	1,557	1,554	+	voisin de 90°.
Anorthite........	1,588	1,584	1,576	—	voisin de 90°.
Quartz..........	1,553	.....	1,544		
Baume du Canada.	maximum	1,549			
	usuel	1,530	(supér. à n_g de l'orthose, infér. à n_p de l'oligoclase).		

Différences d'indices au contact Quartz-Feldspath (Becke).

On cherche les contacts quartz-feldspath parallèles A et les contacts

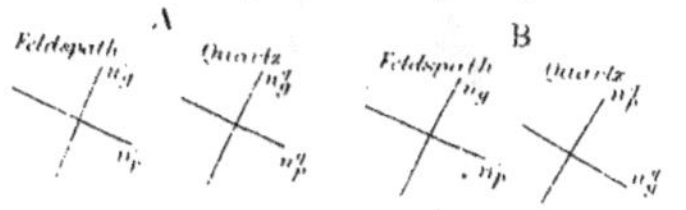

quartz-feldspath croisés à angle droit B, et l'on détermine par le procédé Becke les signes de

$$A \begin{cases} \Delta_1 = n'_g - n^q_g \\ \Delta_2 = n'_p - n^q_p \end{cases}$$

$$B \begin{cases} \delta_1 = n'_g - n^q_p \\ \delta_2 = n'_p - n^q_g \end{cases}$$

n'_g est toujours compris entre n_g et n_m du feldspath.
n'_p — — n_m et n_p —
n^q_p est constant (indice ordinaire du quartz).
n^q_g est voisin de n_g du quartz si l'on choisit une section de biréfringence forte.

		δ_2	Δ_1	Δ_2	δ_1
Orthose, Microcline, Anorthose, Albite	de 0 à 10 °/₀	—	—	—	—
Oligoclase........................	de 10 à 25 °/₀	—	—	—	0
—	de 25 à 35 °/₀	—	—	0	+
Andésine........................	de 35 à 40 °/₀	—	0	+	+
—	de 40 à 50 °/₀	0	+	+	+
Labradors, Bytownites et Anorthites, à	plus de 50 °/₀	+	+	+	+

Caractères des autres minéraux.

A. — Minéraux toujours *incolores* et *peu biréfringents* (incolores en lumière naturelle, tons gris en lumière polarisée dans les plaques ordinaires de $0^{mm},02$ d'épaisseur environ).

Quartz. Très limpide, pas de relief. Ni clivages ni macles. Uniaxe *positif*. Souvent extinctions « roulantes » provenant d'une torsion (les plages ne s'éteignent pas d'un seul coup). Nombreuses inclusions solides, liquides ou gazeuses en files irrégulières.

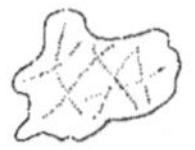
Quartz des granites

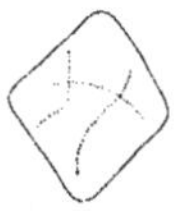
Quartz bipyramidé

En général, pas de formes extérieures cristallines dans les roches, sauf dans les grands cristaux des microgranulites et porphyres qui sont bipyramidés, sans prisme.

Feldspaths. Voir plus haut. Biréfringence un peu moindre que celle du quartz, sauf l'anorthite. Se distinguent en général immédiatement du quartz par les clivages, les macles et une limpidité beaucoup moindre, troublée par un commencement de décomposition. D'ailleurs biaxes.

Néphéline. Pas de relief, biréfringence très faible. Uniaxe *négative*. Dans les roches granitoïdes, grandes plages sans contours géométriques analogues à celles du quartz. Dans les roches microlithiques, petits prismes hexagonaux à peu près aussi longs que larges, toujours difficilement visibles. Facilement attaquable aux acides. Peut être confondue avec l'apatite, mais s'en distingue par l'absence de relief en abaissant le condenseur.

Néphéline

Leucite. Pas de relief. Pas de clivages. Contour polygonal du leucitoèdre, souvent presque circulaire quand les angles sont émoussés.

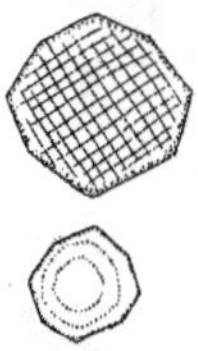
Leucite

Biréfringence presque nulle, parfois inappréciable. Dans les cristaux d'une dimension suffisante, la lame teinte-sensible fait apparaître de fines lamelles maclées entrecroisées. Le plus souvent, nombreuses inclusions formant des couronnes autour du centre. Ces couronnes font reconnaître le minéral, que l'on pourrait souvent, vu sa faible biréfringence, confondre avec la pâte amorphe qui l'entoure. La leucite n'existe que dans les roches microlithiques.

Apatite. Relief notable. Contours géométriques nets, prismes hexagonaux uniaxes *négatifs*, à clivage transversal. Limpide, biréfringence très faible. Élément accessoire, mais excessivement fréquent, surtout en inclusions dans le mica noir.

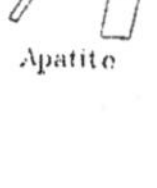
Apatite

Tridymite. Petites lamelles hexagonales très minces, souvent maclées, peu biréfringentes, spéciales aux roches volcaniques acides modernes.

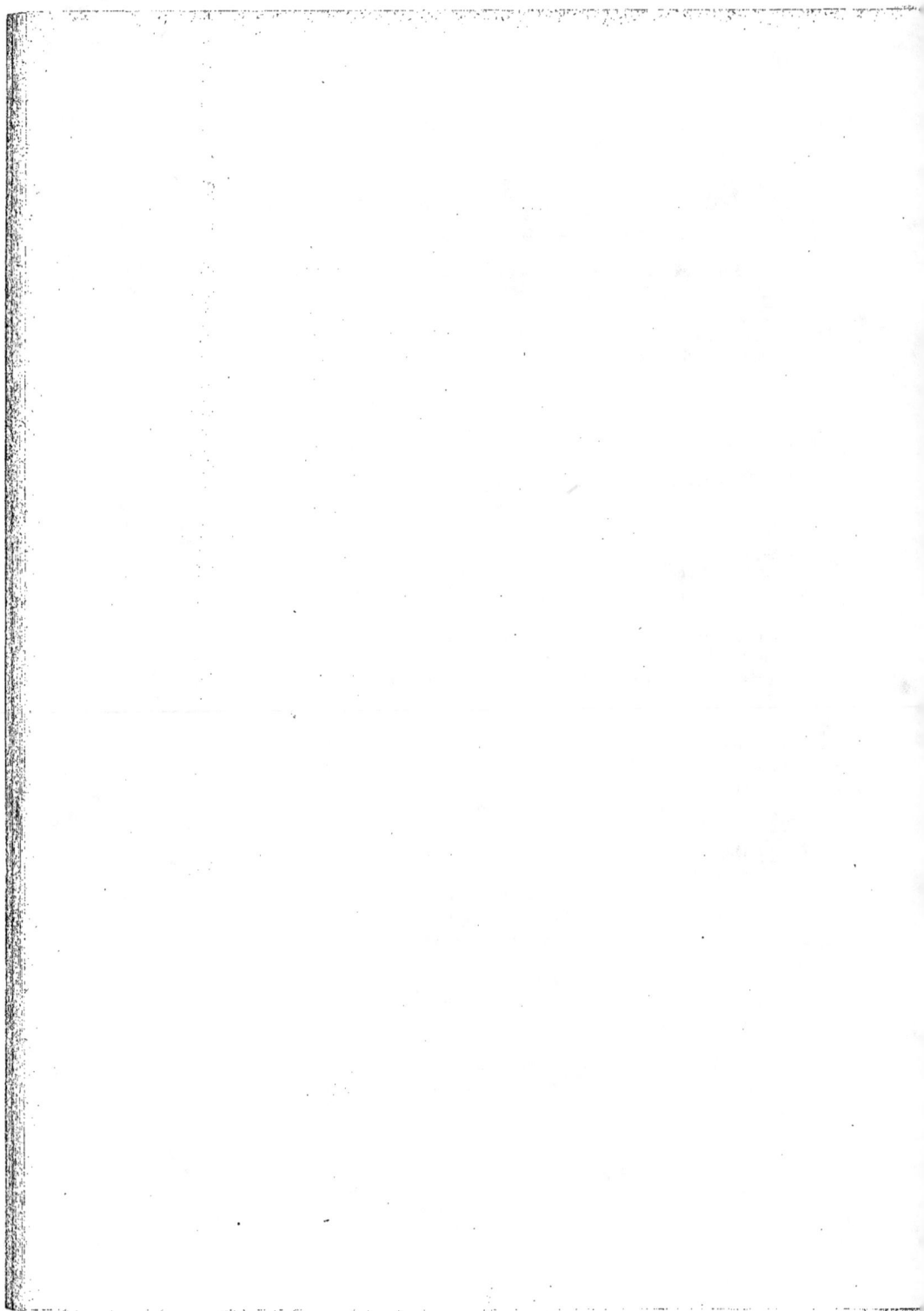

B. — Minéraux *incolores* et *fortement biréfringents* (incolores en lumière naturelle, teintes élevées en lumière polarisée).

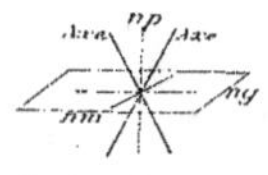

Position des indices principaux dans la Muscovite
(le plan représenté en perspective est le plan de clivage)

Mica blanc (muscovite). Clivage parfait marqué par des fentes fines et rectilignes. Relief notable, grande limpidité. Extinction parallèle à la trace du clivage (l'espèce étant presque rigoureusement orthorhombique, en réalité clinorhombique). Teintes de polarisation très vives et pures. Angle des axes 60 à 70°, signe négatif ; *np* étant normal au clivage, la direction d'extinction parallèle au clivage est toujours positive quelle que soit la section.

Calcite. Elément accessoire et de formation secondaire, mais très commun. Pas de relief, biréfringence excessive, teinte gris-rosé d'ordre élevé dans les plaques les plus minces. Trois clivages très fins, macles répétées suivant b^1 fréquentes. Uniaxe négative.

Zircon. Elément accessoire, mais très répandu. Limpide, relief excessivement marqué. Teintes de polarisation élevées, vives et pures. Petits grains ou cristaux à formes nettes, uniaxes positifs. Fréquent en inclusions dans les micas et chlorites, où il s'entoure d'auréoles polychroïques caractéristiques.

C. — Minéraux plus ou moins *colorés* et *peu biréfringents.*

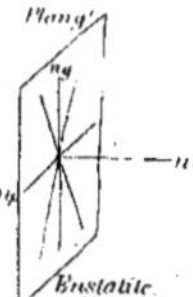

Enstatite position des indices principaux

Pyroxènes rhombiques (Enstatite, hypersthène). Couleurs très pâles. Polychroïsme sensible dans les tons bruns ou verts, lequel n'existe pas dans les pyroxènes proprement dits.

L'enstatite est incolore, par suite non polychroïque. Biréfringence voisine de celle du quartz. Clivage g^1 facile, dont la trace est tantôt positive tantôt négative, n_m étant normal à g^1. Plan des axes dans g^1, comme pour tous les pyroxènes. Relief très accentué. Signe optique : Hypersthène et bronzite —, enstatite +.

Chlorites. Lamelles irrégulières analogues à celles des micas. Couleurs vertes ou jaunes, polychroïsme sensible. Clivage moins net que dans les micas, et surtout biréfringence très faible, souvent presque nulle, donnant en lumière polarisée des tons gris-bleu, cuivrés dans les variétés plus biréfringentes. En général très riches en inclusions. Produits secondaires, mais fréquents.

Grenat. Relief énorme, couleur pâle ou nulle, pas de clivage ; isotrope en lame mince.

D. — Minéraux plus ou moins *colorés* et *fortement biréfringents.*

Mica noir (Biotite). Pas de relief. Très coloré, brun ou quelquefois

vert et excessivement polychroïque : très foncé quand la trace du clivage est parallèle à la vibration du polariseur, presque incolore dans le sens perpendiculaire. Lamelles hexagonales souvent déchiquetées, avec un clivage très facile et net. Uniaxe, ou biaxe à axes très rapprochés, signe négatif. Extinction parallèle à la trace du clivage, qui est positive. Teintes de polarisation élevées, non uniformes, rappelant celles des vieux vitraux.

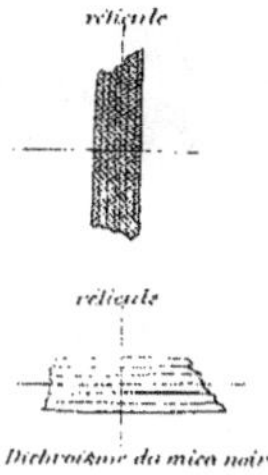

Dichroïsme du mica noir

Pyroxènes. Clinorhombiques, deux clivages m à 87° dans les sections normales au prisme, interrompus, et dont les traces ne sont que grossièrement rectilignes, donnant souvent au minéral l'aspect d'un verre craquelé. Relief très accentué. Teintes pâles, jaunâtres, sans polychroïsme (caractère distinctif des amphiboles et pyroxènes). Biréfringence assez forte, teintes du jaune au bleu. Plan des axes dans g^1, signe positif. Macle h^1 fréquente. Pour distinguer des amphiboles, on cherche les sections appartenant à la zone mm du prisme : ce sont celles sur lesquelles les traces des deux clivages m se confondent en une direction unique. On mesure l'angle que fait n_g avec la trace du clivage (angle d'extinction). Cet angle varie de zéro dans h^1 à un certain maximum α dans g^1. Ce maximum varie de 38° pour le *diopside*, à 51° pour l'*augite*. (Dans les amphiboles il ne dépasse pas 25°.) Il suffit d'examiner deux ou trois sections pour être certain de rencontrer un angle d'extinction supérieur à 25° si l'on a affaire à du pyroxène, ce qui suffit à le distinguer de l'amphibole. Quand le pyroxène est coloré, l'absence de polychroïsme le distingue aussi des amphiboles.

Pyroxène section normale au prisme

Pyroxène dans le plan g¹ position des indices principaux

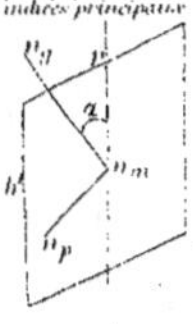

Le *diallage* ne diffère des pyroxènes ordinaires que par l'existence du clivage h^1 très marqué.

Le pyroxène se transforme souvent en amphibole (ouralitisation).

Amphiboles. Clinorhombiques, deux clivages m comme dans le pyroxène, mais faisant un angle de 124°, et dont les traces sont plus fines et plus rectilignes. Relief assez fort, moins que celui du pyroxène. Couleur plus foncée, brune ou verte, avec polychroïsme bien net. Biréfringence voisine de celle du pyroxène, en général dans les teintes jaunes et rouges du premier ordre. Plan des axes g^1, signe négatif. Macles h^1 comme dans les pyroxènes.

Le maximum α de l'angle d'extinction dans les sections de la zone du prisme (voir au pyroxène), varie de 15 à 25° dans la *hornblende*, de 15 à 18° dans la *trémolite* et l'*actinote*. Il descend même entre 0 et 10° dans les hornblendes des basaltes (hornblendes riches en fer plus réfringentes et beaucoup plus biréfringentes que les variétés communes).

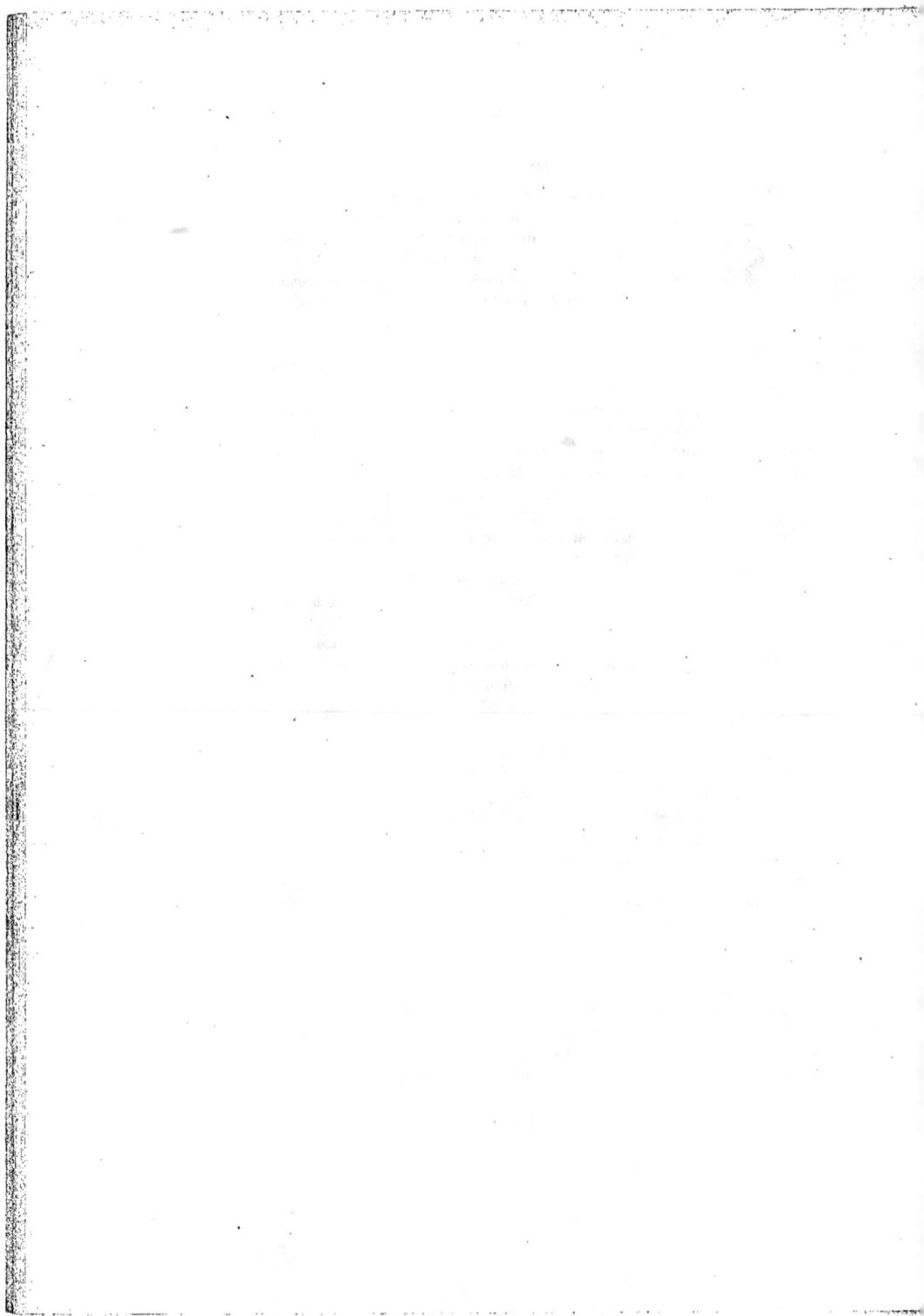

On trouve dans les roches un certain nombre de variétés de pyroxènes et amphiboles dont les propriétés optiques sont assez différentes :

Amphibole, section normale au prisme

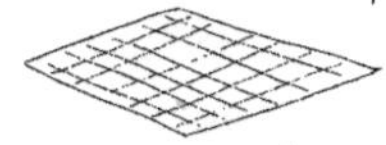

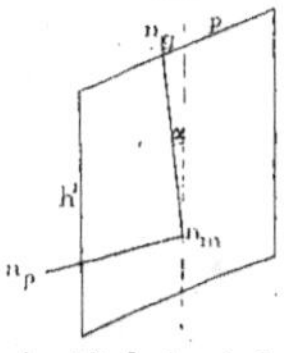

Amphibole dans le plan g^1
Position des indices principaux

Dans l'*aegyrine* (pyroxène sodique), α est presque égal à 90°, et le polychroïsme intense.

Dans la *pargasite* (variété d'amphibole), le signe optique est positif.

Le glaucophane (amphibole sodique) se distingue des amphiboles ordinaires par une teinte bleue que le polychroïsme fait passer du bleu azur au violet et au jaune pâle.

Péridot (Olivine). On trouve à peu près uniquement la variété magnésienne infusible ou olivine, très peu colorée, incolore en lames minces. Relief très considérable. Clivage généralement invisible en lames minces, cassures curvilignes irrégulières. Cristaux limpides, avec souvent des contours géométriques. Orthorhombique, extinction parallèle à l'allongement du prisme. Biréfringence élevée, supérieure à celle des pyroxènes et inférieure à celle des micas, teintes vives et pures. Plan des axes h^1. Les prismes sont allongés suivant pg^1, qui est la direction de *nm*, de sorte que selon la section examinée, le signe de l'allongement est positif (sections voisines de $n_p\ n_m$), ou négatif (sections voisines de $n_g\ n_m$). Attaquable aux acides, ce qui le distingue du pyroxène avec lequel on peut le confondre dans les cas difficiles. Souvent altéré sur les bords et le long des cassures, en produits serpentineux amorphes parfois colorés en rouge par l'oxyde ferrique.

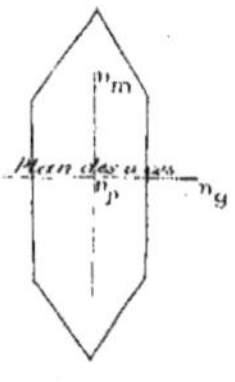

Péridot.
Position des indices principaux

Tourmaline. Elément accessoire des granulites et schistes métamorphiques. Relief marqué, couleurs brunes, bleues, grises, roses, avec polychroïsme intense. La teinte est foncée quand l'allongement du prisme est normal à la vibration du polariseur. Uniaxe négative, biréfringence forte, voisine de celle de l'amphibole. Sections normales à l'axe triangulaires.

Sphène. Elément accessoire associé surtout à l'amphibole. Relief excessif. Teintes jaune pâle ou nulles. Formes géométriques aiguës fréquentes. Biréfringence analogue à celle de la calcite, teintes irisées en lumière polarisée, produisant aux faibles grossissements l'impression d'un gris rosé. Plan des axes g^1, angle des axes faible, signe positif. Macles fréquentes.

Sections de Sphène

Rutile. Elément accessoire des schistes cristallins. Relief extrême. Biréfringence si forte que seules les aiguilles beaucoup plus minces que la plaque présentent des teintes de polarisation vives. Ces aiguilles sont souvent maclées en grilles hexagonales, ou groupées en fagots. Uniaxe positif. Teinte brune, polychroïsme faible.

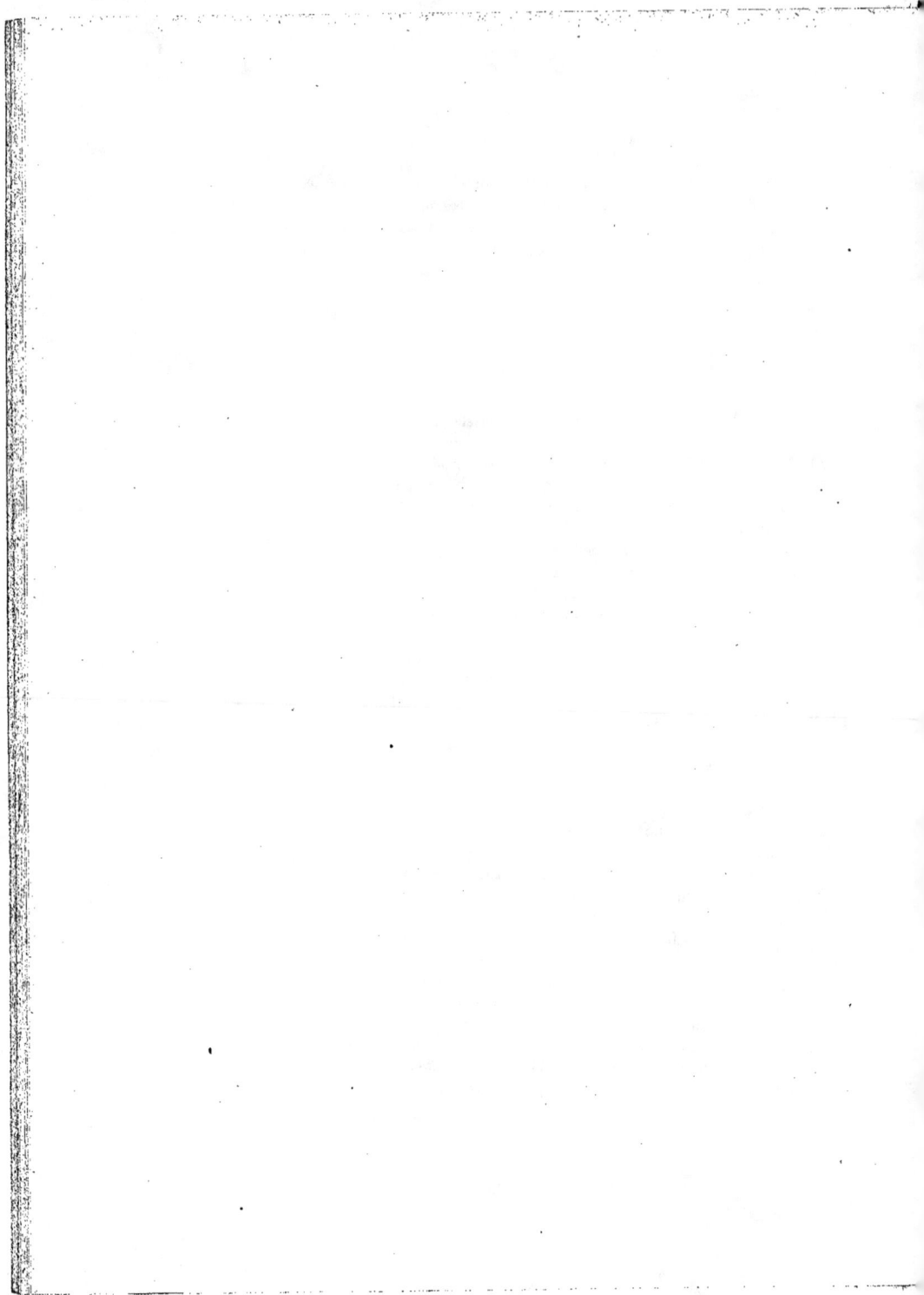

E. — Minéraux *opaques*.

Pyrite. Cristaux nets, teinte jaune laiton par réflexion (en supprimant le miroir du microscope).

Fer magnétique. Souvent cristaux octaédriques nets, ou grains irréguliers. Noir franc par réflexion.

Fer titané. Noir brun par réflexion. Fréquemment entouré de produits de décomposition bruns.

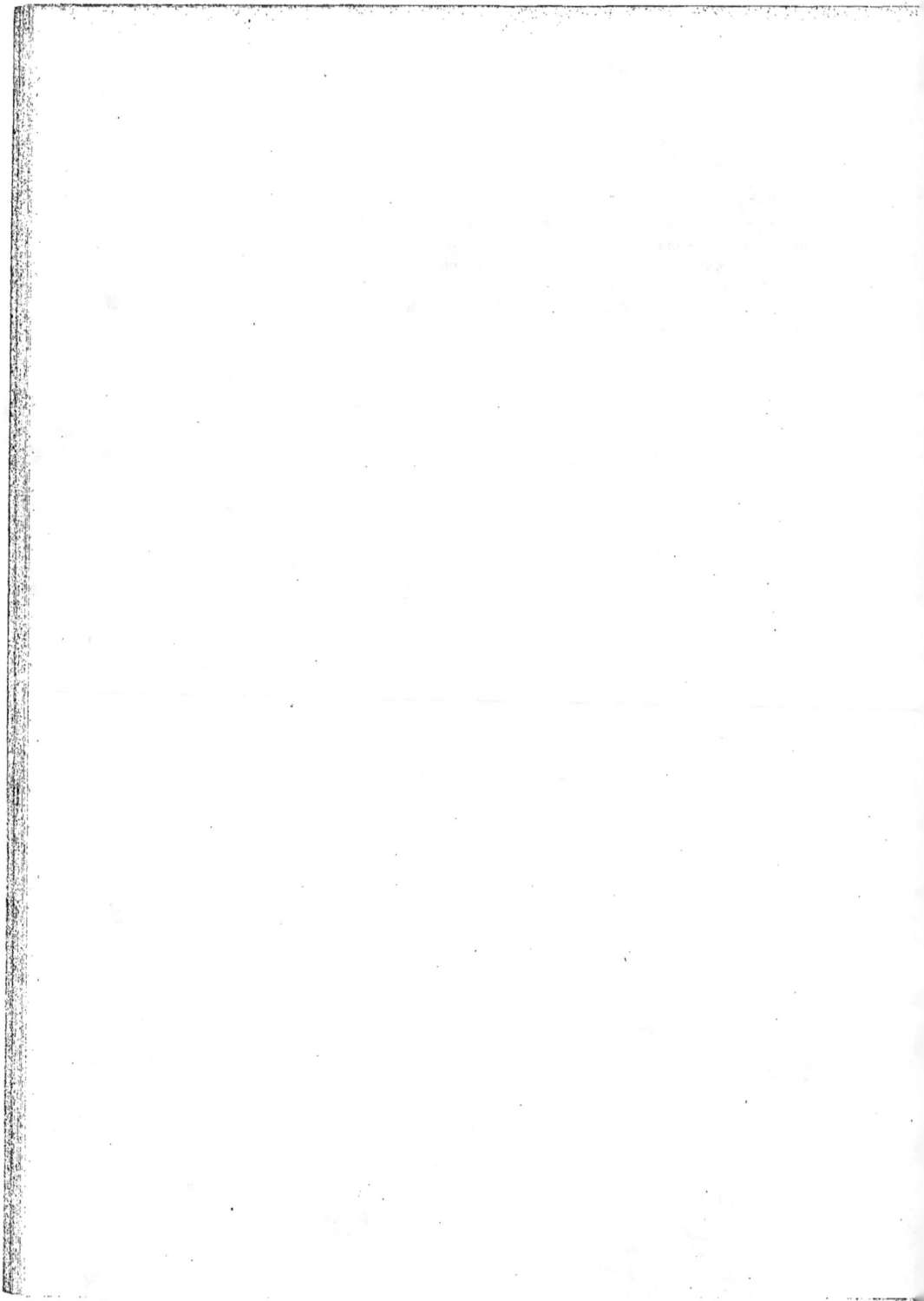

Structures des Roches éruptives			STRUCTURES des Roches acides (à quartz et orthose)	des Roches à orthose sans quartz	des roches sans orthose
	Roches *Holocristallines* (entièrement bien cristallisées)	Mode *Granitoïde*. Cristaux également développés. En général roches cristallisées tranquillement en profondeur. (Roches de profondeur et quelques roches de filons.)	*Granitique.* Grandes plages de quartz enveloppant les autres éléments.		
			Granulitique. Quartz et feldspath accolés en mosaïque, le quartz n'enveloppant pas.	*Granitoïde* ou *grenue.* Le feldspath est postérieur aux éléments magnésiens.	*Granitoïde* ou *grenue.*
			Pegmatitique. Orthose en grandes plages englobant des baguettes de quartz orientées.		
		Mode *Microgranitoïde.* Grands cristaux formés en profondeur, pouvant manquer, et pâte holocristalline microscopique formant 2e temps de consolidation cristallisé plus rapidement. (Roches de filons ou sur les bords des massifs de roches granitoïdes.)	*Microgranitique.* La pâte est un granite à éléments microscopiques.		
			Microgranulitique. La pâte est une granulite à éléments microscopiques.	*Microgranitoïde.*	*Microgranitoïde.*
			Micropegmatitique. La pâte est formée de plages de pegmatite microscopique.		
	Roches *Hypocristallines* (Cristaux parfaits entourés d'une pâte imparfaitement cristallisée ou amorphe).	Mode *Porphyroïde.* Grands cristaux formés en profondeur, et pâte de cristaux microscopiques avec verre amorphe, formant 2e temps de consolidation solidifié rapidement à la surface. (Roches d'épanchement.)	*Pétrosiliceuse* ou *Felsitique.* Pâte confusément cristalline à éléments indistincts.		*Ophitique.* Passage de la structure granitoïde à la structure microlithique. Les plagioclases s'allongent en baguettes ou lamelles qui lardent les grandes plages de Pyroxène.
			Sphérolithique. Pâte contenant des sphérolithes.		*Sphérolithique* ou *Variolitique.*
			Microlithique. Microlithes dans une pâte amorphe plus ou moins abondante.	*Microlithique.*	*Microlithique.*
			Vitreuse. Pâte amorphe dominante. (Perlitique quand il y a des fissures de retrait curvilignes.)	*Vitreuse.*	*Vitreuse.*

STRUCTURES

q... Quartz. | o... Orthose.
m. Mica noir. | p... Plagioclase.

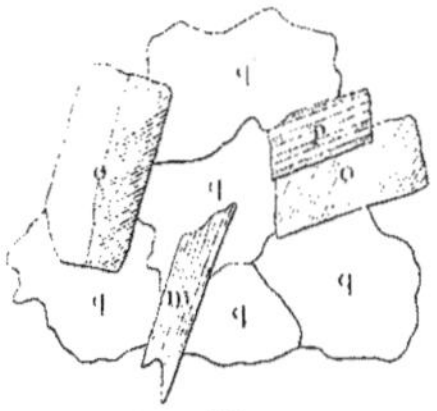

Granitique

(Le Quartz a cristallisé le dernier)

Granulitique

(Le Quartz et le Feldspath ont cristallisés simultanément)

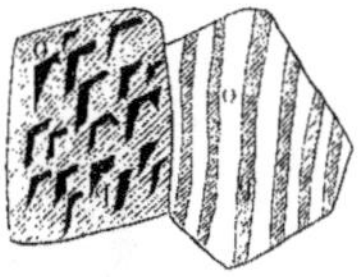

Pegmatitique

(Le Quartz et le Feldspath ont cristallisés simultanément)

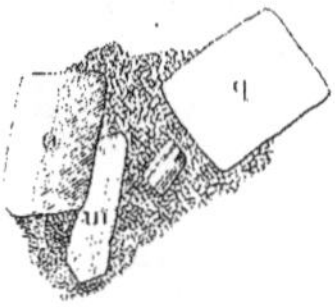

Microgranitique ou Microgranulitique

(Deux temps de cristallisation.)

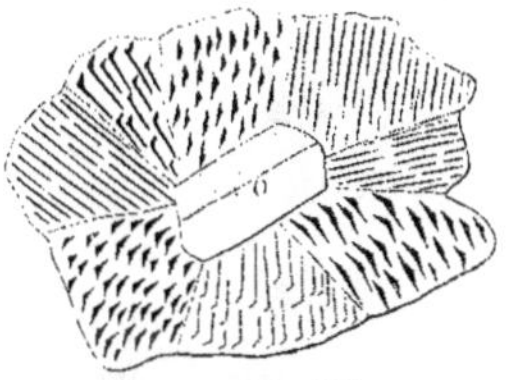

Micropegmatitique

(Etoilements de micropegmatite autour d'un cristal d'orthose)

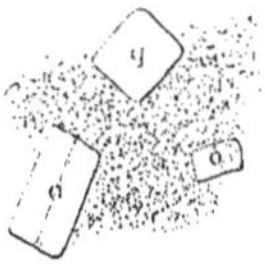

Pétrosiliceuse ou Felsitique

(Pâte fluidale vaguement cristalline.)

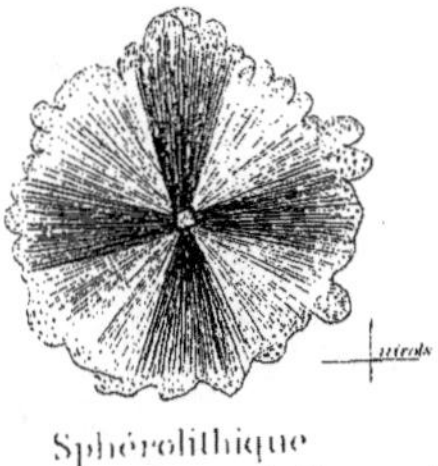

Sphérolithique

(Sphérolithes à croix noire dont les fibres passent parfois à la micropegmatite à leur extrémité.)

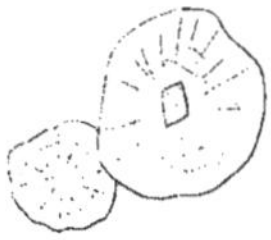

Sphérolithique

(Sphérolithes globulaires formés d'étoilements de micropegmatite sub-microscopique s'éteignant d'un seul coup ou par plages.)

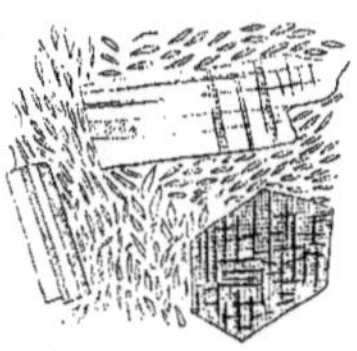

Microlithique

(Les microlithes sont enchevêtrés ou forment des traînées fluidales autour des grands cristaux.)

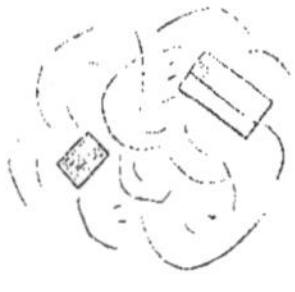

Perlitique

(Verre amorphe avec fissures arrondies.)

Ophitique

(Les Feldspaths sont englobés par le pyroxène qui a cristallisé en dernier lieu, ils ont la forme des grands microlithes.)

TABLEAU-RÉSUMÉ DE LA CLASSIFICATION DES ROCHES ÉRUPTIVES

	CONSTITUANTS ESSENTIELS													STRUCTURE					
	ÉLÉMENTS BLANCS							ÉLÉMENTS MAGNÉSIENS						GRANITOÏDE (grenue pour les roches sans quartz)					
		Feldspaths			Feldspathides					Pyroxènes calciques									
			Plagioclases																
	Quartz	Orthose Microcline, Anorthose	Acides < 50 % An	Basiques > 50 % An	Néphéline	Leucite	Mica blanc	Mica noir	Amphibole	Augite	Diallage	Pyroxènes Rhombiques	Olivine	Granitique	Granulitique ou Pegmatitique	Microgranitoïde	Microlithique	Pétrosiliceuse ou sphérolithique	Ophitique
ROCHES À QUARTZ ET ORTHOSE ou Microcline ou Anorthose	=	=	—					=						Granite normal.		Microgranites Microgranulites Micropegmatites		Rhyolites Porphyres Pyromérides	
	=	=	=					—	=					Granite à amphibole.					
	=	=	—				=	—						Granite à mica blanc.	Granulite Pegmatite. Aplite.				
	=	=	—																
ROCHES À ORTHOSE Microcline ou Anorthose sans quartz		=	—					—	=	—				Syénite normale.			Orthophyres et Trachytes		
		=	—					=	—	—				Syénite à mica noir.		Minette.			
		=	—					—	—	=				Syénite augitique.					
		=	—		=			—	—	—				Syénite éléolithique.			Phonolithe.		
		=			—	=				—							Leucitophyre.		
ROCHES SANS ORTHOSE (ni Microcline ni Anorthose)			=	—				—	=					Diorite normale.			Porphyrite ou Andésite amphibolique.	Diorite variolitique.	Diorite ophitique.
	=		=					—	=					Diorite quartzifère.		Dacite.			
	(—)		=	—				=	—					Kersantite.			Porphyrite ou Andésite micacée.		
	(—)		—	=				—	—	=				Diabase, Dolérite.			Porphyrite ou Andésite augitique et Labradorite.		Diabase ou Dolérite ophitiques.
	(—)		—	=				—		—	=			Euphotide, Gabbro.				Variolite.	
	(—)		—	=				—		—	—	=		Norite (ou Hypérite).					
				=				—	—	=	=	=	=	Diabases, Gabbros, Norites à olivine.			Mélaphyre et Basalte.		Mélaphyre et Basalte ophitique.
										=			=	Péridotite.			Limburgite.		
											=	=	=	Lherzolite.					
			=	=	=			—	—	—				Teschénite (ou Théralite).			Téphrite.		
			—	=	—	=				—							Leucotéphrite.		
					=					=			—	Ijolite.			Néphélinite.		
					—	=				=			—				Leucitite.		

Le nom de Plagioclase désigne ici les Plagioclases proprement dits : sodico-calciques.

= Eléments essentiels caractérisant la roche. (Dans les roches microlithiques, ce sont les *microlithes*, sauf pour l'olivine.)

— Eléments fréquents ou constants mais moins abondants et dont l'absence ne suffit pas à déclasser la roche.

(—) Quartz existant dans certaines roches sans orthose, qu'on appelle alors Diabases, Gabbros, etc..... quartzifères.

=|— dans les plagioclases indique que tous peuvent exister, mais que les acides sont plus habituels. —|= inversement.

[illegible]

CLASSIFICATION DES ROCHES ÉRUPTIVES

Sont soulignées les espèces essentielles basées sur la nature des composants ou sur les différences de structure importantes. Les autres sont des variétés basées sur des différences de structure accessoires. On se rappellera qu'il y a *tous les passages* entre les termes de cette classification, qui ne peut que fixer des repères dans la série *continue* des roches éruptives.

1° **Roches acides**. — Caractère fondamental : Coexistence du quartz et de l'orthose (Microcline ou Anorthose) comme éléments essentiels. Élément magnésien dominant : Mica noir. En général elles passent aux roches neutres par l'apparition de l'Amphibole coïncidant avec l'abondance moindre du quartz et l'abondance plus grande du plagioclase. Le Pyroxène n'existe presque jamais. Plus de 65 °/₀ de silice.

STRUCTURE	QUARTZ	FELDSPATHS	MICA et éléments magnésiens	Minéraux accessoires les plus abondants	NOMS
Granitique.	QUARTZ en grandes plages découpées à inclusions gazeuses et liquides.	ORTHOSE dominant. *Oligoclase* ou albite moins abondant. Microcline plus rare.	MICA NOIR dominant.	Zircon, Apatite.	*Granite normal* ou à mica noir 68 à 72 °/₀ SiO^2 environ. δ = 2,6 à 2,73.
Id.	Mêmes éléments, avec grands Orthoses ou Microclines de dernière consolidation beaucoup plus gros que les autres éléments.				Granite Porphyroïde.
Id.	QUARTZ moins abondant, mêmes formes.	ORTHOSE moins abondant, OLIGOCLASE souvent dominant	AMPHIBOLE dominante. *Mica noir.*	Sphène fréquent.	*Granite à amphibole.* ou granite basique; passage à la syénite.
Granitique, passant le plus souvent à la structure granulitique.	QUARTZ abondant, tendant à former des cristaux distincts.	ORTHOSE et MICROCLINE dominant. Oligoclase peu abondant.	MICA BLANC et *Mica noir.*	Grenat fréquent. Tourmaline, Topaze, Béryl, Cassitérite (cortège de l'Étain).	*Granite à Mica blanc* ou à deux micas. 70 à 76 °/₀ SiO^2.
Granulitique.	Mêmes éléments, mais grain généralement fin, teinte claire uniforme par suite de la rareté des éléments magnésiens, structure nettement granulitique.				Granulite (aplite quand il n'y a que quartz et feldspath en masse saccharoïde).
Pegmatitique.	Mêmes éléments, cas particulier du granite à mica blanc. Très grands cristaux.				Pegmatite.
Microgranitique ou Microgranulitique.	QUARTZ du 1er temps bi-pyramidé, du 2e temps en grains fins.	ORTHOSE et Oligoclase en grands cristaux et dans la pâte.	MICA NOIR en grands cristaux. Parfois AMPHIBOLE. Mica blanc en lamelles microscopiques dans la pâte des Microgranulites.		*Microgranites* et *Microgranulites.*
Micropegmatitique.	Mêmes éléments (cas particulier des Microgranulites, formant passage aux types sphérolithiques).				Micropegmatite.
Pétrosiliceuse.	Mêmes éléments, pâte en partie amorphe ou imparfaitement cristalline, fluidale, contenant généralement de petits sphérolithes à croix noire.				*Porphyre pétrosiliceux*
Pétrosiliceuse ou Microlithique.	Même roche dans la série tertiaire. Orthose vitreux (sanidine) et Tridymite, quartz à inclusions vitreuses. La pâte contient souvent des Microlithes semblables à ceux des Trachytes.				Rhyolite (75 à 78 °/₀ SiO^2).
Sphérolithique.	Mêmes éléments du 1er temps que les Porphyres pétrosiliceux, avec sphérolithes globulaires à extinction totale.				Porphyre globulaire.
Id.	Mêmes éléments, avec gros sphérolithes à croix noire visibles à l'œil nu.				Pyroméride.
Vitreuse.	Mêmes éléments, avec pâte vitreuse acide hydratée à 65-73 °/₀ SiO^2 et 4-9 °/₀ H^2O. Couleur foncée brune, verte, rouge.				*Rétinite, Pechstein.*
Id.	Même roche dans la série tertiaire. Couleur souvent plus claire. Fissures perlitiques.				Perlite.
Id.	Verres non hydratés acides ayant la composition des Rhyolites.				Obsidiennes acides, Ponces acides.

2° **Roches à Orthose (Microcline ou Anorthose) sans quartz** ou avec quartz tout à fait accessoire. Eléments magnésiens dominants : Amphibole et Mica noir. Passent aux roches basiques sans limite par la disparition de l'Orthose et l'abondance prédominante des plagioclases basiques. Ce groupe comprend la majorité des roches neutres (55 à 65 °/₀ de silice). Mais une partie des roches du groupe suivant atteignent les mêmes teneurs en silice (Diorites quartzifères, Andésites acides).

STRUCTURES	QUARTZ	FELDSPATHS	FELDSPATHIDES	ÉLÉMENTS MAGNÉSIENS	ACCESSOIRES les plus abondants	NOMS
Grenue.	Absent.	ORTHOSE, oligoclase.	Absents.	AMPHIBOLE, *mica noir, augite.*	Sphène, Apatite,	*Syénite normale* ou à amphibole (granite sans quartz).
Id.	Id.	Id.	Absents.	MICA NOIR, amphibole.	Apatite.	Syénite à mica noir.
Grenue à grains fins passant à Microgranitoïde.	Même roche avec structure microgranitoïde avec ou sans grands cristaux.					*Minette* (forme filonienne des syénites.)
Microgranitoïde ou Microlithique.	Absent ou très peu abondant.	Microlithes d'ORTHOSE.	Absents.	*Mica noir, amphibole* ou *augite.*	Apatite.	*Orthophyre* (forme d'épanchement des syénites. Passent aux Microgranulites par des Microgranulites basiques pauvres en quartz dans lesquels apparaissent l'amphibole et le Pyroxène, dites Microsyénites).
Id. pâte amorphe souvent abondante.	Même roche dans la série tertiaire, avec Orthose sanidine, microlithes d'orthose courts, tridymite fréquente.					*Trachyte* (60-65 °/₀ SiO^2).
Vitreuse.	Verres ayant la composition des trachytes.					Obsidiennes et ponces trachytiques.
ROCHES A FELDSPATHIDES — Grenue.	Absent ou très peu abondant.	ORTHOSE ou Microcline, oligoclase accessoire.	NÉPHÉLINE en grandes plages (Eléolite).	*Mica noir, amphibole, augite, aegyrine.*	Sodalite, Zircon, Sphène, Métaux rares.	***Syénite Eléolithique*** (Syénite Zirconienne de Norvège).
ROCHES A FELDSPATHIDES — Microlithique (en général peu de pâte amorphe).	Absent.	ORTHOSE en microlithes lamelleux.	NÉPHÉLINE en microlithes.	*Augite, aegyrine,* amphiboles sodiques	Haüyne, Noséane, Sphène.	*Phonolithes* 60 °/₀ silice. (Forme d'épanchement des Syénites éléolithiques).
ROCHES A FELDSPATHIDES — Microlithique (en général pâte amorphe abondante).	Absent.	ORTHOSE en microlithes.	LEUCITE quelquefois néphéline	Augite.		*Leucitophyre* (Roche basique, 50 °/₀ SiO^2).

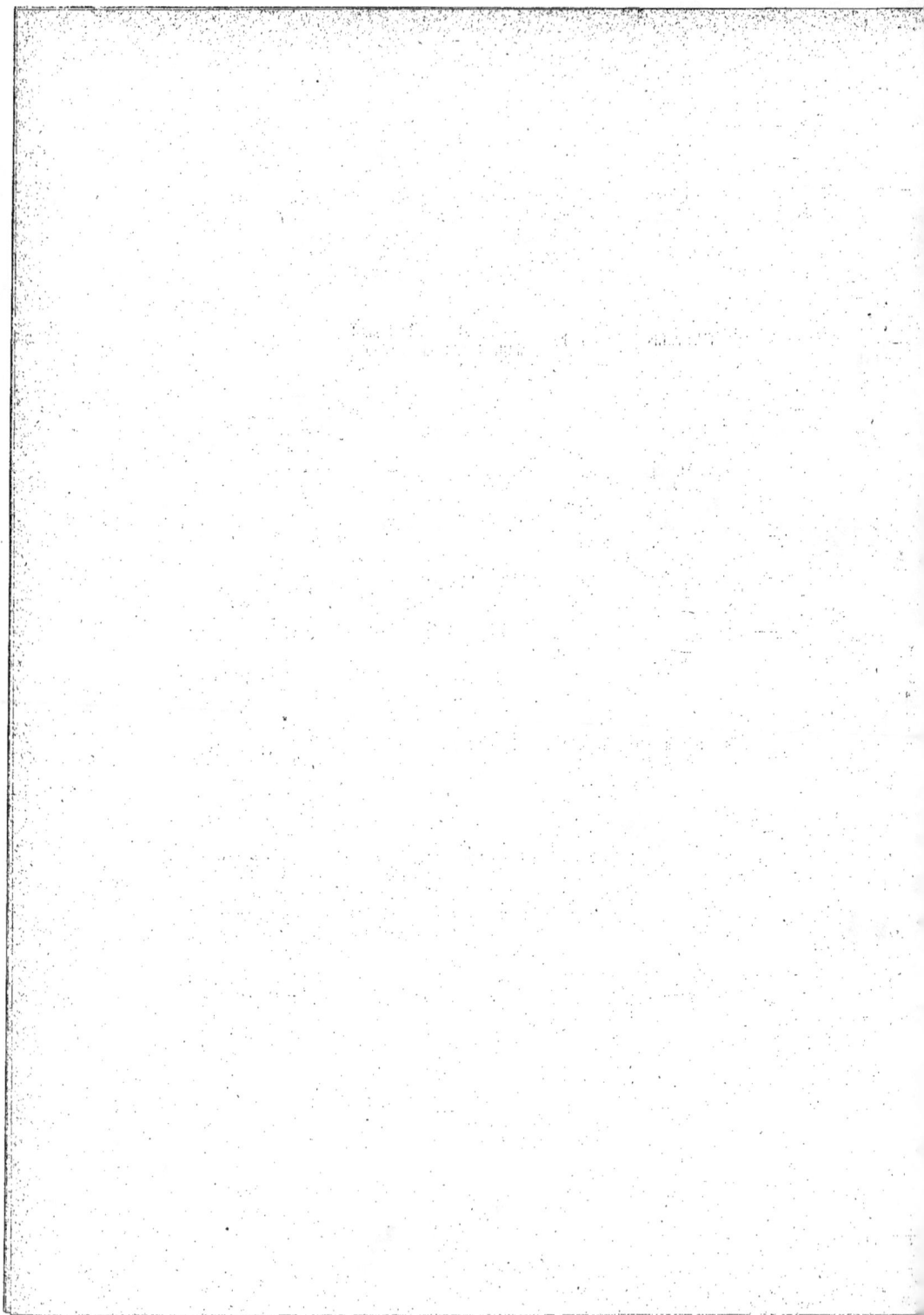

3° **Roches sans Orthose** (ni Microcline ni Anorthose). Quartz quelquefois présent. Eléments magnésiens dominants : Pyroxènes, Olivine. Ce groupe comprend la majorité des roches basiques (40 à 55 °/o de silice) et quelques roches neutres (Diorites quartzifères, Andésites acides passant aux Trachytes). Les roches granitoïdes de ce groupe sont classées d'après la nature de l'élément magnésien dominant. On ajoute les qualifications Andésitique (Oligoclase ou Andésine), Labradorique (Labrador) ou Anorthique (Anorthite) pour indiquer la nature du plagioclase dominant. Exemples : Diorite andésitique, Diabase labradorique. Pour les roches microlithiques on ajoute de même Augitique, Micacée, Amphibolique, pour désigner l'élément magnésien dominant dans les microlithes. Exemple : Andésite augitique.

STRUCTURE	QUARTZ	FELDSPATHS	FELDSPATHIDES	ÉLÉMENTS MAGNÉSIENS	ACCESSOIRES les plus abondants	NOMS
Grenue (rarement ophitique ou variolitique).	Absent.	PLAGIOCLASE, le plus souvent oligoclase ou andésine.	Absents.	AMPHIBOLE, *mica noir*.	Sphène. Calcite.	DIORITE NORMALE (50 à 55 °/o SiO^2).
Granitoïde.	QUARTZ.	PLAGIOCLASE, en général oligoclase.	Id.	AMPHIBOLE, *mica noir*.	Id.	Diorite quartzifère (jusqu'à 65 °/o SiO^2).
Grenue à grain fin passant à microgranitoïde.	Absent ou très peu abondant	PLAGIOCLASE, le plus souvent oligoclase.	Id.	MICA NOIR, *amphibole*.	Apatite, Calcite.	KERSANTITE (ou Kersanton).
Grenue ou ophitique (en général à grain fin).	Absent ou très rare (granulitique).	PLAGIOCLASE, le plus souvent basique.	Id.	AUGITE, Amphibole, mica noir accessoires.	Magnétite, Calcite, Apatite, Sphène.	DIABASE (grünstein) (45 à 50 °/o SiO^2). Transformé par ouralitisation du Pyroxène en *Epidiorite*. Diabase ophitique = *Ophite*.
Ophitique passant à microlithique	Absent.	Diabases tertiaires, formant passage aux Basaltes par l'apparition du verre amorphe.				Dolérite.
Grenue ou variolitique.	Absent ou rare	PLAGIOCLASE, le plus souvent basique.	Absents.	DIALLAGE dominant, mica noir, augite, pyroxènes rhombiques.	Comme dans les Diabases.	Grain fin : GABBRO. Grands cristaux : EUPHOTIDE. Gabbro variolitique = Variolite.
Grenue.	Absent ou rare	PLAGIOCLASE, le plus souvent basique.	Id.	PYROXÈNE RHOMBIQUE, diallage, augite, mica accessoires.	Magnétite.	NORITE (ou Hypérite).
Id.	Mêmes roches avec olivine de première consolidation.					Diabases, Dolérites, Gabbros, Norites à Olivine.
Id.	Absent.	Absents.	Absents.	AUGITE et OLIVINE.	Magnétite, fer chromé.	PÉRIDOTITES (ou Picrites) (40-45 °/o SiO^2) souvent épigénisées en *Serpentines*.
Id.	Id.	Id.	Id.	DIALLAGE, BRONZITE et OLIVINE.		Lherzolite.
Microlithique.	Id.	Microlithes de PLAGIOCLASE en général acide.	Id.	MICA NOIR en microlithes.		PORPHYRITE Micacée (Passe à l'orthophyre).
Id.	Id.	Id.	Id.	AMPHIBOLE en microlithes.		PORPHYRITE Amphibolique (Passe à l'orthophyre).
Id.	Id.	En général basique	Id.	AUGITE en microlithes.		PORPHYRITE Augitique (Passe au Mélaphyre).
Id.	Mêmes roches dans la série tertiaire.					Plagioclase : Oligoclase, Andésine, *Andésite* (micacée, amphibolique, augitique); Labrador, Anorthite, *Labradorite*. (Formes d'épanchement des Diorites normales, Kersantites, Diabases).
Microgranitoïde.	QUARTZ bipyramidé des porphyres.	OLIGOCLASE.	Absents.	Amphibole, Augite Mica.		*Dacite* (Andésite quartzifère. Forme d'épanchement des Diorites quartzifères).
Microlithique ou Ophitique.	Porphyrites labradoriques ou anorthiques et augitiques à olivine (passant par toutes les transitions au Diabase ou au Gabbro à Olivine).					MÉLAPHYRE (Forme d'épanchement des Diabases et gabbros à Olivine).
Id.	Même roche dans la série Tertiaire (Labradorite augitique à Olivine). (L'Olivine des Mélaphyres et Basaltes est de 1re consolidation, souvent sous forme de boules de Péridotite. Plus rarement en microlithes).					BASALTE (40-45 °/o SiO^2. $\delta = 3$).
Microlithique.	Absent.	Absent.	Absents.	AUGITE et OLIVINE	Magnétite.	LIMBURGITE (Basalte sans feldspath. Forme d'épanchement des Péridotites).
Vitreuse.	Verres ayant la composition des andésites.					*Obsidienne* normale ou andésitique, 55 a 60 °/o SiO^2 environ). *Ponce* andésitique.
Id.	Verres ayant la composition des Mélaphyres et Basaltes.					*Tachylite* ou *Hyalomélane*.
Roches à Feldspathides : Grenue.	Absent.	PLAGIOCLASE.	NÉPHÉLINE (Eléolithe).	*Augite, mica noir, amphibole.*	Sodalite.	TESCHÉNITE (ou Théralite).
Microlithique.	Id.	PLAGIOCLASE.	NÉPHÉLINE en microlithes	*Augite*, olivine accessoire.	Noséane, Hauyne, Magnétite.	TÉPHRITE (forme d'épanchement des Teschénites).
Id.	Id.	PLAGIOCLASE, en général basique.	LEUCITE, parfois *néphéline*.	*Augite*.	Magnétite.	LEUCOTÉPHRITE (48 °/o SiO^2)
Id.	Id.	Absent.	NÉPHÉLINE, en microlithes.	*Augite*, olivine accessoire.	Magnétite.	NÉPHÉLINITE (43-45 °/o SiO^2).
Id.	Id.	Absent.	LEUCITE, parfois *néphéline*.	*Augite*, parfois olivine.	Magnétite.	LEUCITITE (43-45 °/o SiO^2).

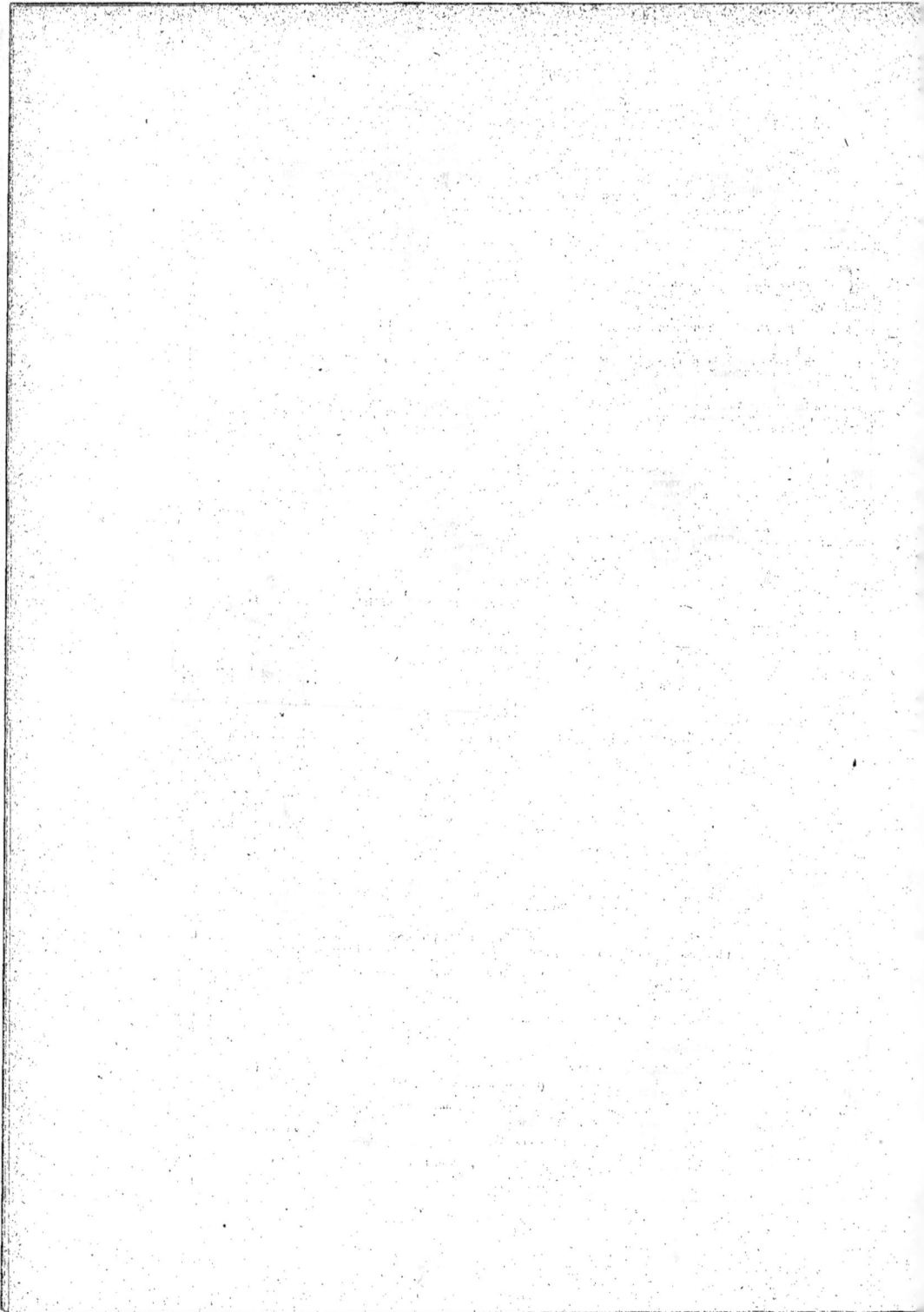

Tufs éruptifs. — A côté des roches massives se placent des roches également éruptives et formées des mêmes éléments, mais qui sont composées de fragments projetés par les volcans et retombés en pluie sur le sol ou au fond de l'eau. Dans la plupart des volcans leur masse est au moins aussi importante que celle des coulées de roches massives.

Ce sont des produits essentiellement *volcaniques*, accompagnant les épanchements superficiels. Les roches granitoïdes de profondeur n'en fournissent jamais. Seuls parmi les roches granitoïdes, les Diabases, qui peuvent cristalliser sous forme granitoïde même en coulées superficielles, donnent un tuf appelé *Schalstein*, roche schisteuse où les éléments du Diabase se mélangent d'argile et de calcaire.

En dehors du cas des Diabases (qui forment la limite entre les roches de profondeur et les roches d'épanchement), les tufs accompagnent l'éruption de toutes les roches d'épanchement, c'est-à-dire des roches porphyroïdes, et sont composés des éléments de ces roches, soit sous forme de cendres fines vitreuses ou de cristaux microscopiques, soit sous forme de fragments de roches plus ou moins gros, anguleux, ou de bombes arrondies. On y trouve fréquemment des morceaux de roches non volcaniques quelconques, arrachées en profondeur par l'éruption.

A signaler particulièrement au point de vue de la nomenclature :

Tufs de Porphyres Pétrosiliceux = *Argilolithes*. Tufs argileux par kaolinisation, plus ou moins stratifiés, traversés de veinules de quartz provenant aussi de la kaolinisation et contenant souvent des végétaux silicifiés. Colorations vives, rouges, vertes, violettes. On n'y reconnaît en général que les grands cristaux de quartz bipyramidés.

Tufs très basiques, à fragment de verre basaltique ou limburgitique = *tufs Palagonitiques*.

Tufs bréchiformes, où des scories de basalte se mélangent à du calcaire, soit par suite de l'intrusion du basalte dans des calcaires, soit par suite de la chute de projections basaltiques dans des lacs où se déposait du calcaire (stratifiés dans ce cas) = *Pépérites*.

Tufs à grain très fin = *Cinérites*.

Tufs à nombreux fragments anguleux = *Brèches éruptives*.

Il y a tous les passages entre les tufs proprement dits, restés tels qu'ils sont tombés sur le sol, et de véritables roches stratifiées formées de leur remaniement par les eaux courantes.

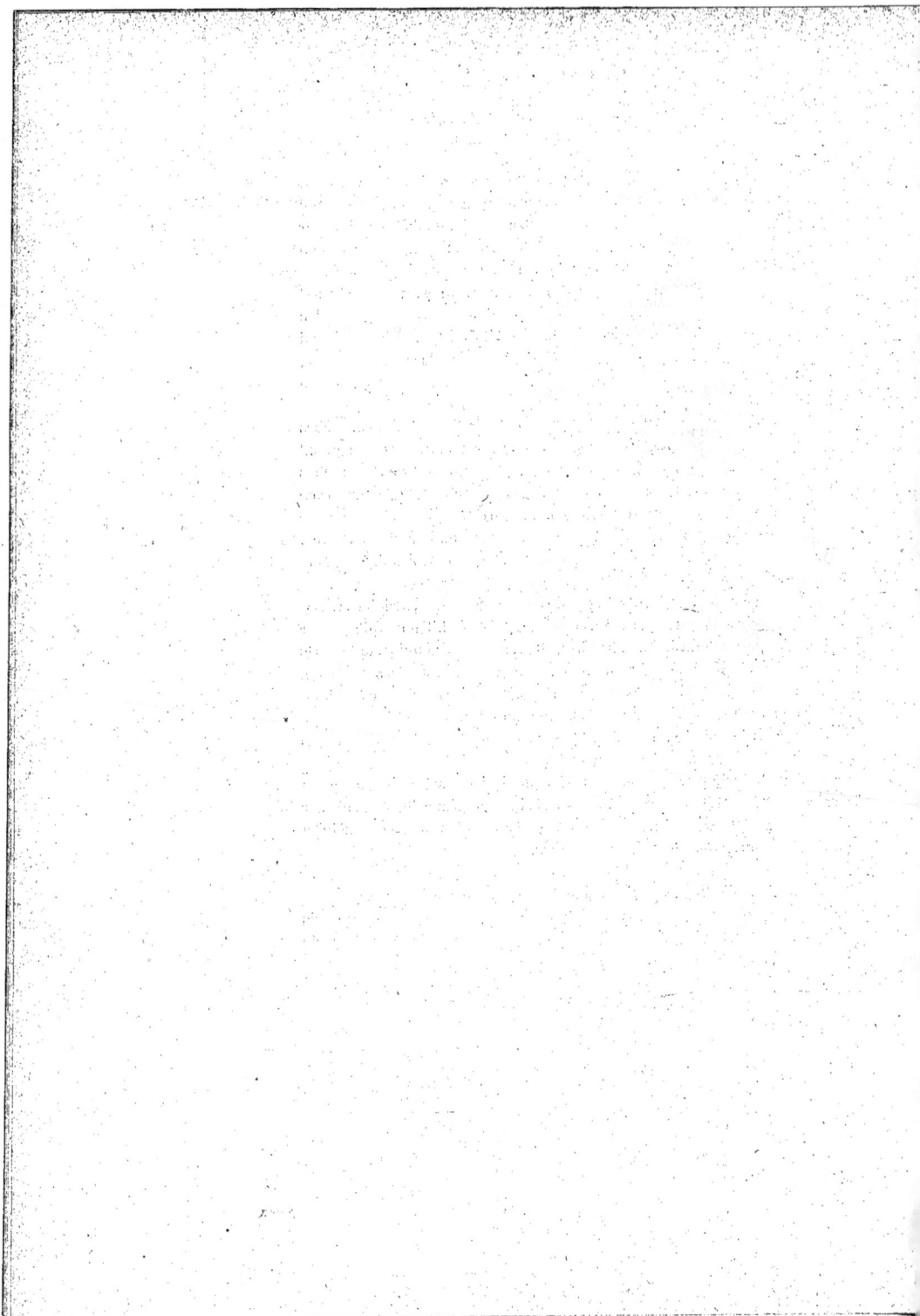

B. — SCHISTES CRISTALLINS

Roches stratifiées cristallines formées de minéraux ayant cristallisé sur place, et non de fragments brisés transportés par les eaux. On les trouve partout, avec de formidables épaisseurs, à la base des terrains sédimentaires, où elles constituent la série dite Primitive ou Archéenne, non fossilifère. L'origine de cette puissante formation est controversée. Elle représente soit la première croûte de consolidation du globe, soit une série de terrains sédimentaires très anciens. Quelle que soit son origine, elle a été tellement transformée par la recristallisation de ses éléments ou par la pénétration d'éléments nouveaux (Métamorphisme) que ses caractères ne sont plus du tout ceux d'une masse fondue cristallisée par refroidissement, ni ceux d'une formation sédimentaire.

Toutefois le métamorphisme agissant sur des terrains sédimentaires bien caractérisés, avec fossiles, peut les transformer en roches qui diffèrent peu ou pas des schistes cristallins. Notamment au voisinage des massifs de granite, la pénétration dans les terrains sédimentaires des vapeurs minéralisatrices sous l'influence desquelles a cristallisé cette roche fait cristalliser aussi les éléments de ces terrains et y introduit même des composants nouveaux ; il se produit ainsi autour du granite une auréole de schistes cristallins incontestablement sédimentaires et métamorphiques, par lesquels on passe insensiblement du granite franc holocristallin et non stratifié aux schistes sédimentaires fossilifères déposés mécaniquement par les eaux et restés tels quels. La même série continue s'observe de bas en haut de la formation dite Primitive. Quelle que soit donc l'origine réelle de cette formation, les roches qui la constituent sont les mêmes que les roches sédimentaires métamorphiques et on leur applique les mêmes dénominations. La nomenclature suivante s'applique donc aux roches dites primitives et aux roches sédimentaires métamorphiques indistinctement. Elle ne préjuge pas pour cela de la nature sédimentaire des roches primitives, mais résulte de l'impossibilité de les distinguer par des caractères précis et constants des terrains sédimentaires métamorphisés.

Nomenclature des schistes cristallins.

On peut distinguer deux groupes : 1° Roches schisteuses proprement dites, existant sur de grandes épaisseurs. 2° Roches peu ou pas schisteuses en elles-mêmes, mais venant s'intercaler en bancs parallèles à la stratification dans les précédentes, en général sur des épaisseurs relativement faibles.

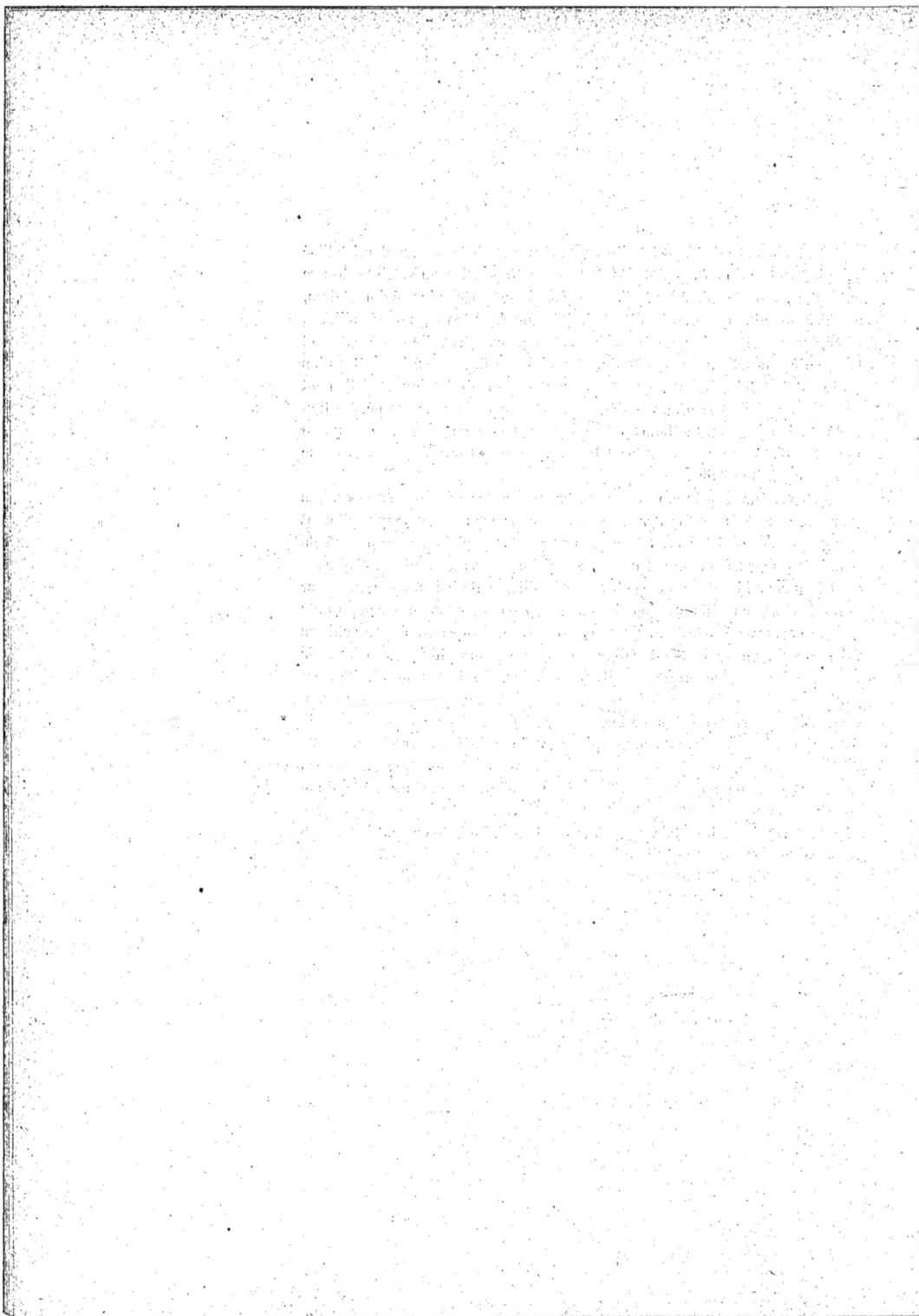

1° *Schistes cristallins proprement dits :*

Gneiss. — Composition du granite. Holocristallin. Ne diffère des granites que par un alignement des micas et parfois du quartz dans une direction de schistosité. Il y a d'ailleurs tous les passages au granite par la disparition de cet alignement ; tous les passages au micaschiste par la disparition du feldspath et la schistosité de plus en plus marquée. Le mica est en lamelles tordues, étirées, déchiquetées, semblant refoulées par la poussée du quartz et du feldspath qui sont postérieurs. Eléments accessoires : grenat, tourmaline, sphène, apatite, oligiste, magnétite, graphite. On distingue :

A. — *Gneiss gris* normal, à mica noir, ayant la composition d'un granite à mica noir. Il est dit *gneiss granitoïde* quand il passe au granite par l'effacement de la schistosité ; *gneiss œillé* ou *glanduleux* quand l'orthose et le quartz forment des lentilles aplaties dans le sens de la schistosité que contournent des lits de mica ; *gneiss rubané* quand des lits de mica noir continus alternent avec des bandes blanches de quartz et feldspath de quelques millimètres d'épaisseur.

B. — *Gneiss à cordiérite*, cas particulier des gneiss gris où la cordiérite s'associe au mica noir, dont elle paraît être d'ailleurs un produit de transformation.

C. — *Gneiss rouge* ou *granulitique*, à mica blanc, ayant la composition d'un granite à mica blanc. En général très rubané, et formé par l'injection entre les feuillets d'un micaschiste ou d'un gneiss normal de petits lits de granulite ou aplite rose. Plus acide que le gneiss gris (de même que la granulite est plus acide que le granite). Le mica noir est peu abondant et semble plus rongé, plus déchiqueté que dans les gneiss gris.

D. — *Gneiss amphibolique,* ayant la composition d'un granite à amphibole.

E. — Il y a des gneiss à paillettes de *graphite ;* d'autres à *oligiste* appelés *Itabirites* au Brésil.

Micaschistes. — Quartz et mica, sans feldspath ; très feuilleté, fissile. La cassure passant à travers les lamelles de mica, le quartz est peu visible et la roche semble souvent composée seulement de mica. Les micaschistes *œillés*, à grosses lentilles de quartz enveloppées de lits de mica, sont fréquents. Eléments accessoires, nombreux et fréquents : grenat almandin, tourmaline, amphibole, staurotide, sillimanite, disthène, chlorites, épidote, talc, rutile, oligiste, magnétite, pyrite, etc., surtout nombreux dans les micaschistes à mica blanc.

On distingue :

A. — *Micaschistes à mica noir* ou normaux.

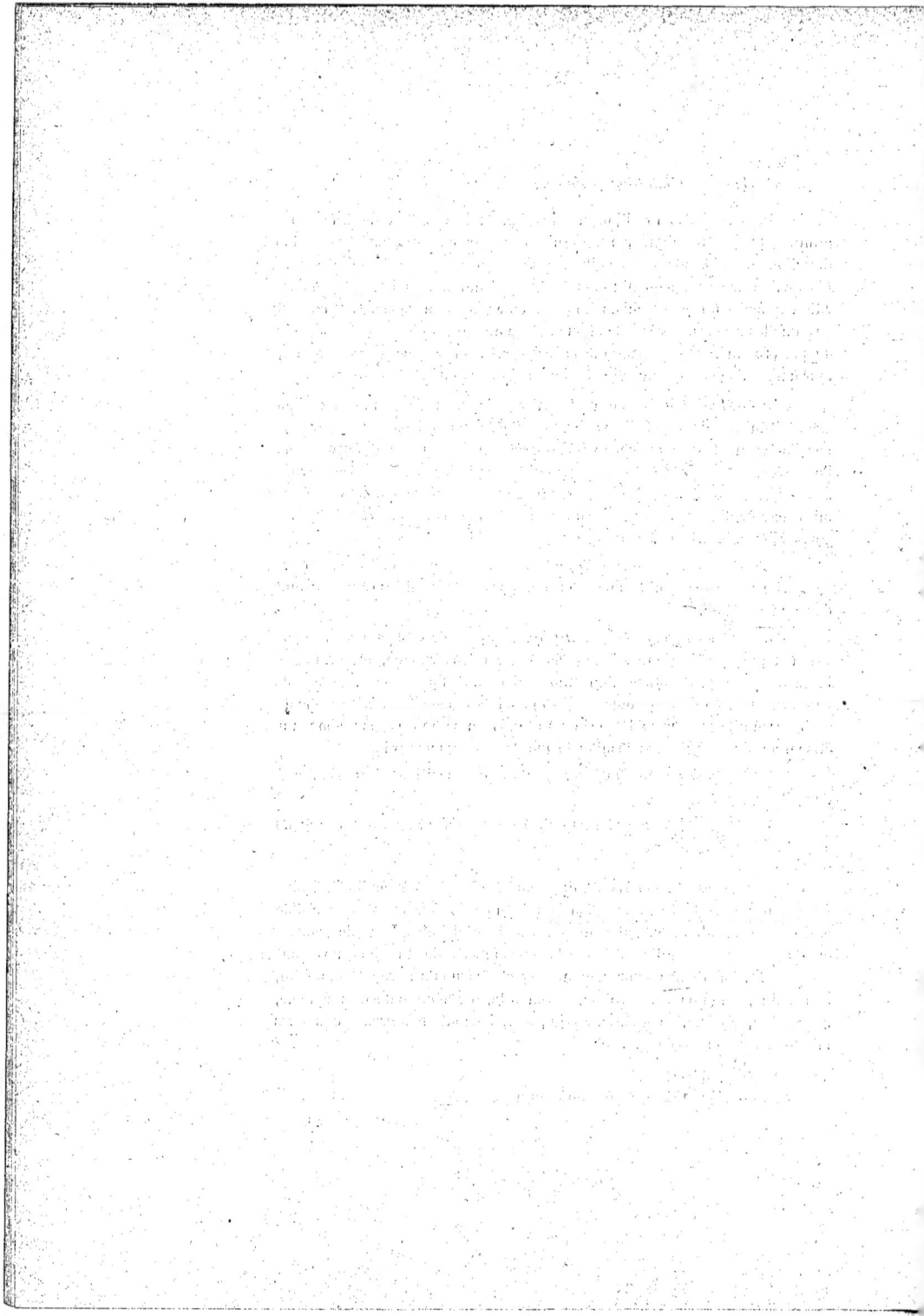

B. — Micaschistes à mica blanc : *schistes séricileux*, parfois appelés à tort schistes talqueux, contenant non du talc mais de la séricite, variété de muscovite à lamelles fines et soyeuses, onctueuses. *Schistes à paragonite*, mica sodique d'aspect analogue à la séricite. *Schistes à margarite* (mica calcique nacré).

Schistes amphiboliques. — Quartz et amphibole, avec peu ou pas de feldspath. Le quartz est peu abondant, le feldspath quand il existe est plutôt l'oligoclase que l'orthose, la roche est basique (50 à 55 °/₀ silice).

Dans les *schistes à glaucophane*, l'amphibole ordinaire est remplacée par le glaucophane, ou coexiste avec lui.

On appelle *adinoles* ou *cornes* vertes et rouges, *schistes cornés*, des schistes métamorphiques produits par l'action des diabases sur des schistes sédimentaires, à grain microscopique et où l'on distingue au microscope l'amphibole, le pyroxène, le grenat avec du quartz et parfois du feldspath.

Schistes chloriteux. — Lamelles de chlorite (ripidolite) avec quartz; parfois mica, grenat, magnétite. Passent aux schistes séricileux par toutes les transitions.

Schistes graphiteux. — Micaschistes dans lesquels le mica est plus ou moins remplacé par des lamelles de graphite.

Quartzites. — Agrégats cristallins de quartz en grains contigus, parfois avec de petites lamelles de mica (micaschistes pauvres en mica). Les *grès flexibles* du Brésil appartiennent à cette catégorie.

Phyllades. — Roches franchement sédimentaires; schistes durs de couleur foncée, argileux, à éclat micacé sur les cassures parallèles à la stratification. On y distingue au microscope des fragments détritiques de quartz, avec des minéraux cristallisés sur place, mica noir, séricite, chlorite, staurotide, dans une masse argileuse amorphe durcie. Les *ardoises* appartiennent à cette catégorie.

Le métamorphisme dû au voisinage des granites développe, dans les phyllades, aux dépens de l'argile, l'andalousite maclée ou chiastolite, constituant ainsi les *schistes maclifères*. L'injection d'aplite les transforme en véritables gneiss rouges holocristallins, avec toutes les transitions.

2° *Roches intercalées dans les schistes cristallins :*

Leptynites. — Granulites ou aplites blanches ou roses intercalées dans les gneiss rouges. Chacun des petits lits clairs du gneiss rouge est une leptynite, mais on applique plutôt ce nom aux bancs de quelques décimètres ou mètres d'épaisseur interstratifiés dans le gneiss. Le grenat rouge y est très fréquent.

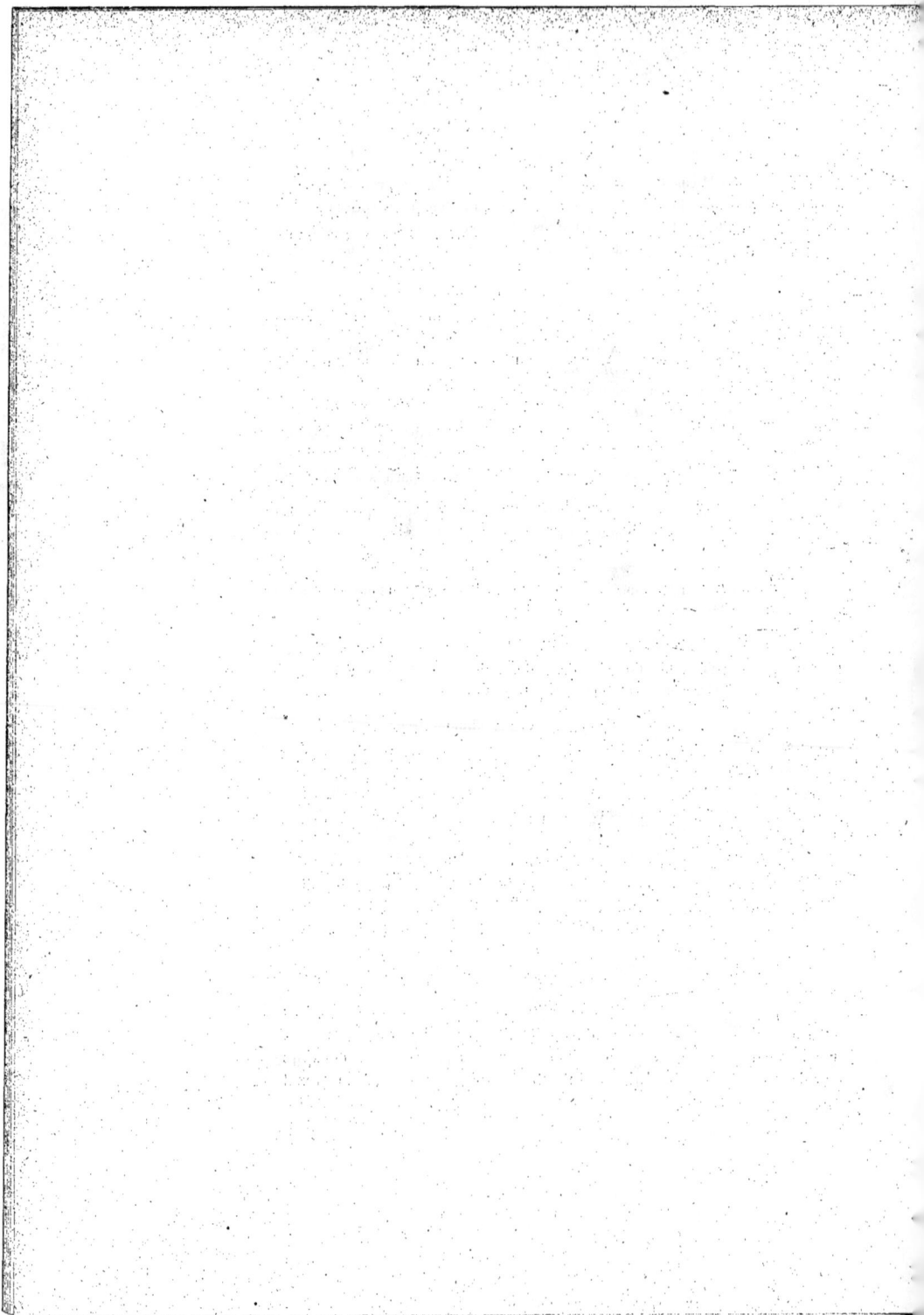

On appelle *hälleflinta* (en Suède), ou pétrosilex, une leptynite à grain si fin que les éléments ne s'y distinguent pas à l'œil nu et que la cassure paraît homogène. Rubanée de couleurs vertes, rouges, brunes.

Amphibolites. — Roches formées presque uniquement d'amphibole, avec un peu de feldspath plagioclase, peu ou pas de quartz. Parfois pyroxène. Sphène, fer titané, grenat. En somme, composition d'une diorite.

Pyroxénites. — Roches formées de pyroxène et plagioclase basique, passant aux amphibolites et fréquemment associées à celles-ci en lits alternants. Composition d'un diabase (ou d'un gabbro quand le pyroxène est du diallage). Sphène, fer titané, lits de grenat et d'idocrase.

Kersantites (plagioclase et mica). Péridotites et *serpentines* provenant de leur altération.

Grenatites. — Roches formées de grenat almandin ou mélanite et hornblende.

Eclogites. — Roches formées de grenat rouge et de pyroxène vert clair, avec le plus souvent nombreux minéraux accessoires : quartz, disthène, hornblende, olivine, glaucophane, sphène, etc...

Marbres cipolins. — Calcaires cristallins intercalés dans les schistes cristallins. Souvent remplis de minéraux et rubanés. Mica, graphite, chlorite, talc, amphibole, wernérites, corindon, etc... Se fondent dans le schiste par l'accroissement de la masse des silicates, et passent en particulier fréquemment aux amphibolites et pyroxénites. Très souvent la magnétite ou l'oligiste forment des amas exploitables dans les cipolins ou à leur contact.

Dans les calcaires sédimentaires bien caractérisés, le métamorphisme dû aux roches granitoïdes développe de nombreux silicates cristallisés. Certains calcaires du trias des Alpes contiennent de grands cristaux d'albite, au point de ressembler à un porphyre.

Porphyroïdes. — Roches interstratifiées dans les schistes sédimentaires, notamment dans l'Ardenne, et provenant du métamorphisme produit par l'injection des éléments minéralisateurs du granite dans certains bancs. Leur aspect est celui d'une microgranulite à très grands cristaux de quartz bleuâtre et d'orthose ou oligoclase. La pâte noirâtre contient des micas et de la chlorite alignés comme dans les gneiss, du calcaire, de la pyrite, et ne diffère pas essentiellement d'un phyllade.

C. TERRAINS SÉDIMENTAIRES

Formés par dépôt de matières transportées par les eaux courantes ou les vents ou tenues en suspension ou en dissolution dans les eaux.

Les variations de nature du dépôt déterminent la formation de bancs successifs ou *strates*, peu marquées quand les conditions de dépôt ont peu varié, très accentuées quand ces conditions ont été fréquemment modifiées. D'où le nom de *terrains stratifiés*.

Quand le dépôt s'est fait dans une eau tranquille, sur le fond de la mer en particulier, les strates sont bien parallèles et presque horizontales (sauf mouvements postérieurs) ; quand il s'est produit en eau courante (deltas marins et lacustres en particulier), les strates sont plus ou moins inclinées originellement et se terminent en coin les unes sur les autres.

On distingue :

1°) Dépôts *clastiques* ou *détritiques*, formés par l'accumulation de matériaux arrachés aux roches en place par les divers agents d'érosion (eaux courantes, vagues de la mer, vents). Ce sont des formations purement mécaniques, mais la plupart du temps des actions chimiques postérieures les ont plus ou moins transformées ;

2°) Dépôts *organiques*, formés par l'accumulation de débris d'animaux ou de végétaux. Il est rare que la sédimentation détritique ne s'y mêle pas à la sédimentation organique ;

3°) Dépôts *chimiques* et *d'évaporation*, formés par précipitation d'éléments dissous, sous l'action de réactions chimiques ou de l'évaporation. Ici encore il y a tous les passages aux deux autres catégories.

Les phénomènes actuels montrent des exemples de la formation contemporaine de la plupart des terrains sédimentaires.

1. Dépôts clastiques. — Deux catégories : *Arénacés* (à grain discernable) et *argileux* (à grain impalpable).

a) Dépôts arénacés. — Meubles ou agglomérés par un ciment quelconque déposé par les eaux d'infiltration. La plupart du temps les dépôts arénacés sont agglomérés, seuls les plus récents sont restés meubles (sauf exception).

Meubles : *Sables* formés de petits grains, et qui par suite ont été en général longtemps triturés par les eaux. De sorte que le quartz (dur et insoluble) en forme presque toujours l'élément à peu près unique. Les sables à gros grain sont toujours formés de grains roulés ; quand le grain est très fin, les fragments restés en suspension peuvent être anguleux.

Graviers, formés de fragments plus ou moins gros, roulés. En

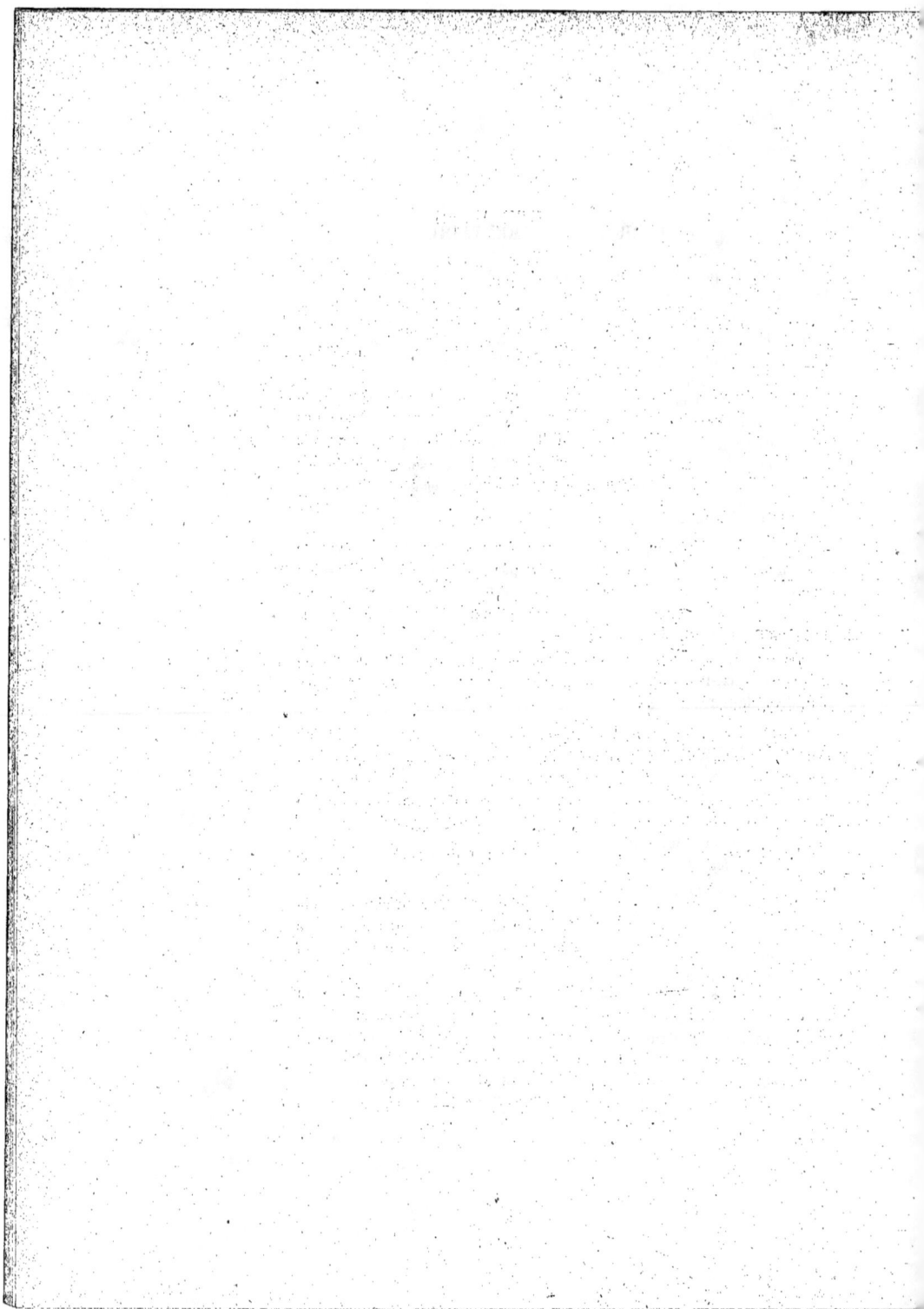

général transportés moins loin, et d'autant moins que les fragments sont plus gros. Le plus souvent le quartz et les roches quartzeuses dures y dominent, mais des éléments plus tendres ou plus solubles comme les fragments de calcaire peuvent y exister.

Moraines. Voir aux phénomènes actuels.

Agglomérés : *Grès*, sables agglomérés en une roche consistante. *Grès argileux*, sable cimenté par de l'argile déposée avec lui. *Arkose*, grès à fragments de quartz et feldspath provenant du remaniement, avec transport rapide ou à faible distance, des éléments d'un granite ou gneiss, de façon que le feldspath n'a pas eu le temps d'être détruit. Souvent argileuse par kaolinisation. Beaucoup de grès houillers sont des arkoses. *Grès à ciment calcaire*, sable aggloméré par du calcaire déposé par les eaux d'infiltration. *Grès ferrugineux*, cimenté par de l'oxyde de fer déposé de même. *Grès à ciment siliceux*, cimenté par de la calcédoine ou du quartz. Dans ce dernier cas, la roche se compose uniquement de quartz, mais diffère des quarzites du terrain primitif en ce qu'on y distingue au microscope les grains de quartz brisés et roulés de la pâte de quartz cristallisée sur place qui les enveloppe. Cependant on lui donne souvent aussi le nom de *quartzite*.

Psammites, grès micacés et fissiles, où le mica forme des lits parallèles à la stratification, suivant lesquels la cassure a l'éclat micacé.

Grès vert, grès à ciment calcaire ou argileux avec grains verts de glauconie.

Grauwacke, grès à ciment ferrugineux et calcaire que des actions postérieures ont décalcifié en y faisant naître des cavités. Les fossiles calcaires y sont à l'état de moules creux par suite de la dissolution du calcaire.

Conglomérats, roches formées de gros fragments. *Brèches*, quand les fragments sont anguleux. *Poudingues*, quand ce sont des galets roulés, cas beaucoup plus fréquent. Dans les poudingues contenant des cailloux calcaires, les cailloux durs pénètrent parfois dans ceux-ci en y produisant une impression plus ou moins profonde ; ce sont les *poudingues à cailloux impressionnés*.

b) Dépôts argileux. — L'élément essentiel est, non plus le quartz, mais l'argile, autre résidu solide de l'attaque des roches feldspathiques par les eaux.

Argiles plastiques, argile pure plus ou moins colorée en bleu par les sels ferreux, rouge par l'oxyde ferrique, noir par des matières organiques.

Gaize, argile imprégnée de silice hydratée (opale), roche poreuse, légère, de couleur claire, très modifiée par des actions postérieures au dépôt.

Jaspe, argile imprégnée de silice et devenue compacte et dure comme un silex, généralement de couleur foncée verte, brune, rouge.

[illegible]

[illegible]

[illegible]

[illegible]

[illegible]

[illegible]

[illegible]

[illegible]

[illegible]

[illegible]

Marnes, argiles mélangées de calcaire, de beaucoup les plus fréquentes. Passent par toutes les transitions au calcaire marneux où le calcaire domine et qui devient alors de plus en plus consistant. Les marnes proprement dites sont les mélanges qui conservent la consistance argileuse, se délaient dans l'eau et ne peuvent tenir sous forme d'escarpements mais se délitent sous l'action de l'air et de la pluie. *Marnes sableuses*, celles qui contiennent des grains de quartz.

Limon ou Lehm. Argile plastique avec fragments de quartz très fins déposée par les eaux fluviales ou par les eaux de ruissellement. Formation superficielle récente. *Loess*, masse argileuse, mêlée de calcaire, non stratifiée; formation superficielle récente, également continentale.

La plupart des argiles et des marnes sont imperméables, par suite à l'abri des actions secondaires dues aux eaux d'infiltration. Mais elles sont susceptibles de durcir à la longue sous l'action d'une sorte de métamorphisme qui, sans y développer toujours des cristaux définis, les transforme cependant en une matière dure et compacte. Les formations argileuses anciennes ont ainsi le plus souvent perdu la consistance de l'argile et ont pris la forme d'une roche dure, généralement grise ou noire, où l'argile durcie est mêlée de plus ou moins de grains de quartz invisibles à l'œil nu. C'est le *schiste*.

Les schistes sont toujours plus ou moins feuilletés, ils se clivent aisément en plaques plus ou moins minces. Quand la transformation de l'argile en schiste est due simplement à l'action prolongée de la chaleur interne, peut-être aussi à la pression des couches superposées, quand les terrains n'ont subi que peu de plissements, le clivage est parallèle à la stratification. Il est souvent alors peu marqué, guère plus que dans beaucoup d'autres dépôts sédimentaires. C'est le cas de beaucoup de schistes houillers par exemple.

La véritable *schistosité* est une fissilité qui se produit obliquement à la stratification dans les schistes soumis à des plissements violents. Le laminage qui accompagne le plissement a pour effet, non seulement de transformer l'argile ou la marne en schiste dur, mais d'y développer la fissilité dans une direction qui n'a pas de rapport avec celle de la stratification. La roche qui en résulte, quand elle se clive facilement en lames minces, constitue l'*ardoise*, type du schiste feuilleté. Le plissement est bien cause de la transformation, car les terrains argileux les plus récents sont capables de fournir des schistes ardoisiers dans les montagnes récentes, alors que, dans les régions de plis anciens, seules les formations antérieures aux plissements se trouvent sous cette forme. La schistosité, dans les régions de montagnes, peut induire en erreur sur la véritable direction de la stratification, que l'on ne retrouve qu'en suivant avec attention les bancs de natures ou de couleurs

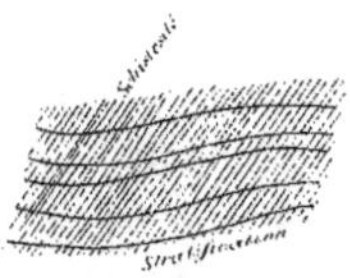

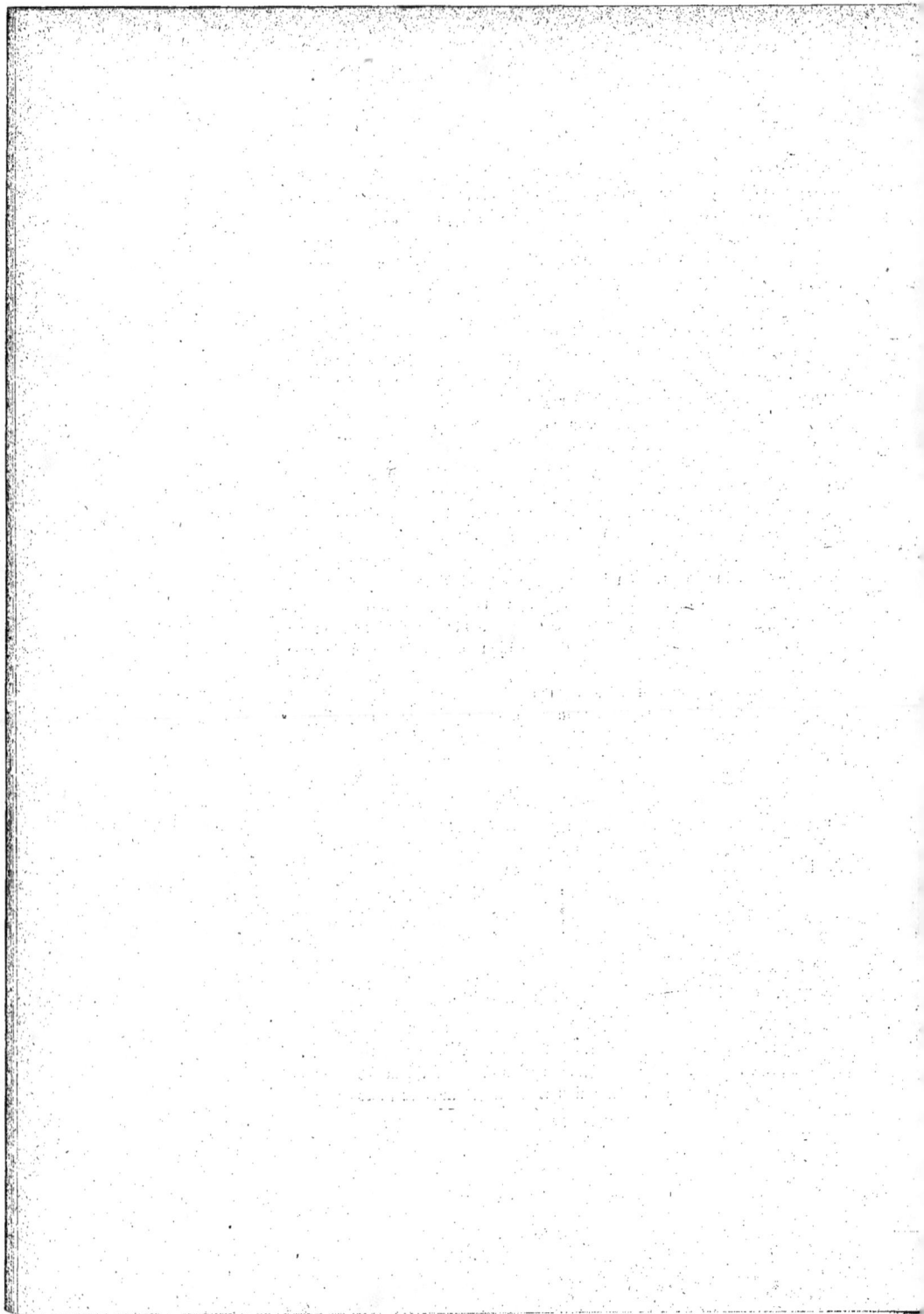

différentes, souvent peu visibles. Dans les schistes ardoisiers, le laminage est mis en évidence par l'étirement démesuré des fossiles qu'ils contiennent.

Par corruption, on donne souvent le nom de schistes à toutes les roches feuilletées, à grain fin, même non argileuses, en particulier à des dépôts siliceux et bitumineux d'origine organique (schistes siliceux de Menat en Auvergne par exemple).

Il n'y a pas de différence essentielle entre les schistes durs et les phyllades. Mais on réserve plutôt le nom de phyllades aux roches sans fossiles de ce genre qui existent à la base de la série sédimentaire et se relient d'une manière continue aux schistes cristallins.

Les *schistes bitumineux* sont remplis de débris organiques et imprégnés de substances carbonées, leur distillation fournit des huiles minérales. Ils abondent dans le Carbonifère et le Permien et passent à de véritables combustibles minéraux quand la proportion de matière minérale diminue.

2. Dépots organiques. — *Schistes bitumineux et siliceux.* — Roches noires à grain très fin, très feuilletées, formées en eau douce, composées de silice hydratée pulvérulente et de matière organique.

La matière organique provient surtout de la décomposition d'algues et de poissons, la silice est sous forme de carapaces de diatomées (algues siliceuses microscopiques). *Tripoli, randannite, kieselguhr, farine fossile,* même dépôt, mais blanc, sans matière organique, composé de carapaces de diatomées, feuilleté ou non.

Les principaux dépôts organiques sont les *calcaires* et les *combustibles minéraux.* Toutefois il y a sans doute des calcaires dus à la précipitation chimique du carbonate de chaux. La plupart sont formés de débris de coquilles ou de carapaces de protozoaires microscopiques. On distingue un grand nombre de variétés, dont les principales sont :

Calcaires grossiers, à grain grossier et plus ou moins caverneux, jaunâtres.

Calcaires oolithiques, souvent associés aux formations coralligènes, le plus souvent d'un blanc éclatant.

Calcaires pisolithiques, où les oolithes atteignent la grosseur d'un pois.

Calcaires à polypiers ou *calcaires coralliens, calcaires construits,* semblables à ceux des récifs actuels, mais souvent plus compacts encore, les polypiers transformés à l'intérieur en calcite cristallisée. En général blancs.

Calcaires lithographiques, à grain excessivement fin et égal, jaunâtres, sans traces d'organismes dans leur pâte homogène.

Craie, calcaire blanc tendre, composé surtout de carapaces de protozoaires, avec fragments de coquilles et de polypiers calcaires et nombreux débris siliceux (radiolaires, diatomées, spicules d'éponges). *Craie*

marneuse, mêlée d'argile. *Craie glauconieuse*, à grains de glauconie. *Craie phosphatée*, contenant des grains et nodules de phosphate de chaux.

Lumachelles, accumulations de fragments de coquilles bien discernables à l'œil nu.

Calcaires à entroques ou *calcaires spathiques*, lumachelles formés en grande partie de fragments d'échinodermes (encrines, oursins). Ces animaux sont toujours fossilisés sous forme de calcite cristalline, à larges clivages uniformément orientés dans un même individu. Il en résulte pour les calcaires de ce genre une cassure cristalline à facettes étincelantes très particulière. Ces calcaires sont en général de couleur foncée, gris-bleu dans la masse, bruns par oxydation à la surface. Essentiellement marins, ils se sont cependant déposés dans des courants rapides, ne contiennent aucun fossile en place, mais seulement des fragments brisés et présentent fréquemment des bancs en biseau comme les formations arénacées. Leur mode de dépôt est mal expliqué.

Calcaires fétides, répandant une odeur fétide quand on les frappe au marteau.

Calcaires marneux, calcaires dans lesquels le carbonate de chaux se mélange d'argile. Grain très fin et uniforme, couleur gris-bleuâtre, devenant bruns par oxydation à l'air. En général bien lités. Les marnes et calcaires marneux sont les équivalents des vases bleuâtres littorales actuelles. Leur cuisson fournit les chaux hydrauliques et ciments.

Marbres, tous les calcaires capables de prendre le poli. La plupart sont cristallins, formés de cristaux de calcite accolés et proviennent de la transformation d'anciens calcaires sédimentaires. Les conditions qui ont déterminé la cristallisation paraissent analogues à celles qui transforment les argiles en schistes durs : ce sont surtout les calcaires anciens qui se présentent sous forme de marbres, ou bien des calcaires plus récents dans les régions de plissement. La venue des roches éruptives de profondeur transforme non seulement les calcaires en marbres au voisinage de ces roches, mais y développe de nombreux silicates cristallisés ; souvent aussi elle les charge de magnésie.

Calcaires magnésiens ou dolomitiques, *dolomies*, contenant du carbonate de magnésie, avec généralement un excès de carbonate de chaux par rapport à la formule de la dolomie normale Co^{3} Ca + Co^{3} Mg. La magnésie y est d'origine métamorphique ou non. Beaucoup de dolomies sont associées aux récifs coralliens, même récents (voir plus haut). A certaines époques (trias, portlandien, etc.), il s'en est déposé de grandes quantités sous forme de masses grenues, fines, jaunâtres, souvent peu consistantes, sableuses, très pauvres en fossiles, et dont le mode de formation reste énigmatique.

Cargneules, *dolomies cloisonnées* ; dolomies caverneuses formées de

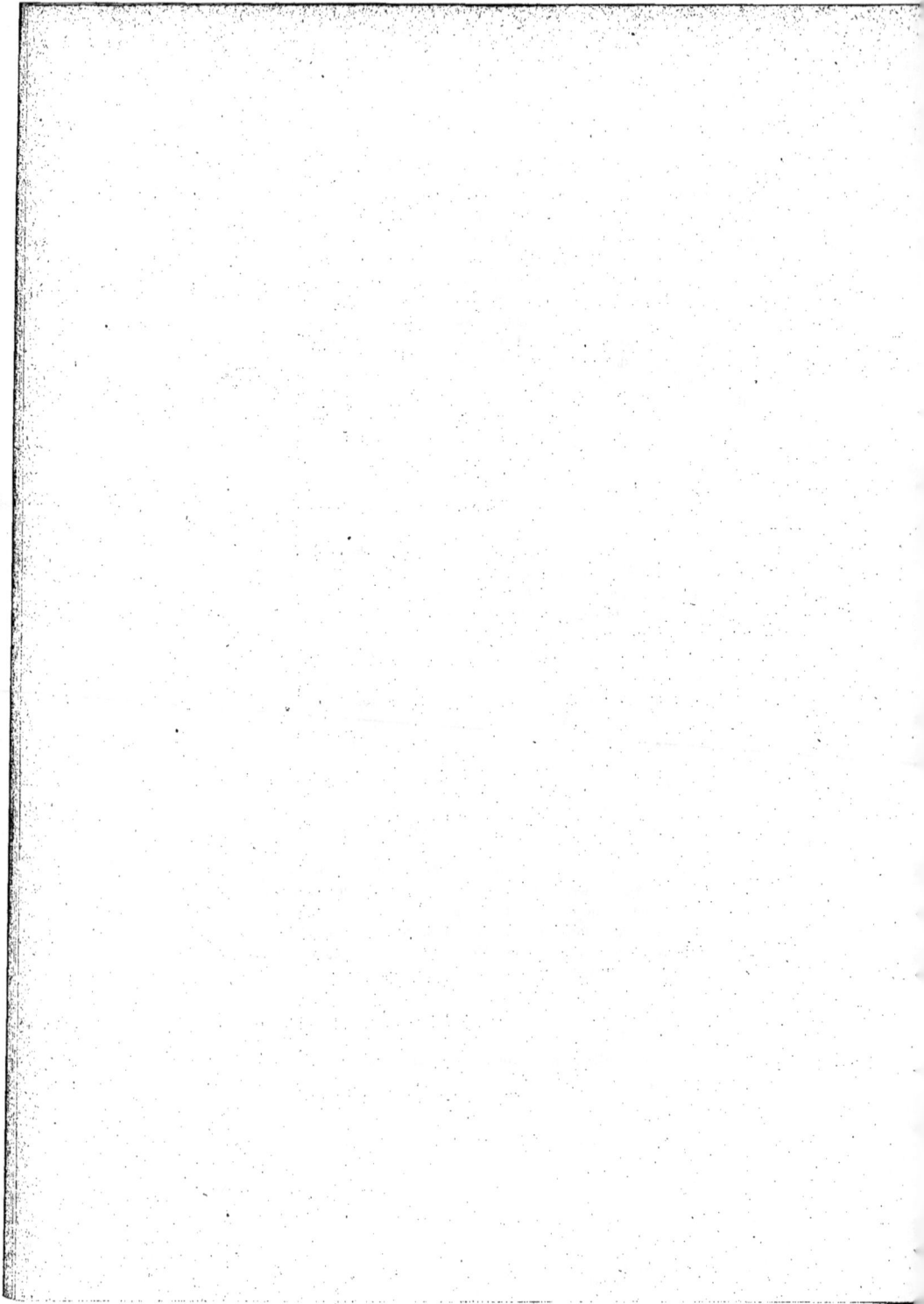

cloisons enchevêtrées de calcaire peu magnésien, laissant entre elles des cavités où subsiste souvent une matière pulvérulente ayant la composition de la dolomie normale. Résultent de l'action des eaux d'infiltration chargées d'acide carbonique sur des dolomies fissurées. Les eaux ont dissous l'excès de carbonate de chaux pour le précipiter à nouveau dans les fissures où elles circulaient, laissant un résidu insoluble composé de molécules égales des deux carbonates (les acides faibles ne dissolvent dans la dolomie que l'excès de carbonate de chaux).

Beaucoup de calcaires contiennent des *silex*, rognons de silice plus ou moins hydratée (mélange d'opale et de calcédoine) provenant de la concentration sous l'action des eaux, de la silice soluble (hydratée) contenue à l'état de débris d'organismes dans le calcaire. Ils forment en général des bancs, ou chapelets de rognons, parallèles à la stratification. Tels sont les *silex* blonds ou noirs de la craie, les *phtanites* noirs du calcaire carbonifère, les *chailles* des calcaires jurassiques. Dans la craie, les rognons de silex sont nettement distincts de la roche calcaire. Ailleurs ils se fondent graduellement dans la roche et forment plutôt des taches à bords imprécis (chailles du Jurassique).

Certains *calcaires siliceux* contiennent des proportions de silice hydratée assez grandes pour devenir durs dans toute leur masse.

Les *combustibles minéraux* comprennent :

Tourbes, formées de mousses décomposées sur place. Les végétaux se décomposent par le pied, qui est plongé dans l'eau, tandis que l'extrémité supérieure, aérienne, continue à croître. La masse est de plus en plus compacte en profondeur, de plus en plus foncée et riche en carbone. Les tourbes sont exclusivement modernes. Leur mode de formation s'écarte beaucoup de celui des lignites, houilles et anthracites.

Lignites, *houilles*, *anthracites*, charbons formés de *débris* de plantes transportés par des courants fluviaux et accumulés au fond d'une eau plus tranquille exactement comme les argiles et grès qui accompagnent toujours ces combustibles. Ce sont essentiellement des produits de transport, assimilables sinon par leur origine première, du moins par leur mode de dépôt aux sédiments détritiques et se présentant sous les mêmes formes (Voir plus loin). Les *bitumes*, *asphaltes*, *ozokérites*, quelle que soit leur origine, ne forment pas des bancs assimilables aux roches sédimentaires. Ils imprègnent des bancs perméables de nature quelconque dans lesquels ils se sont introduits après coup. La plupart paraissent d'ailleurs de nature éruptive. Tantôt ils imprègnent des sables *(sables bitumineux*, *arkoses bitumineuses)*, tantôt des calcaires *(calcaires asphaltiques)* et dans ce dernier cas imbibent toute la masse de la roche, qui reste tout à fait homogène. Les *pétroles* liquides se rencontrent dans les mêmes conditions, imbibant des terrains perméables, généralement des sables.

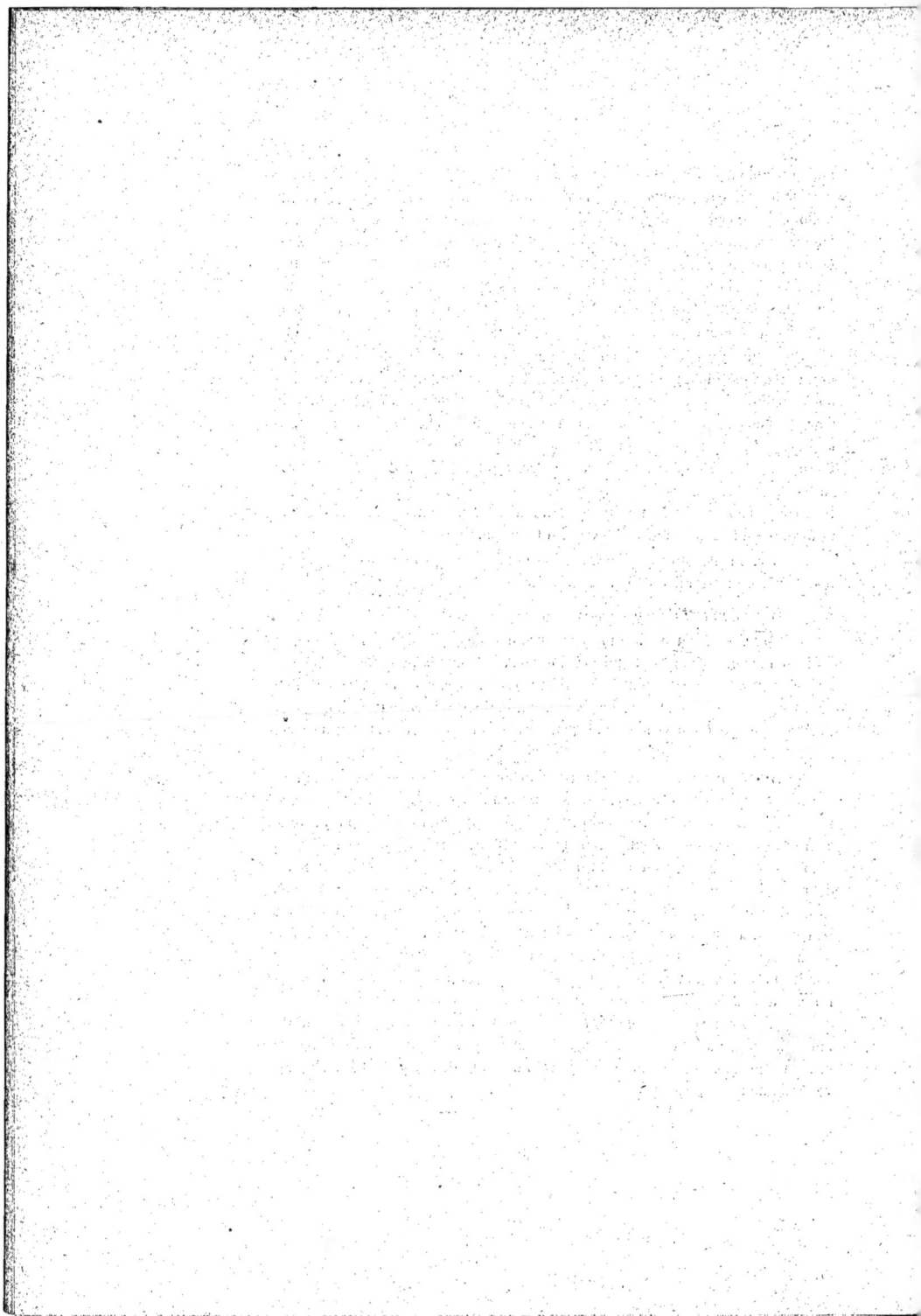

3. Dépots chimiques. — Parmi les dépôts chimiques ou d'évaporation, on peut citer surtout :

Sel gemme, *gypse* et *anhydrite*, simples dépôts d'évaporation.

Travertins et *tufs calcaires*, dépôts concrétionnés de calcaires formés par les sources et déposés soit autour des griffons de ces sources soit au fond des lacs qu'elles alimentaient. Beaucoup de calcaires lacustres sont des dépôts de ce genre.

Meulière, roche siliceuse caverneuse, cariée, légère, qui paraît être le résidu de la dissolution de calcaires siliceux et de la concentration de leur silice par les eaux d'infiltration superficielle.

Geysérites, dépôts de silice des geysers (Voir plus haut). Certains bancs puissants de silice concrétionné (dans le permien notamment), sont assimilables aux geysérites actuelles mais en diffèrent en ce qu'ils sont formés surtout de silice anhydre.

Minerais de fer oolithiques, dépôts marins de fer hydroxydé comparables aux calcaires oolithiques, et produits par précipitation du fer dans une eau agitée. Les oolithes sont composées à peu près uniquement de limonite, sous forme d'écailles concentriques excessivement fines entourant un petit fragment de matière quelconque qui a servi de premier centre de dépôt. Ces oolithes sont cimentées entre elles par du calcaire ou de la marne en proportion variable (Voir plus loin).

Bauxites. Composées essentiellement d'alumine hydratée, avec oxyde de fer et plus ou moins d'argile. Formations continentales superficielles entièrement comparables aux Latérites des contrées tropicales actuelles et correspondant toujours à une lacune de la sédimentation.

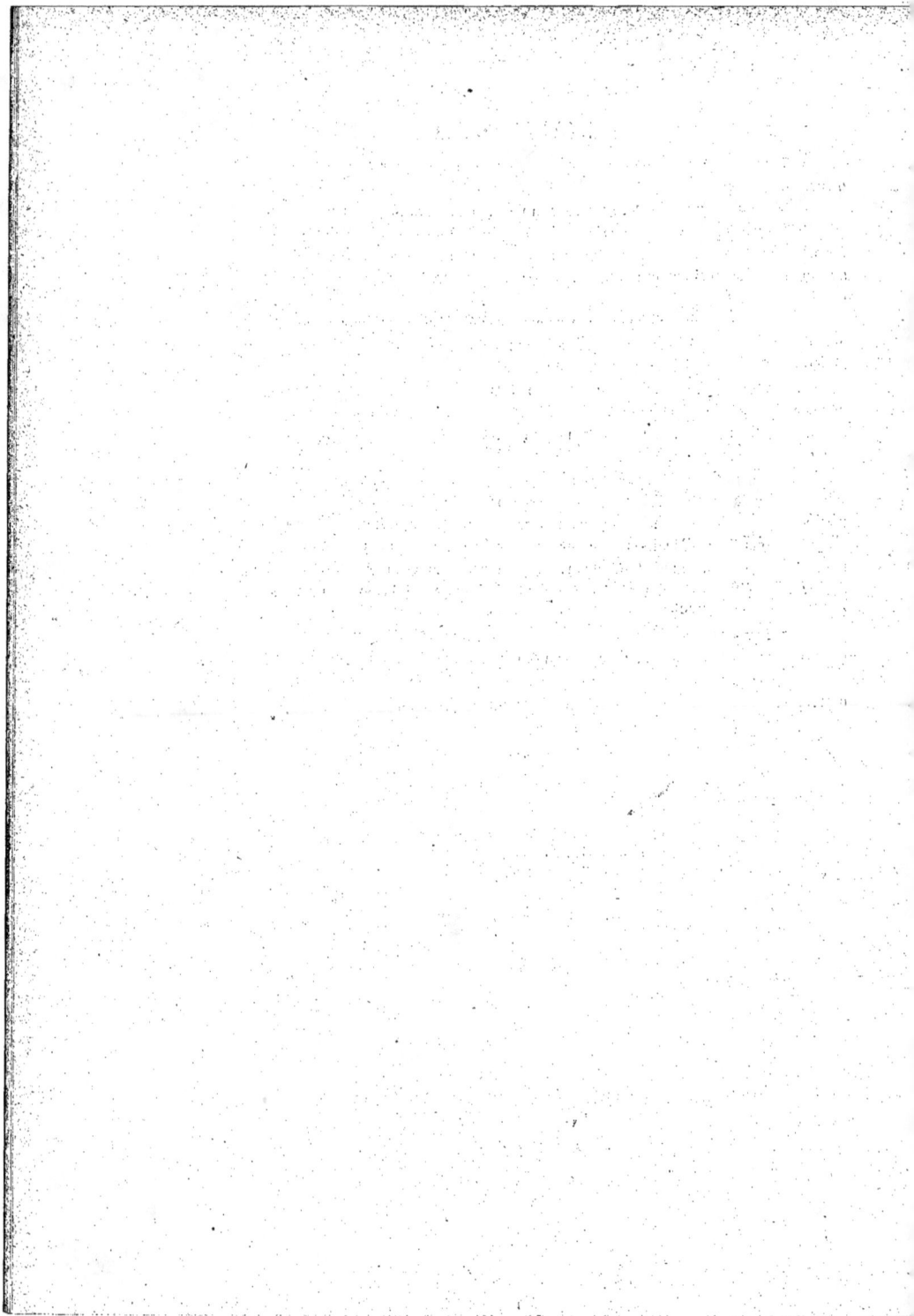

CHAPITRE III

Paléontologie

PALÉONTOLOGIE ANIMALE

POISSONS

Dents de squales

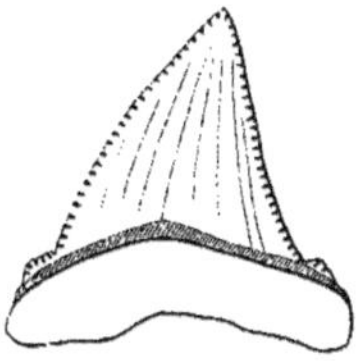

Carcharodon

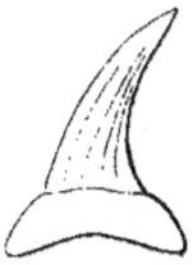

Oxyrhina

Lamna

GANOIDES _ PLACODERMES

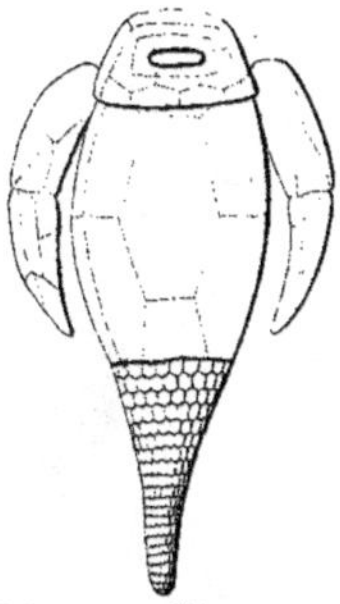

Ptérichtys (*Dévonien inf.?*)

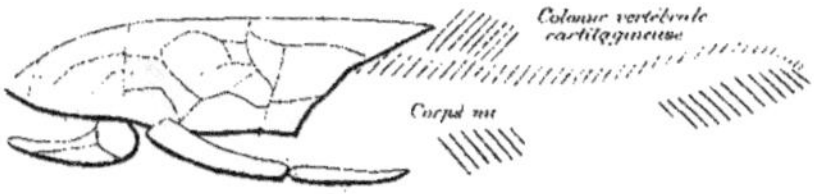

Coccosteus (*Dévonien*)

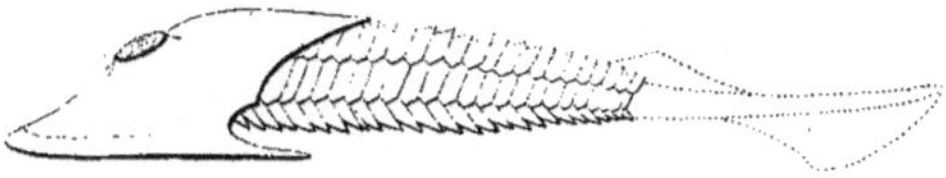

Cephalaspis (*Dévonien*)

Formes de la queue des poissons

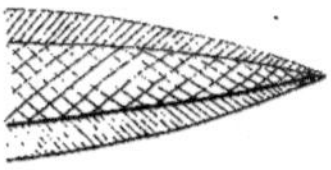

Diphycerque
(*forme primitive*)

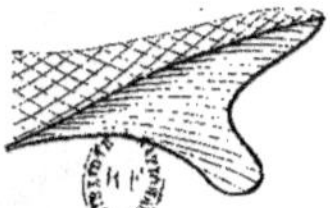

Hétérocerque
(*forme ancienne*)

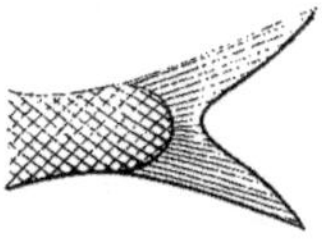

Homocerque
(*forme moderne*)

CRUSTACÉS _ TRILOBITES

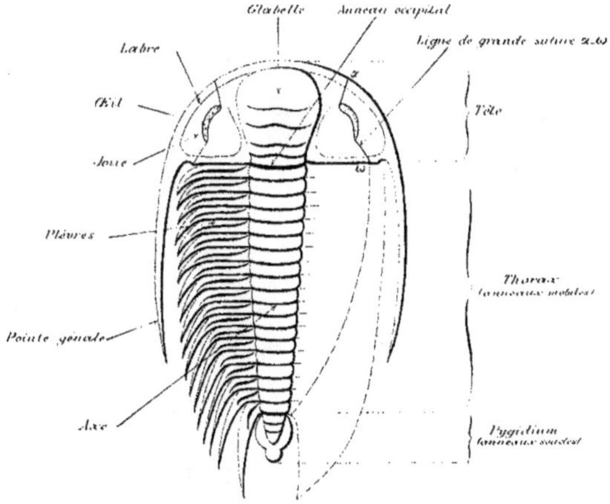

Genre Paradoxides. 18-20 anneaux
(Cambrien) (P. Bohemicus)

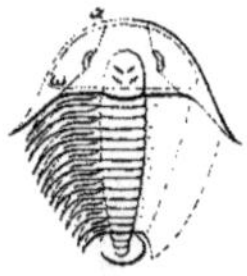

G. Olenus. 14 anneaux
(Cambrien)

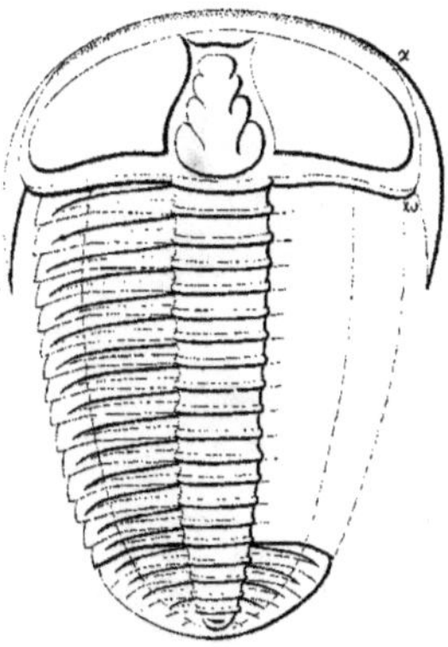

G. Conocephalites 14-15 anneaux
(Cambrien) (C. Sulzeri)

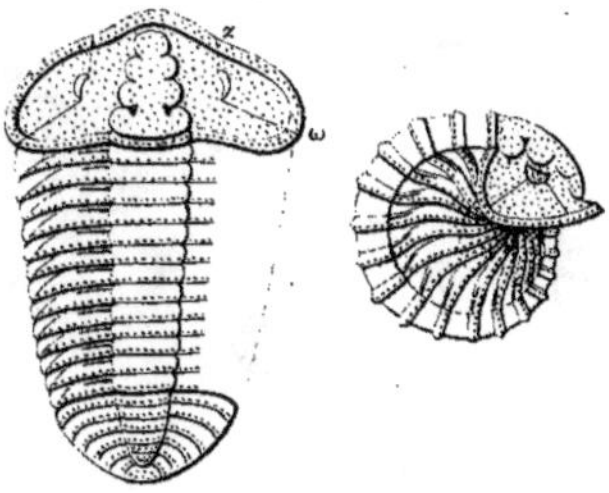

G. Calymene. 13 anneaux
(Cal. Blumenbachi. Sil. Sup.)

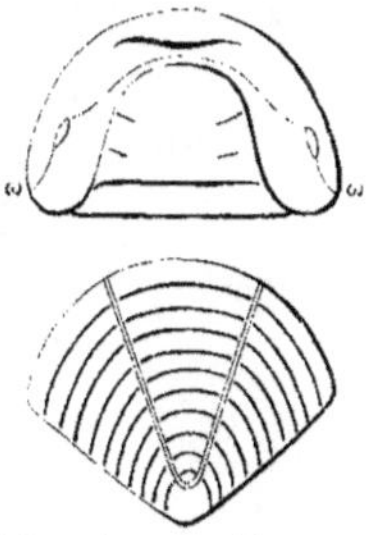

G. Homalonotus. 13 anneaux
(H. Brongniarti. Sil. moyen. Grès de May)

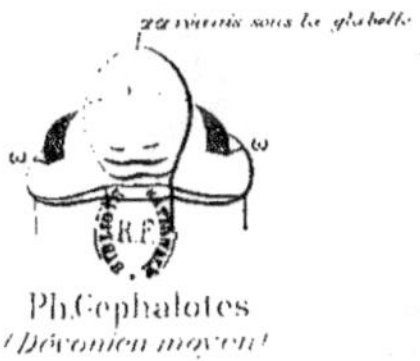

Ph. Cephalotes
(Dévonien moyen)

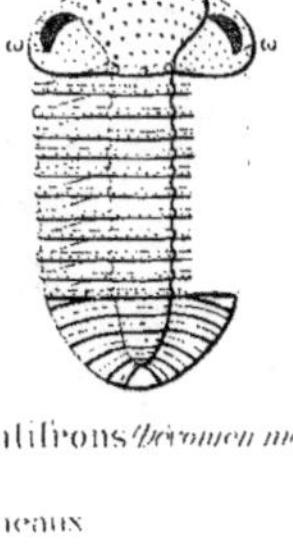

Ph. Latifrons *(Dévonien moyen)*

G. Phacops 11 anneaux

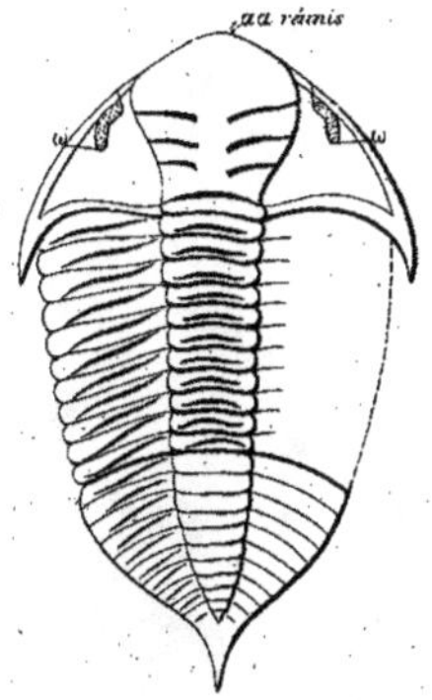

G_Dalmanites_ 11 anneaux
(D. Socialis_ Silurien moyen)

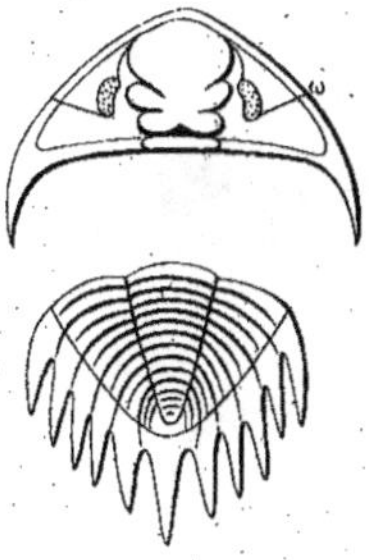

G_Crypheus_ 11 anneaux
(Cr. Michelini_ Dévonien inférieur)

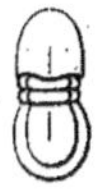

G_Agnostus_ 2 anneaux
(A. Nudus_ Cambrien)

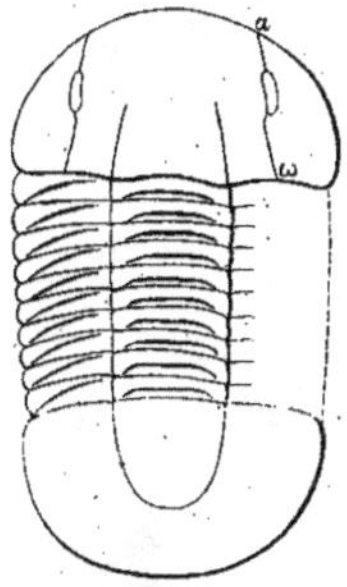

G_ Illaenus_ 9-10 anneaux
(I. Giganteus_ Silurien moyen)

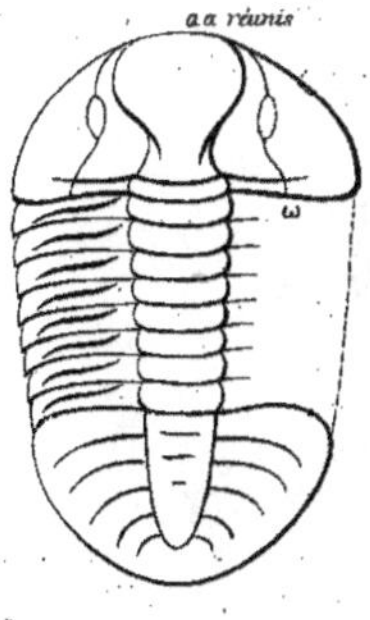

G_Asaphus_ 8 anneaux
(A. Expansus_ Silurien moyen)

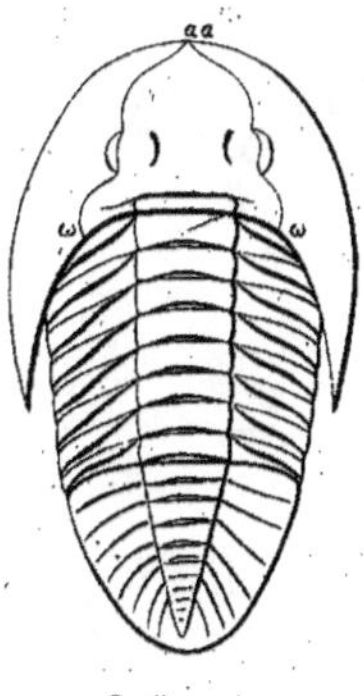

G_Ogygia
(O. Desmaresti_ Silurien moyen)

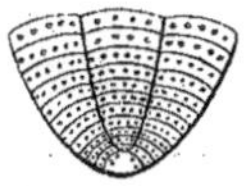

G_Phillipsia_ 10 anneaux
(Ph. Gemmulifera_ Carbonifère)

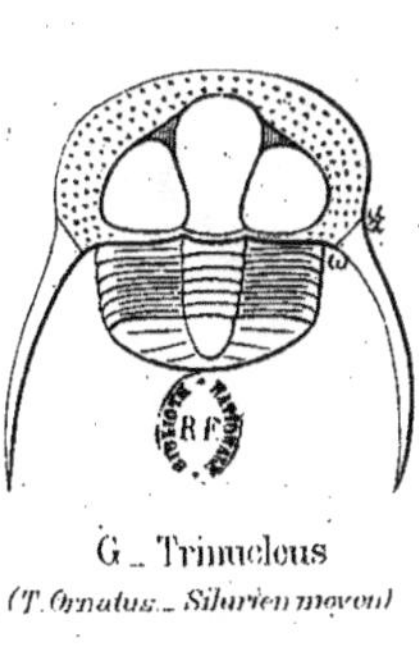

G_ Trinucleus
(T. Ornatus_ Silurien moyen)

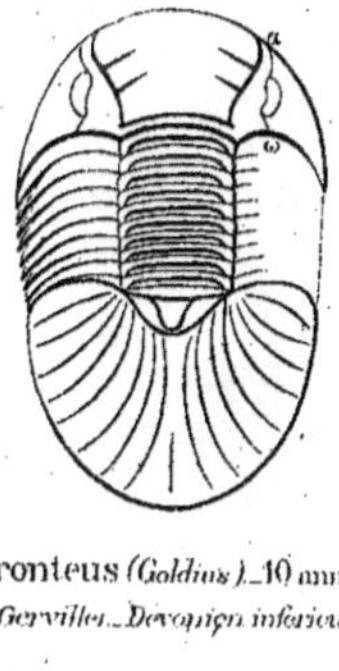

G_Bronteus (Goldius)_ 10 anneaux
(B. Gervillei_ Dévonien inférieur)

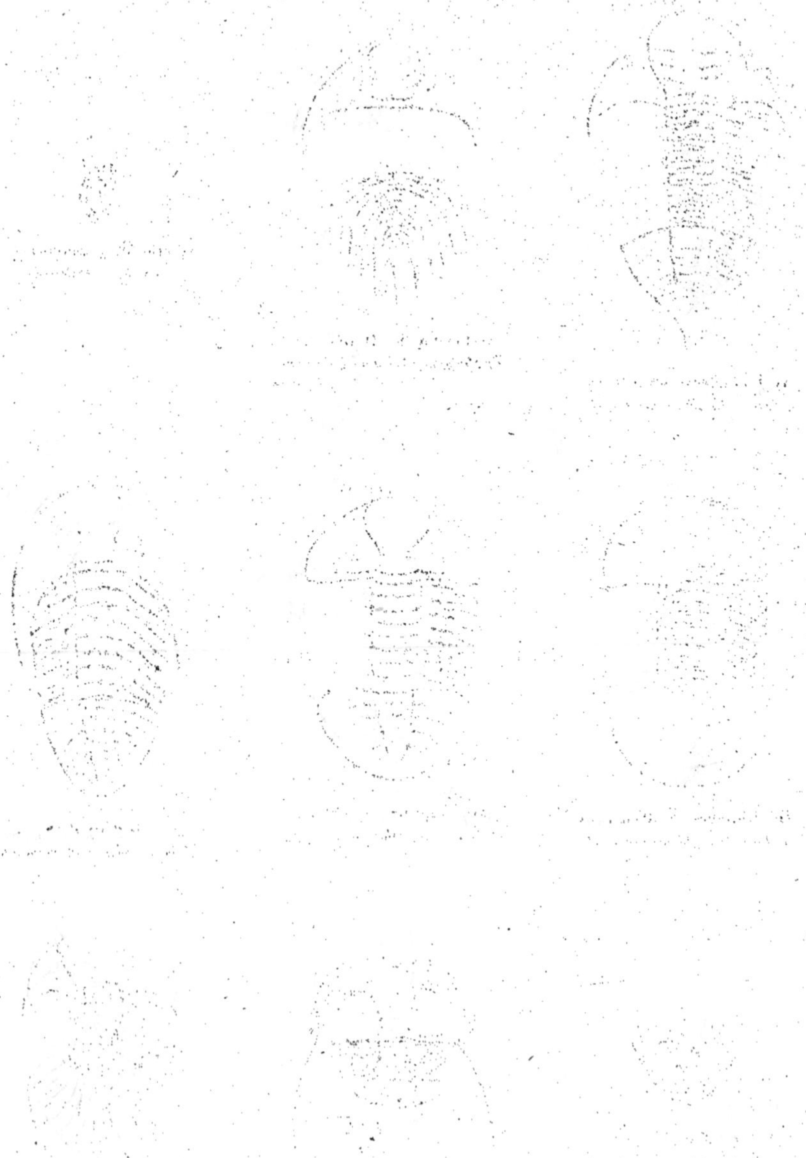

MOLLUSQUES _ CÉPHALOPODES _ BÉLEMNITIDÉS

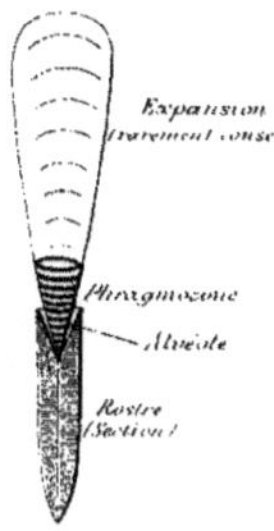

Bélemnite

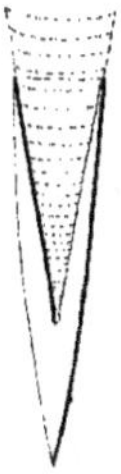

G. Pachyteuthis. Pas de sillon
(P. acuta. Sinémurien)

P. Brevis. Charmouthien
(Section)

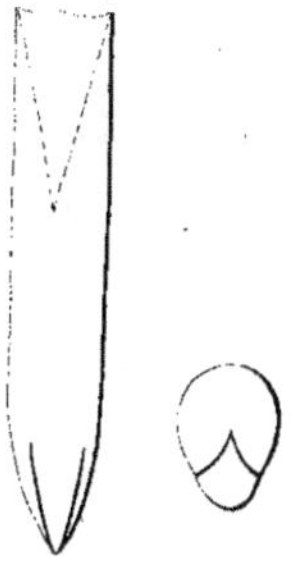

G. Proteuthis. 2 sillons latéraux
à la pointe
(P. Bruguieri. Charmouthien)

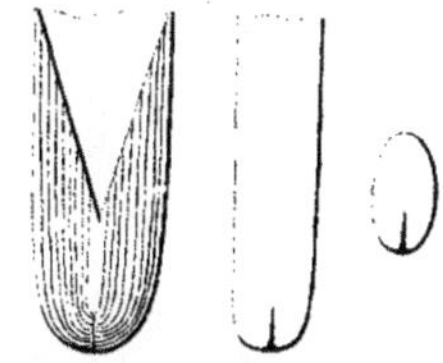

G. Dactylioteuthis. 1 sillon ventral
à la pointe
(D. Irregularis. Toarcien)

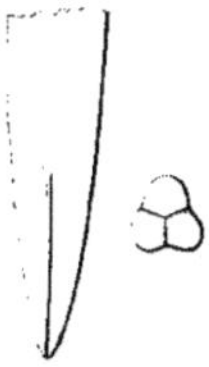

G. Megateuthis. 1 sillon ventral et
2 ou 4 latéraux à la pointe
(M. Tripartita. Toarcien)
Pointe

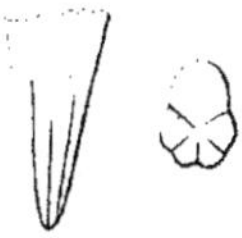

M. Gigantea (Bathonien)
Pointe

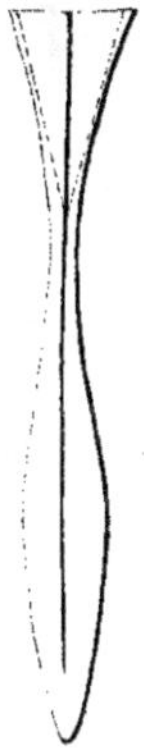

G. Belemnopsis
1 sillon ventral longitudinal
(B. Hastata. Oxfordien)

G. Belemnitella
1 fente traversant
la paroi de l'alvéole.
(B. Mucronata. Sénonien)

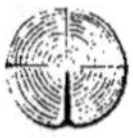

G. Gonioteuthis
Comme Bélemnitella,
avec alvéole quadrangulaire
(G. Quadrata. Sénonien)

G. Actinocamax
Pas d'alvéole.
(A. Plenus. Cénomanien)

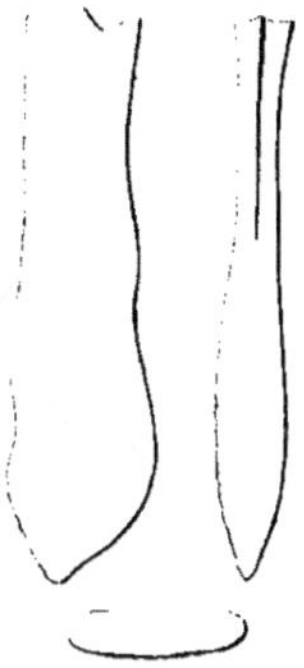

G. Duvalia
1 sillon dorsal
vers l'alvéole. Platés.
(D. Dilatata. Néocomien)

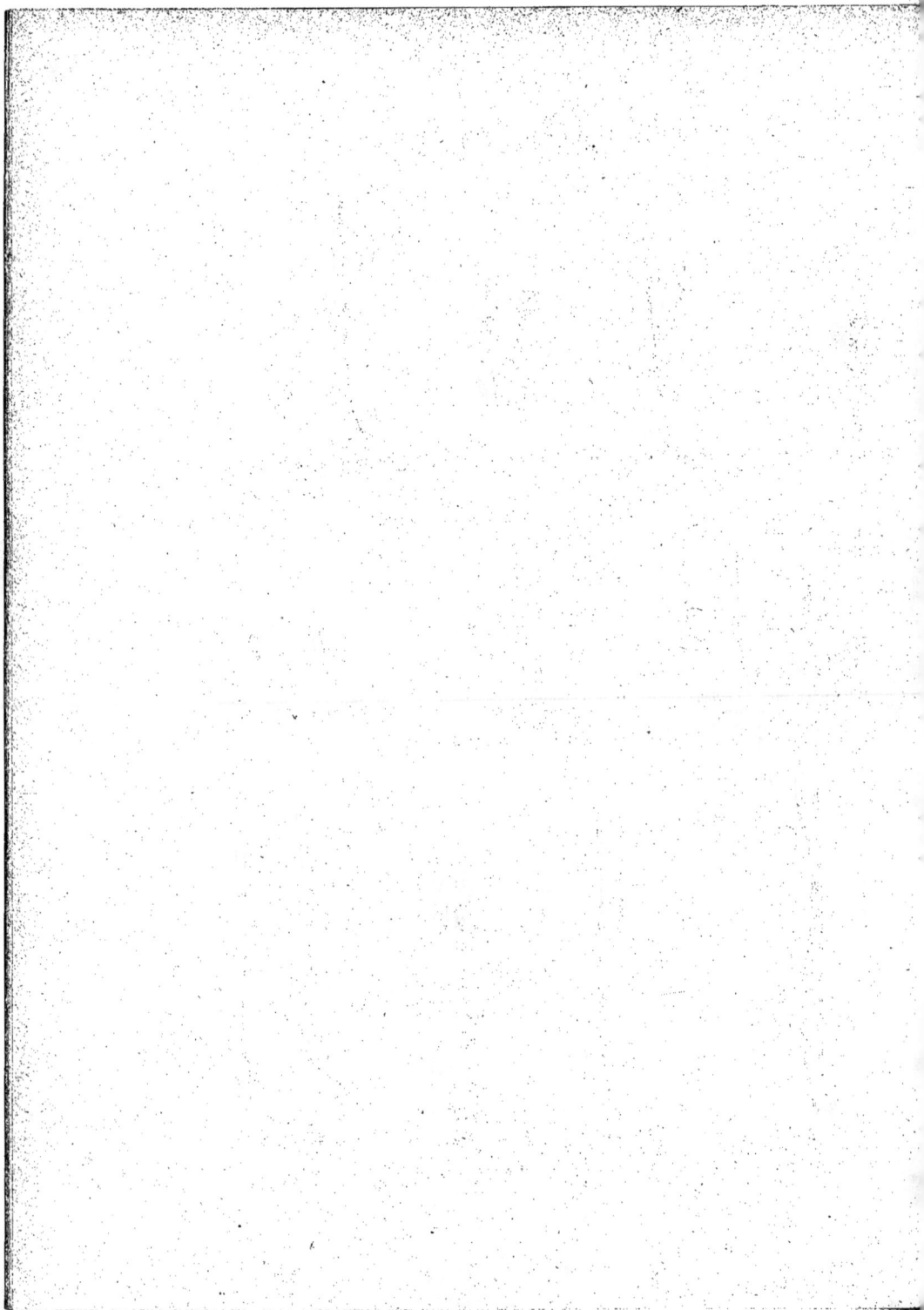

AMMONÉES

Coupes schématiques montrant la disposition des cloisons et du goulot.

Clyménies
(Dévonien sup.r)

Goniatites
et Ammonites jeunes
(Dévonien et Carbonifère)

Ammonites
(adultes)
Trias, Jurassique, Crétacé

GONIATITES

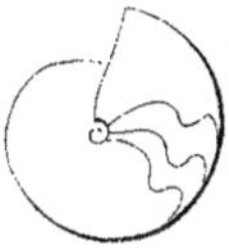

Goniatites Retrorsus
(Dévonien sup.r)

G. Rotatorius
(Carbonifère)

AMMONITES

Principales formes triasiques et Jurassiques

Aptychus d'Ammonite

Arcestes Trias

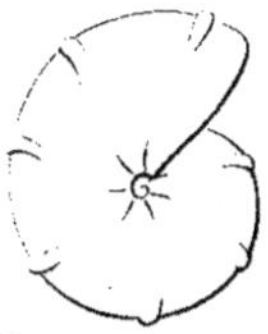

Phylloceras Ptychoicum
(Jurassique sup.r)

Persillures des Phylloceras

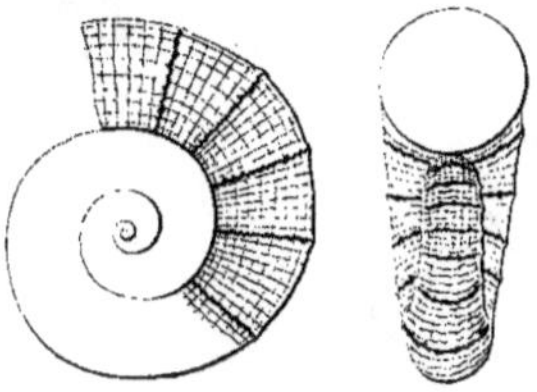

Lytoceras Cornucopiae
(Toarcien)

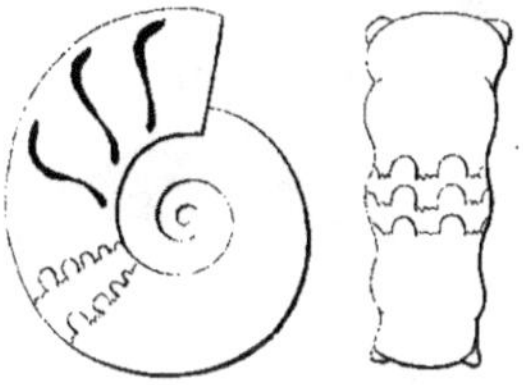

Ceratites nodosus
(Muschelkalk)

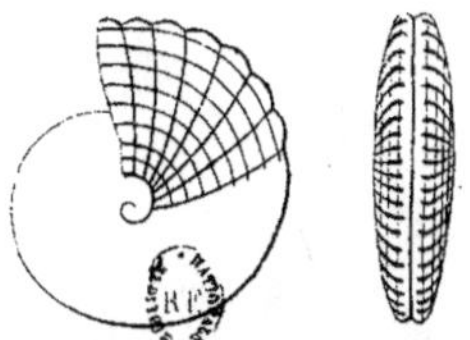

Trachyceras Aon
(Keuper Alpin)

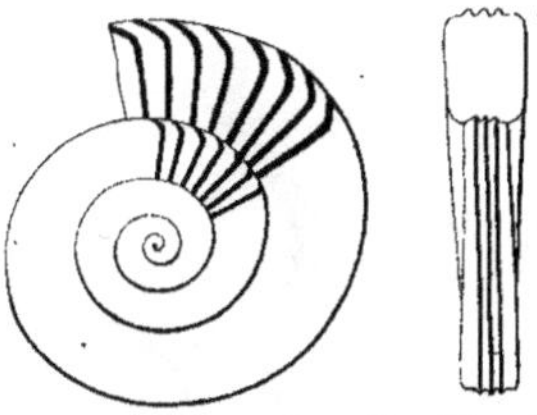

(Harpoceras). Arietites Bucklandi
(Sinémurien)

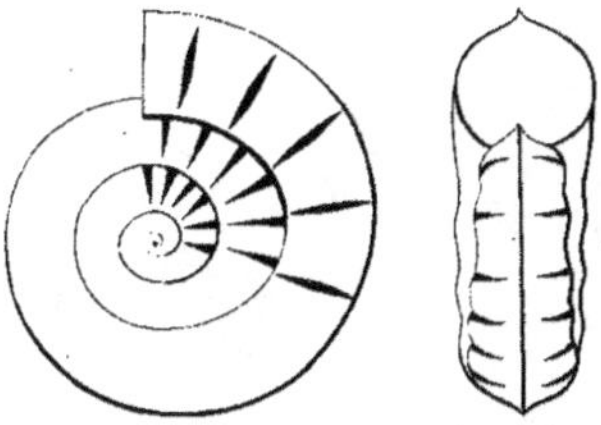

(Harpoceras)._ Echioceras raricostatum
(Charmouthien)

(Harpoceras)._ Grammoceras radians
(Toarcien)

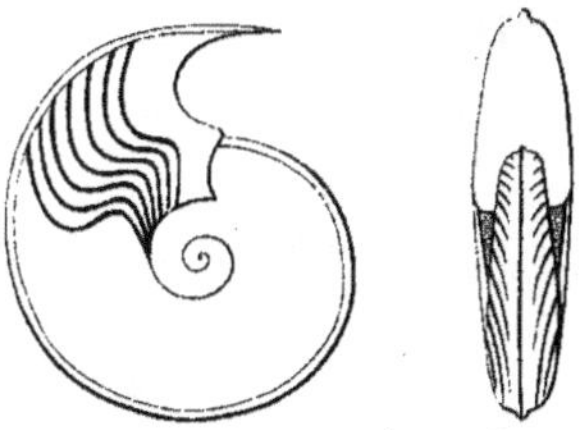

(Harpoceras)._ Lioceras Serpentinum
(Toarcien)

(Harpocéras)._ Hildoceras Bifrons
(Toarcien)

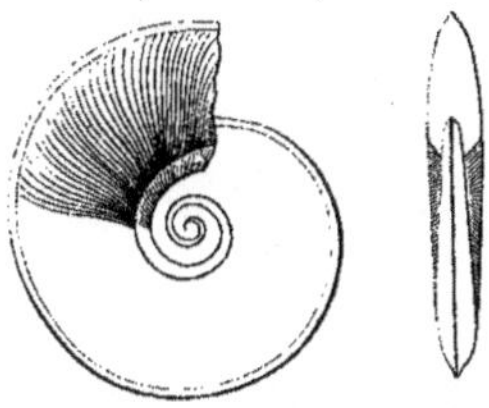

(Harpoceras)._ Ludwigia Opalina
(Toarcien)

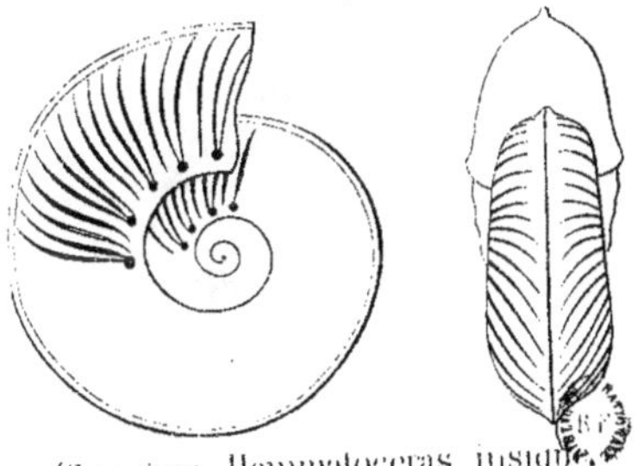

(Harpocéras)._ Hammatoceras insigne
(Toarcien)

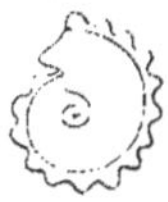

Neumayria Renggeri
(Oxfordien)

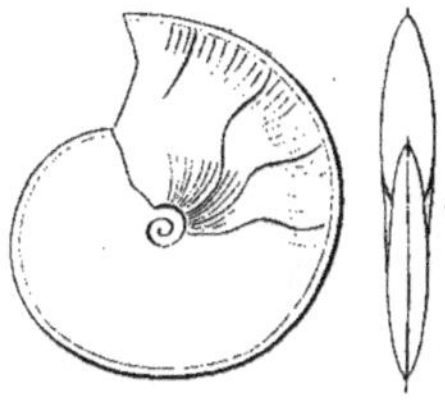

Oppelia Subradiata
(*Bajocien*)

Oppelia Canaliculata
(*Oxfordien*)

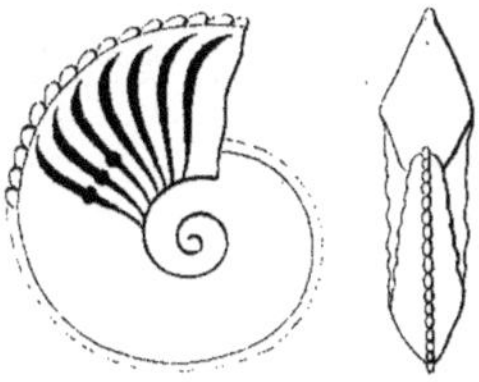

Amaltheus Margaritatus
(*Charmouthien*)

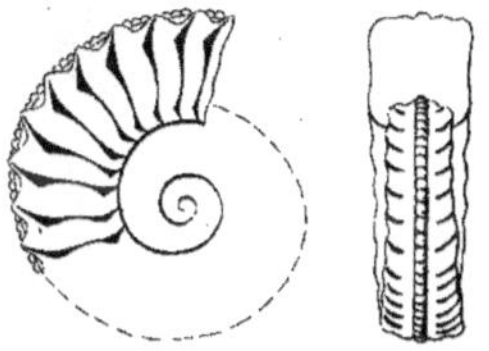

Amaltheus Spinatus
(*Charmouthien*)

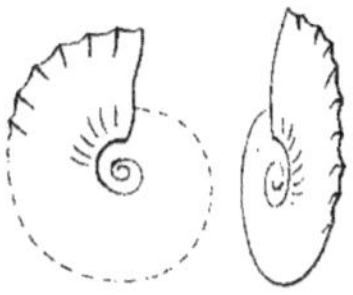

Amaltheus Ibex
(*Charmouthien*)

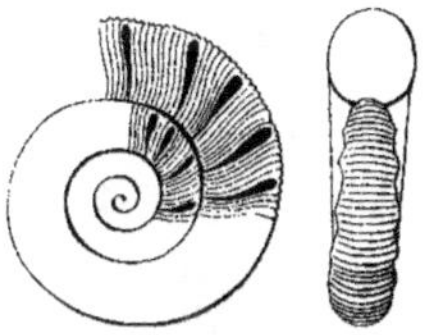

Deroceras Davœi
(*Charmouthien*)

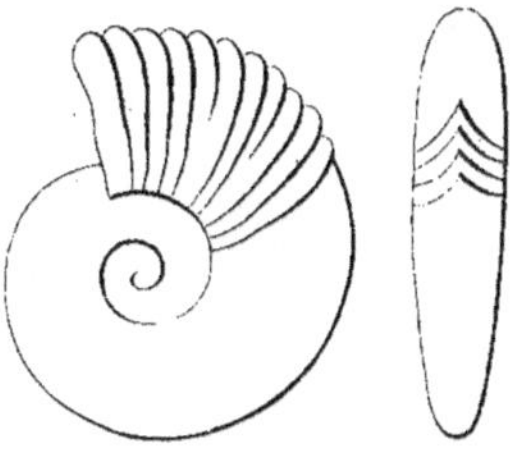

Schlotheimia Angulata
(*Hettangien*)

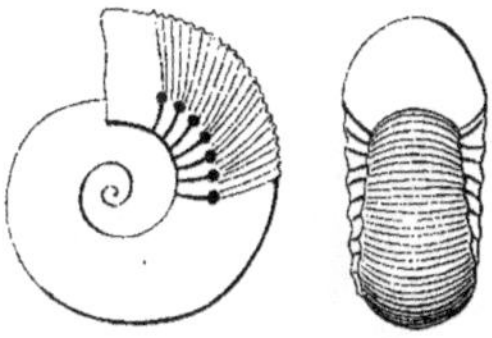

Caeloceras Humphriesi
(*Bajocien*)

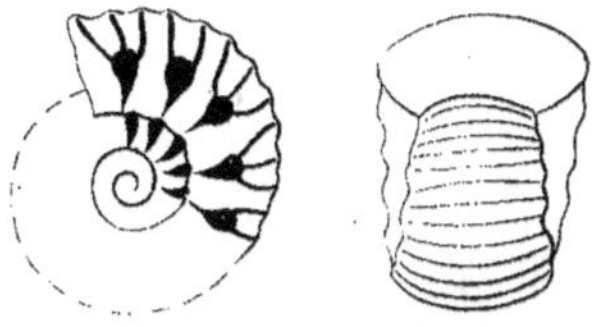

Stephanoceras Coronatum
(*Callovien*)

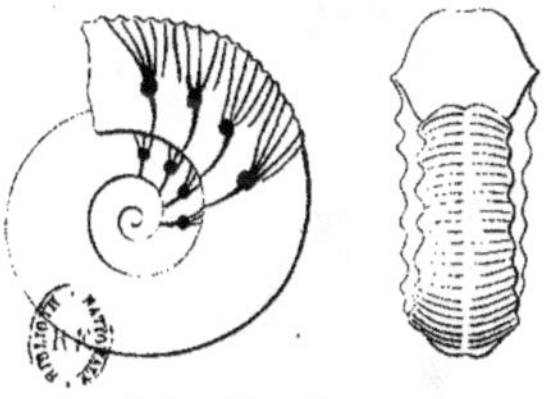

Reineckia Anceps
(*Callovien*)

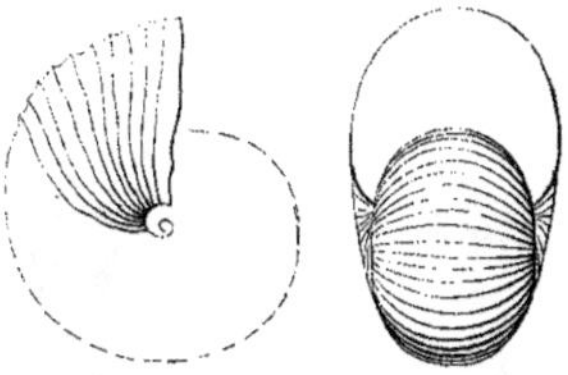

Macrocephalites Macrocephalus
Callovien

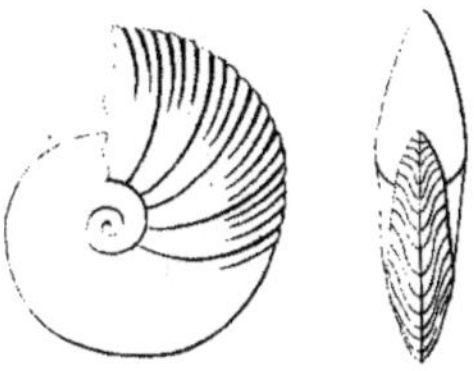

Cardioceras Lamberti
Callovien

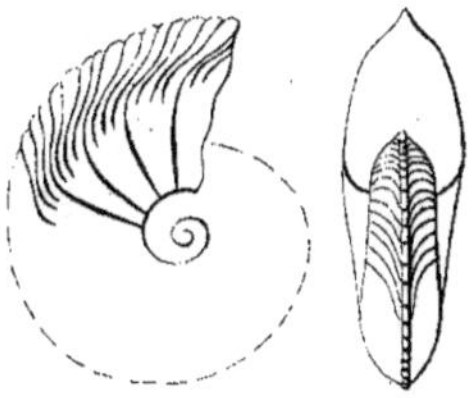

Cardioceras Cordatum
Oxfordien

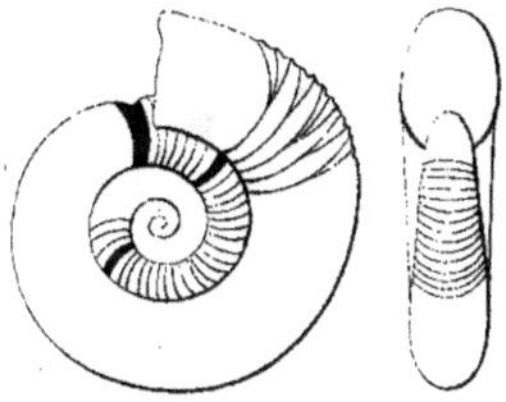

Perisphinctes plicatilis
Oxfordien

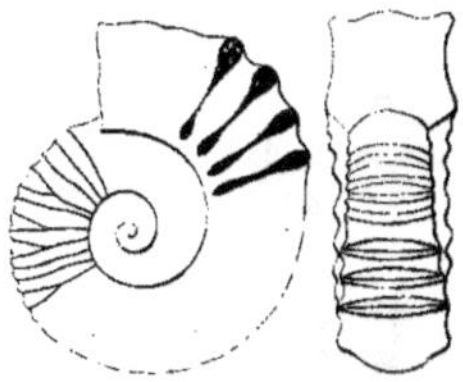

Peltoceras Athleta
Callovien

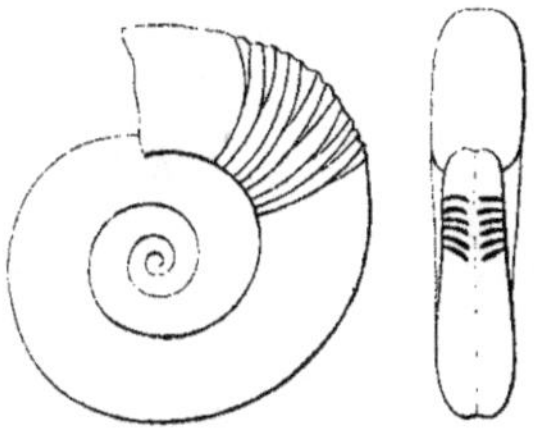

Parkinsonia Parkinsoni
Bajocien

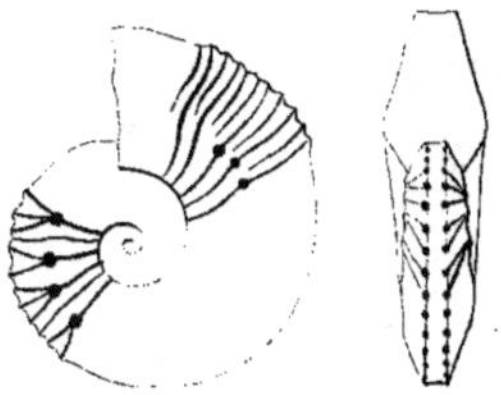

Cosmoceras Duncani
Callovien

Principales formes crétacées

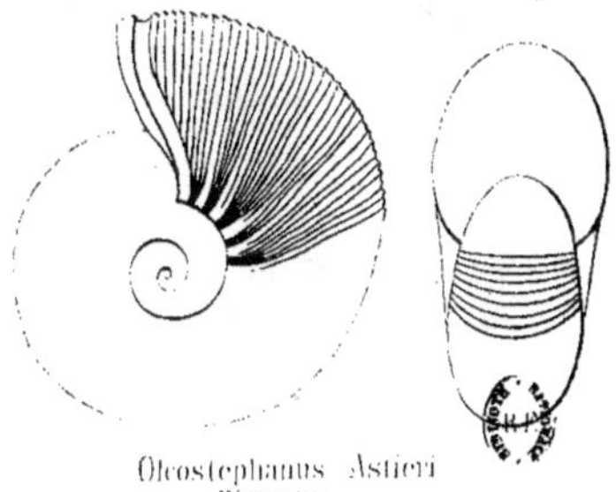

Olcostephanus Astieri
Néocomien

Acanthoceras mammillare
Albien

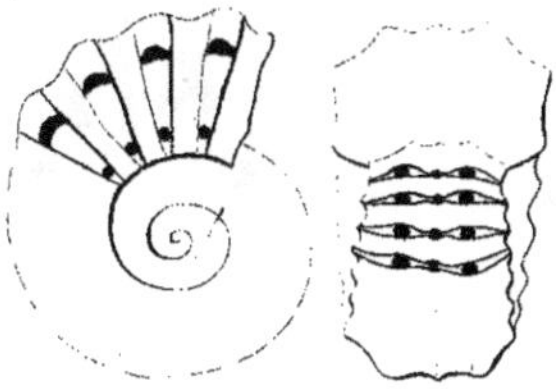

Acanthoceras Rothomagense
Cénomanien

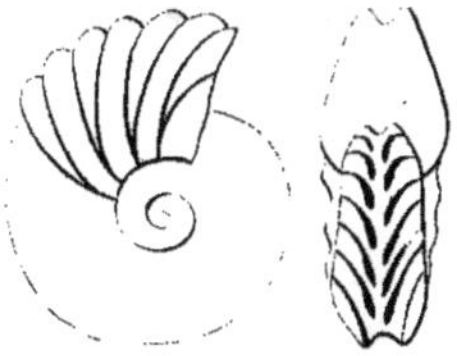

Hoplites interruptus
Albien

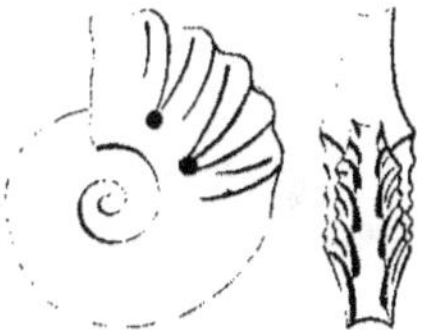

Hoplites auritus
Albien

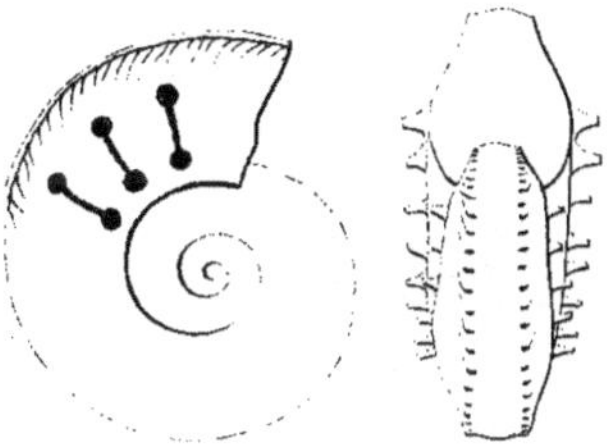

Hoplites Radiatus
Néocomien

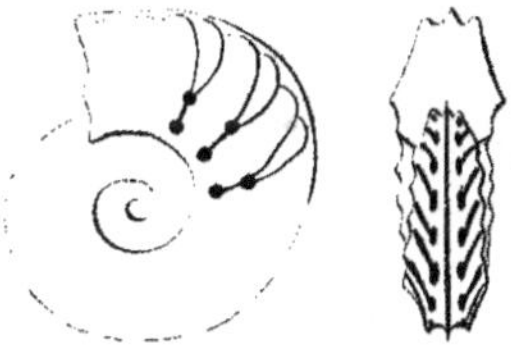

Schlœnbachia Varians
Cénomanien

Formes à enroulement irrégulier

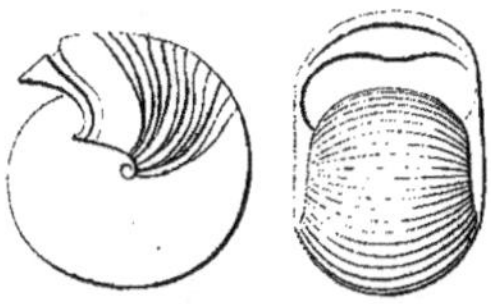

Sphaeroceras Brongniarti
Bajocien

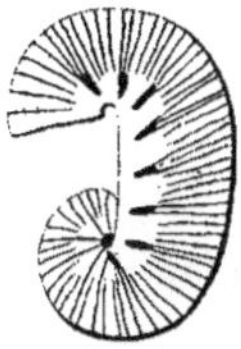

Scaphites æqualis
Cénomanien

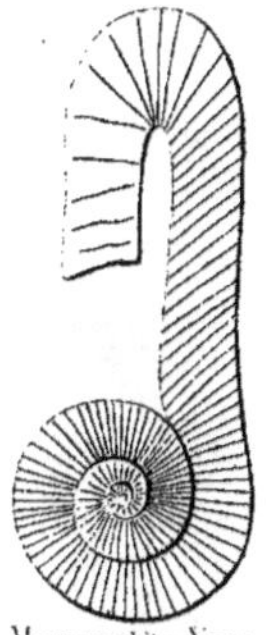

Macroscaphites Yvani
Néocomien

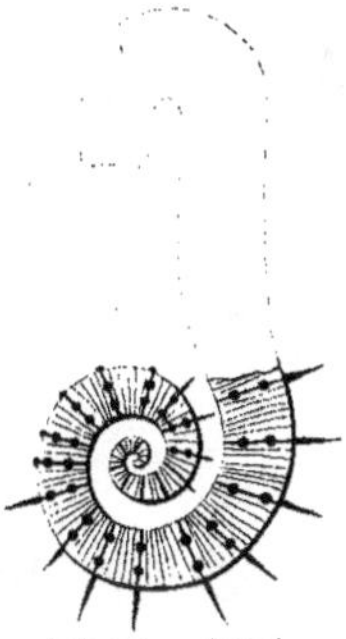

Crioceras Duvali
Néocomien

Heteroceras
Infracrétacé

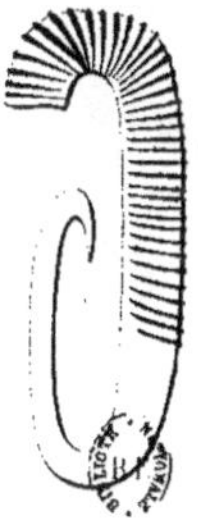

Hamites

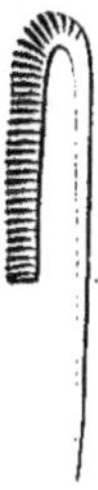

Hamulina

Turrilites Costatus
Cénomanien

Baculites Anceps
Danien

NAUTILIDÉS

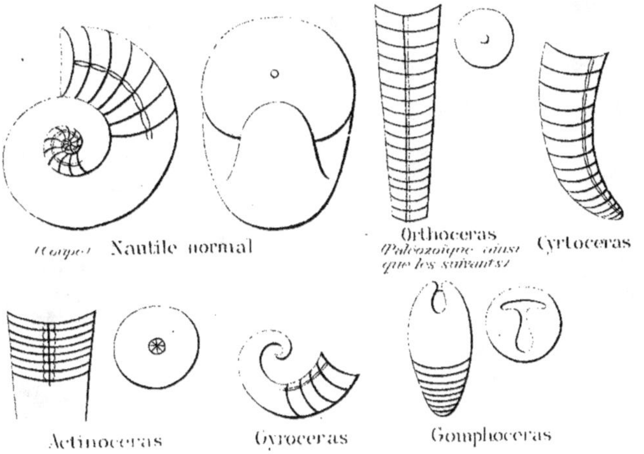
(Coupe) Nautile normal
Orthoceras
(Paléozoïque ainsi que les suivants)
Cyrtoceras
Endoceras
Actinoceras
Gyroceras
Gomphoceras

GASTROPODES

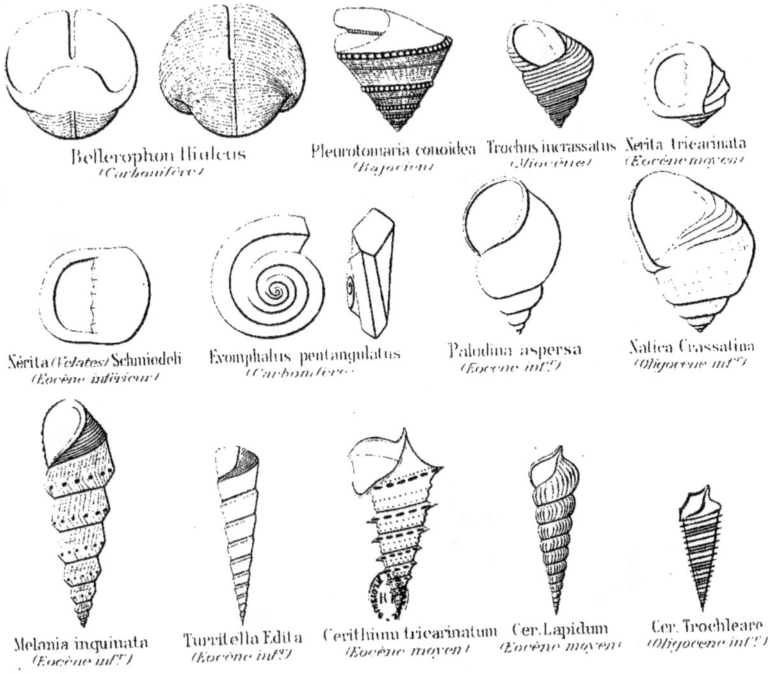
Bellerophon Hiulcus
(Carbonifère)
Pleurotomaria conoidea
(Bajocien)
Trochus incrassatus
(Miocène)
Nerita tricarinata
(Eocène moyen)
Nérita (Velates) Schmiedeli
(Eocène inférieur)
Evomphalus pentangulatus
(Carbonifère)
Paludina aspersa
(Eocène infr.)
Natica Crassatina
(Oligocène infr.)
Melania inquinata
(Eocène infr.)
Turritella Edita
(Eocène infr.)
Cerithium tricarinatum
(Eocène moyen)
Cer. Lapidum
(Eocène moyen)
Cer. Trochleare
(Oligocène infr.)

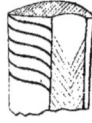

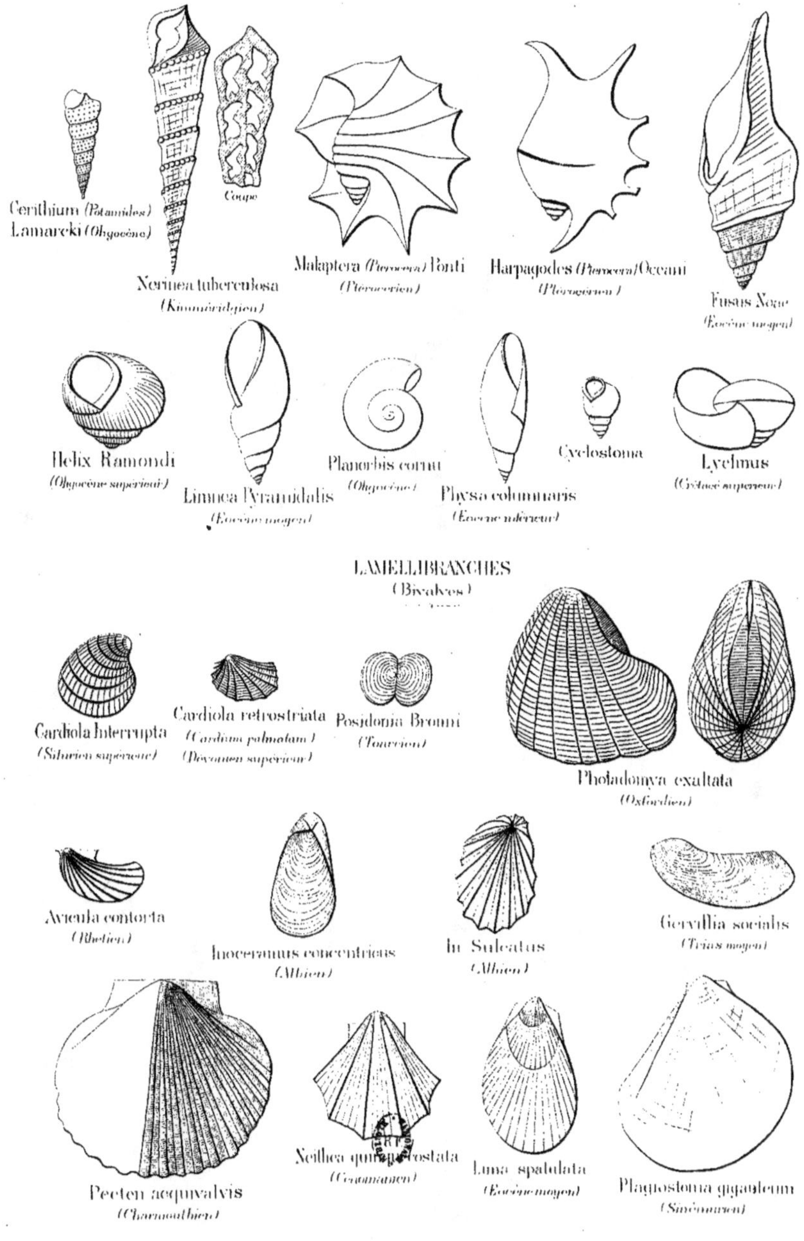
Cerithium (Potamides) Lamareki (Oligocène)
Coupe
Nerinea tuberculosa (Kimméridgien)
Malaptera (Pterocera) Ponti (Ptérocérien)
Harpagodes (Pterocera) Oceani (Ptérocérien)
Fusus Noae (Eocène moyen)
Helix Ramondi (Oligocène supérieur)
Limnea Pyramidalis (Eocène moyen)
Planorbis cornu (Oligocène)
Physa columnaris (Eocène inférieur)
Cyclostoma
Lychnus (Crétacé supérieur)
LAMELLIBRANCHES
(Bivalves)
Cardiola Interrupta (Silurien supérieur)
Cardiola retrostriata (Cardium palmatum) (Dévonien supérieur)
Posidonia Bronni (Toarcien)
Pholadomya exaltata (Oxfordien)
Avicula contorta (Rhétien)
Inoceramus concentricus (Albien)
In Sulcatus (Albien)
Gervillia socialis (Trias moyen)
Pecten aequivalvis (Charmouthien)
Neithea quinquecostata (Cénomanien)
Lima spatulata (Eocène moyen)
Plagiostoma giganteum (Sinémurien)

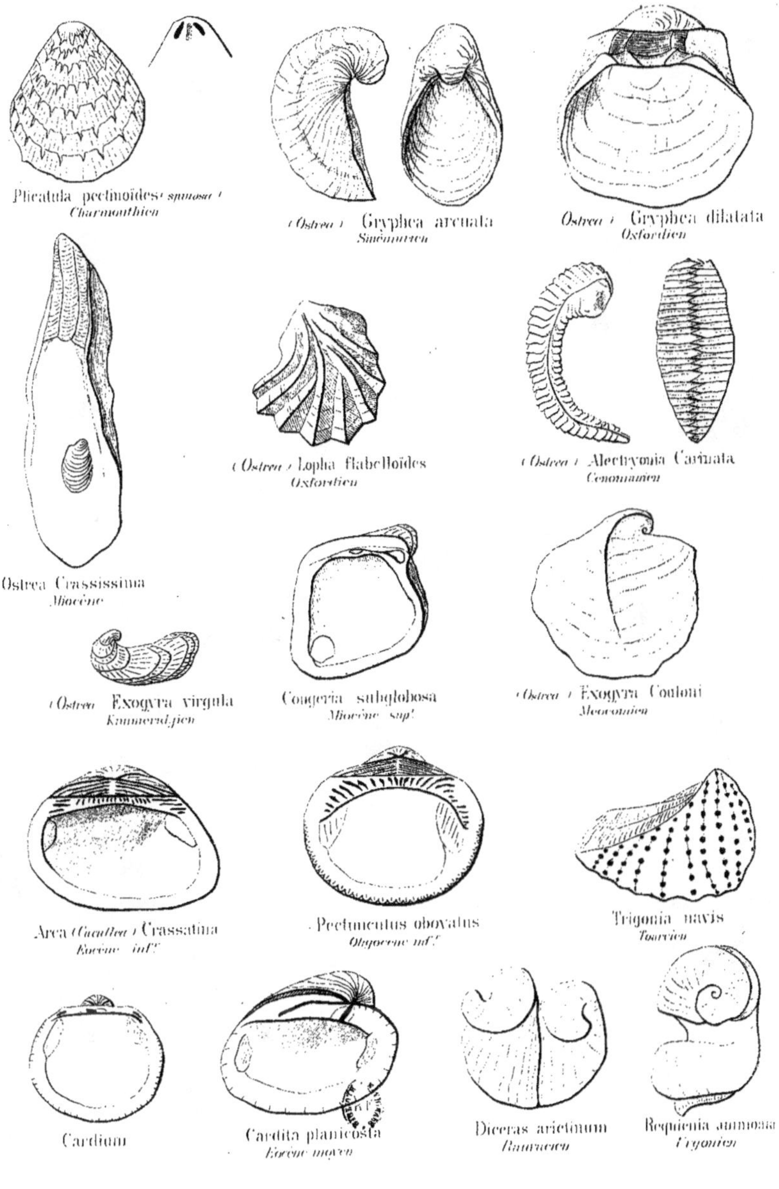
Plicatula pectinoïdes (spinosa)
Charmouthien
(Ostrea) Gryphea arcuata
Sinémurien
(Ostrea) Gryphea dilatata
Oxfordien
Ostrea Crassissima
Miocène
(Ostrea) Lopha flabelloïdes
Oxfordien
(Ostrea) Alectryonia Carinata
Cenomanien
(Ostrea) Exogyra virgula
Kimmeridjien
Congeria subglobosa
Miocène supr
(Ostrea) Exogyra Couloni
Neocomien
Arca (Cucullea) Crassatina
Eocène infr
Pectunculus obovatus
Oligocène infr
Trigonia navis
Toarcien
Cardium
Cardita planicosta
Eocène moyen
Diceras arietinum
Rauracien
Requienia ammonia
Urgonien

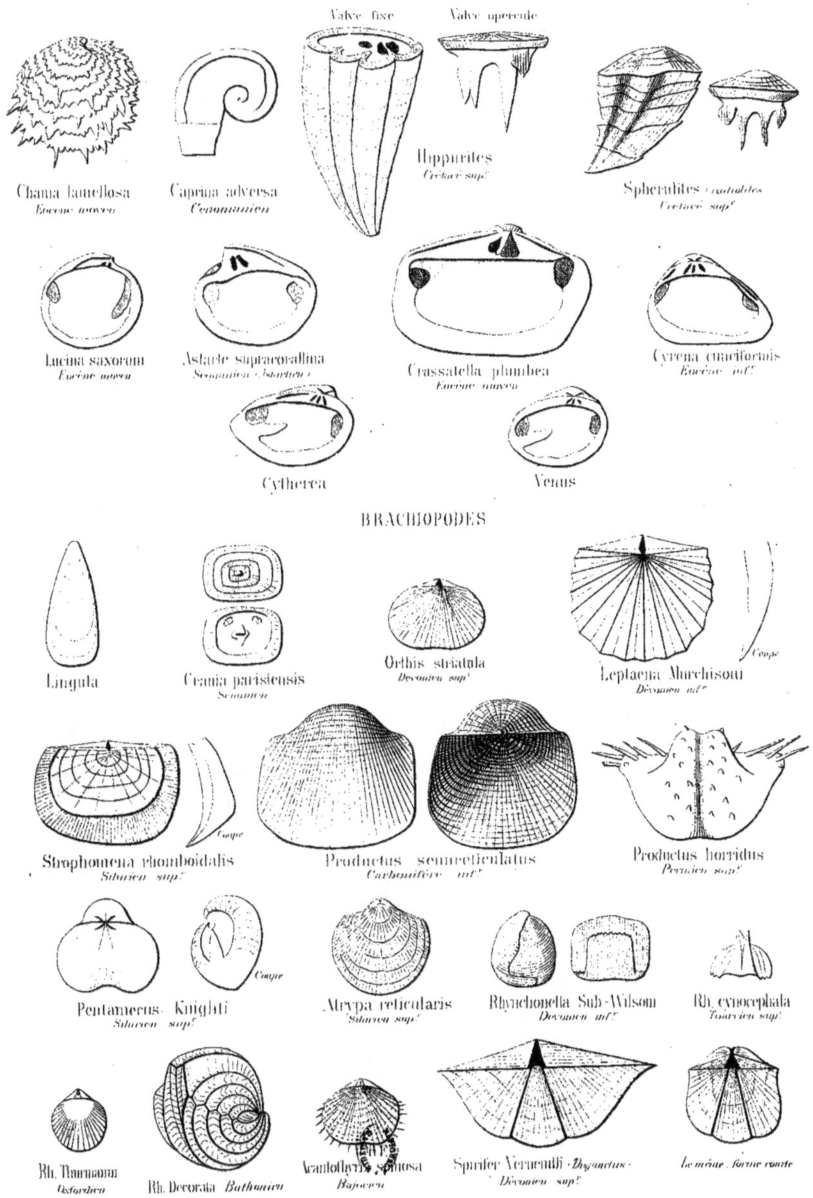
Valve fixe
Valve opercule
Chama lamellosa
Eocène moyen
Caprina adversa
Cenomanien
Hippurites
Crétacé sup!
Spherulites
Crétacé sup!
Lucina saxorum
Eocène moyen
Astarte supracorallina
Crassatella plumbea
Eocène moyen
Cyrena cuneiformis
Eocène inf!
Cytherea
Venus
BRACHIOPODES
Lingula
Crania parisiensis
Orthis striatula
Dévonien sup!
Leptaena Murchisoni
Coupe
Strophomena rhomboidalis
Silurien sup!
Coupe
Productus semireticulatus
Carbonifère inf!
Productus horridus
Permien sup!
Pentamerus Knighti
Silurien sup!
Coupe
Atrypa reticularis
Silurien sup!
Rhynchonella Sub-Wilsoni
Dévonien inf!
Rh. cynocephala
Toarcien sup!
Rh. Thurmanni
Oxfordien
Rh. Decorata Bathonien
Bajocien
Spirifer Verneuilli (Disjunctus)
Dévonien sup!
Le même, forme courte

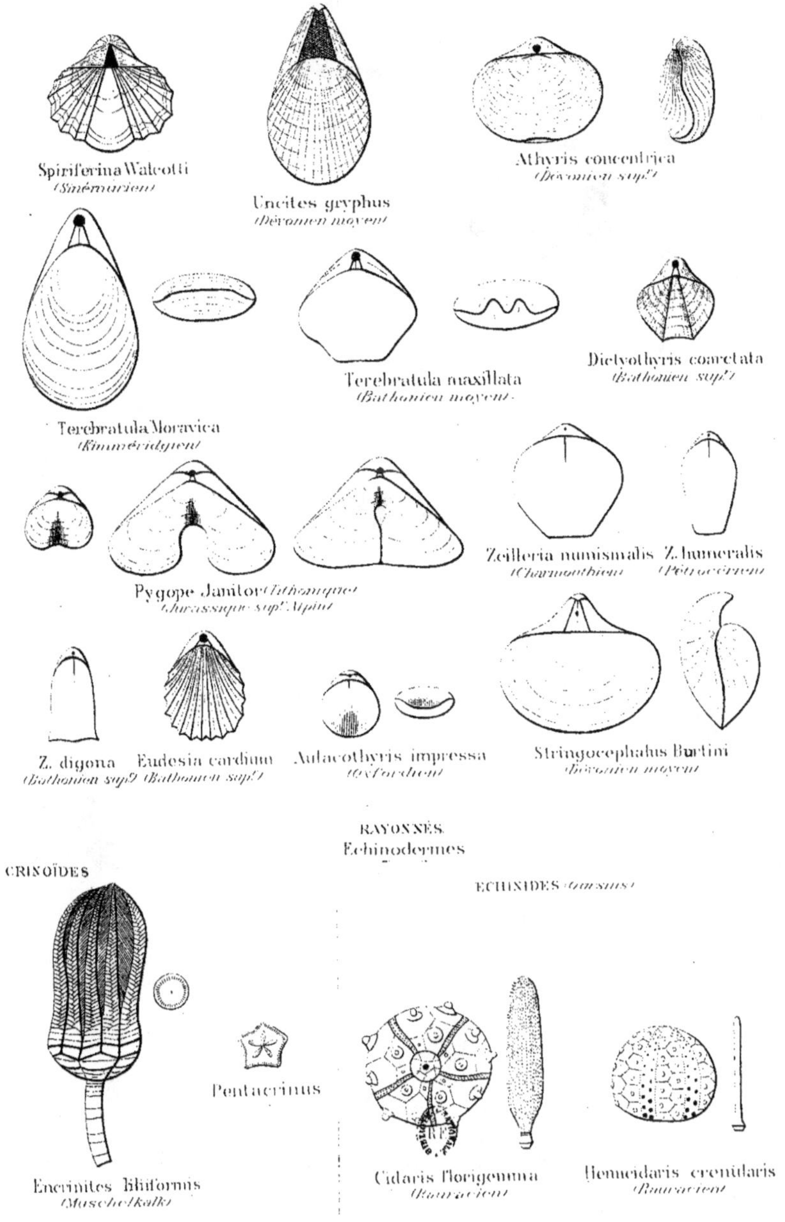

Spiriferina Walcotti
(Sinémurien)
Uncites gryphus
(Dévonien moyen)
Athyris concentrica
(Dévonien sup.r)
Terebratula Moravica
(Kimméridgien)
Terebratula maxillata
(Bathonien moyen)
Dictyothyris coarctata
(Bathonien sup.r)
Pygope Janitor (Tithonique)
(Jurassique sup.r Alpin)
Zeilleria numismalis
(Charmouthien)
Z. humeralis
(Pétrocérien)
Z. digona
(Bathonien sup.r)
Eudesia cardium
(Bathonien sup.r)
Aulacothyris impressa
(Oxfordien)
Stringocephalus Burtini
(Dévonien moyen)
RAYONNÉS
Echinodermes
CRINOÏDES
ECHINIDES (Oursins)
Encrinites liliformis
(Muschelkalk)
Pentacrinus
Cidaris florigemma
(Rauracien)
Hemicidaris crenularis
(Rauracien)

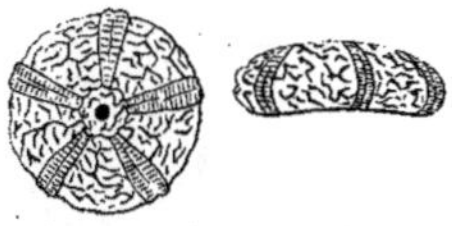

Glypticus hieroglyphicus
(Rauracien)

(Vue en dessous)

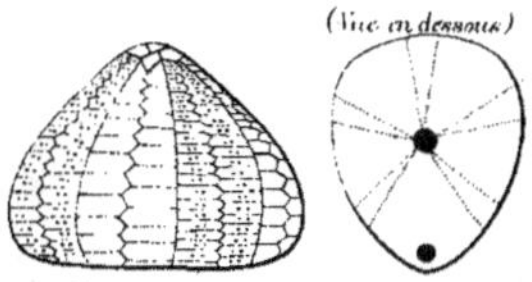

Echinoconus conicus
(Sénonien)

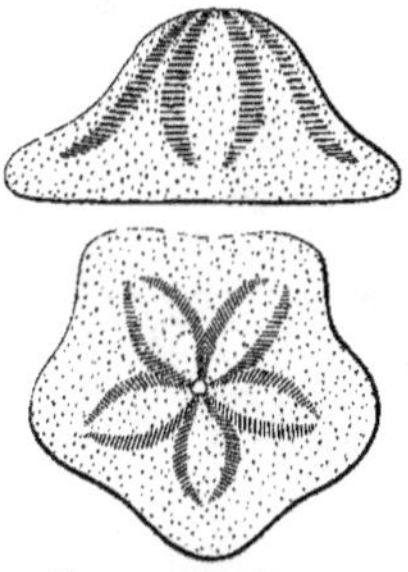

Clypeaster *(Miocène)*

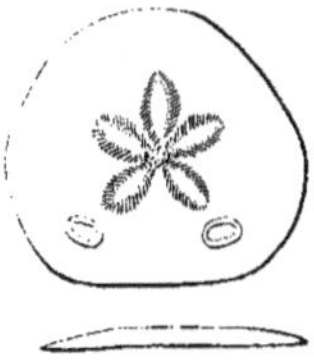

Amphiope bioculata
(Miocène)

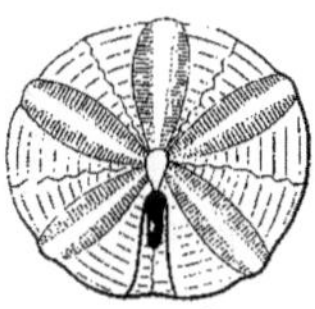

Clypeus ploti *(Sinuatus)*
(Bathonien inférieur)

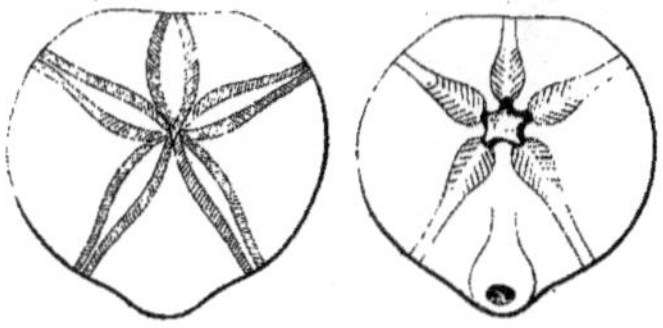

Pygurus rostratus *(Valenginien)*
(Néocomien inférieur)

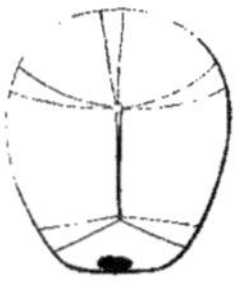

Collyrites *(Dysaster)* ellipticus
(Callovien)

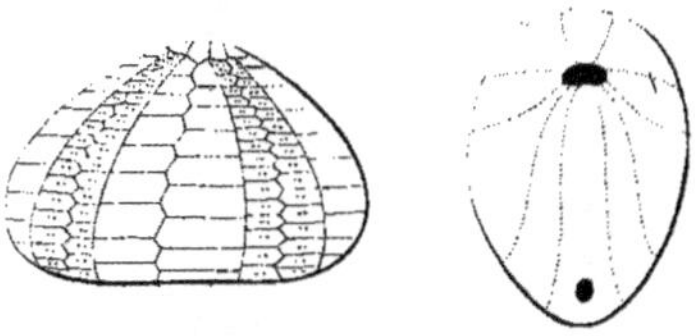

Echinocorys vulgaris *(Ananchytes ovata)*
(Sénonien)

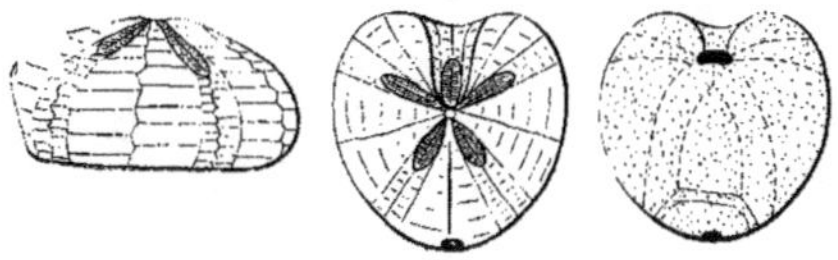

Micraster cortestudinarium
(Sénonien)

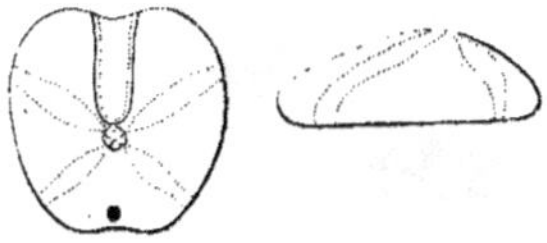

Toxaster complanatus
(Spatangus retusus)

HYDROZOAIRES
Graptolites

Monograptus
priodon
(Silurien supérieur)

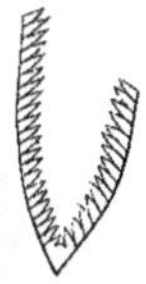

Didymograptus
(Silurien moyen)

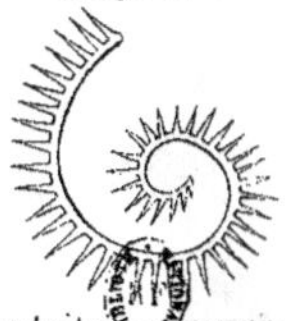

Rastrites peregrinus
(Silurien supérieur)

Diplograptus
(Silurien supérieur)

Monograptus
turriculatus
(Silurien supérieur)

ZOOPHYTES.

Polypiers

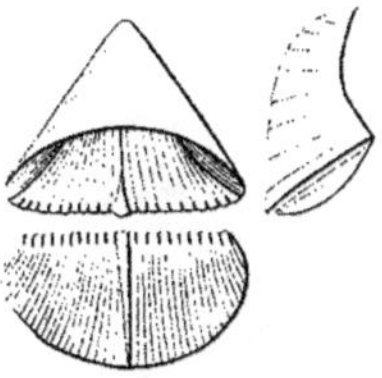

Calceola sandalina
Dévonien moyen

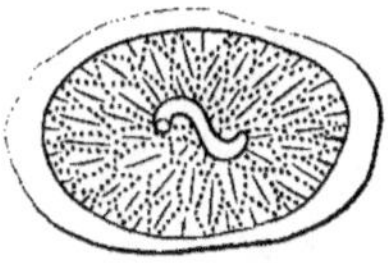

Pleurodictyum problematicum
Dévonien inf.

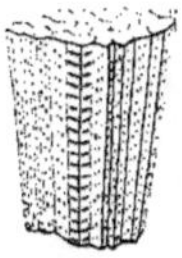

Favosites gothlandica
Silurien

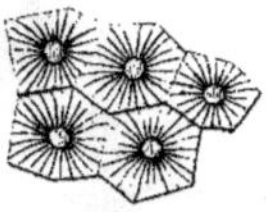

Cyathophyllum hexagonum
Dévonien sup.

Cyclolites elliptica
Sénonien

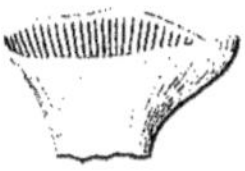

Lithodendron irregulare
Eocène moyen

Madrepora ornata
Eocène moyen

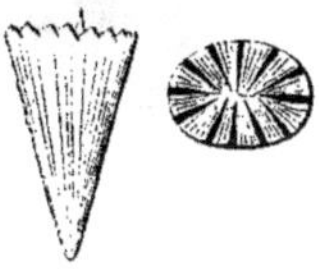

Eupsammia trochiformis
Eocène moyen

Spongiaires

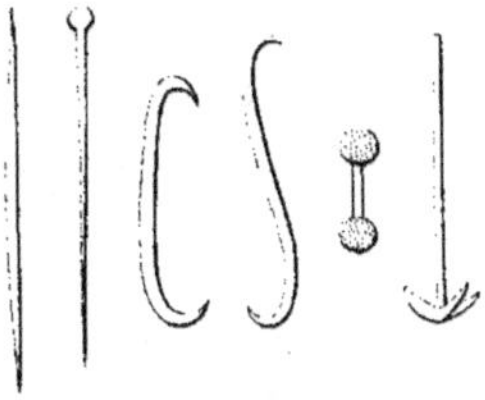

Formes de spicules

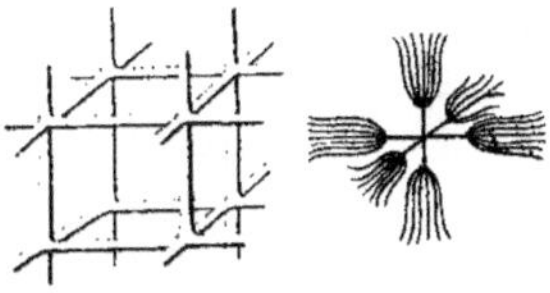

Spicules d'Hexatinellides

Spicules de Lithistidès

PROTOZOAIRES

Foraminifères Miliolites

Biloculina

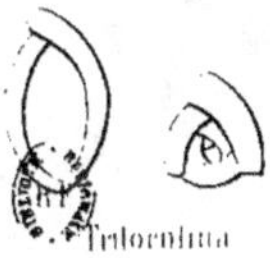

Triloculina

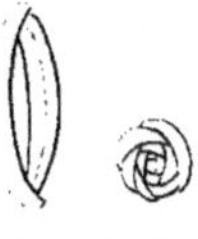

Quinqueloculina

Globigerina

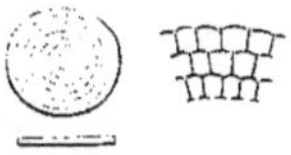

Orbitolites

Assilina
(Eocène moyen)

Nummulites
(Eocène et Oligocène)

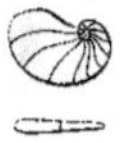

Operculina
(Crétacé et tertiaire)

Fusulina cylindrica
(Carbonifère supérieur)

Orbitolina
(Crétacé)

PALÉONTOLOGIE VÉGÉTALE

FOUGÈRES

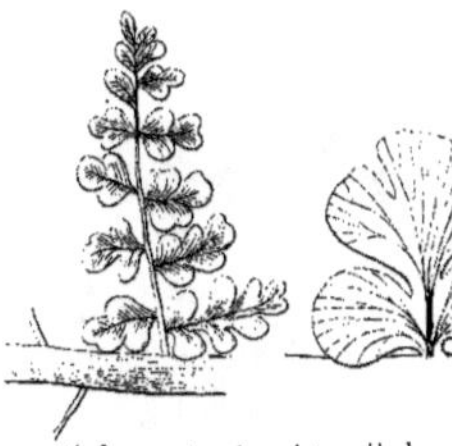

Sphenopteris obtusiloba
(Westphalien)

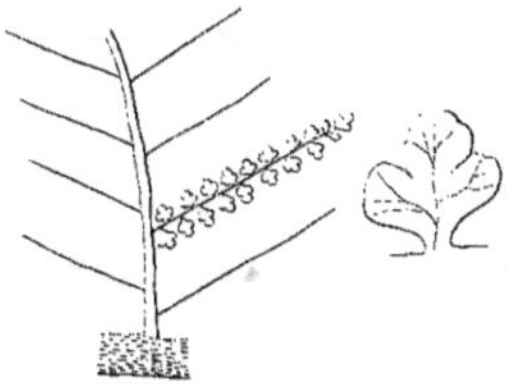

Sphenopteris Hœninghausi
(Westphalien inférieur)

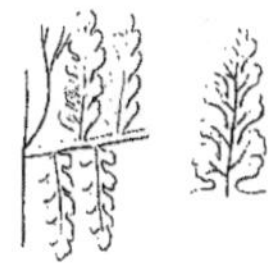

Sphenopteris Coralloïdes
(Westphalien et Stéphanien infér.)

Palmatopteris furcata
(Westphalien)

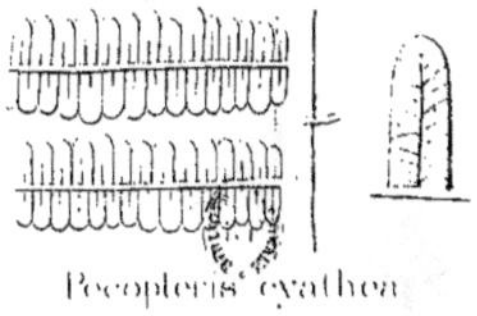

Pecopteris cyathea
(Stéphanien et Permien)

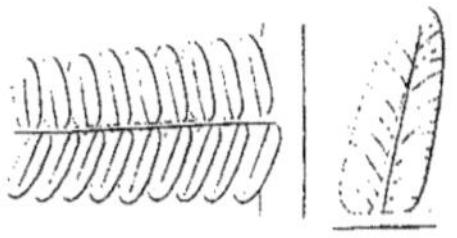

Pecopteris polymorpha
(Stéphanien)

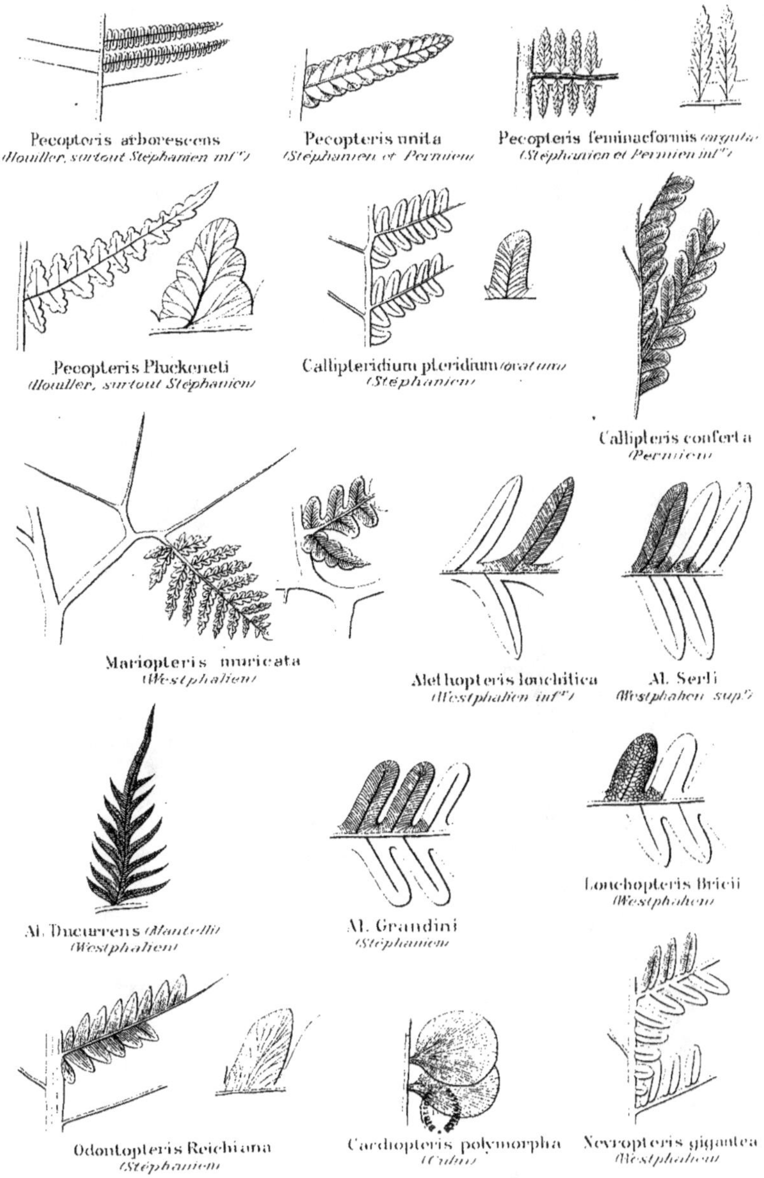
Pecopteris arborescens
(Houiller, surtout Stéphanien infr)
Pecopteris unita
(Stéphanien et Permien)
Pecopteris feminaeformis (arguta)
(Stéphanien et Permien infr)
Pecopteris Pluckeneti
(Houiller, surtout Stéphanien)
Callipteridium pteridium (ovatum)
(Stéphanien)
Callipteris conferta
(Permien)
Mariopteris muricata
(Westphalien)
Alethopteris lonchitica
(Westphalien infr)
Al. Serli
(Westphalien supr)
Al. Decurrens (Mantelli)
(Westphalien)
Al. Grandini
(Stéphanien)
Lonchopteris Bricii
(Westphalien)
Odontopteris Reichiana
(Stéphanien)
Cardiopteris polymorpha
(Culm)
Nevropteris gigantea
(Westphalien)

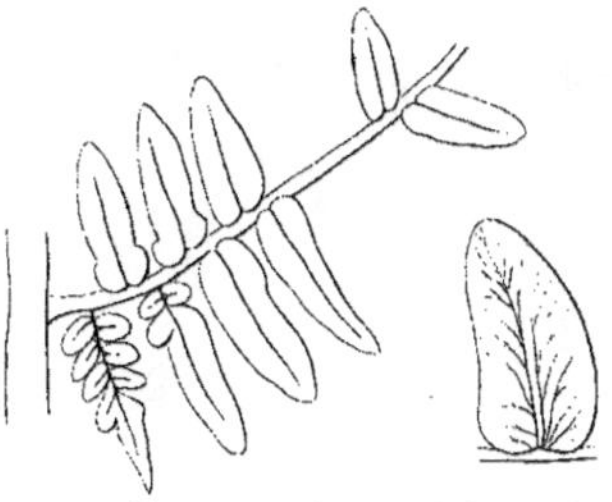

Nevropteris heterophylla
Wesphalien (et Stéphanien inf^{r})

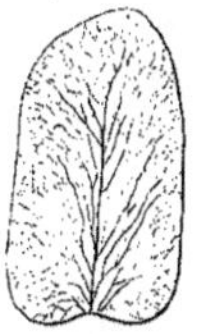

Dictyopteris (Linopteris)
Sub-Brongniarti (obliqua)
Westphalien sup^{r}
Pour l'ensemble identique au Nevropteris Gigantea

Linopteris Brongniarti
Stéphanien

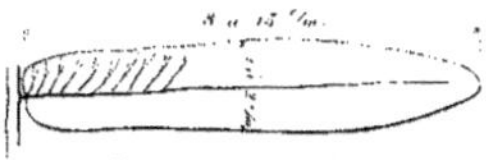

Teniopteris jejunata
Stéphanien sup^{r} et Permien

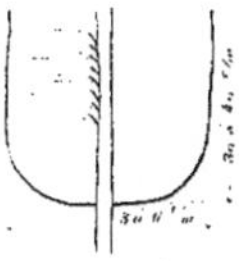

Teniopteris multinervis
Permien

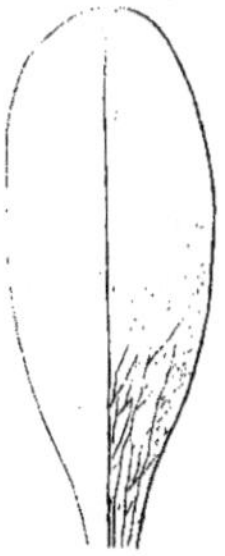

Glossopteris
Houiller d'Australie Permo-Trias Indo-Africain

Gangamopteris
Permo-Trias Indo-Africain

TRONCS DE FOUGÈRES

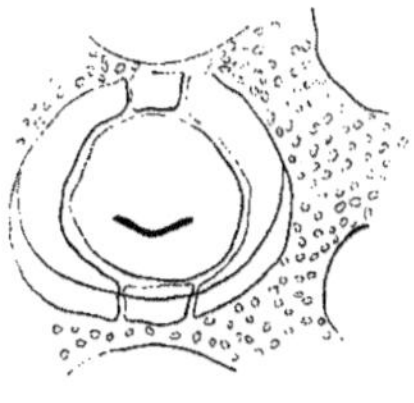

Caulopteris Baylei
Stéphanien

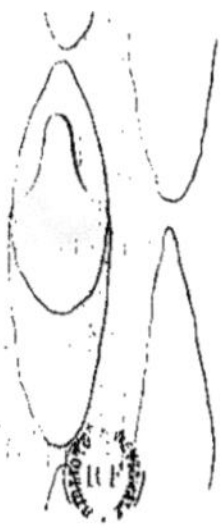

Ptychopteris macrodiscus
Stéphanien

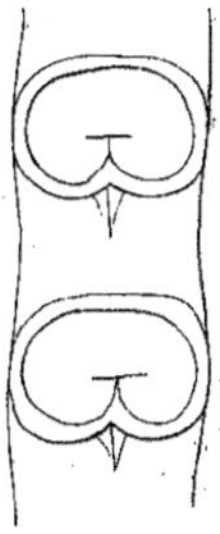

Megaphyton approximatum
Westphalien

SPHÉNOPHYLLÉES

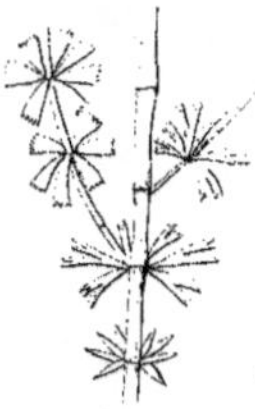

Variété Cuneifolium

Variété Saxifragæfolium

Sphenophyllum cuneifolium
(Westphalien)

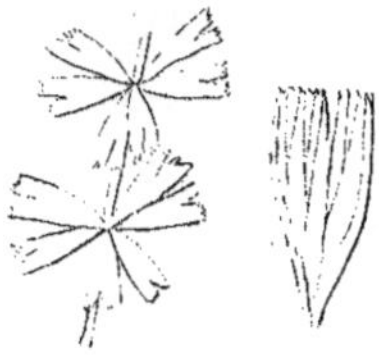

Sphenophyllum oblongifolium
(Stéphanien)

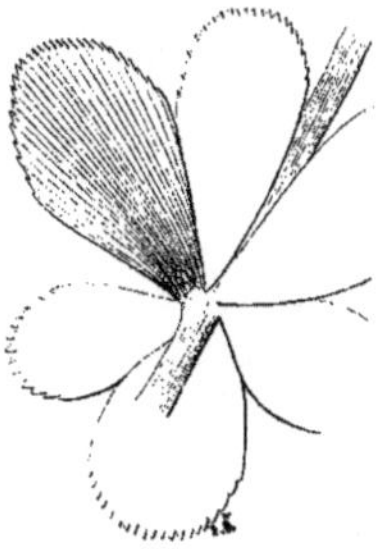

Sphénophyllum Thoni
(Stéphanien supr. et Permien infr.)

ÉPUISÉTINÉES

Calamites Suckowi
(Houiller entier)

Calamites Suckowi

Calamites Cisti
(Houiller entier)

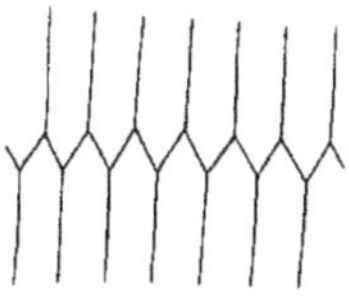

Calamites Gigas
(Permien)

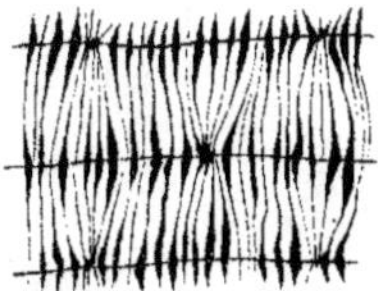

Calamodendron cruciatum (Calamites cruciatus)
(Stéphanien)

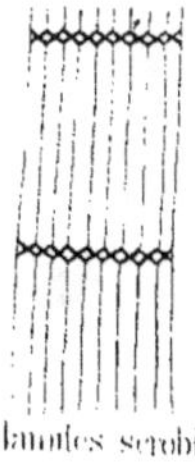

Astérocalamites scrobiculatus
(Calamites radiatus, Bornia transitionis)
(Culm)

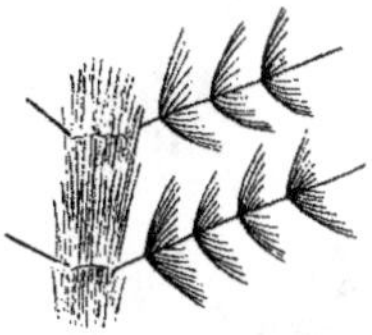

Asterophyllites equisetiformis
(Westphalien supr. et Stéphanien)

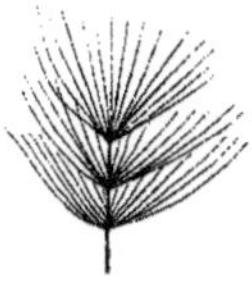

Asterophyllites longifolius
(Westphalien supr. et Stéphanien infr.)

Ast. grandis

Annularia radiata
(Westphalien et Stéphanien infr.)

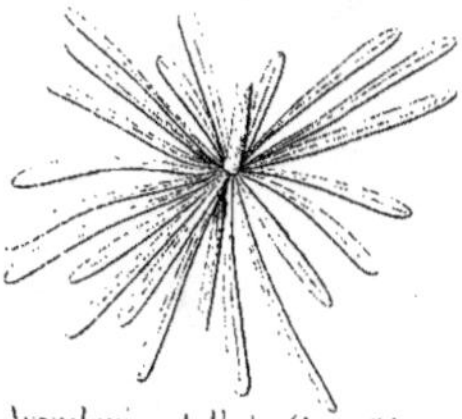

Annularia stellata (longifolia)
(Westphalien supr. Stéphanien et Permien infr.)

Annularia sphenophylloides
(Westphalien supr et Stéphanien)

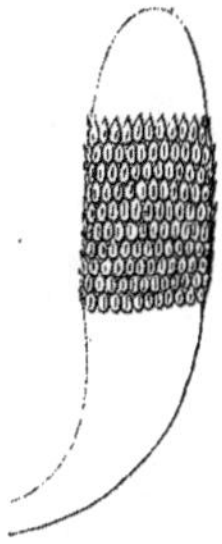

Macrostachya carinata (infundibuliformis)
(Stéphanien)

LYCOPODINÉES

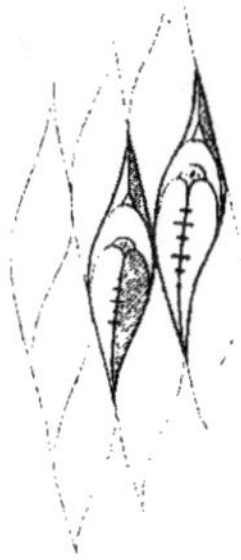

Lepidodendron aculeatum
(Westphalien)

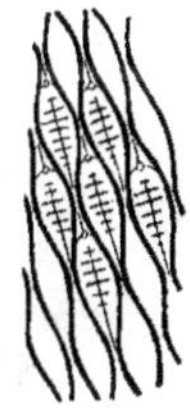

Lepidodendron Veltheimi
(Culm)

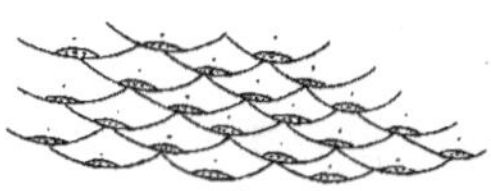

Lepidophloios laricinus
(Westphalien et Stéphanien)

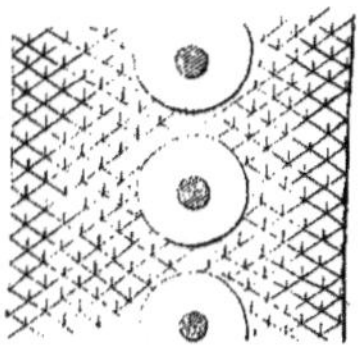

Ulodendron minus
(Westphalien)

Bothrodendron punctatum
(Westphalien)

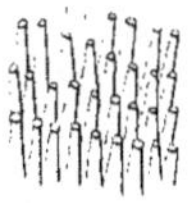

Knorria imbricata
(Culm)

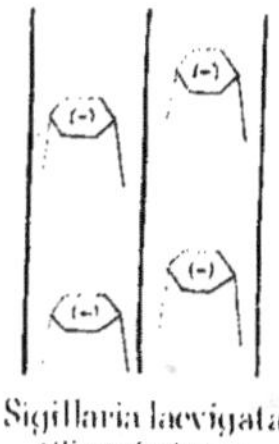

Sigillaria laevigata
(Westphalien)

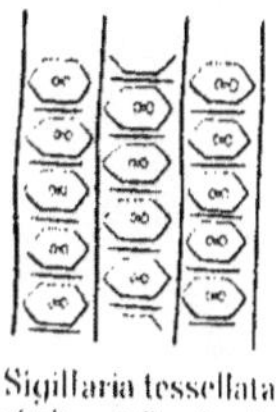

Sigillaria tessellata
(Westphalien et Stephanien inf.?)

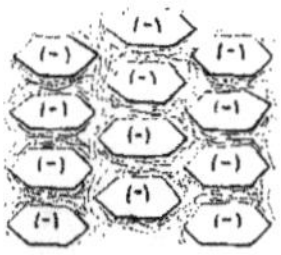

Sigillaria Brardi
(Stéphanien)

Sigillaria rhomboidea
(Stéphanien)

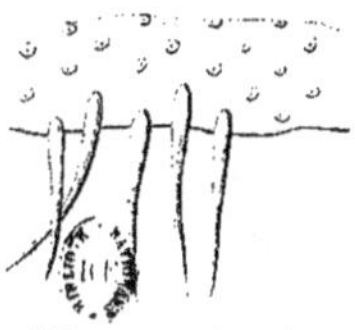

Stigmaria ficoides
(Houiller entier)

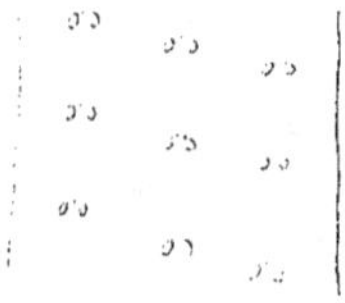

Syringodendron

CORDAITÉES

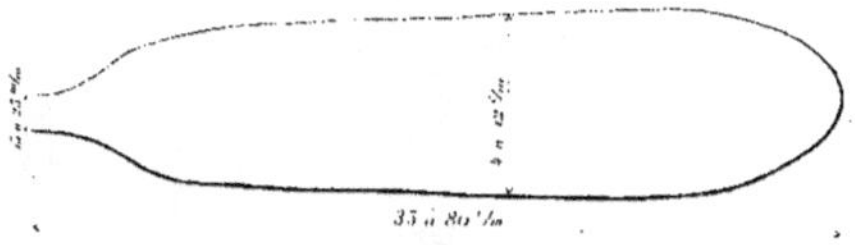

Cordaites angulosostriatus
Stéphanien

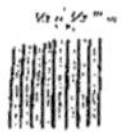

Nervation du
Cordaites borassifolius
Westphalien supr et Stéphanien

Nervation du
Cordaites principalis
Houiller

Poacordaites microstachys
Stephanien

Rhabdocarpus
surtout Stéphanien et Permien

Cardiocarpus (cordaicarpus)
Houiller et Permien

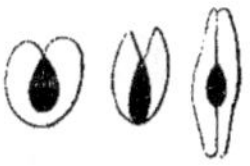

Samaropsis
du Dévonien au Permien

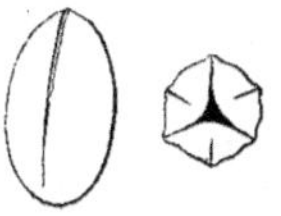

Trigonocarpus
Westphalien et Stephanien

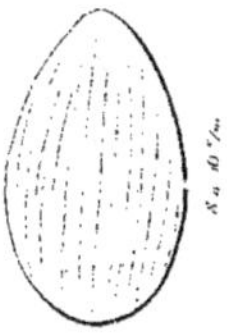

Pachytesta
Stephanien et Permien

CONIFÈRES

Walchia piniformis
Stéphanien supr et Permien

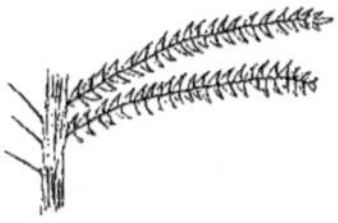

Walchia hypnoides
Stephanien supr et Permien

Walchia filiciformis
Permien

Dicranophyllum gallicum
Stephanien

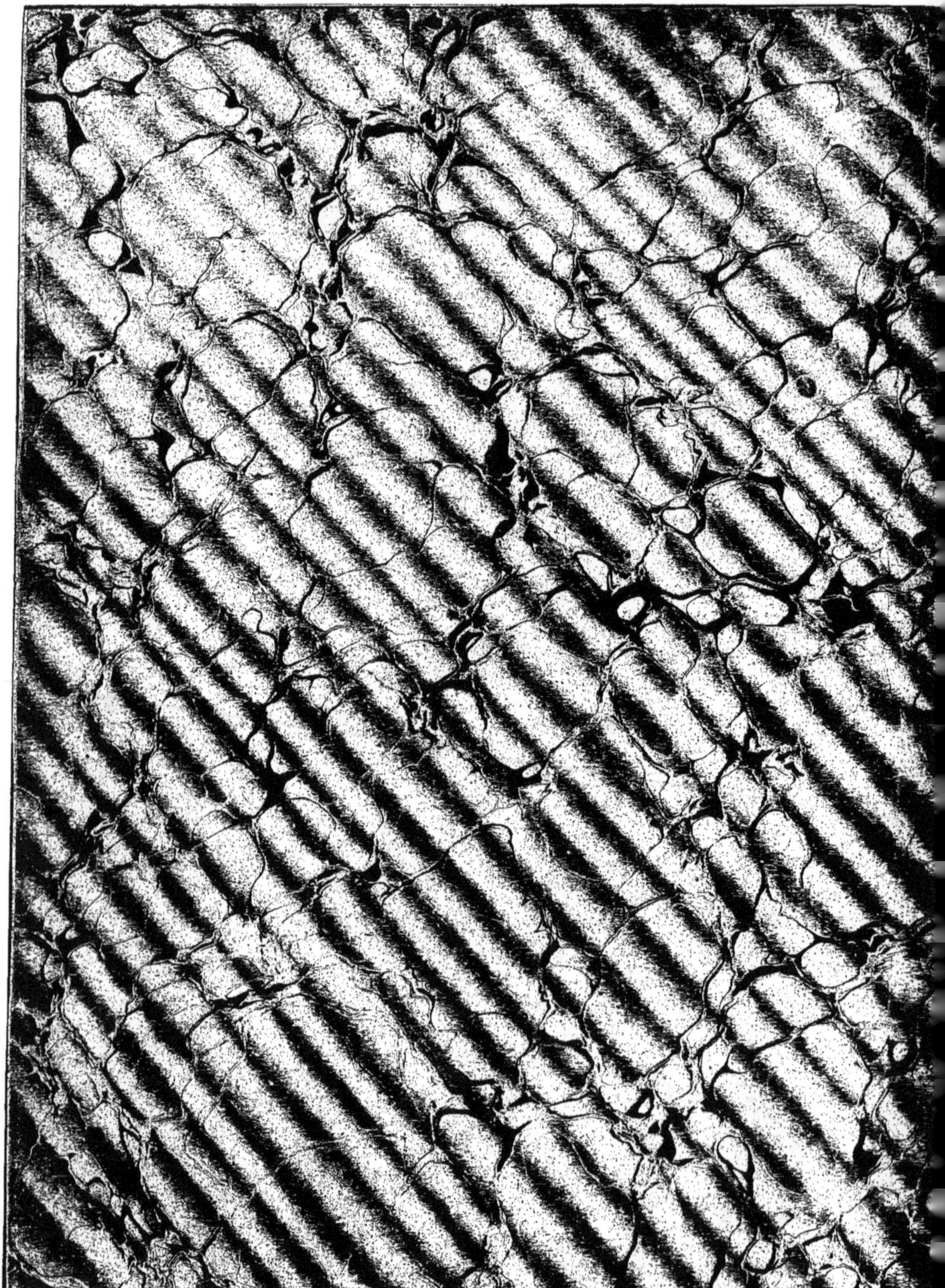

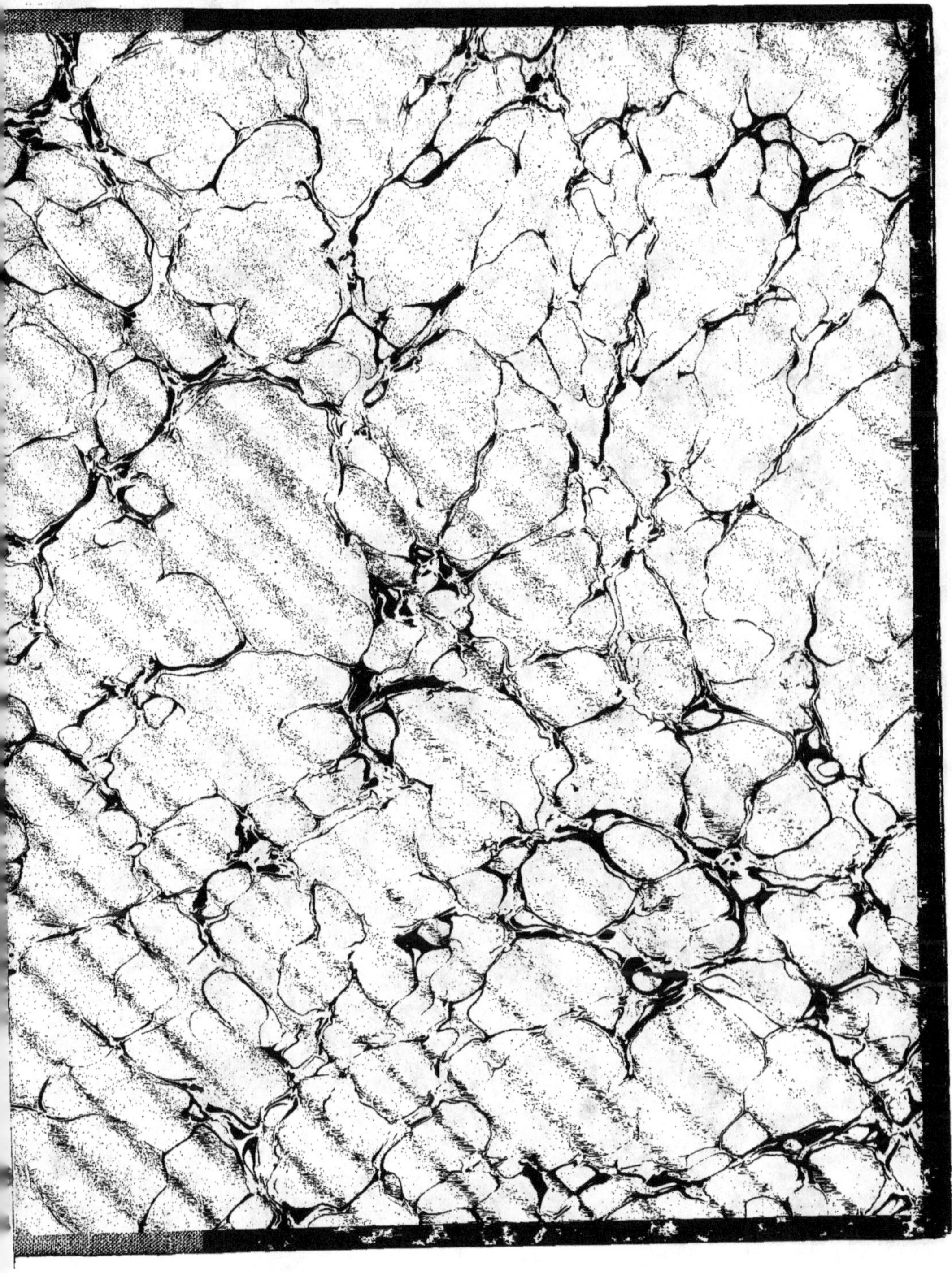

www.ingramcontent.com/pod-product-compliance
Lightning Source LLC
Chambersburg PA
CBHW052101230326
41599CB00054B/3578